TJAD 建筑工程设计技术导则丛书

新时代综合医院建筑设计导则

同济大学建筑设计研究院（集团）有限公司　组织编写
张洛先　徐更　谭劲松　李正涛　编著

中国建筑工业出版社

图书在版编目（CIP）数据

新时代综合医院建筑设计导则 / 同济大学建筑设计研究院（集团）有限公司组织编写；张洛先，徐更，谭劲松，李正涛编著. —北京：中国建筑工业出版社，2019.11（2023.8重印）

（TJAD建筑工程设计技术导则丛书）

ISBN 978-7-112-24357-0

Ⅰ. ①新… Ⅱ. ①同… ②张… ③徐… ④谭… Ⅲ. ①医院—建筑设计 Ⅳ. ① TU246.1

中国版本图书馆CIP数据核字（2019）第224202号

责任编辑：赵梦梅
责任校对：王　瑞

TJAD 建筑工程设计技术导则丛书
新时代综合医院建筑设计导则
同济大学建筑设计研究院（集团）有限公司　组织编写
张洛先　徐更　谭劲松　李正涛　编著
*
中国建筑工业出版社出版、发行（北京海淀三里河路9号）
各地新华书店、建筑书店经销
北京点击世代文化传媒有限公司制版
北京云浩印刷有限责任公司印刷
*
开本：965×1270毫米　1/16　印张：23　字数：647千字
2020年3月第一版　2023年8月第三次印刷
定价：88.00元
ISBN 978-7-112-24357-0
（34850）

序言

PREFACE

随着我国社会经济和文化水平的提高，对于美好中国梦的追求使广大人民群众对自身的身心健康更为关注，对医疗服务的便捷高效和高品质的需求也正在发生着巨大的变化。进入二十一世纪以来特别是近十年来，城市化进程进一步加快，医院建设和医疗资源供给有了迅猛的发展，然而仍无法满足群众对医疗服务需求的增长，缓解这一矛盾必然是一项长期而艰苦的任务，需要从医疗体制的深化改革，医疗空间的建设规划，医疗技术和设备的创新研发以及医疗从业者的人才储备等诸多方面积极入手，开源节流，扩充有限的医疗资源，同时对医疗资源进行更高效地整合和配置。

现代医疗空间是医疗服务的物质基础，其规划设计是不同的医疗资源配置和当今多元化医疗服务需求的物化转译，无论是医疗资源的配置发生变化，还是医疗服务的需求发生变化，都会使医疗空间设计变革和创新得到动因，医院建设和医院建筑设计都需要在不断适应和探索中寻求最佳解决方案。

作为隶属于同济大学的设计与研究机构，同济设计集团在医疗建筑设计领域长期以来孜孜以求，积极实践，集团汇聚了一批在医疗设计领域博学多才的行业精英，成立了专项医疗健康事业部，潜心医疗建筑的设计和研究，成效斐然；新世纪以来完成的各类规模医院设计已达数十项，大量卓有成效的设计实践使参与其中的设计师积累了丰富的经验，他们中的大部分核心骨干人员都参与了这个导则的编写工作。

导则的编写始于 2013 年 6 月，第一版在同济设计集团内部发行于 2016 年 12 月底，历时三年半，期间数易其稿，精益求精，可以说，本书的成果凝聚了编写者多年的心血，是同济设计对医疗建筑设计研究心路历程的总结。

在这些作为研究素材的案例中，既有设施配置齐全的大型综合医院，也有功能较为单一的病房楼或医技楼；研究和编写工作以导则初稿前同济集团已经完成设计工作的几个相互间具有差异化特点的医院案例为主，其中包括上海市市北医院、上海浦东医院、成都军区昆明总医院、李庄同济医院、苏州大学附属第一医院平江分院一期项目等。特别值得一提的苏州大学附属第一医院平江分院，这个项目的设计工作开始于 2009 年，规模超过 2000 床，总建筑面积逾 20 万平方米，是同济集团承担的第一个超大规模的现代化综合医院，项目设计时期，国内在大型综合医院的建设工作还处于最初的起步阶段，可资借鉴的案例和成功经验寥寥，集团通过国际合作，安排设计团队实地考察近邻日本的医院，不但汲取他们先进的设计和建设经验，也通过了解他们的医院运营模式对我国医疗体制改革和医院建设趋势的发展做了一定的预判，使这个医院在历经五年建成后，适应了国内医疗模式信息化的快速发展，也成为了行业内众多医疗领域业主们参观考察的首选。这些项目的规模和类型各不相同，翔实丰富的设计成果内容为导则研究编写提供了最直接的技术信息。

按照我国对医院的分级管理制度来划分，医院按照其承担任务和配置功能分为三个“级”，按照其技术能力又分为三至四个“等”；按照其学科设置和收治病人范围又可分为综合性医院和专科医院两大类。这本导则研究工作的导向是针对具有相当规模的三级综合性医院，对于一线设计师同行而言，可以通过导则进一步加强对综合医院建筑设计的理解和掌握，对于提升在医疗设计领域的专项技术能力具有较高的实用参考价值。

纵观导则的内容，研究指向和架构特点主要体现在以下几方面：

1. 开篇部分的概述章节，汇总了与当前卫生资源有关的各项信息，全面系统、条理清晰，并且对不同类型医疗建筑规模的设定原则等进行了归纳；

2. 工艺设计的章节，对医疗的专门性和特殊性进行了理论性分析，总结了不同类型医疗建筑的配置标准和医疗设施要求，对设计工作具有明确的指导性；

3. 总体设计的章节，通过对医疗建筑的布局模式的分析，提炼出了功能分区和流线组织的设计原则；

4. 导则核心部分是有关建筑单体设计的五个章节，涵盖了建筑、结构、机电等各专业的主要设计工作，内容丰富翔实；

5. 考虑到医院建设具有的周期较长、专项内容复杂的特点，导则在最后用两个章节的篇幅，对设计周期内的文件编制和建设过程中的施工配合也专门进行了梳理，以契合医疗项目设计工作贯穿建设周期、全过程参与的特点。

当然，导则中经验数据的形成、工艺要求的理想模型建立、科室面积分配和分布落位等内容，目前没有权威和官方的规定，有关核心技术信息主要基于对本集团设计的医院案例的资料收集和数据分析，结合调研和考察的途径来获取的；对于医疗工艺和设备的特别的要求，诸如水、电、防护等，也试图通过对供应商的资料分析、产品调研、对比等方式，为设计的开展总结出可靠的建议和参考数据。上述因素，使导则的内容可能有一定的局限性，也请广大读者理解包涵。

医院中的功能设计是一个体系的问题，随着医院规模、地域、管理模式不同而千变万化，不能一概而论。本导则旨在通过系统的方法，对医疗建筑中的功能设计提供一个基本方法，使得没有医疗建筑设计经验的设计师能快速掌握医院中的基本功能需求，在基本的框架下进行完善，保证设计的总体方向正确，避免设计走弯路。导则更是一个工具，针对项目的不同特点，设计师要分析区别对待，不能墨守成规，拘泥不化。

医院的发展随着信息技术和医疗设备发展日新月异，非常期待在不久的将来，编写组能够对导则进行适当的优化完善！

同济大学建筑设计研究院（集团）有限公司党委副书记、副总建筑师
中国勘察设计协会高等院校勘察设计分会医院与养老建筑学术联盟主任
江立敏

前言

FORWORD

同济大学建筑设计研究院（集团）有限公司（以下简称同济设计集团）产品线技术标准是指导同济设计集团产品线设计工作的标准性、指导性文件，是同济设计集团工程设计工作的技术支撑。产品线技术标准文件的编制，在符合现行国家技术法规、标准的基础上，反映了集团的工程设计水平和最新研发成果。

《新时代综合医院建筑设计导则》是集团产品线技术标准的一个组成部分。医疗建筑设计的专业化程度高，工艺配合要求多，导则编制组通过归纳和总结综合医院工程实践中积累的经验，结合专业理论与研究方法，从医疗建筑设计的各个方面进行系统地分析和整合，重点在医疗工艺设计、医院总体设计和医疗建筑设计等方面进行深入的研究阐述；对于结构设计、机电设计和建筑经济等方面内容中与医疗建筑设计直接相关的部分，也进行了分章节撰写收录。导则主要内容共计十一章：概述、工艺设计、总体设计、建筑设计、结构设计、给水排水设计、暖通设计、动力设计、电气设计、编制要求、施工配合。

本导则可供建筑专业设计人员使用，也可供结构和机电等专业设计人员参考。导则的编制将有助于提高同济设计集团在综合医院和其他医疗建筑设计领域的理论水平和综合技术能力，加强设计人员对综合医院设计的理解和掌握，对于提升集团产品线的核心竞争力等具有很好的使用参考价值。本导则在使用时应结合国家及各地方技术法规、标准。

《新时代综合医院建筑设计导则》由张洛先主编，副主编为徐更、谭劲松，编制组其他编写人员为：李正涛、周亮、邓雄、耿耀明、冯峰、刘志远、冯玮、茅德福、徐钟骏、徐桓、董劲松、周谨、孙翔宇、苑登阔、程青、李志平、葛敬元、翁晓红、周致芬、朱洁等。

本导则审查工作由王文胜担任主审。主要审查人员为：陈剑秋、张丽萍、孙晔、郑毅敏、归谈纯、李丽萍、黄倍蓉、王健、潘涛、周谨、钱必华、夏林、包顺强等。在导则编撰过程中，王健、潘涛、邵喆、曾刚、陆秀丽分别对暖通动力设计、结构设计章节的编写给予了热情指导；罗晓霞、董大伟参与了建筑专业的部分前期编写工作；赵泓博、张海滨、谭亦涵、成立强、胡青波、彭婷婷、陈晗、贾鑫、刘章路、陶匡义、李志刚、陈旭辉、王桂林、李钰婷、邵喆、周鹏、王希星参与了部分图文绘制工作；王坚、廖述龙、陈义清、程贵华参与了部分电气专业资料收集等工作，在此一并表示感谢。

鉴于编写时间有限，编者的水平不足以及医疗行业不断发展变化等客观情况，导则中涉及的内容会有需要更新、调整之处；另外，文件编写中的错漏也敬请读者给予批评指正，编制组会认真听取，及时总结，并在适当的时候通过修订版的方式予以补充、修改和完善。

《新时代综合医院建筑设计导则》编制组

二〇一九年十二月

CONTENT

目录

PAGE

001-022

CHAPTER

第 1 章　概述

PAGE

023-064

CHAPTER

第2章　工艺设计

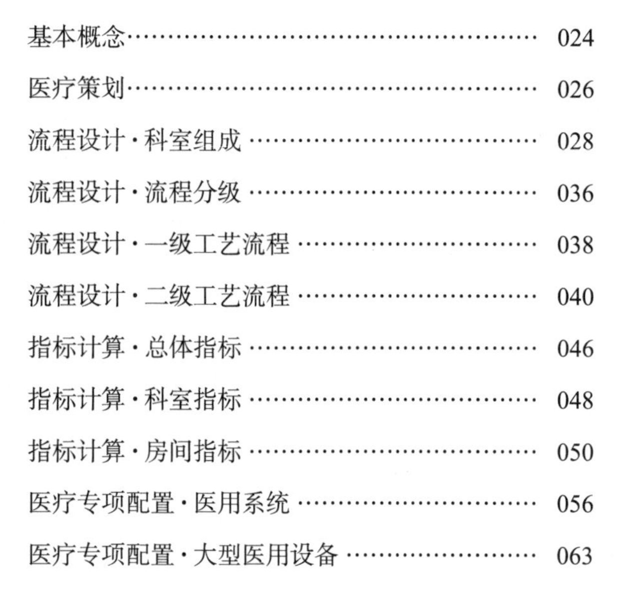

PAGE

065-108

CHAPTER

第3章　总体设计

PAGE

109-214

CHAPTER

第 4 章　建筑设计

PAGE

215-228

CHAPTER

5

第 5 章　结构设计

PAGE

229-254

CHAPTER

第 6 章　给水排水设计

PAGE

255-270

CHAPTER

第 7 章　暖通设计

PAGE

271-286

CHAPTER

第 8 章　动力设计

PAGE

287-312

CHAPTER

第 9 章　电气设计

PAGE

313-322

CHAPTER

第 10 章　编制要求

PAGE

323-338

CHAPTER

第 11 章　施工配合

PAGE

339-354

REFERENCE

附录

第1章　概述

定 义

医疗机构[1]是依法定程序设立，从事疾病诊断、治疗等相关活动的实体组织总称。

医院是医疗机构中的重要的组成部分，以预防、治疗疾病为主要任务，并设有临床治疗设施。

卫生机构分类及代码详见卫生机构分类代码表。

卫生机构分类代码表[2] **表 1-1**

卫生机构	A	医院
	B	社区卫生服务中心（站）
	C	卫生院
	D	门诊部、诊所、医务室、村卫生室
	E	急救中心（站）
	F	采供血机构
	G	妇幼保健院（所、站）
	H	专科疾病防治院（所、站）
	J	疾病预防控制中心（防疫站）
	K	卫生监督所（局）
	L	卫生监督检验（监测、检测）所（站）
	M	医学科学研究机构
	N	医学教育机构
	O	健康教育所（站、中心）
	P	其他卫生机构
	Q	卫生社会团体

医院分类[3]

按专业配置情况，分为综合医院、专科医院、中医医院等。

综合医院设置多个医学分科，承担医疗、预防保健任务和急、难、险、重病人的抢救治疗任务。其功能配置应包括：大内科、大外科、妇产科、儿科、五官科五科以上的科室；设有门诊部及 24h 服务的急诊部和住院部；设有药剂、检验、放射等医技部门，以及相应的专业人员和设施。

专科医院是只设置一个或少数几个医学分科的医院，医学特色突出。

医院分类表 **表 1-2**

附属医院或普通医院	综合医院		
	专科医院	骨科医院	血液病医院
		胸科医院	精神病医院
		心血管病医院	皮肤病医院
		肿瘤医院	质子重离子医院
		口腔医院	传染病医院
		眼科医院	结核病医院
		耳鼻喉科医院	职业病医院
		妇产（科）医院	整形外科医院
		儿童医院	老年病医院
		康复医院	其他
	中医医院、中西医结合医院、民族医院、疗养院、护理院（站）		

[1] 医疗机构执行执业许可证制度，其设置与管理需符合《医疗机构管理条例》以及《医疗机构管理实施细则》的规定。

[2] 《卫生机构（组织）分类与代码》WS218-2002，由卫生部制订并颁布。

[3] 医院根据经营性质可分为：公立医院和民营医院。公立医院按组织划分方式可分为：省市自治区医科大学医院、产业附属医院（铁路、工矿医院）、军区附属医院（海陆空部队医院）、社区医院等。

附属医院在上述基础上，又承担了临床教学和科研的任务，医院的先进技术研究与临床治疗措施比普通医院要高，解决疑难杂症的创新性手段更强，医疗设施的配备相对更完善。

分级与分等

根据卫生部颁布的《医院分级管理办法》，我国采用“三级医疗网”的配置体制。

医院按其任务和配置功能的不同，由高到低划分为三、二、一级。每级医院按其技术力量、管理水平、设施条件、科研能力等情况，由高到低划分为甲乙丙三等，其中三级医院增设特等。在实际执行中，一级医院一般不分等。医院等级与所属主管部门大致关系见图 1-1。

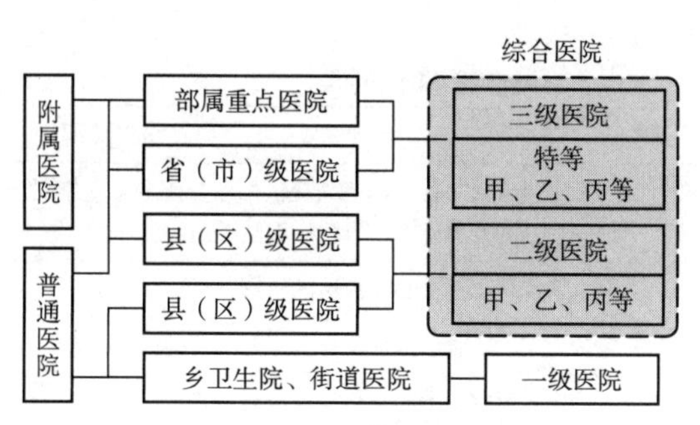

图 1-1　分级与分等关系图

各级综合医院科室及人员配置表 [1]　　表 1-3

医院分级	总床位数	功能与对象	必须设置的临床科室 [2]	必须设置的医技科室	人员配置
三级	≥ 500	综合性大型医院，向几个地区提供高水平专科性医疗卫生服务和执行高等教学、科研任务的区域性以上的医院	急诊、内科、外科、妇（产）科、预防保健科、儿科、眼科、耳鼻喉科、口腔科、皮肤科、传染科、中医科、康复科	药剂科、检验科、放射科、手术室、病理科、输血科、理疗科、消毒供应室、病案室、核医学科、营养部和相应的临床功能检查室	每床至少配备 1.03 名卫生技术人员，每床至少配备 0.4 名护士，专业科室应具有副主任以上职称医师，临床营养师不少于 2 名，工程技术人员占卫生技术人员总数的比例不低于 1%
二级	100 ~ 499	县区级医院，向多个社区提供综合医疗卫生服务和承担一定教学、科研任务的地区性医院	急诊、内科、外科、妇（产）科、预防保健科、儿科、眼科、耳鼻喉科、口腔科、皮肤科、传染科。 其中，眼科、耳鼻喉科、口腔科可合并建科，皮肤科可并入内科或外科。附近已有传染病医院的，可不设传染科	药剂科、检验科、放射科、手术室、病理科、血库（可与检验科合设）、理疗科、消毒供应室、病案室	每床至少配备 0.88 名卫生技术人员，每床至少配备 0.4 名护士，至少有 3 名具有副主任医师以上职称医师，各专业科室至少有 1 名具有主治医师以上职称医师
一级	20 ~ 99	街道医院，直接向一定人口的社区提供预防、医疗、保健、康复服务的基层社区医院	急诊、内科、外科、妇（产）科、预防保健科	药房、化验室、X 光室、消毒供应室	每床至少配备 0.7 名卫生技术人员，至少有 3 名医师、5 名护士和相应的药剂、检验、放射等卫生技术人员，至少有 1 名具有主治医师以上职称的医师

[1]《综合医院分级管理标准（试行草案）》A3ZDYY-NY-20070924055，由卫生部制订并颁布。

[2] 医学概念上，临床科室是直接担负着对病人的收治、诊断、治疗等任务；临床人员包括直接参与治疗、护理病人的医生、护士。从医院内部分工上，门诊、急诊、住院等部门为临床科室，直接为病人提供治疗和护理；医技科室为非临床科室，并不直接参与对病人的治疗和护理，只是为临床诊断、治疗提供服务。

建筑特性

医院是功能性最强的建筑类型之一，满足医疗工艺要求是医院设计成败的关键。在这一前提下，成功的医院设计还需要充分协调多方面的因素：建筑空间、环境营造、绿色节能、灵活适应性等。

功能构成

综合医院功能构成的核心是基本医疗部门，除此之外，承担科研和教学任务的医院还包括相应的科研教学设施，各个医院也可根据自身需要规划相应的延伸医疗和服务配套设施。

医院功能构成表 **表1-4**

类别	部门名称	功能概要
基本医疗服务部门	门诊	为不需要或尚未住院的病人提供的医疗服务。包括对病人的诊断治疗，健康检查和预防接种，孕妇的产前检查，出院病人的随访等工作
	急诊	为急重症病人提供24h诊治的科室
	医技	包含为门诊、急诊及住院病人服务的各类医学诊断、治疗科室
	住院部	收治病人留院诊治的各科护理单元
	院内生活	为员工服务的食堂、浴室及值班宿舍等
	行政管理	院部、行政、医政等办公用房
	保障系统	为全院服务的各类公用设施，如设备机房、废弃物处理、污水处理等
延伸医疗设施	预防保健	预防疾病，增进健康。配置相应诊断、治疗、保健用房
	健康体检	用医学手段进行身体检查的设施，包括临床各科室的基本检查
附属科研教学	科研	为副高及以上专业技术人员提供科研用房和中间试验动物室
	教学	医学院校的附属医院、教学医院和实习医院的教学用房
服务配套设施	商业配套	为病人及探访人员提供便利的设施，如超市、药店、餐饮、邮局、银行网点等
	陪护住宿	为外地就医的病人家属提供便利的旅馆、招待所等
	停车设施	配套建设机动车和非机动车停车设施

流线构成

医院的流线主要分为三大类：人流、物流、信息流。不同性质的人流、物流，再加上清污分区、洁污分流的特殊要求，形成了医院功能组成、流程组织的复杂性和特殊性。

医院流线构成表 **表1-5**

类别	构成		分项内容
人流	就诊人群	普通患者	门诊患者、急诊患者、住院患者
		隔离患者	传染病患者
		健康人员	心理咨询、康复人群、保健咨询、体检、产科检查人群
	工作人群	医护人员	医生、护士、护工
		行政后勤人员	运行服务、维修、物业安保人员、行政管理
		培训人员	学生、进修医生、培训生
	其他人群	探访人员	病人亲友、参观学习人员
		陪护人员	病人亲属、社会性护理人员

续表

类别	构成	分项内容
物流	洁净物品	无菌器材、无菌敷料、无菌药品、输液
	清洁物品	清洁敷料、清洁被服、清洁消耗品、食品供应、药品 血液制品
	污染物品	回收污染器材、用具、敷料、被服、医疗废弃物、生活厨余垃圾、体检样品、标本、回收餐具、空瓶
		尸体
	文件档案	病历、诊断检验、检查报告、影像报告记录、票据与行政文件
信息流	管理信息	职工资料、床位信息、药品价格等
	临床信息	病人出入院信息、检验报告、医嘱等
	支持维护信息	医疗设备基本信息、设备维修记录等

建设基本流程

综合医院建设的基本流程由策划、决策、设计、施工、竣工验收、交付使用和运行评估等阶段组成。整个建设工期一般为24至40个月不等[1]。整个流程大致可以分为规划设计、施工建设和运行评估三个阶段。详见建设基本流程示意图。

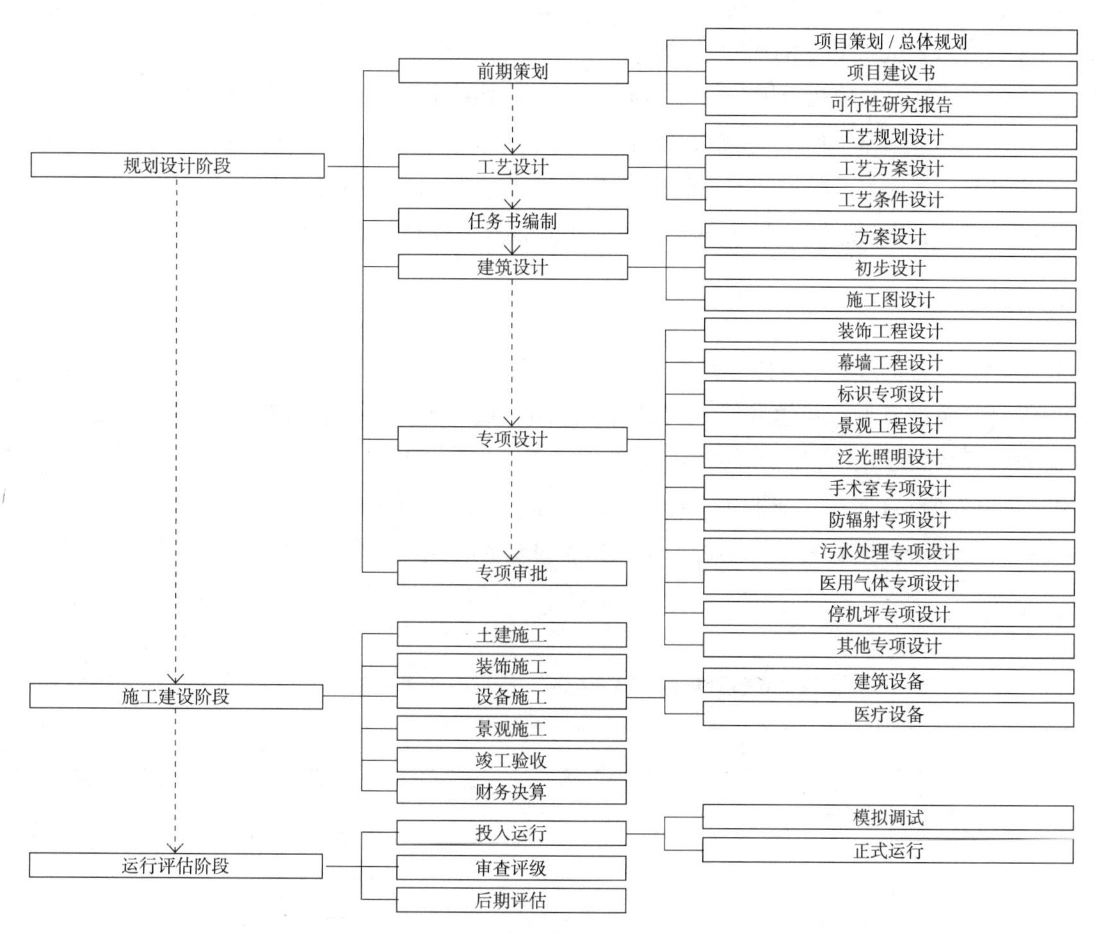

图1-2 医院基本建设流程示意图

[1] 建设工期是自建设前期工作结束，取得施工许可证并正式开工至竣工验收止的时间。根据医院建设规模，200～400床医院建设周期一般为24～30个月。500～700床医院建设周期一般为30～36个月。800～1000床医院建设周期一般为36～40个月。寒冷地区可适当延长建设工期，但不应大于50天。

影响因素

影响医院建筑设计的因素很多，设计师在医院建筑设计的各个阶段必须全面地考虑这些因素，为医院设计提出综合性的解决方案。

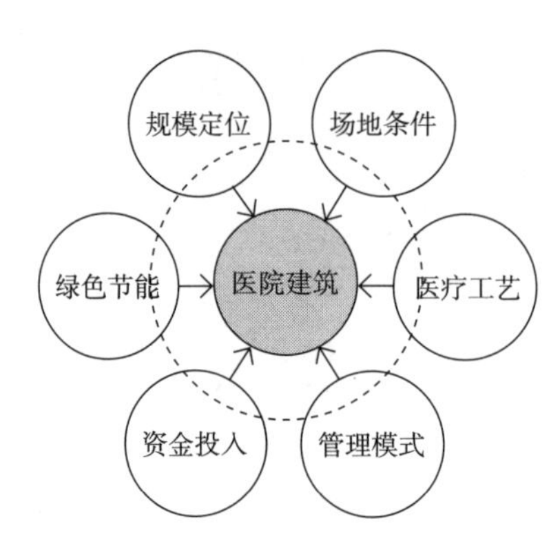

图 1-3　医院设计影响因素

设计要点

医院设计需要重点关注以下五个设计要点：

1. 安全性：医院设计需要满足医疗流程及医院管理及消防等要求，最大限度减少院内感染和意外伤害，为患者提供安全的治疗环境。
2. 高效性：合理的功能布置和精益的流程设计实现医疗作业的高效性。
3. 人性化：人性化的建筑、环境设计，有利于调节病人的紧张情绪，改善医护人员的工作环境。
4. 弹性化：充分考虑医院规划及建筑的弹性和适应性，满足医院将来可持续发展的要求。
5. 绿色节能：节约能耗、改善环境，保证医院设计、建造、运营的全生命周期内的经济性。

设计原则

1. 设计应符合对建设、目标、重点和战略定位的评估，充分考虑项目发展的需要和资金来源。
2. 设计需要遵守城市乡镇发展规划，远离危险区域，不得污染、影响城市其他区域。
3. 设计需要符合市政设施和能源供应的基础条件。
4. 设计应当符合项目立项批文、可行性研究报告、设计任务书及医疗工艺设计的要求。
5. 设计必须符合国家有关强制性标准、规范的规定以及其他有关标准、规范的要求。

相关规范

现行医院建筑设计规范、技术标准、标准设计图集表[1]　　表 1-6

	名称 / 编号		实施时间	适用专业
技术标准	《综合医院建设标准》	建标 110—2008	2008 年 12 月 01 日	全专业
	《中医医院建设标准》	建标 106—2008	2008 年 08 月 01 日	全专业
	《绿色医院建筑评价标准》	GB/T 51153—2015	2016 年 08 月 01 日	全专业
	《人民防空医疗救护工程设计标准》	RFJ 005—2011	2011 年 10 月 01 日	全专业

[1]　通用性标准、规范如《民用建筑设计统一标准》GB 50352—2019、《建筑设计防火规范》GB 50016—2014（2018 年版）、《汽车库、修车库、停车场设计防火规范》GB 50067—2014 等，作为医院建筑设计的基本依据，在此不做详述。

续表

	名称 / 编号		实施时间	适用专业
技术标准	《医院污水处理设计规程》	CECS 07：2004	2004 年 05 月 01 日	给水排水
	《医院洁净手术部建设标准》	（2000 年）	2000 年 10 月 01 日	全专业
设计规范	《综合医院建筑设计规范》	GB 51039—2014	2014 年 08 月 01 日	全专业
	《无障碍设计规范》	GB 50763—2012	2012 年 09 月 01 日	全专业
	《精神专科医院建筑设计规范》	GB 51058—2014	2015 年 08 月 01 日	全专业
	《传染病医院建筑施工及验收规范》	GB 50686—2011	2012 年 06 月 01 日	全专业
	《压缩空气站设计规范》	GB 50029—2014	2014 年 08 月 01 日	全专业
	《氧气站设计规范》	GBJ 50030—2013	2014 年 07 年 01 日	全专业
	《医院洁净手术部建筑技术规范》	GB 50333—2013	2014 年 06 月 01 日	全专业
	《洁净厂房设计规范》	GB 50073—2013	2013 年 09 月 01 日	全专业
	《医用气体工程技术规范》	GB 50751—2012	2012 年 08 月 01 日	全专业
	《建筑物电气装置第 7-710 部分：特殊装置或场所的要求 医疗场所》	GB 16895.24—2005	2006 年 06 月 01 日	电气
	《医疗建筑电气设计规范》	JGJ 312—2013	2014 年 04 月 01 日	电气
	《医疗机构污水污染物排放标准》	GB 18466—2005	2006 年 01 月 01 日	给水排水
管理规定	《医院消毒供应中心第 1 部分：管理规范》	WS 310.1—2009	2009 年 12 月 01 日	全专业
	《医院隔离技术规范》	WS/T 311—2009	2009 年 12 月 01 日	全专业
	《医院感染监测规范》	WS/T 312—2009	2009 年 12 月 01 日	全专业
	《卫生机构（组织）分类与代码》	WS 218—2002	2002 年 05 月 01 日	全专业
	《医院电力系统运行管理》	WS 434—2013	2014 年 02 月 01 日	电气
	《医院医用气体系统运行管》	WS 435—2013	2014 年 02 月 01 日	暖通
	《医院供热系统运行管理》	WS 437—2013	2014 年 02 月 01 日	给水排水
	《医院二次供水运行管理》	WS 436—2013	2014 年 02 月 01 日	给水排水
地方标准	《深圳市医院建设标准指引》	深发改 [2007]1985 号	2007 年	全专业
	《负压隔离病房建设配置基本要求》	DB 11-663—2009（北京）	2010 年 07 月 01 日	全专业
	《公共场所集中空调通风系统卫生管理规范》	DB 11/485—2007（北京）	2007 年 08 月 01 日	暖通
	《重点单位重要部位安全技术防范系统要求第 11 部分：医院》	DB 31/329.11—2009	2009 年 09 月 01 日	电气
标准图集	《医疗建筑 固定设施》	07J902—2	2007 年 03 月 01 日	建筑
	《医疗建筑 卫生间、淋浴间、洗池》	07J902—3	2007 年 03 月 01 日	建筑
	《医院建筑施工图实例》	07CJ08	2007 年 08 月 31 日	建筑
	《乡镇卫生院建筑标准设计图样》	10J929	2010 年 06 月 07 日	建筑

指标控制

由于医院的建设规模、配置标准是医院工程项目总体决策科学性的基础，技术指标的确定对于医院工程项目的建设起着决定性的作用。因此，有效控制各项指标是医院建设的一项重要工作。

根据技术指标的推导过程，大体可分为三类：1. 基础性指标；2. 参数性指标；3. 成果性指标。

基础性指标

基础性指标是根据《城市建设总体规划》《区域卫生规划》、当地经济发展水平、卫生资源和医疗保健服务的需求状况以及原有医疗资源情况进行综合平衡后，由相关职能部门确定的具有权威性的配建指标，由总床位数[1]、用地面积等构成。

1. 总床位数：由卫生主管部门依据服务区域的人口总数、发病率、其他卫生设施的配置情况等因素经过综合分析，得出的核定总床位数。

2. 用地面积：是在项目立项时由规划部门依据上位规划提供的基础性指标。医院建设用地包括七大项设施的建设用地、道路用地、绿化用地、堆晒用地和医疗废物与日产垃圾的存放、处置用地。

参数性指标

参数性指标是医院工艺设计和任务书编制的重要依据。作为作业性指标，是得出其他成果性指标的技术参数。主要构成包括：

1. 床均用地面积：根据《综合医院建设标准》床均用地面积取值范围一般在每床 109 ~ 117m^2 之间[2]。承担医学科研任务的综合医院，应按副高及以上专业技术人员总数的 70% 为基数，

医院技术指标推导过程意图　　表 1–7

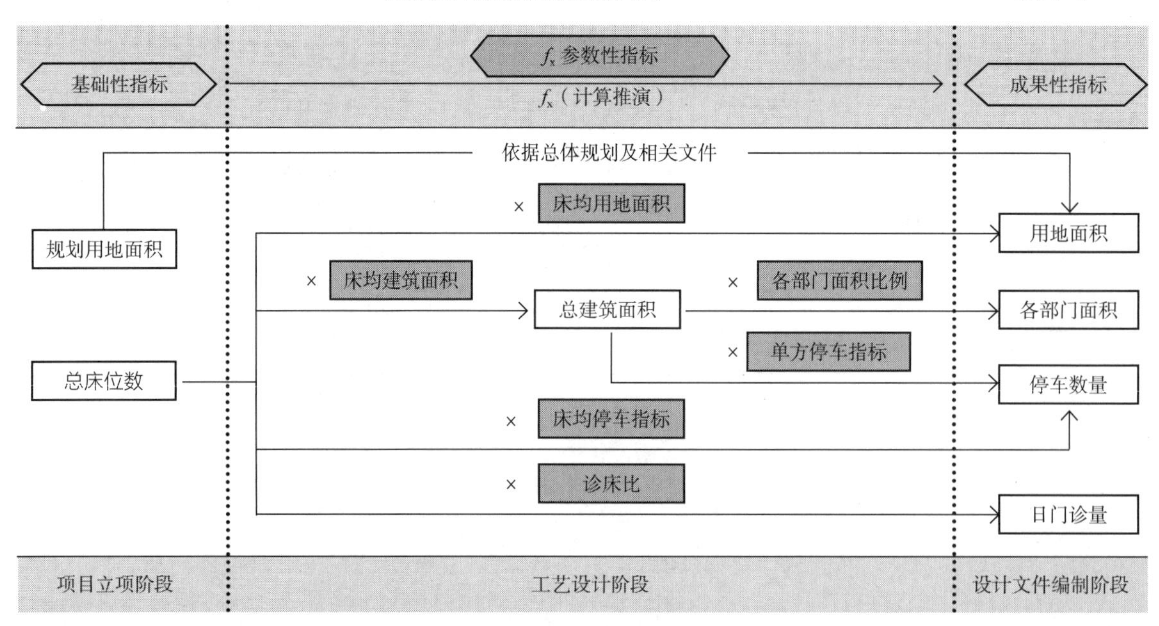

[1]　总床位数指本年内各科每天夜晚 12 点钟开放病床数之总和，不论该床是否被病人占用，都应计算在内。
综合医院的建设规模按总床位数量可控制在 200 ~ 1000 床之间。一般情况下，宜建设 300 ~ 800 床规模的医院，不宜建设 1000 床以上超大型医院。总床位数是推导其他指标的基础。

[2]　当规定的指标确实不能满足需要时，可按不超过 11m^2/ 床指标增加用地面积，用于预防保健、单列项目用房的建设和医院的发展用地。

按每人 $32m^2$，承担教学任务的综合医院在床均用地面积指标以外，应按每位学生 $30m^2$ 另行增加科研和教学设施的建设用地。

2. 床均建筑面积:《综合医院建设标准》建标 110—2008 床均建筑面积取值范围一般在每床 80 ~ $90m^2$ 之间 [1]。

3. 医院七项设施面积比例：急诊、门诊、医技、病房、保障系统、院内生活、行政管理七项设施的面积分配应符合相应的比例要求 [2]。机动车停车库面积不列入七项设施,单独计入总面积。

4. 机动车停车指标：综合医院应优先考虑利用城市公共交通设施，并在此基础上配套建设机动车停车设施。并按建设项目所在地区有关规定的高限配置。一般可采用两种方式计算机动车停车数量：

（1）按建筑面积配置停车指标：市级医院 65 辆 / 万 m^2；区级医院 45 辆 / 万 m^2[3]。

（2）按总床位数配置停车指标：有条件的地区可按 1 辆 / 床的标准进行配置。并可按建设项目所在地区的有关规定的高限执行。

成果性指标

成果性指标是包括基础指标在内的其他经济技术指标。是各项审批环节的必要依据，是造价计算的重要依据。成果性指标主要构成包括：

1. 总建筑面积：按照床均建筑面积指标进行配置。综合医院内预防保健用房的建筑面积，应按编制内每位预防保健工作人员 $20m^2$ 增加建筑面积。承担医学科研任务的综合医院，应以副高及以上专业技术人员总数的 70% 为基数，按每人 $32m^2$ 的标准增加科研用房，并应根据需要按有关规定配套建设适度规模的中间实验动物室。

2. 日门诊量：每天累计门急诊患者人数通过总床位数乘以诊床比得出。也可按本地区相同规模医院前三年日门（急）诊量统计的平均数确定。普通综合医院的日门诊量与编制床位数的比值宜为 3 : 1，大型的地区性或国家级综合医院诊床比可按 5 ~ 8 : 1 考虑。门急诊患者陪同人数考虑为日门急诊量的 1.3 至 2 倍。

3. 机动车停车数量。

4. 非机动车停车数量。

5. 容积率：地上建筑面积除以用地面积。

6. 建筑密度：建筑占地面积除以用地面积。

7. 绿化率：新建综合医院绿地率一般不应低于 35%，改扩建综合医院绿地率一般不应低于 30%。

8. 总用水量。

9. 总用电量。

10. 空调总负荷。

---

[1] 《综合医院建设标准》建标 110—2008 是医院建设的指导性标准，其规定指标一般为设计的下限值。实际项目中由于建设标准的提高，床均建筑面积可能会比规定指标上浮 10 ~ $30m^2$/ 床。

[2] 《综合医院建设标准》建标 110—2008 各部门占总面积比例：门诊 15%，急诊 3%，住院 39%，医技 27%，行政管理 8%，保障系统 4%，院内生活 4%。

[3] 《全国民用建筑工程设计技术措施》续表 4.5.1-2。

造价构成

医院一般由政府或民营企业投资，其项目总投资由建设投资、建设期利息、和流动资金投资构成（图 1-4）。

建设投资包括工程费用、工程建设其他费用、医疗设备费、预备费。工程费用包括建筑工程费、设备购置费、安装工程费。工程建设其他费用包括建设用地费、与项目建设有关的其他费（如建设单位管理费、前期工作咨询费、环境影响评价费、勘察设计费、工程监理费、招标代理费、场地准备费、配套设施建设费等）及与未来生产经营有关的其他费用（如人员培训费、办公和生活家具及工器具购置费等）。预备费包括基本预备费（在项目实施中用于设计变更、工程洽商等可能发生难以预料的支出，需要预先预留的费用）和涨价预备费（建设工程项目在建设期内由于政策、价格等因素变化而预留的费用）。建设期贷款利息指工程项目在建设期间发生并计入固定资产费用，主要是建设期发生的支付银行贷款、出口信贷、债券等的借款利息和融资费用。流动资金：生产经营性项目为保证投产后正常的生产运营所需，并在项目资本金中筹措的自有流动资金。

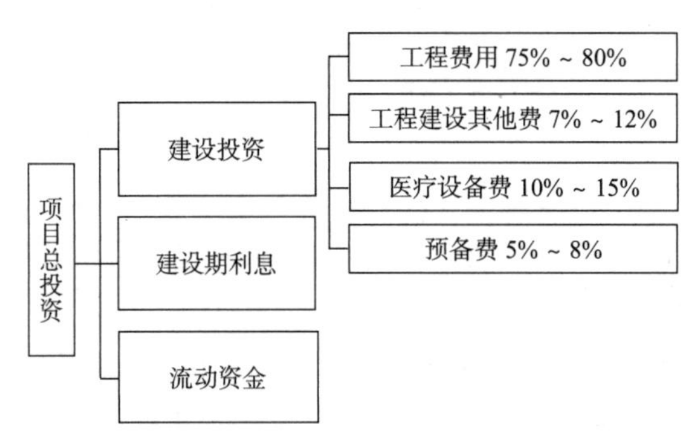

图 1-4　综合医院项目总投资构成图

综合医院造价与其他办公建筑、住宅建筑不同，除工程费用占主要部分外，医疗设备投资也占相当的权重（图 1-4）。

医疗设备费用与医院的定位及功能配置有关，不同的医院医疗设备费的差异较大，某些医院该项费用投资可能会达到总投资的 20% ~ 30%。

造价指标

政府投资的综合医院应坚持公益性、功能性、实用性、节约型的原则，从建设标准和建设规模开始严格控制，从而达到控制工程造价的目的。表 1-8 为上海市市级综合医院建安工程费用指标表（不包含医疗设备费、医疗家具、办公家具、贷款利息及土地费用）。其他各省市[1][2][3][4]综合医院的建安工程造价因各地方建造标准及建造成本不同，其造价指标也有所差异，如地质条件、抗震强度、气候特点及地方人工、材料、机械的价格等。

民营企业投资的综合医院根据市场定位和客户定位的不同，建设标准与政府投资的医院不完全相同，造价也会有一定的差异，特别是装修标准和医疗设备费用。

[1]　根据 2019 年上半年全国省会城市建设工程造价指标，天津、广州、海口、拉萨的建安工程造价与上海相当。

[2]　北京、济南、西安的建安工程造价相当于上海的 90% ~ 95%。

[3]　太原、南京、呼和浩特、昆明、兰州、西宁、武汉、长沙、杭州、南宁、贵阳、银川、乌鲁木齐的建安工程造价相当于上海的 80% ~ 85%。

[4]　重庆、成都、石家庄、沈阳、长春、哈尔滨、合肥、南昌、郑州的建安工程造价相当于上海的 70% ~ 80% 。

上海市市级综合医院建安工程造价指标表 表1-8

序号	项目名称	高层		多层	
		指标（元/m²）	百分比	指标（元/m²）	百分比
1	土建工程	3650 ~ 3750	41%	3100 ~ 3300	39%
1.1	桩基工程	350 ~ 400	4%	300 ~ 350	4%
1.2	围护工程	800 ~ 850	9%	600 ~ 700	8%
1.3	土建工程	2400 ~ 2500	27%	2200 ~ 2300	26%
2	外立面装饰工程	600 ~ 700	8%	600 ~ 700	8%
3	室内装饰工程	1000 ~ 1100	12%	1000 ~ 1100	13%
4	设备及安装工程	2200 ~ 2430	26%	2150 ~ 2350	27%
4.1	给排水、天然气	230 ~ 250	3%	200 ~ 230	3%
4.2	消防工程	240 ~ 250	3%	220 ~ 240	3%
4.3	电气	500 ~ 550	6%	500 ~ 550	6%
4.4	变配电	150 ~ 180	2%	150 ~ 180	2%
4.5	通风空调	500 ~ 550	6%	500 ~ 520	6%
4.6	弱电	400 ~ 450	5%	400 ~ 450	5%
4.7	电梯	180 ~ 200	2%	160 ~ 180	2%
5	医疗专项	800 ~ 900	10%	800 ~ 900	10%
5.1	净化手术室	300 ~ 330	4%	300 ~ 330	4%
5.2	屏蔽工程	200 ~ 220	2%	200 ~ 220	3%
5.3	医用气体	80 ~ 100	1%	80 ~ 100	1%
5.4	其他医疗工程	220 ~ 250	3%	220 ~ 250	3%
6	室外总体	150 ~ 200	2%	150 ~ 180	2%
7	综合配套	100 ~ 120	1%	100 ~ 120	1%
8	小计	8400 ~ 9200	100%	7900 ~ 8700	100%

专业工程造价指标

1. 基坑围护造价指标

由于各地地质情况不同，基坑开挖围护所采取的技术方案也有较大差别，并且不同城市级别，土地资源的紧缺程度不一样，医院地下室建设层数也有所不同，从而导致基坑围护费用差别很大。

在一线及经济发达的省会城市，为了发挥土地资源的价值，缓解医院停车难的局面，通常会设置 2 ~ 3 层地下室，以上海为例，地下室层数、开挖深度及相应的基坑围护费用经验数据见表 1-9。

上海地区基坑围护工程造价经验数据表　　表 1-9

序号	地下室层数	基坑开挖深度	基坑围护单价	备注
1	一层	6m 以内	2 ~ 3 万元 /m	此单价为正常情况下的费用，未考虑特殊地质、特殊周边环境等因素（如邻近地铁[1]）
2	二层	约 9 ~ 10m	5 ~ 7 万元 /m	
3	三层	约 15 ~ 16m	9 ~ 12 万元 /m	

2. 医院特殊专业工程造价指标

医院作为专业的建设工程，与其余普通的民用建筑工程相比较，存在较多的医院特殊的专业工程，比如供氧吸引系统、净化手术室、净化监护病房、中心供应室、放射用房、放疗用房、物流传输系统等，上述各专业工程造价指标经验数据见表 1-10。

医院特殊专业工程造价经验数据表　　表 1-10

序号	主要系统或设备	等级及说明	参考指标
1	供氧吸引系统	国产高档或进口	6500 ~ 8000 元 / 床，包括末端、前端设备、中间管路
2	净化手术室	包括区域内顶、墙、地面围护、净化系统和自控系统	Ⅰ级净化手术室约 150 ~ 180 万元 / 间；Ⅱ级净化手术室约 120 ~ 150 万元 / 间；Ⅲ级净化手术室约 90 ~ 100 万元 / 间；Ⅳ级净化手术室约 50 万元 / 间左右
3	普通手术室		20 ~ 30 万元 / 间左右
4	净化监护病房	包括区域内顶、墙、地面围护、净化系统、自控系统和设备带，一般为Ⅳ级净化	约 7000 ~ 8000 元 /m²
5	中心供应室	包括区域内顶、墙、地面围护、净化系统	约 4000 ~ 5000 元 /m²
6	静脉配置中心	包括区域内顶、墙、地面围护、净化系统和自控系统，一般为Ⅳ级净化	约 7000 ~ 8000 元 /m²
7	屏蔽用房	—	约 7000 ~ 8000 元 /m²，不包括放射设备
8	病房呼叫	—	约 800 ~ 1200 元 / 床
9	物流传输系统	—	约 40 ~ 50 万元 / 点

3. 其他专业工程造价指标

医院项目常采用的污水处理系统、太阳能系统、虹吸雨水系统的造价指标经验数据见表 1-11。

[1] 邻近地铁的基坑围护单价可达 18 ~ 25 万元 /m。

医院其他专业工程造价经验数据表　　表 1-11

序号	主要系统或设备	等级及说明	参考指标
1	污水处理	国产合格产品	约 1500 ~ 1800 元 /m³/d（不含土建费用）
2	建设设备管理系统		约 50 ~ 80 元 /m²
3	太阳能系统	国产中高档	约 5000 ~ 8000 元 / 太阳能板面积
4	虹吸雨水系统	国产合格产品	约 50 ~ 60 元 / 屋面面积

屋顶直升机停机坪造价指标

直升机停机坪建设涉及助航灯光、助航标识标志、导航系统、气象设备、消防与救援、安全防护、指挥控制、与附近民航或军用机场情报共享等，是一项高度专业与集成的项目。目前以钢筋混凝土屋面直接作为停机坪的，上述系统的费用大约在 100 万元 ~ 150 万元（不含因建设直升机停机坪引起的结构增加的费用）。

医疗设备及家具费用造价指标

医院家具及医疗设备是医院投资中重要的部分，根据经验，医疗设备及家具费用及与医院建设投资的比例关系见表 1-12。

医院设备及家具费用经验数据表 **表 1-12**

医院规模	医疗设备及家具参考费用	与建设投资的比例关系
三甲 2000 床位	约 25000 ~ 30000 万元	约 10% ~ 15%

装饰工程造价指标 [1]

1. 外立面装饰工程造价指标

医院外立面工程主要有以各类幕墙为主的高档装修，以外墙面砖或氟碳涂料为主的中档装修，以普通涂料为主的低档装修。各档次外立面的造价指标见表 1-13。

外立面装饰工程造价指标经验数据表 **表 1-13**

档次	外墙装饰类型	造价参考指标	主要材料单价
高档	石材幕墙	800 ~ 1000 元 /m^2	石材：300 ~ 500 元 /m^2
	玻璃幕墙	1000 ~ 1400 元 /m^2	Low-e 中空钢化玻璃：250 ~ 300 元 /m^2
	铝板幕墙	700 ~ 900 元 /m^2	铝板：300 ~ 400 元 /m^2
中档	外墙氟碳涂料	100 ~ 150 元 /m^2	—
	外墙面砖	200 ~ 300 元 /m^2	面砖：100 ~ 200 元 /m^2
低档	普通涂料	50 ~ 80 元 /m^2	—

2. 室内装饰工程造价指标

医院室内装饰工程可以分为高、中、低档，高档装饰地面一般采用石材，墙面采用大理石、面砖、高级涂料，吊顶采用金属吊顶、高档石膏板。

中档装饰地面一般采用玻化地砖 /PVC 卷材，墙面采用面砖或中档涂料，吊顶采用石膏板。

低档装饰地面一般采用防滑地砖 /PVC 卷材，墙面采用普通涂料，吊顶采用普通涂料，局部采用石膏板。

医疗专用地面一般选用 PVC 抗菌卷材，材料单价约为 150 ~ 300 元 /m^2。

各档次室内装饰造价指标如表 1-14。

室内装饰工程造价指标经验数据表 **表 1-14**

档次	造价指标	地面材料	墙面材料	天棚材料
高档	1200 ~ 1500 元 /m^2	石材	大理石、面砖、高级涂料	金属吊顶、高档石膏板
中档	800 ~ 1200 元 /m^2	玻化地砖 /PVC 卷材	中档涂料、面砖	石膏板吊顶
低档	500 ~ 800 元 /m^2	防滑地砖 /PVC 卷材	普通涂料	普通涂料，局部石膏板

[1] 造价参考指标为综合单价，包括人工、材料、机械、管理费、利润、规费、税金等。

屋顶绿化造价指标

屋顶绿化根据项目的不同建设标准，大致有以种植蕨类植物为主、铺装及简单的苗木植物、灌木及具有较好观赏性的苗木植物等。具体造价指标见表1-15。

屋顶绿化工程造价指标经验数据表 **表1-15**

序号	屋顶绿化类型	做法	参考指标
1	屋面绿化	以种植蕨类植物为主	100～150元/m²（屋面绿化面积）
2	屋面绿化	铺装及简单的苗木植物	300～450元/m²（屋面绿化面积）
		灌木及具有较好观赏性的苗木植物	500～700元/m²（屋面绿化面积）

医用电梯造价指标经验数据表[1] **表1-16**

序号	建筑类型	国产	进口
1	多层	35～40万元	70～100万元
2	小高层	45～50万元	90～130万元
3	高层	60～70万元	120～180万元

[1] 进口医用电梯价格一般为国产电梯价格的2～3倍。

造价走势分析

近几年与建造标准、结构形式、建筑安全性、人工、材料相关的建造成本有了大幅上涨，与医疗功能相关的设施（如供氧吸引系统、手术室系统）的造价也有一定的上涨。

随着人工成本的大幅上涨，人工费比例将上升，建筑材料费比例将下降，但是近年来及未来，建筑材料费的绝对数值仍将稳步上升。而在工程建设中，建筑材料费用占整个建筑成本的60% ~ 70%。因此，合理使用建筑材料，减少建筑材料消耗，对于降低工程成本具有重要的意义。

当然，近年来新材料、新概念、新技术的引入又导致了综合医院建造成本的上升。可以预见的是未来几年随着人类对医疗舒适性的需求和医院智能化的提升，造价还会快速上升，特别是民营企业投资的医院。

造价主要影响因素

1. 总平面布置

在满足规划要求的前提下，项目总平面布置方案关系到建设基地的土地利用、建筑物位置和工程管网长度，影响到工程的土石方工程量、单位建筑面积的用地费用、总体道路、硬地、绿化及管线工程费的高低。

• 现场条件

地质、水文、气象条件影响基础形式选择、基础埋深；地形地貌影响平面及室内外标高确定；场地大小、邻近建筑物地上附着物等影响平面布置、建筑层数、基础形式及埋深。

• 占地面积

占地面积一方面影响征地费用的高低，另一方面影响管线布置成本和项目建成运营的运输成本。

因此在满足建设项目基本使用功能的基础上，尽可能节约用地。

• 功能分区

合理的功能分区既可以使建筑物的各项功能充分发挥，又可以使总平面布置紧凑、安全。对于医疗建筑，合理的功能分区还可以使就医流程顺畅，从全生命周期造价管理考虑还可以使运输简单，降低项目建成后的运营成本。

2. 建筑的平面布置

平面形状直接影响外墙的建造成本，通常情况下，建筑物周长系数 *K* 周（建筑物外墙周长与建筑面积比，即单位建筑面积所占外墙长度）越低，设计越经济。*K* 周按圆形、正方形、矩形、T 形、L 形的次序依次增大。

由于圆形建筑施工复杂，施工费用一般比矩形建筑增加 20% ~ 30%，所以其墙体工程量所节约的费用并不能使建筑工程造价降低，而且很多情况下圆形的弧形部分面积实际利用率低。所以一般建造矩形和正方形建筑，既有利于施工，又能降低造价和使用方便。

3. 空间组合

• 层高：

在建筑面积不变的情况下，层高增加会引起各项费用增加。根据不同性质的工程综合测算，建筑层高每增加 10cm，相应造成建安造价增加约 2% ~ 3%。

• 层数：

层数不同，荷载不同，对基础的要求不同，同时也影响占地面积和单位面积造价。一般多层建筑为 1 ~ 6 层，小高层建筑为 7 ~ 14 层，高层建筑为 15 ~ 32 层，超高层建筑为 33 层以上，在确定的各范围段内，选择接近临界点的层数最为经济。

4. 结构方案和建筑材料的选定

建筑结构方案的选择主要受建筑的高度、跨度、荷载、使用功能等各方面的影响，其中合理确定柱网和结构体系是关键。采用合适的结构形式和轻质高强度的建筑材料，能减轻建筑物的自重，简化和减轻基础工程，减少建筑材料和构配件的费用及运输费。但是，如果建筑结构方案选择不合理，会造成建筑结构费用和措施费用的增加。一般来说，单方造价指标砌体结构、钢筋混凝土框架结构、钢筋混凝土框架 - 剪力墙结构、钢结构等依次增加。

• 桩基选型方案

桩基经济性优选原则一般为，预制桩优于灌注桩；空心桩优于实心桩；小直径桩优于大直径桩；长桩优于短桩；方桩优于管桩；尽量减少接桩。

• 地下室埋深及基坑围护方案

基坑围护造价最主要的决定因素是基坑开挖的深度，因此合理设置地下室的面积、层数和其功能定位以降低开挖深度就起了决定性作用。在地下室的面积、层数和层高确定后，以经济角度考虑，原状土放坡、土钉墙（喷锚支护）、钢板桩、水平支撑、水泥挡土墙、钢筋混凝土（灌注桩）排桩、地下连续墙支护、地连墙 + 支撑等造价依次增加。

• 建筑物的体积与面积：

建筑物尺寸的增加，一般会引起单位面积造价的降低。对于同一项目，一般情况下，单位建安费用会随着建筑体积和面积的扩大相应减少。对于民用建筑，结构面积系数（结构面积与建筑面积之比）越小，有效面积越大，设计越经济。

5. 机电设备系统方案的选定

建筑的供水、供电、供气、供暖等设备系统的配置方案对建筑使用能源的选择将影响项目的设备购置费和管线安装费，还会影响建筑的运行费用。

6. 机电设备及建筑材料的选择及配备

设备材料造价约占工程费的 60% ~ 70%，设备材料的价格受供求规律、产地（国产、进口）、技术及等级要求（高、中、低档）、政府宏观调控政策等多种因素的影响，因此，设备材料的选择及配备是影响工程造价的主要因素。

中国卫生资源概况

统计数据表明，我国与发达国家相比，医疗总支出和国民健康综合水平还存在较大的差距（表1-17），医疗卫生资源的健全和发展还任重而道远。

各国医疗支出和国民健康综合水平统计数据表 **表1-17**

国家	医疗总支出人均（美元）	占国内生产总值的比例	出生率每千人	人均预期寿命
中国	138.7	4.2	12.3	72.4
新加坡	1169.1	3.2	8.3	80.1
韩国	1515.3	7.2	9.9	79.1
日本	3137.8	8.1	8.0	82.5
英国	4184.6	8.8	12.1	79.5
加拿大	4796.0	10.2	11.0	80.6
澳大利亚	4402.8	8.8	12.7	81.3
美国	7422.5	15.4	14.3	78

医院发展的现状

1. 医疗基本设施的更新与完善

人口的自然增长与社会保障制度的不断完善对医疗卫生设施的更新和完善提出新的要求。同时医学科学的进步与医疗设施的发展也对医院的更新发展提出了更高的要求。另一方面由于建设标准的提高和抢占市场资源的需求，越来越多的超大型医院[1]乃至医疗城的新建也在引起我们的反思。

2. 医疗保障制度的进步

2009年发布的《关于深化医药卫生体制改革的意见》摒弃了此前改革过度市场化的做法，承诺强化政府在基本医疗卫生制度中的责任并不断增加投入。人人享有基本医疗卫生服务的目标，让医疗回归公益属性。

3. 城市化对医院发展的推动

城市化的进程和演变对医疗建筑的布局产生直接的影响。大型医院由工业时代的面向城市居民的独立建筑向面向区域人口的医疗城、医疗中心转化，这些变化都使得原有的医疗体系和隶属关系需要做适应性的调整。

4. 服务型社会对医院的要求

在服务型的社会中，病人和家属首先开始要求对医疗服务的知情权，进而要求病人对医疗方案的选择权，要求医生能够提供针对病人个体需求的医疗服务。在这样一个服务型的社会中，科学医学所带来的医生委托托管、控制主导的权利将逐渐被医生和病人之间的平等合作关系所替代。

5. 老年化对医疗设施的需求

人口老龄化对医疗保健的发展产生了深刻影响：一、疾病治疗特别是慢性病的治疗需求，二、保健康复和生活照顾的需求。可以预测建设符合老年人生理需要和心理需求的医疗设施将成为中国医疗建筑的重要发展方向。

[1] 超大型医院是指总床位数超过1000床的医院。欧美发达国家的研究表明医院的合理规模在300 ~ 600床范围内。我国现行的《综合医院建设标准》建标110—2008也明确表述不宜建设超过1000床的医院，正在修订中的《综合医院建设标准》增加了1000床以上规模医院的表述。

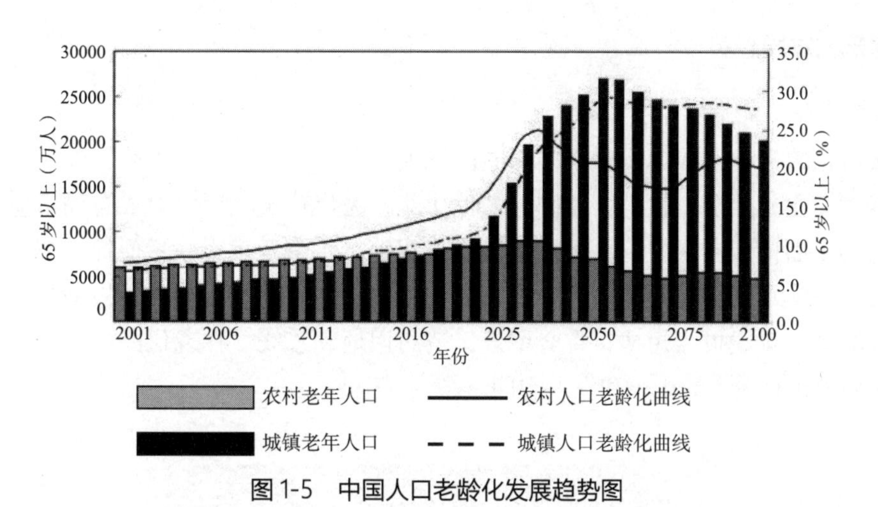

图 1-5 中国人口老龄化发展趋势图

6. 合理控制医院床位数量

1950 年至 1980 年，我国居民的医院病床拥有量从 0.147 床 / 千人增至 1.94 床 / 千人；1980 年至 1990 年，发展到 2.39 床 / 千人（城市人均床位指标已达到 3.50 床 / 千人），根据卫生部发布的最新统计数据，2011 年全国达到 3.81 床 / 千人，从资源拥有量来看，与世界中等发达国家持平。

但与此相反，同期世界发达国家人均病床拥有量却呈负增长状态：如美国从 11 床 / 千人降至 5.86 床 / 千人。产生这一变化有两个原因：一方面，人们的医疗需求量降低；另一方面，通过提高医疗水平、改善医院经营管理，缩短了患者住院时间（平均住院时间为 7 天左右），减少了实际病床需求量。由此可见，医院建筑规模不是无限制增长的。

医院建设发展历程

我国城市及县医院建设和农村卫生院建设的发展是交替进行的，大约十年左右形成一个发展周期。在经历了上一轮医院建设发展高潮期后，政府将把工作重点放在强化基层医疗卫生机构建设，限制中心城市超大型医院建设的方向上来。根据过去的建设经验，既有医院的改扩建周期在 8 ~ 10 年。据此判断，经过 1998 年至 2010 年的城市医院建设发展高潮后，改建、扩建将是近期及未来五年医院项目的主要形式。

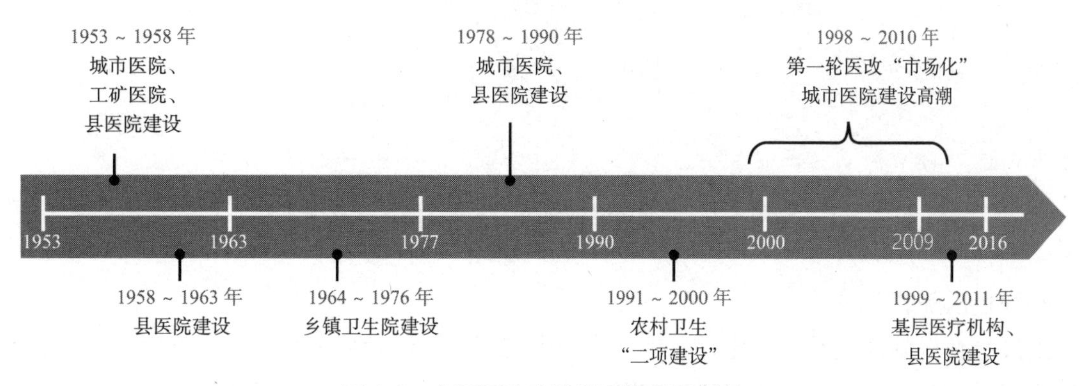

图 1-6 中国医院建设发展概况示意图

医院建筑的发展趋势

1. 功能复合化、布局集中化趋势

随着城市化的推进，社会需要更多面向区域人口的医疗城、医疗中心，除了医疗功能以外还引入疗养、文化、生活、教育、科研等多种功能。医疗建筑采用集中式布局是应对复杂的医疗功能组合的平面构成方式之一，优点是医疗流程短、水平及垂直联系便捷、节约土地。苏州大学附属第一医院平江分院为采用集中式布局成功案例，该项目功能关系极为紧凑，各部门之间均为内部联系，流线极为短捷，省时增效，节约用地和管线。在现代医疗科技和经济实力的支持下，这种模式有较大的生存和发展空间。

图 1-7 苏州大学附属第一医院平江分院航拍图[1]

2. 预留发展空间的探索

随着社会经济发展，医院的建设也在不断发展，在设计医院建筑时病房部、门诊部、医技部都要留有扩建的空间，总平面和立面设计也应预留扩建、改建的可能。

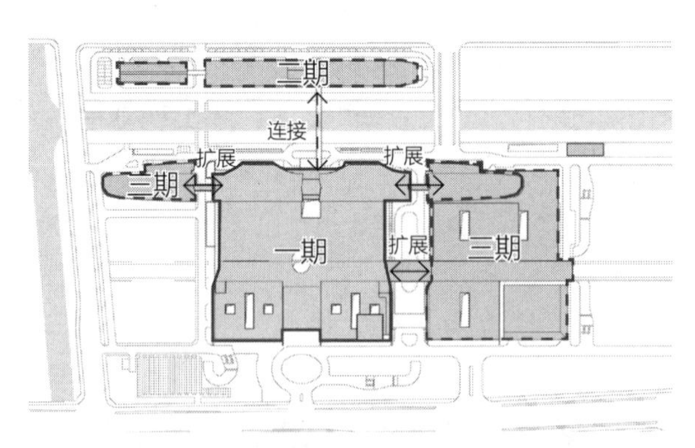

图 1-8 苏州大学附属第一医院分期示意图[2]

3. 绿色医院的发展

发展绿色医院建筑是医院建设和运行管理中贯彻可持续发展理念的一个重要途径，是未来医院建设的主导趋势。绿色医院评价应因地制宜，统筹考虑并正确处理其作为城市生命线、确

[1] 苏州大学附属第一医院平江分院位于苏州平江新城。一期 1500 床，建筑面积 19 万 m^2，用地面积 100 亩。医院布局集中、功能紧凑、流线便捷。

[2] 苏州大学附属第一医院平江分院二期工程将一期的医疗街进行延伸扩展，生长出对应的医院功能。合理的交通及空间预留设计为将来的扩建改建提供了良好的基础条件。

保人的生命安全与建筑全寿命周期内，最大限度地节约资源满足医疗功能与建筑功能之间的辩证关系。通过合理规划、精心设计、确保功能、遵守流程、安全配置各类设施、采取节能、节地、节水、节材等相关措施，最大限度地保护环境和减少污染，提供安全高效的使用空间，使之与自然和谐共生。

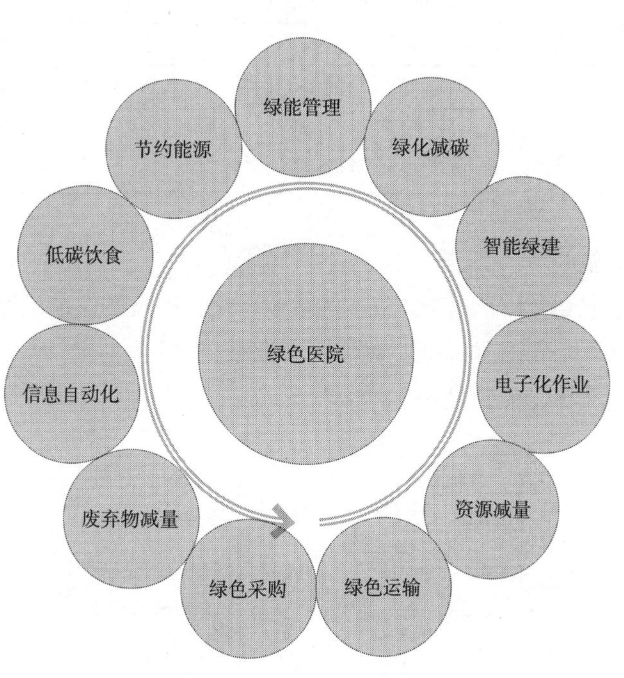

图 1-9　绿色医院系统图

4. 数字化医院的发展

信息化和网络化的发展带来医疗建筑形态的转变。信息技术的发展使医院与医院之间的信息传递和联系变得更加方便，医院之间的从属关系也随之发生变化。同时，医疗信息化将对医院内部管理和建筑空间形态变化产生影响。

5. 分级转诊制度 [1]

建立分级诊疗制度，是合理配置医疗资源、促进基本医疗卫生服务均等化的重要举措。预计在未来几年内，分级转诊医疗服务体系将基本构建；基层首诊、双向转诊、急慢分治、上下联动的分级诊疗模式逐步形成。医院设计应响应政策引导，设计布局合理、规模恰当、功能完善、富有效率的医院建筑。

6. 综合医院专科化发展

越来越多的综合医院根据自身业务特长，发展优势学科，由以往的大综合模式向专科中心模式转变。医院布局按照不同病种，集中布置相关诊查治疗用房，提高相关科室的配合效率，缩短病人移动距离，但在一定程度上会加大硬件和人力的投入。

其他相关

1. 人防医疗救护工程

人防医疗救护工程是战时对伤员独立进行早期救治工作的人防工程。为了充分发挥医疗设

[1]　2015 年，《国务院办公厅关于推进分级诊疗制度建设的指导意见》以提高基层医疗服务能力为重点，以常见病、多发病、慢性病分级诊疗为突破口，完善服务网络、运行机制和激励机制，引导优质医疗资源下沉，形成科学合理就医秩序，逐步建立符合国情的分级诊疗制度，切实促进基本医疗卫生服务的公平可及。

施的作用，合理配备医疗设备，满足战时的不同要求，根据伤情特点，人防医疗工程划分为三个等级，其战时任务和规模详下表。中心医院和急救医院应避开城市重点目标，并宜结合地面医院进行建设。救护站宜根据城市战时留城人口的分布情况合理布局。

人防医疗工程分类表 表1-18

等级	名 称	规 模	战 时 任 务
一等	中心医院	4500 m²	对伤员的早期治疗和部分专科治疗
二等	急救医院	3000 m²	对伤员的早期治疗
三等	救 护 站	1500 m²	对伤员的紧急救治

2. 医院建筑隔震措施

医院在抗震救灾中起到救治、救护、急救的重要作用，不仅要保证不倒，还要能够正常运转。近年来，发达国家特别是日本，对医院建筑设计的理念已经发生变化，从抗震设计逐渐转向隔震、消能减震设计，将地震破坏降低到最小。

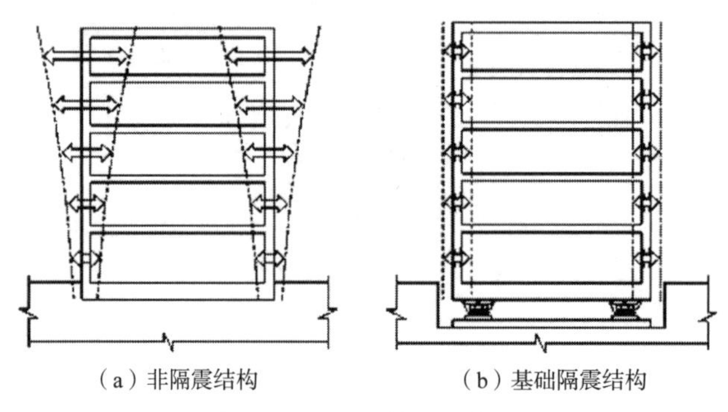

（a）非隔震结构 （b）基础隔震结构

图1-10 隔震基础示意图

CHAPTER

第2章　工艺设计

定义

医疗工艺设计[1]是指合理确定医院的医疗流程以及医疗设备和其他相关资源的配置，使得医院的运行最优。

医院的床位数[2]规模、特色科室、所处的地域、管理模式等不尽相同，医院的建设无法完全按统一的标准不加区分，应根据具体条件进行针对性的医疗工艺设计，完善设计任务书。

设计内容

医疗工艺设计的主要内容包括：

医疗业务结构：是在宏观的层面确定医院的建设和运营方向。

功能和规模：根据确定的医疗业务结构关系，确定科室的设置内容，确定各类面积指标（总建筑面积、科室面积、房间面积等）。

相关医疗流程：解决医院七项设施[3]之间的相互关系、功能区内科室之间以及科室内部房间之间的相互使用关系。

医疗设备：确定医院各类医疗设备的数量，特别是甲乙类大型医疗设备的数量。

技术条件和参数：确定医疗设备及医疗专项的技术条件和参数，包括土建、净化、防护等要求。

术语解释

流程设计，是指医院工艺设计的各个阶段均涉及的功能区，功能单元之间或功能单元内部的流线关系。不同工艺设计阶段涉及的工艺流程等级不同，详见工艺流程分级内容。

功能区，是指医院中的七项设施对应的医疗功能区，分别是门诊、急诊（救）、医技、住院、保障系统、院内生活、行政管理。

功能单元，是医疗系统中具有独立专业、专科分工的基本功能单位，对应设计中各科室。

编制（核定）床位数，是医院主管部门对新建、改建、扩建等医院核准可建的床位数，是医院设计的基础性指标。

设计阶段

医院工艺设计分为三个阶段，即工艺规划设计、工艺方案设计和工艺条件设计。

工艺规划设计主要是为医院项目建议书阶段服务，为项目立项提供宏观的支持。工艺规划设计通过对周边医疗资源的调查，结合自身的资金管理等情况，确定医院的定位、规模等宏观目标，设计的重点是医疗策划。

工艺方案设计阶段主要为编制项目设计任务书及建筑方案设计服务。根据工艺规划设计确定的定位、规模对医疗区、科室的面积规模进行定量。确定医院的一级流程，细化科室内部房间数量及面积大小，提出科室内的二级流程要求，同时确定医疗设备的数量要求。

工艺条件设计主要为初步设计及施工图设计服务，明确各项医疗专项及医疗设备的土建技术条件及参数。

工艺设计的三个阶段分别针对医院建设项目的不同阶段由宏观至微观提出医疗功能需求。三个阶段之间没有绝对的界限，设计过程中经常会产生交叉重叠。

---

[1] 详见工艺设计分级系统。

[2] 床位数是医院建设、运营等规划的规模计算中的最重要指标。一般根据地区医疗机构计划批复确定。

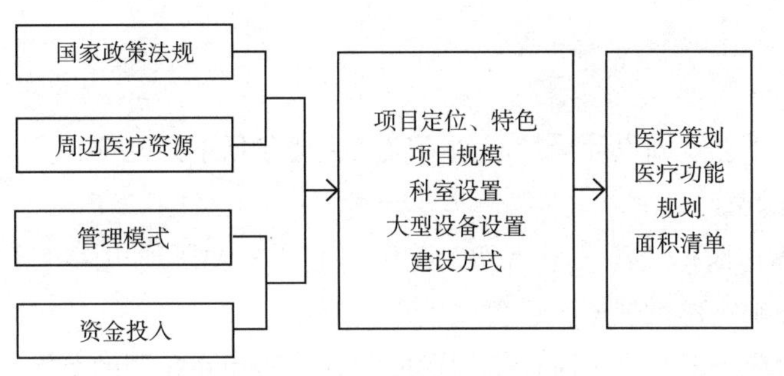

图 2-1 医疗工艺规划设计流程图

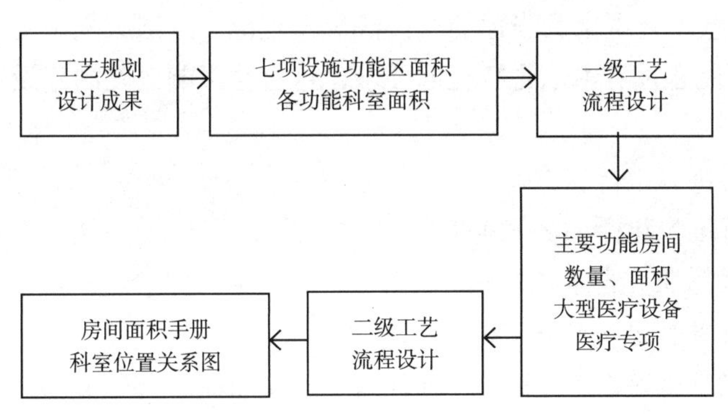

图 2-2 医疗工艺方案设计流程图

医疗工艺设计阶段内容表 **表 2-1**

阶段		工艺规划设计	工艺方案设计	工艺条件设计
工作内容	科室设置	总体床位数 重点科室设置 日门急诊量	科室数量 科室内容 主要医疗功能房间数量	所有各类房间数量
	医疗流程	—	功能区之间的总体流程 一级医疗工艺流程 二级医疗工艺流程	房间内设备、家具布置
	指标计算	总建筑面积 功能区面积	各科室面积指标 主要功能房间面积指标	各类房间的面积指标及房间尺寸要求
	医疗专项	对建设影响较大的甲类大型医疗设备 （例质子治疗系统）	医疗设备数量 医用专项系统配置内容 大型医疗设备土建要求（承重，防护等）	医疗设备的土建、机电安装要求 医疗专项系统土建、机电安装要求、直线加速器等大型医疗设备的防辐射防护及屏蔽要求
	其他	管理模式 医院的外包服务 资金投入	—	—

主要内容

医疗策划是医疗工艺规划设计最核心的内容，主要包括下列几项：

1. 周边医疗资源调查

医院的建设与周边医疗资源关系密切，建设前应充分调研周边医疗资源，根据医院的服务半径及国家政策合理确定建设规模，避免产生重复建设。

医院科室设置时应考虑与周边医疗机构形成互补，避免在相同的范围及层面恶性竞争。

2. 法规、规范

医院的医疗策划应符合国家及当地的有关法规及规范。除国家统一的规定外，当地卫生主管机构可能对综合医院建设有本地化特色的要求，这也会影响医院的建设。与医院建设有关的法规规范主要包括：

《医疗机构基本标准（试行）》2017

《综合医院建设标准》建标 110—2008

《传染病医院建设标准》建标 173—2016

《急救中心建设标准》建标 177—2016

《医疗机构设置规划指导原则（2016—2020 年）》国卫医发〔2016〕38 号

《综合医院康复医学科基本标准（试行）》卫医政发〔2011〕47 号

《二级综合医院评审标准（2012 年版）》卫医管发〔2012〕2 号

《三级综合医院评审标准（2011 年版）》卫医管发〔2011〕33 号

《综合医院建筑设计规范》GB 51039—2014

《重症医学科建设与管理指南（试行）》卫办医政发〔2009〕23 号

《病区医院感染管理规范》WS/T 510—2016

《二、三级综合医院药学部门基本标准（试行）》卫医政发〔2010〕99 号

《医疗机构血液透析室基本标准（试行）》卫医政发〔2010〕32 号

《综合医院康复医学科建设与管理指南》卫医政发〔2011〕31 号

《医院急诊科规范化流程》WS/T 390—2012

《医院洁净手术部建筑技术规范》GB 50333—2013

《医疗机构输血科（血库）建设规范》DB12/T 751—2017；

3. 医院运营管理模式（医院向外委托业务内容[1]等）

医院运营管理模式直接影响医院的工艺设计，应结合医院本身的条件进行合理组织。医院的科室设置、面积规模等不同，医院的管理模式应相应调整，保证医院的医疗效率达到最高。

根据当地医疗卫生配套产业的发展，医院中的中、西药制剂室、洗衣房等功能可选择外包服务，当部分功能选择外包服务时，所属功能区的面积应相应减少；当选择《综合医院建设标准》建标 110—2008 中未包含的功能房间时，譬如有些医院因为液氧供应代价较高而选择院内制氧，所属功能区的面积可相应增加。

4. 医院建设资金及对未来发展的预估

根据医院建设规模及学科规划分析，对新建医院的初步投资规模进行分析，使投资者了解投资规模和资金使用计划。

[1] 医院向外委托业务，主要指将医院内的工作、业务委托给外部专业机构。目的在于减少人工费、简化组织、管理，减轻初期投资等。具体有被服清洗、标本检查、废弃物处理和供餐服务等。

根据投资者的投资规模和医院发展提出分期建设的建议，供投资者决策。

5. 医院定位与特色

确立医疗产业的战略目标，对新建医院项目的定位及将来的目标市场进行研究。从项目所在区域、服务、医疗、管理、收费等方面进行分析，对于新建医院的主要学科设立进行分析，确立重点建设和发展的医疗学科。

6. 规模（批复床位数及医疗工作人员数量[1]）

医院的总床位数由卫生主管部门按照卫生事业发展规划核定，工艺设计根据核定的床位数确定综合医院的诊床比并计算出用地面积、总建筑面积等各项指标。

不同科室临床人员、行政人员、后勤人员等的数量直接影响到相应医疗用房的面积。

部分知名医院定位、特色表 **表 2-2**

名称	特色	临床中心
北京协和医院	侧重于基础研究，所有科室几乎都是国内顶尖水平	—
上海华山医院	皮肤科、神经内科、神经外科、手外科、运动创伤科	—
上海中山医院	心内科、呼吸内科、血管外科、消化内科、肝肿瘤内外科	血管外科中心、分部肿瘤中心、器官移植中心
上海瑞金医院	心内科、高血压科、血液科、烧伤科、小儿哮喘、小儿内分泌疾病	血液中心、内分泌中心、体检中心
上海仁济医院	消化内科、神经内科、风湿免疫科、泌尿外科、妇产科、儿科、中医科	消化疾病、风湿疾病

综合医院规模表 **表 2-3**

名称	总建筑面积	床位数	门诊量	医护人员数量
苏州市第九人民医院	30 万 m^2	2000 床	设计日门诊量 7000 人	2500 人
苏州大学附属第一人民医院平江分院	22 万 m^2	1500 床	设计日门诊量 5000 人	1800 人
上海市瑞金医院	30 万	1800 床	年门诊量约 350 万	3800 人
简阳市人民医院	11 万	1600 床	年门诊量约 90 万	1850 人
沂源县人民医院	4 万	750 床	年门诊量约 36 万	910 人

[1] 医院工作人员中，除医生、护士之外，也广义的包括医疗事业职员、医疗社会事业工作者等。

医学学科[1]与医院科室

学科是相对独立的知识体系。是根据学科研究对象的客观、本质属性和主要特征及其之间的相关联系，划分不同的从属关系和并列次序，组成的有序学科分类体系。

临床医疗科室的编设应在上级的统一规划下，根据医院的专科任务、床位数和业务技术发展的需求有计划按比例均衡发展。医院科室的划分大体上有以下几种方式：按诊疗手段分内科、外科、放射诊断、治疗科等；按诊疗对象分妇产科、小儿科、老年病科等；按病种分肿瘤、传染病、结核病、精神病、遗传病、糖尿病、风湿病等；按人体器官分眼科、耳鼻喉、口腔、神经、呼吸、消化、内分泌等；按系统综合分神经科（神经内科与神经外科）、消化科（包括内、外科、病理、放射等有关专业）等；按技术设备分功能检查中心、影像中心、中心摆药室等。

医院科室的设置与医学的学科设置既有一定的对应关系，又有所区别。

医药科学一级学科及代码：

310　基础医学

320　临床医学

330　预防医学与卫生学

340　军事医学与特种医学

350　药学

360　中医学与中药学

临床医学二级学科及代码：

320.11　临床诊断学

320.14　保健医学

320.17　理疗学

320.21　麻醉学

320.24　内科学

320.27　外科学

320.31　妇产科学

320.34　儿科学

320.37　眼科学

320.41　耳鼻咽喉科学

320.44　口腔医学

320.47　皮肤病学

320.51　性医学

320.54　神经病学

320.57　精神病学（包括精神卫生及行为医学等）

320.58　重症医学

320.61　急诊医学

320.64　核医学

320.65　全科医学

320.67　肿瘤学

320.71　护理学

[1]　详细学科分类见《学科分类与代码》GB/T13745-2009中规定。

320.99　临床医学其他学科

门诊部科室组成表　　表 2-4

门诊部	内科
	外科
	妇科
	产科
	眼科
	预防保健科
	儿科
	眼科
	耳鼻喉科
	口腔科
	皮肤科
	传染科
	中医科
	健康科 / 理疗科

医技部科室组成表　　表 2-5

医技部	药房 / 药剂科
	化验室 / 检验科
	X 光室 / 放射科
	中心供应
	手术部
	麻醉科
	病理科
	血库 / 输血科
	病案室
	核医学科
	功能检查
	介入治疗
	放疗科
	内窥镜

门诊中的眼科、耳鼻喉科、口腔科可合并设置。

住院部科室组成表　　表 2-6

住院部	外科	外科	普通外科
	内科		肝胆外科
	妇产科		肠胃外科
	儿科		肛肠外科
	老年科		心胸外科
	神经科		骨科
	精神科		神经外科
	皮肤病科		泌尿外科
	五官科		整形外科
	肿瘤科		烧伤科
	康复理疗科		心脏外科
	口腔科		血管外科
	中医科		乳腺疾病科
	中西医结合科		胰腺外科
	传染病科		肠外肠内营养
	特需病科		肝脏外科
	血液透析室	内科	心血管科
	重症监护室 ICU		血液科
重症监护室 ICU	外科监护室 SICU		呼吸科
	内科监护室 MICU		消化科
	心血管监护室 CCU		内分泌与代谢科
	儿科监护室 PICU		胃病科
	新生儿监护室 NICU		风湿病科
妇产科	妇科	五官科	眼科
	产科		耳鼻喉科

急诊部功能组成表　　表 2-7

部分	功能
急救	抢救室
	手术室
	监护室
	紧急处置室
急诊	诊查室
	治疗室
	清创室
	换药室
医技部分	病历室
	药房
	化验室
	X 线诊断室
	功能检查室
公共部分	接诊分诊
	护士站
	收费室
	挂号室
	输液室
	观察室
	值班更衣室
	污洗室
	杂物储藏室
	厕所

门诊部功能组成表　　表 2-8

部分	功能
公共部分	门厅
	挂号
	问讯
	预诊
	分诊
	收费
	门诊药房
	候诊
	门诊办公
	公共卫生间
各科诊区	各科诊室
	治疗室
	处置室
门诊检查、治疗用房	门诊检验
	门诊采血
	门诊输液
	注射
	门诊手术

医技部功能组成表　　表 2-9

部门	区域	功能
介入治疗	换床区	换床间
		登记室
		公共休息区
	准备恢复区	术前准备
		术后恢复
		麻醉工作室
	导管区	导管室
		控制
		设备机房
		导管库
		无菌物品
		铅衣存放
		一次性物品
		药品库
		器械库
	污物处理	消毒间
		洗消间
		污物库房

续表

<table>
<tr><td rowspan="6">功能检查</td><td colspan="4">心电图室</td></tr>
<tr><td colspan="4">运动平板室</td></tr>
<tr><td colspan="4">动态心电图室</td></tr>
<tr><td colspan="4">心肺功能检查室</td></tr>
<tr><td colspan="4">脑电图室</td></tr>
<tr><td colspan="4">超声波检查室</td></tr>
<tr><td rowspan="24">手术部</td><td rowspan="4">患者准备区</td><td rowspan="2">必备</td><td colspan="2">换床</td></tr>
<tr><td colspan="2">登记 / 准备</td></tr>
<tr><td rowspan="2">选配</td><td colspan="2">家属等候室 / 卫生间</td></tr>
<tr><td colspan="2">谈话室</td></tr>
<tr><td rowspan="20">手术区</td><td rowspan="7">必备</td><td colspan="2">标准手术室 / 刷手</td></tr>
<tr><td colspan="2">护士站</td></tr>
<tr><td colspan="2">无菌敷料室 / 一次性品库</td></tr>
<tr><td colspan="2">复苏</td></tr>
<tr><td colspan="2">消毒 / 麻醉器械储藏室</td></tr>
<tr><td colspan="2">消毒室 / 清洗室 / 污物间</td></tr>
<tr><td colspan="2">库房 / 推车存放处</td></tr>
<tr><td rowspan="6">选配</td><td colspan="2">特殊手术室 / 手术准备室</td></tr>
<tr><td colspan="2">术后监护室</td></tr>
<tr><td colspan="2">石膏室</td></tr>
<tr><td colspan="2">冷冻切片室</td></tr>
<tr><td colspan="2">手术器械消毒灭菌室</td></tr>
<tr><td colspan="2">麻醉室</td></tr>
<tr><td rowspan="7">医护辅助区</td><td rowspan="4">必备</td><td>卫生通过</td></tr>
<tr><td>库房</td></tr>
<tr><td>男女值班室</td></tr>
<tr><td>医护办公室</td></tr>
<tr><td rowspan="3">选配</td><td>医护休息室</td></tr>
<tr><td>麻醉医生办公室</td></tr>
<tr><td>会诊室 / 示教室</td></tr>
<tr><td rowspan="13">中心供应室</td><td rowspan="13">工作区</td><td rowspan="6">去污区
（污染区）</td><td colspan="2">污物接受</td></tr>
<tr><td colspan="2">清洗 / 分类</td></tr>
<tr><td colspan="2">污物存放</td></tr>
<tr><td colspan="2">纯水制备间</td></tr>
<tr><td colspan="2">器械清洗</td></tr>
<tr><td colspan="2">污车清洗</td></tr>
<tr><td rowspan="7">检查包装及
灭菌区
（清洁区）</td><td colspan="2">敷料库</td></tr>
<tr><td colspan="2">辅料打包 / 器械分类</td></tr>
<tr><td colspan="2">灭菌</td></tr>
<tr><td colspan="2">低温打包</td></tr>
<tr><td colspan="2">蒸汽发生间</td></tr>
<tr><td colspan="2">质检</td></tr>
<tr><td colspan="2">洁具间</td></tr>
</table>

续表

中心供应室	工作区	无菌物品存放区	无菌品库 / 一次性用品库
			拆包间
			洁车存放
			物品发放
	辅助区	辅助生活区	换鞋 / 更衣室 / 浴厕
			值班室
			休息室
			办公室
			护士长办公室
			示教室会议室
检验科	储藏室	库房	
		冷冻室	
		冷藏室	
	辅助用房	水处理间	
		UPS 间	
		污洗间	
		消毒间	
	普通查区	临床检验室	
		空间的自动分析仪区	
		免疫荧光室	
	微生物、真菌、病毒检测区	真菌培养	
		接种	
		仪器	
		鉴定	
		分析	
		PCR 分析	
		（HIV）病毒分析	
		鉴定	
内窥镜	术前准备术后恢复区	术前准备	
		术后恢复	
		麻醉库房	
		麻醉工作室	
	治疗诊断区	内窥镜操作间	
		内窥镜消毒间	
		镜库及辅料库房等	
	污物处置	洗消间	
		污洗库房	
病理科	收件		
	冷冻		
	取材（切片）		
	制片		
	染色		
	特殊染色		
	免疫组化		

续表

<table>
<tr><td rowspan="8">病理科</td><td colspan="2">TCT</td></tr>
<tr><td colspan="2">分子病理</td></tr>
<tr><td colspan="2">诊断室</td></tr>
<tr><td colspan="2">PCR 分析</td></tr>
<tr><td colspan="2">会诊室</td></tr>
<tr><td colspan="2">资料库</td></tr>
<tr><td colspan="2">洗涤</td></tr>
<tr><td colspan="2">消毒以及病理解剖</td></tr>
<tr><td rowspan="4">高压氧舱</td><td colspan="2">登记室</td></tr>
<tr><td colspan="2">诊室</td></tr>
<tr><td colspan="2">氧舱间</td></tr>
<tr><td colspan="2">机房</td></tr>
<tr><td rowspan="6">放射影像</td><td colspan="2">X 光</td></tr>
<tr><td colspan="2">CR</td></tr>
<tr><td colspan="2">DR</td></tr>
<tr><td colspan="2">CT</td></tr>
<tr><td colspan="2">MRI</td></tr>
<tr><td colspan="2">DSA</td></tr>
<tr><td rowspan="25">药房与药剂中心</td><td rowspan="4">门诊药房</td><td>发药处</td></tr>
<tr><td>调剂室</td></tr>
<tr><td>药库</td></tr>
<tr><td>办公 / 值班 / 更衣</td></tr>
<tr><td rowspan="4">住院药房</td><td>摆药房</td></tr>
<tr><td>药库</td></tr>
<tr><td>发药厅</td></tr>
<tr><td>办公 / 值班 / 更衣</td></tr>
<tr><td rowspan="3">中药房</td><td>中成药库</td></tr>
<tr><td>中草药库</td></tr>
<tr><td>煎药室</td></tr>
<tr><td rowspan="5">一级药品库</td><td>验货区</td></tr>
<tr><td>阴凉库 / 冷库</td></tr>
<tr><td>一级药品库</td></tr>
<tr><td>贵重药品库</td></tr>
<tr><td>办公 / 值班 / 更衣</td></tr>
<tr><td rowspan="9">静脉配置中心</td><td>中转库</td></tr>
<tr><td>摆药区</td></tr>
<tr><td>审核区 / 校对区</td></tr>
<tr><td>普通配置室</td></tr>
<tr><td>抗生素配置室</td></tr>
<tr><td>一次更衣 / 二次更衣</td></tr>
<tr><td>清洗</td></tr>
<tr><td>发放</td></tr>
<tr><td>值班 / 更衣 / 卫生间</td></tr>
</table>

续表

输血科、血库	血库		血液贮存室
			配血室
			发血室
			输血治疗室
			血型血清学实验
			洗涤室
			值班室
	输血科		血库
			血液处置室
			教学示教室
			库房
			资料档案室
			工作人员办公室
			生活区
放疗科	治疗机房		后装机
			钴 60 机
			直线加速器
			γ 刀
			深部 X 射线治疗
			质子、重离子治疗
	控制室		
	治疗计划室		
	模拟定位室		
	物理室（模具室）		
	模具存放		
核医学科	必备	控制区	储源室
			分装室
			注射室
			病人等候室
			PET–CT 检查室
		监督区	控制室
			设备间
		非限制区	病人专用厕所
	选配	监督区	功能测试室
			运动负荷试验室
		监督区	医办
			护士站

行政管理及院内生活功能组成表 **表 2-10**

行政管理	办公用房
	计算机房
	图书馆
院内生活	职工食堂
	单身宿舍
	浴室

住院部功能组成表 表 2-11

住院部	出入院处	必备	出入院大厅
			手续办理 / 收费处
		选配	商务中心
			理发室 / 餐厅
			出入院卫生处理
			银行 ATM 机
	护理单元	必备	病房 / 卫生间
			抢救室
			护士站
			治疗室
			处置室
			医生办公室
			值班室
			医护人员卫生间
			主任办公室
			库房
			污洗间
			配餐间 / 开水间
		选配	特殊治疗用房
			重点护理病房
			病人活动室
			晾晒间
			示教室
			专家办公室

保障系统功能组成表 表 2-12

保障系统	营养食堂	厨房
		辅助
	洗衣房	收件
		分类
		浸泡消毒
		洗衣
		烘干
		熨平
		缝纫
		贮存
		分发
		休息
		更衣
	太平间	停尸间
		告别室
		解剖室（相关房间由病理科管理）
		标本室及值班
		更衣厕所
		器械
		洗涤
		消毒间
	总务库房	
	设备机房（机电用房详见机电设计）	
	垃圾处置（分医疗废弃物、生活垃圾）	

分类

医疗工艺设计阶段研究的对象，可分为三级目标体系，即医疗功能区、医疗功能单元（科室）[2]、医疗功能房间。

流程，是指医院工艺设计的各个阶段[3]所研究的功能区之间、功能单元之间或功能单元内部的各种流线关系。医院的各种流线分为三类：人流、物流、信息流。

三类流线关系分别决定医疗区、服务系统及行政管理系统的流程。

1. 医疗区：由人流决定布局关系，设置在院区最便捷、环境最好的部位。

2. 服务系统：通过物流支持医疗区。

3. 行政管理系统：网络化信息系统。

设计原则

1. 人流设计为主

医院中的人流流量最大，流程最复杂。各种人流流线发生频率最高，属于动态流线，对功能设置和布局起决定作用。

2. 物流设计次之。

3. 信息流在部门设计时考虑网络化。

分级

由于医院建筑具有工业建筑特征的特点，因此需要医疗工艺流程作为其实现医疗功能过程的保证。

医疗工艺流程系统的建立以管理、信息、设备和专项设计的需求为依据，同时它又是对管理、信息、设备和专项设计需求的全面整合。

医疗工艺流程以医疗功能单元为界分为两级：一级工艺流程和二级工艺流程。一级工艺流程为医院各医疗功能单元间流程；二级工艺流程为各医疗功能单元内部流程。

医疗工艺流程设计分级基于医院建筑设计的阶段要求，在不同设计阶段解决相应的主要问题，便于建筑设计和工艺设计的进行。

医疗工艺流程分级表 **表 2-13**

级别	医疗工艺分级系统	对应建筑空间	对应医疗单位	举例	相关设计阶段
	医疗工艺总体流程	医院建筑综合体	医院	医院	工艺规划设计
	医疗工艺部门流程	医疗功能区	部门之间	医技部与住院部之间关系	—
一级工艺流程	医疗工艺功能单元流程	医疗功能单元之间	科室之间	手术部与麻醉科、中心供应之间关系	—
二级工艺流程	功能单元内部流程	医疗功能单元内部	科室内部	手术室与麻醉室之间关系	工艺方案设计
	—	医疗功能房间组	—	磁共振室	工艺条件设计
	房间手册（Room-Book）	行为空间	—	磁共振机房	—

[1] 参考《综合医院建筑设计规范》GB 51039—2014 中的流程分级。

[2] 功能单元分类方式参照《综合医院建设标准》建标 110—2008 的七项设施分类中的 4 个医疗功能分类，即急诊部、门诊部、住院部、医技部 4 类用房中的具体功能单元。

[3] 不同工艺设计阶段涉及的工艺流程等级不同，详见工艺流程分级相关内容。

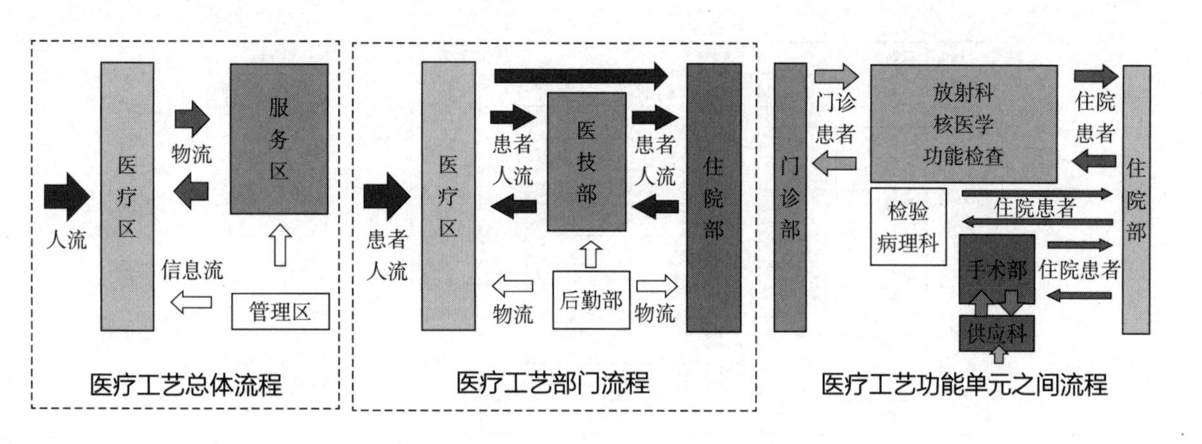

图 2-3　医疗工艺总体流程范围示意图

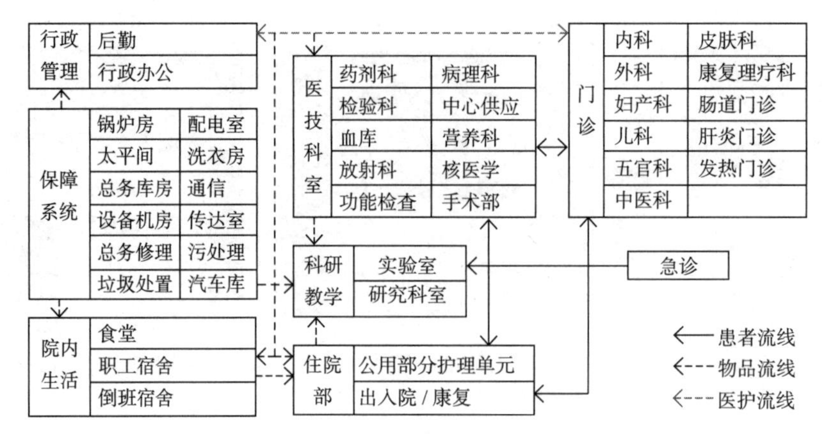

图 2-4　医疗工艺总体流程图

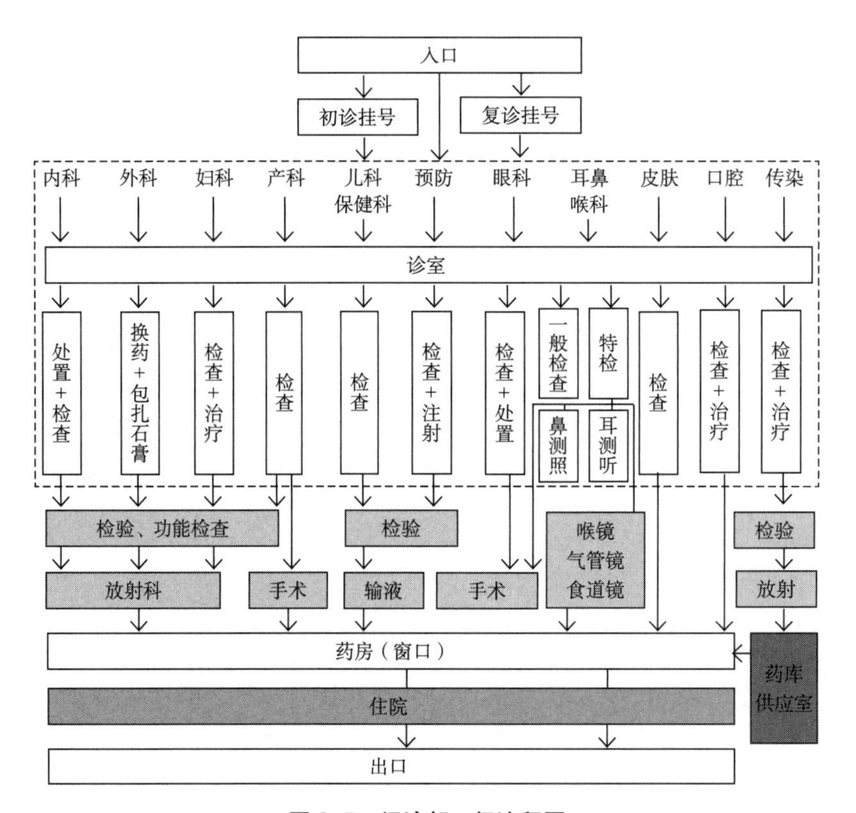

图 2-5　门诊部一级流程图

[1]　参考《综合医院建筑设计规范》中的流程分级。功能单元分类方式参照《综合医院建设标准》的七项设施分类中的 4 个医疗功能分类，即急诊部、门诊部、住院部、医技部 4 类用房中的具体功能单元。

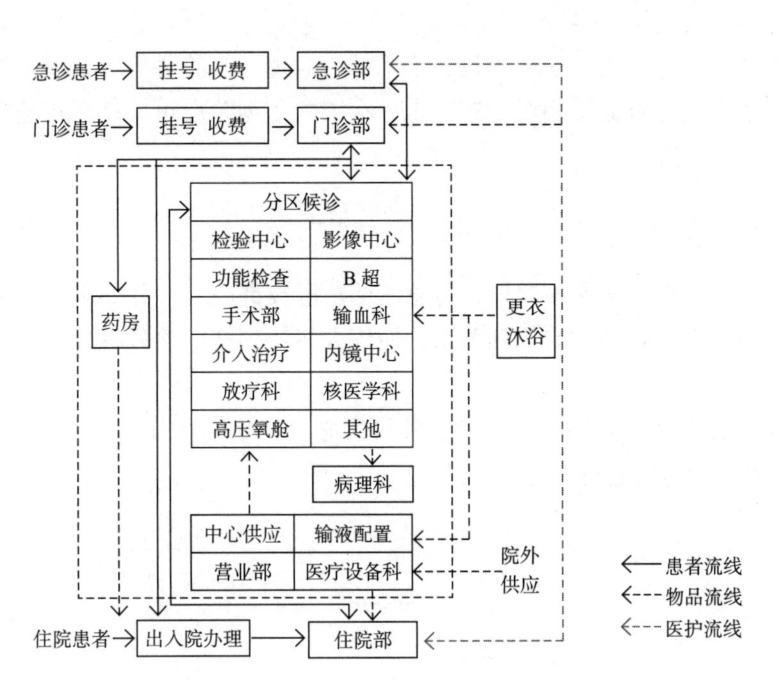

图 2-6　医技部一级流程图

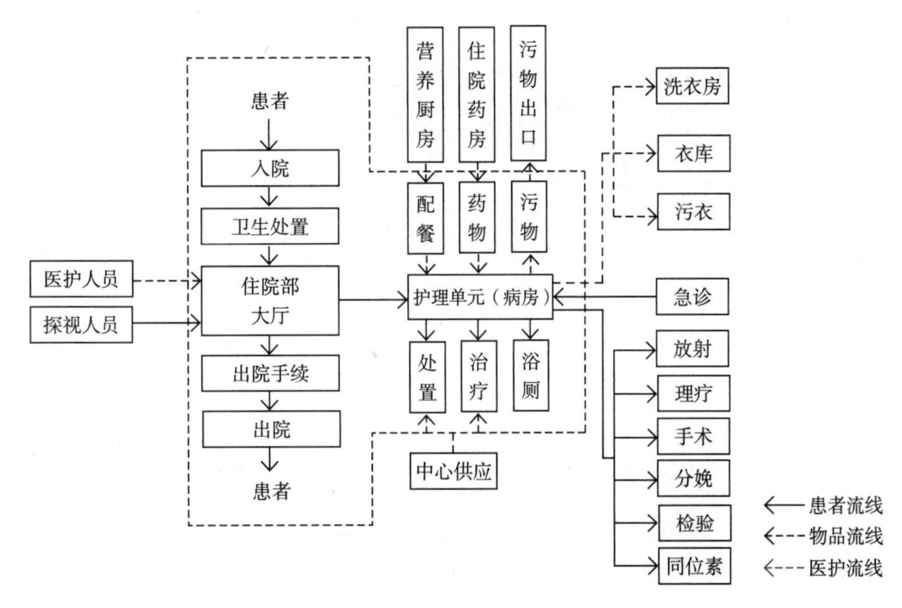

图 2-7　住院部流程图

注：

[1] 急诊部 24h 开放，需考虑影像中心，手术部与急诊部的联系通道；

[2] 内科诊疗常需进行心电、超声检查，尽可能将内科与功能检查临近布置；

[3] 手术部 90% 的手术来自住院患者、手术部应当与住院部有便捷通畅联系；

[4] 外科病房手术量最高，通常会达到手术总量 95% 以上，妇产科手术量会达到 15% 以上，妇产科病房应与手术部有便捷通畅联系；

[5] 手术部与 ICU 临近；

[6] 外科与影像中心临近；

[7] 检验部的工作量有一半以上来自门诊；

[8] 外科诊室是使用医技最频繁的科室，其次是内科诊室。

医院中的二级流程设计重点在放射科、手术部、病理、检验科等医技科室的流程设计，各门诊科室及护理单元的二级流程相对比较固定，在工艺规划阶段可采用通用流程，待条件设计时再按科室不同进行深化。

门急诊

门诊部应设在靠近医院交通入口处，与急诊部、医技部临近，并应有直通医院内部的联系通路。应处理好门诊部内各部门的相互关系，使病人尽快到达就诊位置，避免往返迂回，防止交叉感染。

门诊部至少设有5个临床科室。内科、外科为必设科室，妇产科、儿科、中医科、眼科、耳鼻喉科、口腔科、预防保健科等为选设科室。

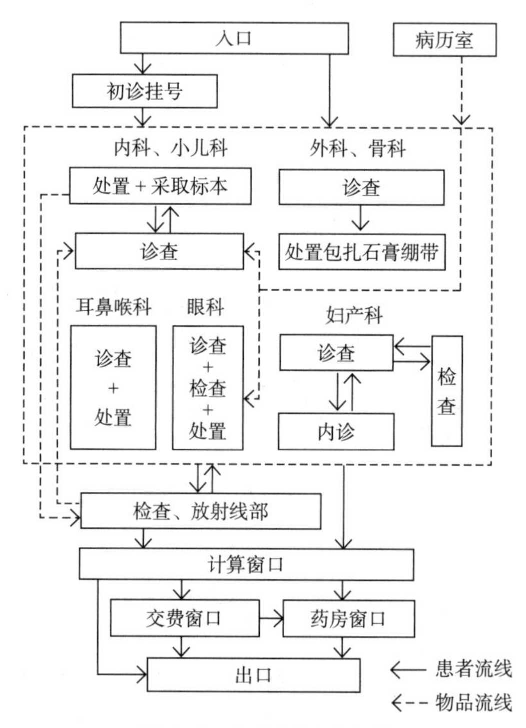

图2-8 门诊通用流程图

必须配备的用房：

公共部分：门厅、挂号、问讯、病历室、预检分诊、记账、收费、药房、候诊处、输液室、注射室、门诊办公室、厕所、为病人服务的公共设施；

各科：诊查室、治疗室、护士站、值班更衣室、污洗室、杂物贮藏室、厕所等。

各科酌情设置：换药室、处置室、清创室、门诊手术室等。

放射科

宜设置在建筑物底层，自成一区，宜与门急诊部、住院部邻近布置，有便捷联系。有条件时，宜采用病人通道与医护工作人员通道分开的布置方式。

用房组成

1. 由放射设备机房（例如：MR、CT扫描室、透视室、摄片室等）、控制室、暗室、观片室、登记、存片室等组成；

2. 应设候诊处；

3. 肠胃检查室应设调钡处和专用厕所；

4. 根据需要设置诊室、办公室、注射室、抢救室等。

病理科

病理科是疾病诊断的重要科室，负责对取自人体的各种器官、组织、细胞、体液及分泌物等标本，通过大体和显微镜观察，运用免疫组织化学、分子生物学、特殊染色以及电子显微镜等技术进行分析，结合病人的临床资料，做出疾病的病理诊断。具备条件的病理科还应开展尸体病理检查。

二级综合医院病理科至少应当设置标本检查室、常规技术室、病理诊断室、细胞学制片室和病理档案室；三级综合医院病理科还应当设置接诊工作室、标本存放室、快速冰冻切片病理检查与诊断室、免疫组织化学室和分子病理检测室等。

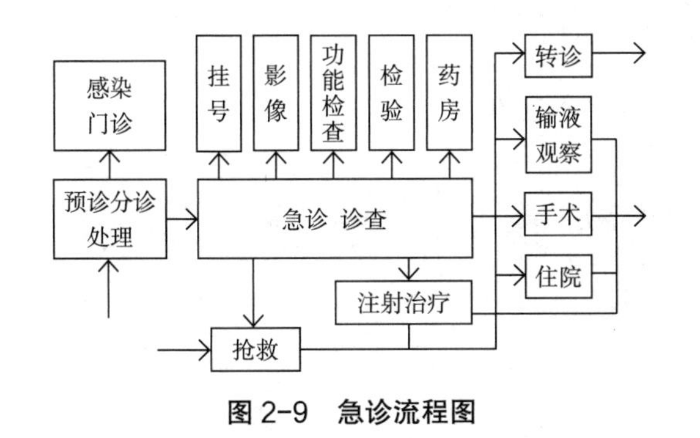

图 2-9 急诊流程图

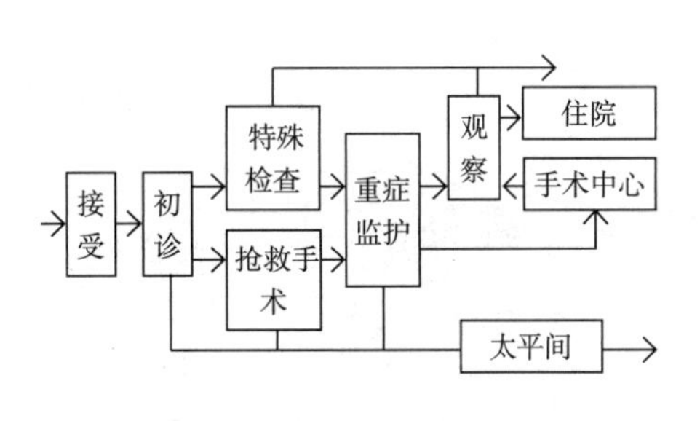

图 2-10 急救流程图

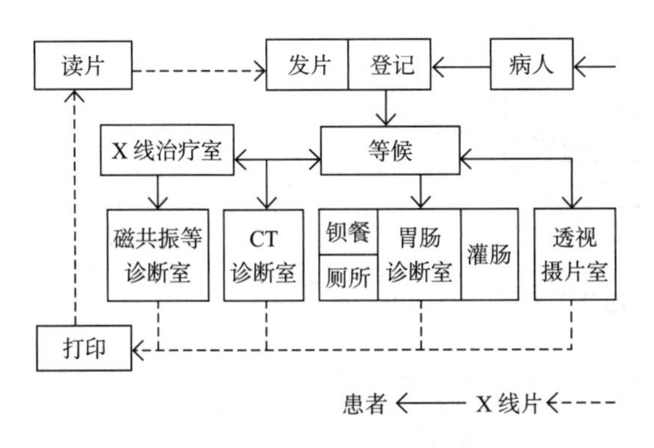

图 2-11 放射科流程图

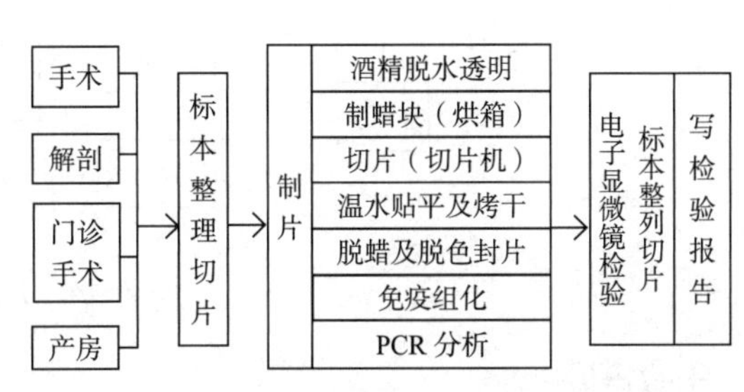

图 2-12 病理科流程图

磁导航心脏介入设备 -- 混合介入手术室

血管造影及介入治疗系统（DSA）

设置位置：介入中心应与急诊部、手术部、ICU有便捷联系。

平面布置：介入中心应按洁净区、非洁净区分区。

必配用房：介入检查室、控制室和设备间；洗手准备、无菌物品储藏室（柜）、治疗室；换鞋、更衣、卫浴用房（男女分离）。

选配用房：办公、会诊、值班、护士站、资料。

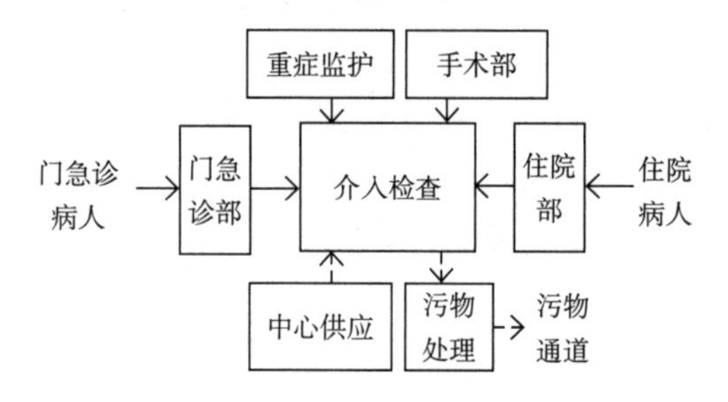

图2-13　介入检查流程图

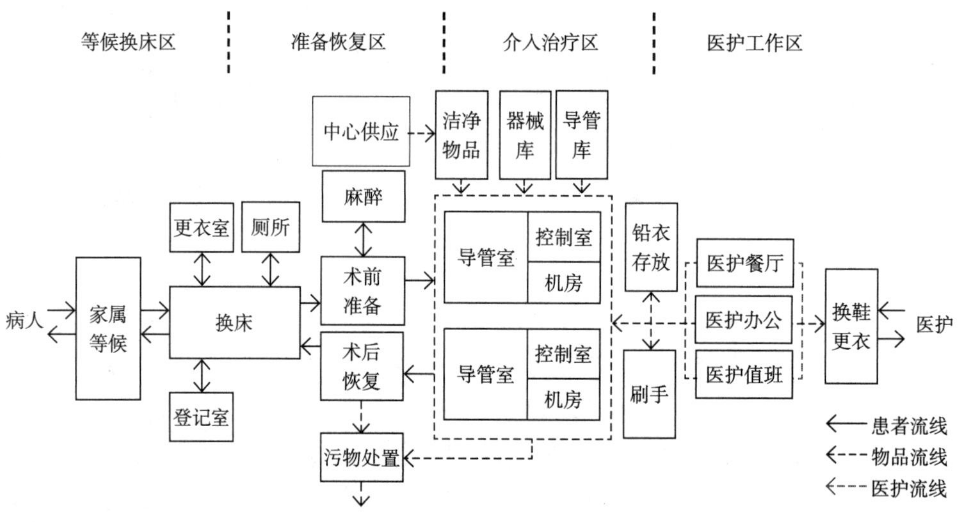

图2-14　介入治疗流程图

中心供应

中心供应应成为相对独立的区域，宜设在靠近手术室的位置。

布局呈通过式，由"污"到"净"的流水作业进行排布，污染区——清洁区——无菌区单向流程，不交叉。

检验科

承担包括病房、门急诊病人、各类体检以及科研的各种人体和动物标本的检测工作。一般检验科按检查分组，根据医院规模、管理模式等不同，分组内容有所差异，常见的分组内容见表2-14。

在一些中小型医院中，检验科同时承担血库的功能。

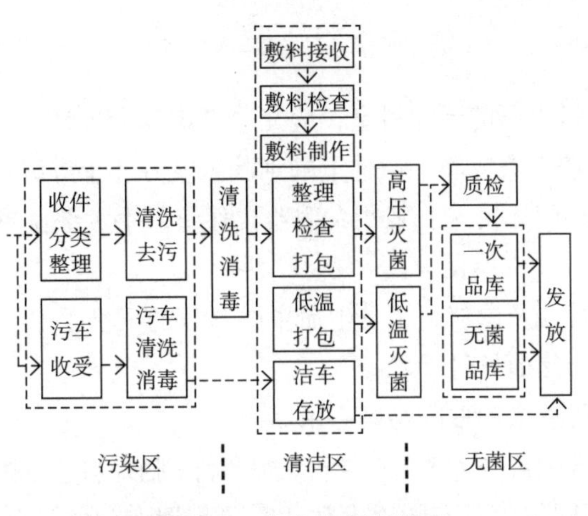

图 2-15　中心供应流程图

常见检查分组及主要设备表　　表 2-14

分组	主要设备
临检室	血细胞分析、尿液分析、CRP 检验、血凝仪、血流变仪、血沉仪、精液分析仪等
生化室	生化分析仪、电泳仪、糖化血红蛋白分析仪、心梗仪、血气分析仪、电解质分析仪等
免疫室	化学发光分析仪、酶标仪、特定蛋白仪等
微生物	生化培养箱、电热恒温培养箱、微生物培养、二氧化碳培养箱、厌氧培养箱等
HIV 初筛	药品冷藏箱、高压蒸汽灭菌器、离心机、移液器、电热恒温培养箱、酶标仪、洗版机、生物安全柜等
PCR 室	PCR 仪、Real-timePCR 仪、微量移液器、高速冷冻离心机、电泳仪、电泳槽、凝胶电泳观察仪或成像系统、生物安全柜等

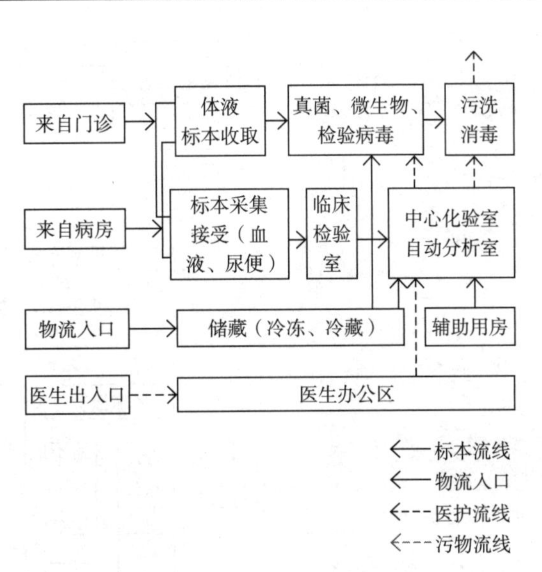

图 2-16　检验科流程图

手术部

手术部是综合医院中最重要的治疗科室，应充分考虑其合理性。

洁净手术部洁净用房按空态或静态条件下的细菌浓度分 4 个等级：

（1）Ⅰ级手术间：进行假体植入、某些大型器官移植、手术部位感染可直接危及生命及生活质量等手术。

（2）Ⅱ级手术间：进行涉及深部组织及生命主要器官的大型手术。

（3）Ⅲ级手术间：进行其他外科手术。

（4）Ⅳ级手术间：进行感染和重度污染手术。

按使用科室不同，手术间可分为普外、骨科、妇产科、脑外科、心胸外科、泌尿外科、烧伤科、五官科等手术间。由于不同使用科室的手术往往需要配置专门的设备及器械，因此，专科手术的手术间宜相对固定。

手术室应设在安静、清洁、便于和相关科室联络的位置。手术室须严格划分为限制区（无菌手术间）、半限制区（污染手术间）和非限制区。限制区包括无菌手术间、洗手间、无菌室、贮药室等。半限制区包括急诊手术间或污染手术间、器械敷料准备室、麻醉准备室、消毒室。非限制区设更衣室、石膏室、标本间、污物处理间、麻醉复苏室和护士办公室、医护人员休息室、餐厅、手术病人家属休息室等。值班室和护士办公室，应设在入口近处。

手术部的平面布局主要考虑院方清洁管理模式，布局类型有以下四种。

其中中小规模医院多用 1 和 2 类型，该布局清洁器材与污染物在同一通道进出，其面积利用率较高。需要进行更严格的清洁管理的场合，应当选用 3 和 4 类型。

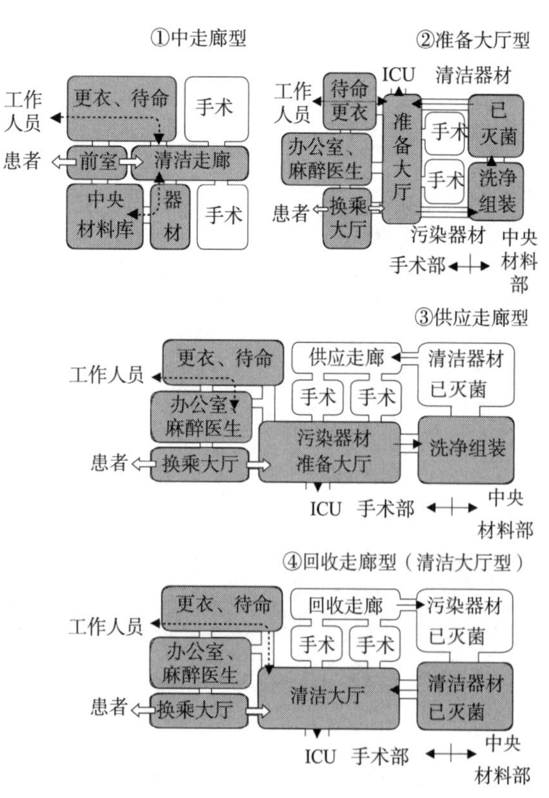

图 2-17　手术部布局类型

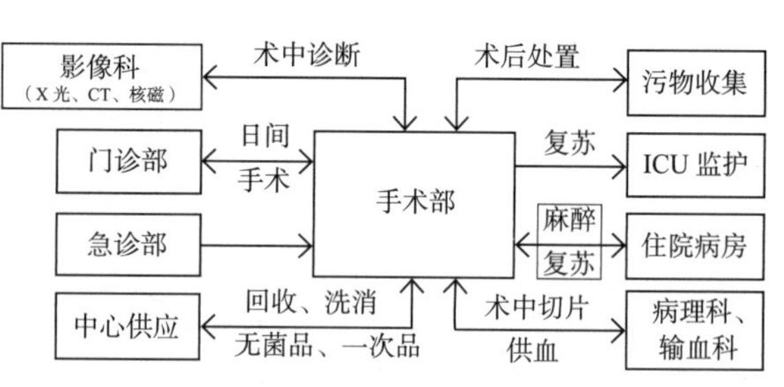

图 2-18　外部流程示意图

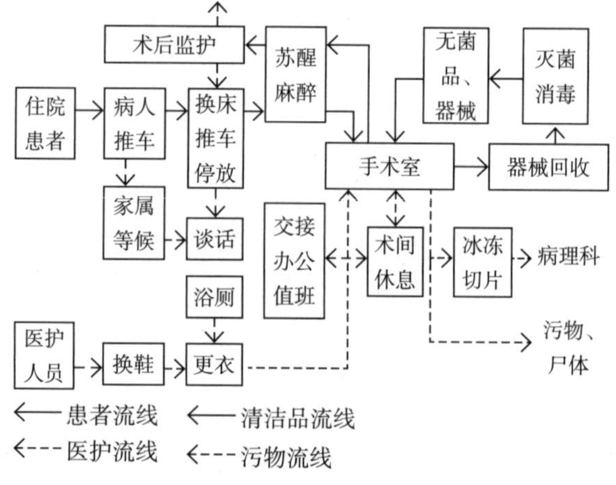

图 2-19　内部流程示意图

静脉配置中心

静脉配制中心是指医院药剂科提供静脉输注混合药物的配制服务，定义为符合国际标准，依据药物特性设计的操作环境下，由受到过培训的药物技术人员严格执行按照操作程序进行全静脉营养、细胞毒性药物和抗生素等药物配制。

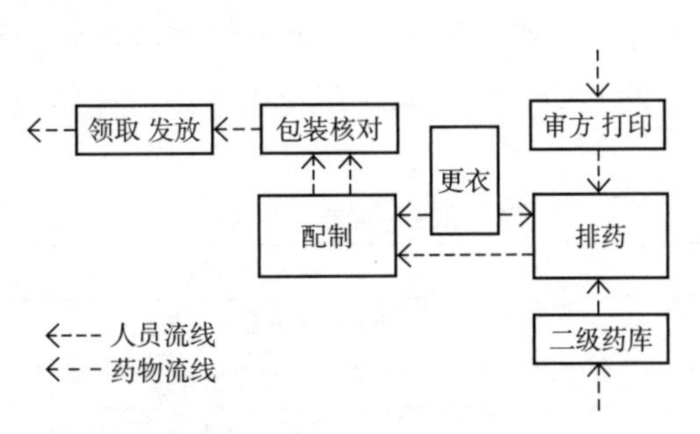

图 2-20　静脉配置中心流程图

护理单元

每个病区为一个独立的护理单元，一般设病床 35 ~ 50 张，抢救床 1 ~ 2 张。

病区要求布局合理，通风采光良好，消毒隔离设施符合预防医院感染要求，地面平整、易清洁、易干燥、有排水孔，设有防滑、扶手等设施，有防火设备及安全通道。

病区分病房和附属用房两部分。护士站应位于病房中间，方便护士的护理。

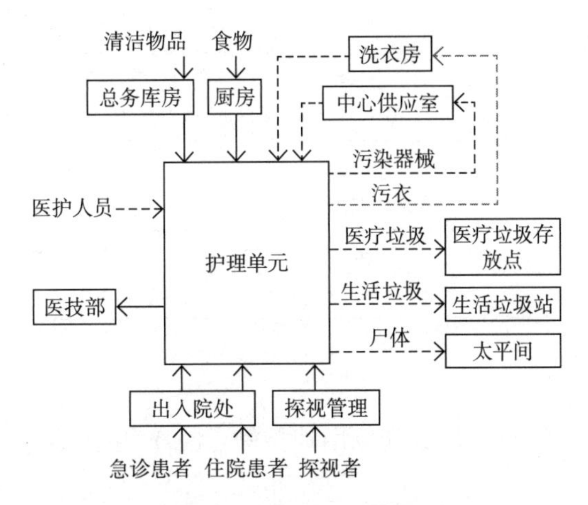

图 2-21　护理单元外部流程图

医院工艺规划设计阶段的指标计算主要是根据医院已经获批的总床位数指标确定医院建设的用地规模、建筑规模、医疗功能区面积分配比例，以及门急诊量[2]，诊室数量、手术室数量、ICU床位数量等指标。

床位数是医院建设项目规划设计时进行规模计算最重要的指标。开放床位数是指医院运行过程中实际在使用的床位数，随着医院规模的不断扩大，从医院策划、批复至建成投入运营，医院的核定床位数会出现使用不足的情况。为更多容纳住院患者，医院在运营中会在病房内、走道、休息区增加病床。因此医院开放床位数一般都大于核定床位数。

医疗指标内容表 **表 2-15**

医疗指标	医院总床数
	功能单元设施及面积配比
	各类床位数量
	日门诊量
	门诊诊室数量
	各类手术室数量
	ICU 床位数量
	各种大型装备类别及数量
	辅助系统类别及数量

空间指标内容表 **表 2-16**

空间指标	医疗功能单位面积配比
	各功能单元套内面积及房间清单
	主要功能关系和特殊工作流程
	特殊医疗功能房间需求

技术指标内容表 **表 2-17**

技术指标	主要医疗空间的空间尺寸、洁净等级要求
	房间内的医用器具配置要求

用地规模

（1）上级主管部门批复的总床位数和总用地指标；（2）用地规模 = 总床位数 × 医院床均用地指标（见下表）。

综合医院床均用地面积表 **表 2-18**

建设规模（床）	床均用地指标（m^2/床）	医院总用地面积（m^2）	承担医学科研任务（m^2）	承担教学任务（m^2）	其他预防保健、单列项目或发展用地
200 ~ 399	117	核定床位数 × 床均用地指标	医院总用地面积 +0.7 × 副高级以上技术人员数量 × 30	医院总用地面积 + 学生人数 × 30	医院总用地面积 + 床位数 × 11
400 ~ 599	115				
600 ~ 799	113				
800 ~ 999	111				
1000 及以上	109				

[1] 基于现行的《综合医院建设标准》建标 110—2008 进行计算。

[2] 普通综合医院的日门（急）诊量与编制床位数的比值宜为 3 : 1，或按本地区相同规模医院前三年日门（急）诊量统计的平均数确定。大型地区性或国家级综合医院诊床比往往达到 5 : 1 甚至 8 : 1。门急诊患者陪同人数考虑为日门急诊量的 1.3 ~ 2 倍。

建筑规模

建筑规模 = 总床位数 × 床均建筑面积指标 + 单列项目建筑面积 + 停车面积 + 其他

综合医院床均建筑面积表 表 2-19

医院规模（床）	床均建筑面积（m^2）	医院总建筑面积（m^2）	医学院校附属医院	医学院校教学医院	医学院校实习医院	设置预防保健的综合医院（m^2）	承担医学科研任务（m^2）
200～399	80	医院规模 × 床均建筑面积	医院总建筑面积 + 学生人数 ×（8～10m^2）/ 人	医院总建筑面积 + 学生人数 ×（4m^2/人）	医院总建筑面积 + 学生人数 ×（2.5m^2/ 人）	医院总建筑面积 + 预防保健工作人员数 ×（20m^2/ 人）	医院总建筑面积 +0.7 × 副高级以上人员数量 ×32+5000m^2（国家重点实验室）或 3000m^2（部委级重点实验室）
400～599	83						
600～799	86						
800～999	88						
1000 及以上	90						

单列项目建筑面积表 表 2-20

单列项目名称	建筑面积	单列项目名称	建筑面积	单列项目名称	建筑面积
医用磁共振成像装置	310	洁净病房（4 床）	300	核医学治疗病房（6 床）	230
PET	300	高压氧舱 小型（1～2 人）	170	钴 60 治疗机	710
CT	260	高压氧舱 中型（8～12 人）	400	矫形支具与假肢制作室	120
DSA	310	高压氧舱 大型(18～20 人）	600	制剂室	按《医疗机构制剂配制质量管理规范》执行
血液透析室（10 床）	400	直线加速器	470		

不同规模综合医院建筑面积可根据下表估算，在执行过程中，西部地区一般取下限值，东南沿海地区多取上限值。

不同规模综合医院总建筑面积估算表（m^2） 表 2-21

600 床	700 床	800 床	1000 床	1200 床	1500 床
60000～66000	70000～84000	80000～96000	110000～120000	132000～144000	180000～200000

注：不含地下车库。

功能区面积分配[1]

综合医院七项设施占总建筑面积的比例见下表；使用中，各类用房占总建筑面积比例可根据地区和医院的实际需要做适当调整。

综合医院七项设施占总建筑面积比例表（%） 表 2-22

急诊部	门诊部	住院部	医技科室	保障系统	行政管理	院内生活
3	15	39	27	8	4	4

[1] 工艺规划阶段计算所得的七项设施面积指标为各部分的建筑面积，方案设计阶段由于布局模式的不同公共空间的面积差异较大，因此，工艺方案设计的数据测定给出了不同布局模式的面积使用系数，以方便测定更加具体的分区面积。指标中的各项数据是基于项目的统计数据，属于经验性指标，设计中可根据项目的具体情况进行调整。

科室面积、主要功能房间数量、候诊椅数量、医护更衣柜数量等，应根据《综合医院建设标准》建标 110—2008 计算确定，实际设计中可根据医护人员配置标准和当地陪同家属习惯等进行调整。

门急诊面积使用系数

门急诊面积使用系数受建筑布局形式影响较大。不同布局形式使用系数也不同。采用“医院街”形式布置时，使用系数一般为 0.5 ~ 0.6；采用传统集中式布局时，使用系数一般为 0.6 ~ 0.7。单元的面积使用系数一般为 0.55 ~ 0.65。

注：该指标为参考值，设计中需要与其他参数相互校对参考取值。

各科门诊量占总门诊量比例表 表 2-23

门诊科室面积 = 总建筑面积 ×15%× 科室比例

科别	占门诊总量比例	科别	占门诊总量比例
内科	28%	儿科	8%
外科	25%	耳鼻喉、眼科	10%
妇科	15%	中医	5%
产科	3%	其他	6%

门诊诊室数量

诊室间数 = 日平均门诊诊疗人次 /30 ~ 50 人次；

手术室数量[1]

手术室间数 = 总病床数 /50 床

或 = 外科系统病床数 /25 床；

综合医院 I 级洁净手术室间数不应超过洁净手术室总间数的 15%，至少 1 间；有条件时根据需要可设 1 间负压洁净手术室。

ICU 规模

ICU 床位数 = 总床位数 ×（2% ~ 4%）

住院各科比例表 表 2-24

科室住院面积 = 总建筑面积 ×39%× 科室比例

科别	占医院总床位比率	科别	占医院总床位比率
内科	30%	耳鼻喉科	6%
外科	25%	眼科	6%
妇科	8%	中医科	6%
产科	6%	其他	7%
儿科	6%		

[1] 在提高使用率前提下，手术室间数可适当减少至等于外科系统病床数 /30 床。

医疗设备数量计算

心血管造影机台数：年平均心血管造影或介入治疗数 /（3 ~ 5 例 × 年工作日数）；
X 线拍片机台数：日平均拍片人次 /40 ~ 50 人次；
肠胃透视机台数：日平均胃肠透视人数 /10 ~ 15 例；
胸部透视机台数：日平均胸透视人数 /50 ~ 80 人次；
心电检诊间数：日平均心电减诊人次 60 ~ 80 人次；
腹部 B 超机台数：日平均腹部 B 超人数 /40 ~ 60 人次。

其他相关医疗空间面积计算

医技用房：21 ~ 23m^2/ 床
药房：0.3 ~ 0.5m^2/ 床
药品库：0.15 ~ 0.2m^2/ 床
中心供应：≥ 0.6 ~ 0.8m^2/ 床
营养厨房：0.8 ~ 1.0m^2/ 床
洗衣房：（规模因对外委托程度有差别）≥ 20 ~ 30m^2
物品管理：0.5m^2/ 床

综合医院医技科室建筑面积和比例表[1]　　表 2–25

部门 / 规模		200 床		300 床		400 床		500 床		600 床		700 床		800 床		900 床		1000 床	
		面积	比例	面积	比例	面积	比例	面积	比例	面积	比例	面积	比例	面积	比例	面积	比例	面积	比例
医技	药剂科	1110	27.1%	1810	29.0%	2270	26.4%	2940	27.2%	3600	26.9%	4310	27.6%	5050	27.7%	5680	27.7%	6460	27.7%
	检验科	320	7.7%	530	8.5%	790	9.2%	1040	9.6%	1210	9.1%	1480	9.5%	1820	10.0%	2050	10.0%	2320	9.9%
	血库	60	1.4%	120	1.9%	150	1.8%	180	1.7%	220	1.7%	260	1.7%	310	1.7%	350	1.7%	400	1.7%
	放射科	570	13.8%	760	12.2%	1130	13.2%	1720	15.9%	2110	15.7%	2240	14.3%	2680	14.7%	3010	14.7%	3420	14.7%
	功能检查	130	3.2%	320	5.1%	700	8.1%	830	7.6%	1020	7.6%	1120	7.2%	1240	6.8%	1390	6.8%	1580	6.8%
	手术室	710	17.2%	1100	17.6%	1300	15.1%	1530	14.2%	2080	15.5%	2420	15.5%	2820	15.4%	3170	15.4%	3600	15.4%
	病理科	140	3.5%	200	3.2%	320	3.7%	330	3.1%	400	3.0%	510	3.3%	590	3.2%	660	3.2%	750	3.2%
	中心供应	300	7.4%	430	6.9%	560	6.4%	660	6.0%	850	6.3%	990	6.3%	1120	6.1%	1260	6.1%	1430	6.1%
	营养科	500	12.0%	650	10.4%	860	10.0%	1000	9.2%	1190	8.9%	1390	8.9%	1570	8.6%	1770	8.6%	2010	8.6%
	医疗设备科	270	6.7%	330	5.3%	530	6.1%	600	5.5%	720	5.4%	920	5.9%	1060	5.8%	1200	5.8%	1360	5.8%
	合计	4110	100%	6250	100%	8610	100%	10830	100%	13400	100%	15640	100%	18260	100%	20540	100%	23330	100%

[1] 综合医院医技科室建筑面积和比例中数据根据《综合医院建设标准》建标 110—2008 条文说明中的数据整理而成。设计中根据医院所在地区具体情况和医院专科特点做适当调整。

根据诊疗科目，检查室合并设在诊室内情况较多，概况如下表所示。由于需要特殊设备的场合较多，所以在规划阶段应与院方进行充分协商。

诊室内合并设置的检查室、治疗室表 **表2-26**

科目	主要的并设功能室
骨科	石膏室
皮肤科	生化检查、小手术室、光线治疗室
眼科	视力检查室，视野检查室，激光治疗室
耳鼻喉科	听力检查室（屏蔽室）
儿科	隔离诊察室
泌尿科	超声波室、膀胱镜室
妇产科	内诊室超声波室、NST室、身体检测室
循环器官科	心脏超声波室

超声检查一般集中布置，也可根据使用情况分组布置在需要进行检查的各科诊室旁边，因此，对超声检查的布局需与院方进行确认。

检查室大小多为3m×4m左右。

内窥镜规模根据医院情况有所差别，在消化系统专科医院，即便规模小，也要具备2～3个内窥镜和专用的X射线TV室等，面积有的超过150m^2。在规模大的医院，有的只具备2个内窥镜室，面积在100m^{2}以内。

内镜检查室一般开间3～4m，进深4.5～6m。

房间数量面积表 **表2-27**

	房间名称	备注
中等规模医院	心电图（2～3处）	3m×4m
	踏板/动态心电图（各1处）	3m×4m
	呼吸功能（1处）	远离脑电波室
	脑电波（1～2处）	电波屏蔽、隔音

放射影像

放射设备机房大多是由检查室（扫描间）和操作间构成。为了检查技师有效地活动，可在一间操作间两侧设检查室（扫描间）。

表2-28

类别	规模（m）	净高（m）
X射线	4×5	≥2.8
X射线TV	（P54）4.5×5	≥2.5
X射线CT	（P54）4×5（带病床5×6）	—
乳腺X射线	3×4	—
骨密度测定	3×4	2.4～2.6

注：X射线照相室使用频率最高；
结合灌肠检查和内窥镜检查的照相室需同时设置更衣室和洗肠用厕所；
X射线防护多采用厚度15～20cm混凝土和厚度1.5～2.0mm铅板。观察窗使用铅玻璃。

操作室可采用“操作走廊”形式布局，走廊宽度见下表：

表 2-29

照相室位置	走廊宽度
照相室单侧布置	2 ~ 2.2m
照相室两侧布置	2.7 ~ 3m

DSA 机房建议基建数据表　　表 2-30

	开间 × 进深（单位：m）	备注
检查室	8.50 × 8.00 × 3.00（h） 6.50 × 5.90 × 3.00（h） 7.52 × 5.90 × 2.71（h）	六面墙体防护处理
控制室	8.00 × 2.90 6.00 × 3.00 5.90 × 2.90	活动吊顶
检查室门	≮ 1.20 × 2.10	防辐射专业门窗
观察窗	1.80 × 1.20 1.50 × 0.90	防辐射专业门窗
控制室门	0.90 × 2.10	—
设备室	8.00 × 2.00 5.90 × 2.00 5.90 × 2.30	—

医疗装备配置标准及规格参数

可移动医疗设备包括：X 线设备、脑电图（EEG）、心电图（Ekg）设备、肺功能设备、手术台、检查与治疗台以及类似设备；

主要医疗装备：

CT 机房建议基建数据表　　表 2-31

	开间 × 进深（单位：m）	备注
检查室	6.50 × 6.00 × 2.80（h）	六面墙体防护处理
控制室	6.00 × 3.00	活动吊顶
检查室门	≮ 1.20 × 2.10	防辐射专业门窗
观察窗	≮ 1.20 × 0.90	防辐射专业门窗
控制室门	0.90 × 2.10	—
设备室	4.00 × 2.50	考虑室外机组位置

DR 机房建议基建数据表　　表 2-32

	开间 × 进深（单位：m）	备注
检查室	4.80 × 4.00 × 2.72（h） 5.30 × 4.50 × 2.8（h） 5.30 × 5.00 × 2.8（h）	六面墙体防护处理
控制室	4.80 × 2.00 × 2.6（h） 4.95 × 2.50 × 2.6（h）	活动吊顶
检查室门	≮ 1.20 × 2.10	防辐射专业门窗

续表

	开间 × 进深（单位：m）	备注
观察窗	1.20 × 0.90 1.50 × 0.90	防辐射专业门窗
控制室门	0.90 × 2.10	—

MRI 机房建议基建数据表 **表 2-33**

	开间 × 进深（单位：m）	备注
检查室	6.50 × 4.00 × 3.00（h） 7.50 × 5.00 × 2.80（h）	六面墙体屏蔽处理
控制室	3.00 × 2.00 × 2.50（h） 3.00 × 5.00 × 2.60（h）	活动吊顶
检查室门	≮ 1.20 × 2.10	防辐射专业门窗
观察窗	1.80 × 1.20 1.50 × 0.90	防辐射专业门窗
控制室门	0.90 × 2.10	—
设备室	3.00 × 2.00 × 2.50（h） 3.20 × 5.00 × 2.60（h）	考虑室外机组位置

部分厂家核医学设备土建要求一览表 **表 2-34**

		西门子（单位：m）	飞利浦（单位：m）	GE（单位：m）
PET-CT	检查室	8.50 × 6.00	7.40 × 4.40	8.40 × 5.00
	操作室	6.00 × 4.00	4.40 × 2.50	3.00 × 5.00
	设备室	4.00 × 3.00	—	—
	净高	＞ 2.40	＞ 2.50	2.80
SPET-CT	检查室	5.50 × 4.50	6.00 × 4.50	6.50 × 5.00
	操作室	4.50 × 4.00	4.50 × 3.00	5.00 × 3.00
	净高	＞ 2.40	＞ 2.75	2.80
回旋加速器	机房	7.00 × 7.30	—	7.50 × 7.00
	控制站	1.80 × 1.80	—	3.00 × 3.00
	净高	吊顶 3.00	—	4.00

分娩部

分娩部房间表 **表 2-35**

	房间名称	备注
分娩部	待产室	3m × 4m
	分娩室	4m × 5.5m
	处置室	—
	新生儿室	新生儿数 × 2.5m^2

分娩时，产妇的移动的顺序是病房→待产室→分娩室→病房，新生儿的移动顺序是分娩室→处置室→沐浴室→新生儿室。哺乳室最好与新生儿室相邻，也能从产科病区进入该室。

手术室种类

手术室因科别和手术部位不同，在大小和性能方面存在很多变化，见下表。在中小规模医院，除专科性高的医院外，多数共用一般性能手术室。

手术室的种类表 **表 2-36**

用途	手术室大小	清洁等级程度	温度	湿度	压差	天花板高度（推荐值）	备注
一般	25 ~ 40m²	手术区 7 级 周边区 8 级	25 ± 5℃	55 ± 5%	正压	2.8 ~ 3.0m	—
骨科、脑外科	25 ~ 40m²	手术区 5 级 周边区 6 级	25 ± 5℃	55 ± 5%	正压	2.8 ~ 3.0m	骨科的人工关节手术、脑神经外科开颅手术需要高清洁度
循环器官	40 ~ 55m²	手术区 6 级 周边区 7 级	15 ~ 17℃	55 ± 5%	正压	3.0 ~ 3.4m	心脏手术进行同时需用冰冷却心脏，抑制其活动，因此要求室温低
泌尿器官	25 ~ 40m²	手术区 7 级 周边区 8 级	25 ± 5℃	55 ± 5%	正压	2.8 ~ 3.0m	需要地面排水
感染症	25 ~ 40m²	8.5 级	25 ± 5℃	55 ± 5%	负压	2.8 ~ 3.0m	—

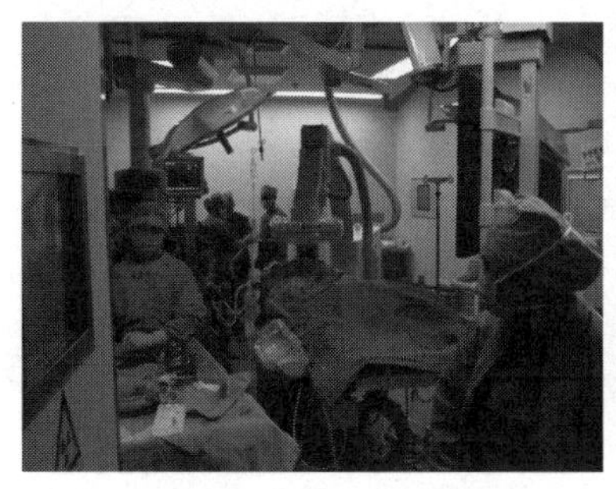

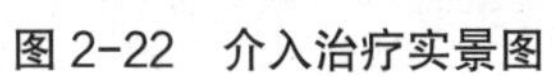

图 2-22 介入治疗实景图

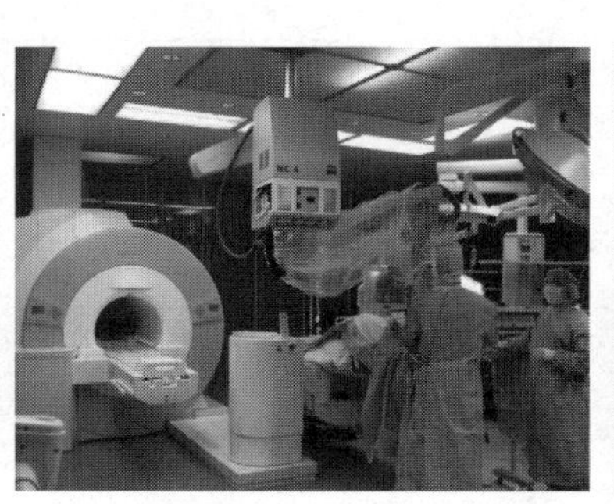

图 2-23 混合 MR 手术室实景图

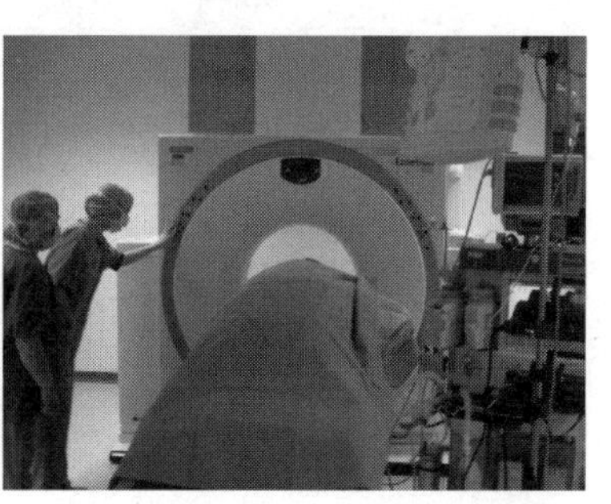

图 2-24 混合 CT 手术室实景图

家具配置表 **表 2-37**

医疗用房	装备名称	单间装备数量	说明（单位：mm）
诊室	诊查床	1	1950（W）× 700（D）× 700（H）可安装一次性床垫卷筒纸
	诊桌	1	1200（L）× 750（W）× 800（H）
	医生座椅	1	可升降，带靠背
	病人圆凳	1	可升降，无靠背
	屏风	1	1980（L、三折）× 1800（H）
	观片灯	1	单联
	脚蹬	1	200 高度
换药室	诊查床	1	1950（L）× 700（W）× 700（H）可安装一次性床垫卷筒纸
	药品器械柜	1	900（W）× 450（D）× 1800（H）全玻璃门
	医生座椅	1	可升降，带靠背
	病人圆凳	1	可升降，无靠背
	操作台	1	1500（L）× 800（W）× 750（H）人造石台面
	换药车	1	680（L）× 450（W）× 900（H）
	器械托盘	1	托盘尺寸：480（L）× 320（D）可升降
	污物桶	1	—
	脚蹬	1	高度 200，带扶手
治疗室	药品柜	1	900（W）× 450（D）× 1800（H）
	器械柜	1	900（W）× 450（D）× 1800（H）

续表

医疗用房	装备名称	单间装备数量	说明（单位：mm）
治疗室	操作台	2	1500（L）×800（W）×750（H）
	治疗车	1	650（L）×430（W）×900（H）
	抢救车	1	700（L）×460（W）×900（H）
	洗手盆	1	
	冰箱	1	170L
	污物桶	1	

医疗用房基本装备表 **表 2-38**

医疗用房	装备名称	单间装备数量	说明（单位：mm）
注射室	药品柜	1	900（W）×450（D）×1800（H）
	器械柜	1	900（W）×450（D）×1800（H）
	操作台	2	1500（L）×800（W）×750（H）
	治疗车	1	650（L）×430（W）×900（H）
	抢救车	1	700（L）×460（W）×900（H），红色
	脚蹬	1	200 高度
	冰箱	1	170L
	污物桶	1	—
清创室	诊查床	1	1950（W）×700（D）×700（H） 可安装一次性床垫卷筒纸
	脚蹬	1	200 高度
	器械柜	1	900（W）×450（D）×1800（H）
	清创车	1	650（L）×430（W）×900（H）
	单头灯	1	—
	换药车	1	680（L）×450（W）×900（H）
	医生座椅	1	可升降，带靠背
	病人圆凳	1	可升降，无靠背
抢救室	药品柜	1	900（W）×450（D）×1800（H）
	器械柜	1	900（W）×450（D）×1800（H）
	操作台	1	1500（L）×800（W）×750（H）
	治疗车	1	650（L）×430（W）×900（H）
	抢救车	1	700（L）×460（W）×900（H），红色
	器械托盘	1	托盘尺寸：480（L）×320（W），可升降
	单头灯	1	—
	病床	1	2060（L）×960（W）×500～900（H），三折
	观片灯	1	双联
处置室	服药车	1	850（W）×630（D）×1132（H）
	诊查床	1	1950（L）×700（W）×700（H） 可安装一次性床垫卷筒纸
	药品柜	1	900（W）×450（D）×1800（H）
	器械柜	1	900（W）×450（D）×1800（H）

续表

医疗用房	装备名称	单间装备数量	说明（单位：mm）
处置室	脚蹬	1	200 高度
	污物桶	1	—
	单头灯	1	—

医院电子信息系统[1]表 **表 2-39**

<table>
<tr><td rowspan="28">医院信息系统（HIS）</td><td rowspan="15">医院管理信息系统（HMIS）</td><td rowspan="7">门、急诊管理信息系统</td><td>门、急诊导医系统</td></tr>
<tr><td>门、急诊挂号系统</td></tr>
<tr><td>门、急诊收费系统</td></tr>
<tr><td>门、急诊药房管理系统</td></tr>
<tr><td>入、出、转院管理系统</td></tr>
<tr><td>费用控制信息系统</td></tr>
<tr><td>床位管理信息系统</td></tr>
<tr><td colspan="2">病房（医嘱）管理信息系统</td></tr>
<tr><td colspan="2">护理信息系统 NMS</td></tr>
<tr><td colspan="2">住院病人管理系统 PMS</td></tr>
<tr><td colspan="2">药房信息系统 GSP</td></tr>
<tr><td colspan="2">物流管理系统 LMS</td></tr>
<tr><td colspan="2">人事工资管理系统 DPAC</td></tr>
<tr><td colspan="2">财务核算管理系统 FMS</td></tr>
<tr><td colspan="2">办公自动化系统 OAS</td></tr>
<tr><td rowspan="9">临床信息系统（CIS）</td><td colspan="2">医生工作站系统</td></tr>
<tr><td colspan="2">电子病历信息系统 ERP</td></tr>
<tr><td colspan="2">实验室信息系统 LIS</td></tr>
<tr><td colspan="2">手术室信息系统</td></tr>
<tr><td colspan="2">放射科信息系统 RIS</td></tr>
<tr><td colspan="2">病理科信息系统</td></tr>
<tr><td colspan="2">影像存档与通信系统 PACS</td></tr>
<tr><td colspan="2">临床决策支持系统</td></tr>
<tr><td colspan="2">远程医疗系统</td></tr>
<tr><td rowspan="4">系统支持与维护</td><td colspan="2">数据备份与恢复</td></tr>
<tr><td colspan="2">网络管理</td></tr>
<tr><td colspan="2">数据库管理</td></tr>
<tr><td colspan="2">用户管理</td></tr>
</table>

信息系统建设资源及工作站配置均在工艺方案设计阶段确定，工艺规划设计阶段确定系统类型。

医院信息系统建设资源配置表 **表 2-40**

床位数	网络布点	信息中心面积（m^2）	服务器 UPS（kW）	工作站数量	
				HMIS	CIS
>800	1200 ~	400 ~	>50	96 ~	320 ~
500 ~ 799	750 ~ 2000	250 ~ 800	30 ~ 50	75 ~ 240	200 ~ 640
200 ~ 499	300 ~ 1250	100 ~ 500	20 ~ 30	30 ~ 150	80 ~ 400
50 ~ 199	75 ~ 500	25 ~ 200	15 ~ 20	10 ~ 60	20 ~ 160
< 50	~ 125	~ 50	10 ~ 15	~ 15	~ 40

注：医院信息系统的规模依赖于医院的规模与工作量；所需资源估算公式：所需资源估计值 = 床位数 × 系数
网络布点系数 $N = 1.5 \sim 2.5$
信息中心面积系数 $S = 0.5 \sim 1.0$
管理信息系统工作站系数 0.15 ~ 0.30
临床信息系统工作站系数 0.40 ~ 0.80

[1] 上述应用子系统是数字化医院的重要组成部分，在医院设计阶段主要根据医院的需求和定位，选择相应的子系统，提供医院安装系统所需要的信息传输通道、设备安装空间等基础条件。

医院信息系统工作站配置表　　表 2-41

位置	工作站配置数量	信息点配置数量
门诊挂号台	1个/工位	1个/工位
门诊分诊台	1个/工位	2个/工位
门诊诊室	1个/工位	2个/工位
注射室.处置室.库房	按需要配置	1个/间
门诊收费	—	1个/2位
门诊药房	—	1个/2位
医技科室/登记站	1～2个/站	2～3/站
住院登记台、发药柜台	1个/工位	1个/工位
一级药品.耗材.设备.后勤库房	1～2个/门	2～3个/门
病区护士站	2～3个/站	3～6点/站
手术室	—	1个吊塔2个墙边/间
影像设备控制室	1～2个/间	4个/间
超声诊室	1个/间	2个/间
医疗.行政办公室	—	1个/4m^2
20人以下会议室	—	4个/间
20～40人会议室	—	6个/间
40人以上会议室	—	8个/间

医院对讲系统表　　表 2-42

医院专用系统	医用对讲系统
	电子叫号系统
	视频示教系统
	远程医疗系统
	探视系统

护理单元设置医用对讲系统，视频示教系统根据对手术实况进行录制需要设置，用于提供教学及远程会诊。

探视系统设置在医院的重症病房和隔离病房等处，通过视频和语音的双向通信技术，实现病患与探视者的可视对讲。

呼叫对讲系统设置部位表　　表 2-43

设置部位	点—点关系	要求
手术部	护士站—手术室	呼叫、对讲
导管室	护士站—导管室	呼叫、对讲
护理单元	护士站—病房床头	呼叫、对讲
ICU，CCU	护士站—病床	呼叫、对讲
病房卫生间	护士站—卫生间	呼叫
CCU静点室	护士站—监护床	呼叫
分娩室	护士站—分娩室	呼叫、对讲

医院标识系统

医院标识系统具有定位、指引、服务、管理等功能，也是医院形象设计的一部分，可综合采用标牌、专用符号、专用色彩、多媒体技术等方式体现。

医院标识系统表 **表 2-44**

医院标识系统	户外 / 楼宇标牌
	楼层通道标牌
	各功能单元标牌
	门牌、窗口牌

医用气体系统

医用气体作为医疗体系的重要组成部分，按医用气源可分为：氧气系统、负压吸引系统、压缩空气系统、氮气系统、二氧化碳系统、氩气和麻醉废气回收系统等。

医用氧气根据重要程度分为一级供氧负荷和二级供氧负荷。一级供氧负荷供应手术部、重症监护病房、急救、抢救室等；医院其他用氧为二级供氧负荷。一级供氧负荷的供氧管道应从氧气中心站单独接管。

医用气源应按日用量要求贮存不少于三天用量，医院应安装氧气、负压吸引、压缩空气、根据需要安装一氧化二氮、氮气、二氧化碳、氩气和手术废气回收。

工艺规划设计确定安装气源种类；工艺方案阶段确定供氧负荷等信息；工艺条件设计确定气体终端消耗量。

医用气体系统表 **表 2-45**

医用气体系统	气源系统	氧气（O_2）
		真空吸引（Vac）
		压缩空气（Air）
		氮气
		氩气
		二氧化碳
	管道输送系统	

医院内氧气、真空吸引和医用气体系数接出点数表 **表 2-46**

位置	氧气	真空	医用气体
病房（内科与外科）	1/ 床	1/ 床	—
检查处置（内外科与产后）	1/ 房间	1/ 房间	—
隔离病房（内科与外科）	1/ 床	1/ 床	—
安全病房（内外科与产后）	1/ 床	1/ 床	—
重症监护（综合性）	3/ 床	3/ 床	1/ 床
隔离病房（重症）	3/ 床	3/ 床	1/ 床
冠心病重症监护	3/ 床	2/ 床	1/ 床
儿童重症监护	3/ 床	3/ 床	1/ 床
新生儿重症监护	3/ 床	3/ 床	3/ 床

续表

位置	氧气	真空	医用气体
新生儿护理（全班次）	1/4 床	1/4 床	1/4 床
儿科与青少年病房	1/ 床	1/ 床	1/ 床
儿科护理	1/ 床	1/ 床	1/ 床
一般手术室	2/ 间	3/ 间	—
心脏、整形、神经病科病房	2/ 间	3/ 间	—
整形外科	2/ 间	3/ 间	—
膀胱与器内外科	1/ 间	3/ 间	—
麻醉后护理单元	1/ 间	3/ 间	1/ 间
麻醉工作室	1/ 工作站	—	1/ 工作站
Ⅱ阶段恢复室	1/ 床	3/ 床	—
产后病房	1/ 床	1/ 床	—
剖腹产 / 分娩室	2/ 间	3/ 间	1/ 间
婴儿复苏室	1/ 床	1/ 床	1/ 床
待产室	1/ 间	1/ 间	1/ 间
产科恢复室	1/ 床	3/ 床	1/ 间
待产 / 分娩 / 恢复	2/ 床	2/ 床	—
待产 / 分娩 / 恢复 / 产后	2/ 床	2/ 床	—
急诊初步控制	1/ 床	1/ 床	—
分诊区（明确的急诊护理）	1/ 站	1/ 站	—
明确的急诊检查 / 处置室	1/ 床	1/ 床	1/ 床
明确的急诊滞留区	1/ 床	1/ 床	—
创伤 / 心脏病室	1/ 床	1/ 床	1/ 床
整形与铸模间	1/ 间	1/ 间	—
心导管插入术检验室	2/ 床	2/ 床	2/ 床
尸体解剖室	—	1/ 工作站	1/ 工作站

医用气体机房设置

医院氧气气源一般有制氧机、液氧贮槽、汇流排三种方式。制氧机机房一般可设置于地下室内，但应良好的通风，保证良好的空气源品质，制氧机房的面积一般 50m^2，机房高度宜不小于 3.6m。氧气汇流排间一般可设置于建筑内，汇流排间一般面积在 20 ~ 30m^2。

图 2-25　氧气站外景图

空气压缩机房一般都设置在地下室，面积 60 ~ 100m^2。机房高度不宜小于 4.2m。

图 2-26　空气压缩机房内景图

真空机房一般都设置在地下室，面积 60 ~ 100m^2。机房高度不宜小于 4.2m。

图 2-27　真空机房内景图

物流传输系统

气动物流传输系统是以压缩空气为动力，通过专用管道实现药品、病历、标本等各种可装入传输瓶的小型物品的站点间的智能双向点对点传输。一般用于运输相对重量轻、体积小的品，其特点是造价低、速度快、噪声小、运输距离长、占用空间小。缺点是不能传送尿液。运送血液等化验样品存在一定风险。

物流传输系统表　　表 2-47

物流传输系统	气动物流（国内常用）
	轨道式物流（国内常用）
	AGV 自动导引库
	高架单轨推车

轨道式物流传输系统是在计算机控制下，利用智能轨道载物小车在专用轨道上传输物品的系统。用来装载重量相对较重和体积较大的物品，一般装载重量可达 10 ~ 15kg，例如输液、批量的检验标本、供应室的物品。缺点是速度较慢，对净高有一定要求。

AGV 自动导引车传输系统的特点是无需铺设轨道等固定装置，不受场地、道路和空间的限制，自动驾驶。最大传输量 450kg，传输速度 1m/s。缺点是造价非常昂贵。

每个物流传输站点终端应设置标准计算机接口和电话机接口。物流传输系统的使用应建立符合责任落实及符合法律、法规要求的管理措施。

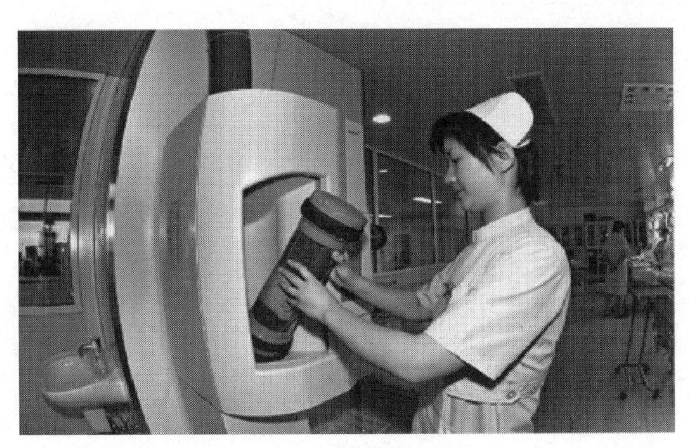

图 2-28　气动物流实景图

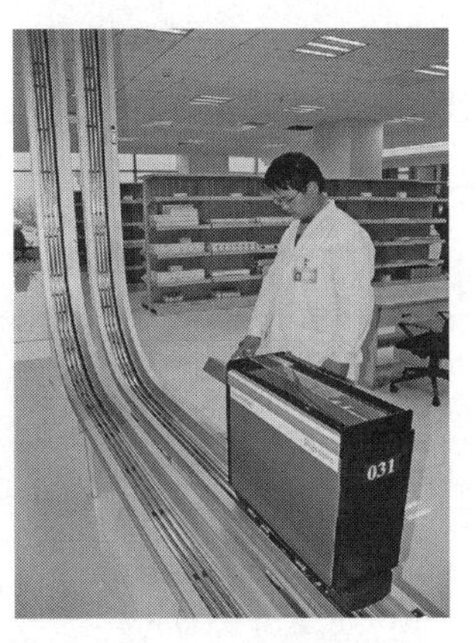

图 2-29　轨道式物流实景图

医院物流站点设置要求表　　表 2-48

	门急诊、体检	医技科室	临床科室	管理科室
功能单元站点	收费、挂号 诊室护士站 采血、取样 急诊护士站 急救室 体检护士站	药房 B 超、心电图护士站 放射科登记处 检验科 病理科 核医学科 中心供应室 血库	各护理单元护士站 ICU、CCU 护士站 手术部护士站 血透室 放疗科护士站	病案统计 住院处 图书馆
终端	各 1 个	各 1 ~ 2 个	各 1 个	各 1 个
传输物品	病历、检验单、标本	药品、标本、血液、单据	标本、血液、药品、单据	病历、单据、资料

净化空调系统

医院净化空调同时具有调节温度和空气净化的作用，医用净化空调的制冷系统与普通空调是一致的。在此之外，净化空调系统设计安装有不同等级要求的空气过滤器，对医院内的空气起到除尘净化的作用。医院中手术室、静脉配置、中心供应室等区域应考虑设置净化空调系统。

医院手术部由洁净手术室和辅助用房组成，可以建成以全部洁净手术室为中心并包括必需的辅助用房，自成体系的功能区域；也可以建成以部分洁净手术室为中心并包括必需的辅助用房，与普通手术部（室）并存的独立功能区域。洁净手术部的各类洁净用房应根据其空态或静态条件下细菌浓度和空气洁净级别按下表划分等级。

手术室洁净程度表　　表 2-49

等级	房间名称	空气洁净程度
Ⅰ	手术室	手术区 5 级 / 周边区 6 级
	洁净辅助用房	局部 5 级，其他区域 6 级
Ⅱ	手术室	手术区 6 级 / 周边区 7 级
	洁净辅助用房	7 级

续表

等级	房间名称	空气洁净程度
Ⅲ	手术室	手术区 7 级 / 周边区 8 级
	洁净辅助用房	8 级
Ⅳ	手术室	8.5 级
	洁净辅助用房	

手术室适用范围表 **表 2-50**

等级	手术室名称	适用手术范围
Ⅰ	特别洁净手术室	关节置换手术、器官移植手术及脑外科、眼科等手术中的无菌手术
Ⅱ	标准洁净手术室	胸外科、整形外科、泌尿外科、肝胆胰外科、骨外科及取卵移植手术和普通外科中的一类无菌手术
Ⅲ	一般洁净手术室	普通外科（除去一类手术）、妇产科等手术
Ⅳ	准洁净手术室	肛肠外科及污染类等手术

大型医用设备[1]是指列入国务院或省级卫生行政部门管理品目的医用设备，以及其他未列入管理品目、国内首次配置的整套单价在500万元人民币以上的医用设备，分为甲类[2]和乙类两类，资金投入量大、运行成本高、使用技术复杂。对卫生费用增长影响大的为甲类大型医用设备，由国务院卫生行政部门管理。管理目录中的其他大型医用设备为乙类大型医用设备，由省级卫生行政部门管理。

甲类大型医用设备表 表2-51

甲类（国务院卫生行政部门管理）
1.X线正电子发射型计算机断层扫描仪（PET-CT/PET）
2. γ射线立体定位治疗系统（γ刀）
3. 医用电子回旋加速治疗系统（MM50）
4. 质子治疗系统
5.X线立体定向放射治疗系统（CyberKnife）
6. 断层放射治疗系统（Tomo Therapy）
7. 内窥镜手术器械控制系统（Da Vinci S）
8.306道脑磁图
9. 正电子发射磁共振成像系统（PET-MR）
10.TrueBeam、TrueBeam STX型医用直线加速器
11.AXesse型医用直线加速器
12. 其他未列入管理品目、首次配置的单价在500万元以上的医用设备

乙类大型医用设备表 表2-52

乙类（省级卫生行政部门管理）
1. X线电子计算机断层扫描装置（CT）
2. 医用磁共振成像设备（MRI）
3.800mA以上数字减影血管造影X线机（DSA）
4. 单光子发射型电子计算机断层扫描仪（SPECT）
5. 医用电子直线加速器（LA）

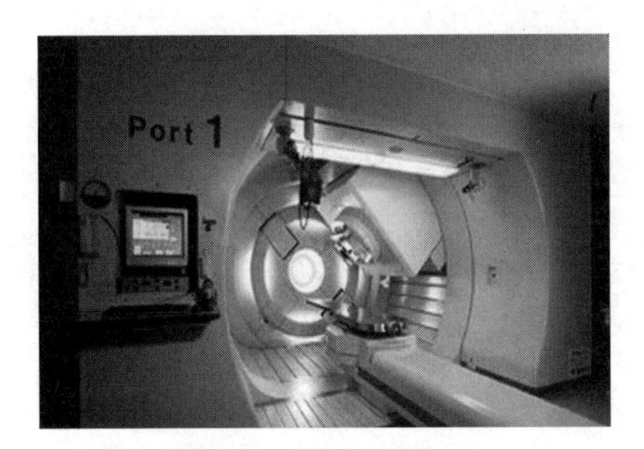

图2-30 质子治疗系统

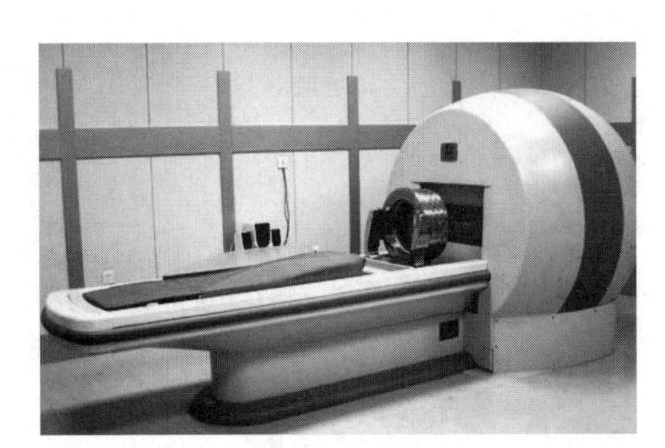
图2-31 γ射线立体定位治疗系统（γ刀）

[1] 大型医用设备的管理实行配置规划和配置证制度，医院购置甲类大型医用设备需由国务院卫生行政部门审批，乙类大型医用设备需由省级卫生行政部门审批。见2009年《大型医用设备配置与使用管理办法》相关条文。
[2] 甲类大型医用设备配置，由医疗机构按属地化原则向所在地卫生行政部门提出申请，逐级上报，经省级卫生行政部门审核后报国务院卫生行政部门审批。

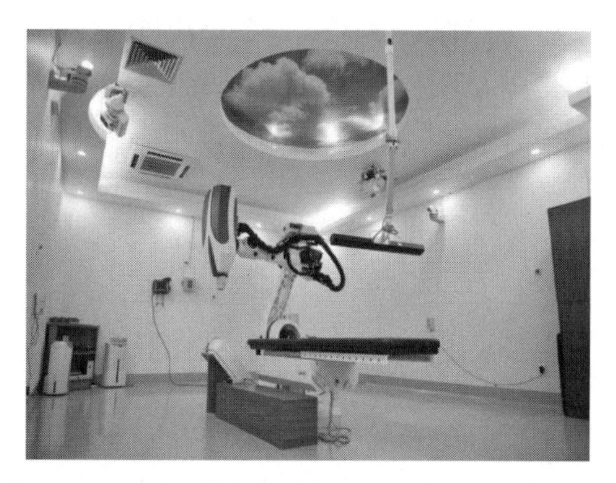

图 2-32　X 线立体定向放射治疗系统（CyberKnife）

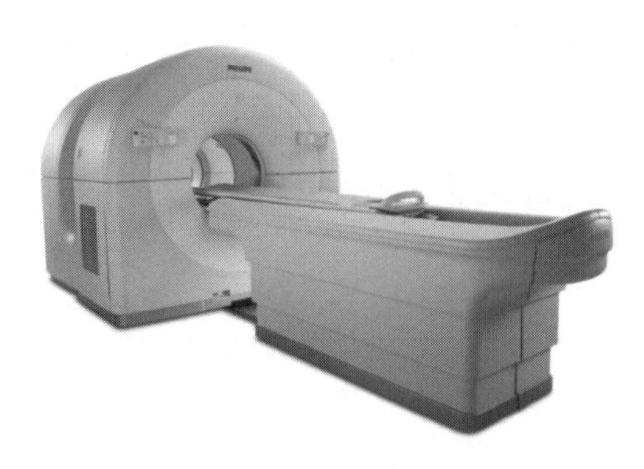

图 2-33　X 线正电子发射型计算机断层扫描仪

图 2-34　医用电子回旋加速治疗系统（MM50）

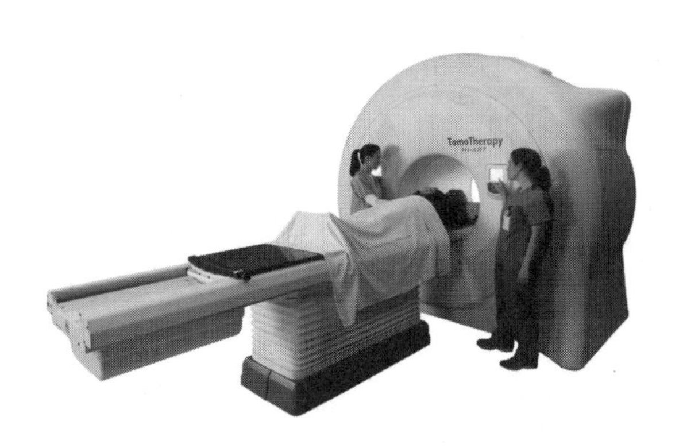

图 2-35　断层放射治疗系统（Tomo Therapy）

乙类大型医用设备配置具体标准表　　**表 2-53**

乙类大型医用设备	所属科室	功用	医院等级及条件	其他设备条件	综合医院准入标准		
					门急诊量	年住院日	其他
X 线电子计算机断层扫描装置（CT）	放射科	通过 X 线扫描构建完整的人体内部三维计算机模型	二三级及相当规模的医疗机构	必须具备常规 X 线和普通超声检查设备	4 万人次以上	2 万床日以上	X 光年摄片量 1.8 万张以上可配置 1 台
医用磁共振成像设备（MRI）	放射科	利用磁共振现象从人体中获得电磁信号，并重建出人体信息	市级及其以上医疗机构，区域人口多、经济发展水平较高地区的县级医疗机构可以考虑配置	必须具备常规 X 线和超声波检查设备以及 CT	22 万人次以上	9 万床日以上	年住院手术量 0.4 万台次以上、CT 年检查 1 万人次以上，可配置 1 台
800 毫安以上数字减影血管造影 X 线机（DSA）	放射科（介入中心）	通过计算机把血管造影片上的骨与软组织的影像消除，仅在影像片上突出血管的一种摄影技术	省、市级综合医院和距中心城市较远并具备相应条件的县级综合医院	必须具备心脑血管内、外科，具有常规 X 线和超声检查设备	18 万人次以上	10 万床日以上	心血管科年诊疗人次 1 万人以上的县级及其以上的综合医院，可配置 1 台
单光子发射型电子计算机（SPECT）	核医学科	病人需要摄入含有半衰期适当的放射性同位素药物，对从病人体内发射的 γ 射线成像	必须设置核医学科、肿瘤科、心血管科	必须具备常规 X 线和超声检查设备	35 万人次以上	20 万床日以上	核医学科年诊疗人次 1 万以上。肿瘤科年诊疗人次 1 万人以上，心血管科年诊疗人次 2 万以上，可配置 1 台
医用直线加速器（LA）	放疗科	将各种不同种类的带电粒子加速到更高能量对肿瘤进行放射治疗	设有肿瘤科的二、三级及相当规模医疗机构	—	15 万人次以上	10 万床日以上	年住院手术 0.3 万台次以上、肿瘤科年诊疗 0.35 万人以上可配置 1 台 LA

CHAPTER

第 3 章　总体设计

定义

总体设计是指在工艺设计的基础上对医院的各部分功能空间进行合理安排，保证符合工艺设计的流程要求，同时保证建筑设计的品质。

总体设计是一个项目的总体策划，是工艺设计与建筑设计之间的重要的衔接阶段，主要完成项目的总体布局和科室位置安排。通过综合考虑前期策划、城市规划、经济技术、人文艺术等设计因素，确保项目在规划、设计、建造和运行各个阶段，总体性能最优。

工作内容

1. 掌握医院建筑的基本知识

医院建筑是功能最复杂的民用建筑之一，医院设计首先要先了解医院建筑的相关基本知识，在总体设计阶段合理把握设计重点，更好地完成医院的总体设计。

2. 任务解读

研究任务书中的各项面积指标及流程要求，对任务书中的内容充分理解，作为总体设计的依据。

任务书的面积指标是总体设计的依据，对任务书中的面积进行合理的归纳整理，是简化流线、设计合理的重要内容，便于功能的分区。

医院中放疗科、手术室等特殊科室对土建和使用的制约极大，应在总体设计的开始阶段即重点予以关注，避免设计的反复。

3. 场地分析

医院的总体设计应从基地出发，结合场地的条件确定功能区的布局以及交通组织方式等。

4. 需求分析

功能需求：总体设计首先应考虑满足医院的功能需求。医院功能区之间的相互关系有着固定的医疗流程要求，不同的医院规模、管理模式会导致医院功能区之间的关系有所差别。

在科室布局上体现相关科室就近布置、“诊 - 查 - 治 - 护”相对应原则，减少患者行进路线；科室的位置关系不仅要考虑平面上的关系，还应该考虑上下层之间的关系，通过公共空间的合理建构，对以科室为单位的使用空间合理安排，在三维空间内立体建构各个空间的相互关系。

科室的内部使用功能相对固定，空间的需求也相对确定。总体设计中应关注科室面积、内部分区、流线组织等层面的问题，具体科室内部设计待建筑设计阶段进行深化。

交通组织：医院的功能相对比较复杂，总体流线的组织是医院整体使用功能是否合理的关键。合理的功能分区及场地出入口选择能大大减少各种流线的交叉，缩短流线的长度，简化流线的复杂程度。医院的流线组织应体现洁污分流、内外分流等原则。医院科室内部应尽量保证医患分开，实现良好就医环境以及医院的安全性。

工艺设计要求：医疗区功能组合模式不是一成不变，根据医院的特色、管理模式等不同可以重新组合。总体设计中应根据工艺规划设计的要求对医院的功能设置、流线组织进行针对性的调整。

5. 确定合适的空间布局形式

医院总体设计的最终成果是确定医院的总体空间布局，不同的医院布局在功能关系、交通组织等方面具有不同的特点，总体设计应根据项目的具体情况进行选择。医院的布局形式并不是固定不变的，可在常见布局类型的基础上进行调整，以符合项目的特殊需求。

设计目标

1. 创造良好的空间环境

建筑作为城市的重要组成部分，其总体设计应该延续城市的肌理特征。从整体上符合城市规划空间格局。

医院建筑应与周边环境相融合，建筑空间环境应考虑病人、医护人员、陪同人员的心理感受，从色彩、空间尺度等多方面营造适合各种人群的建筑环境。

医院的建筑形态首先应满足医院的使用功能，体现建筑的性格特点，不宜采用特别不规则的形体以及大面积的玻璃或实墙面。

医院的建筑形态应体现医院的交通组织、环境景观等特点，同时考虑地域性等因素。

2. 建立清晰、高效、安全的流程体系

建立清晰、便捷的交通流程体系是营造秩序性、高效性医院的有效手段。是现代化医院设计的主要目标。同时突出医院的安全性，医院的安全性除了包括常规的防感染扩散、避免交叉感染，还包括预防突发自然灾害的危害。

3. 营造温馨、舒适的就医环境

现代医院设计强调“以人为本，以病人为中心”。设计中应力求为病人创造舒适的治疗康复环境和为医护人员创造良好的工作环境。

4. 实现绿色医院及可持续发展

包括发展扩容、功能改造在内的建筑全寿命周期内，降低医院的使用能耗。

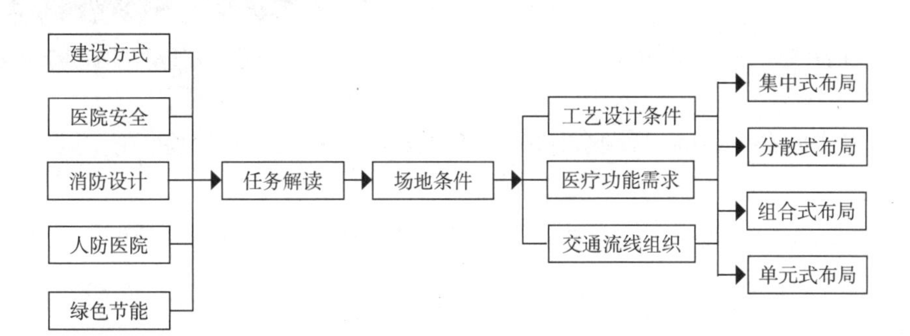

图 3-1　总体设计流程图

分类

医院由于现状条件、功能变化等多种原因，建设方式有所不同。医院的建设分为整体新建及改扩建两大类。其中整体新建又可以分为新址新建、原址一次性重建、原址分期重建三种情况，改扩建可分为局部改扩建和整体改扩建两种情况。

整体新建

医院整体新建包括原址重建和新址新建两类。原址一次性重建方式即在原用地范围内将原有建筑全部拆除，医院的医疗功能搬迁至别处或暂停，一次性建设医院所有业务用房。建设完成后，医院功能迁回或重新开业。由于医院的业务停止运行对医院的影响太大，一般不能暂停，因此在医院建设过程中医院业务不应停止，要有搬迁过渡的可能性。

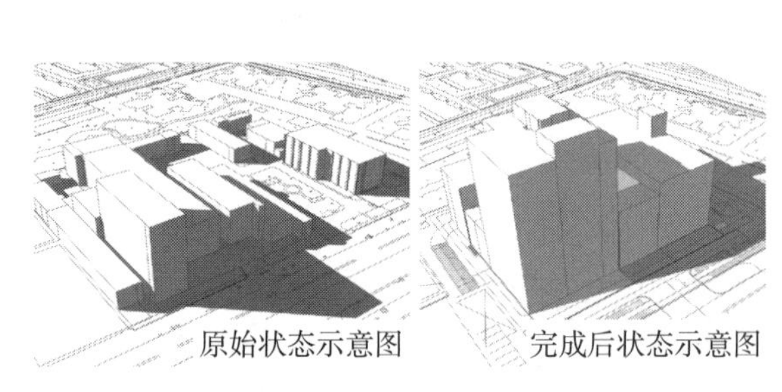

图 3-2　医院原址一次性重建项目示例图

图 3-3　医院新址新建项目示例图

新址新建方式即在合适的位置取得一块单独的建设用地，根据医院的使用要求，建设所有必需的业务用房，建设完成后，达到医院的使用目标。

医院的新址新建和原址一次性重建对总体设计的要求相似，总体设计的工作内容及设计目标基本相同。

改扩建

医院改扩建是指通过改造医院原有建筑，或者利用医院现有或征用周边用地进行新增建设来满足医院发展的一种建设方式。医院的改建与扩建一般同时发生，扩建的同时多伴随着医院原有功能的调整。

医院的改扩建形式多种多样，一种是利用现有的土地或者拆除某功能不重要的现有建筑，建设需要的新的业务用房，新的业务用房建设完成后再拆除部分功能重复的已有建筑，完成整体改扩建建设。

另外一种是原有的建筑全部保留，在现有的空地上建设新的业务用房，建设完成后，对原有建筑内部功能进行调整，形成新的完整的院区。

改扩建应充分尊重原有建筑和场地关系、合理优化组织人流、物流和信息流，提高整体使用效率，并不应影响原有医院的正常使用。

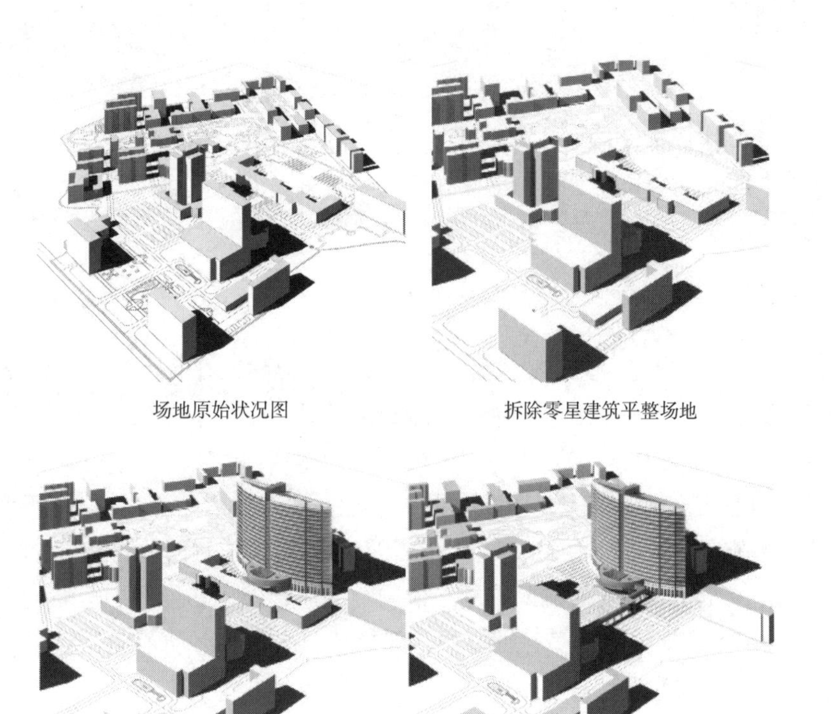

图 3-4 医院改扩建项目示例图一

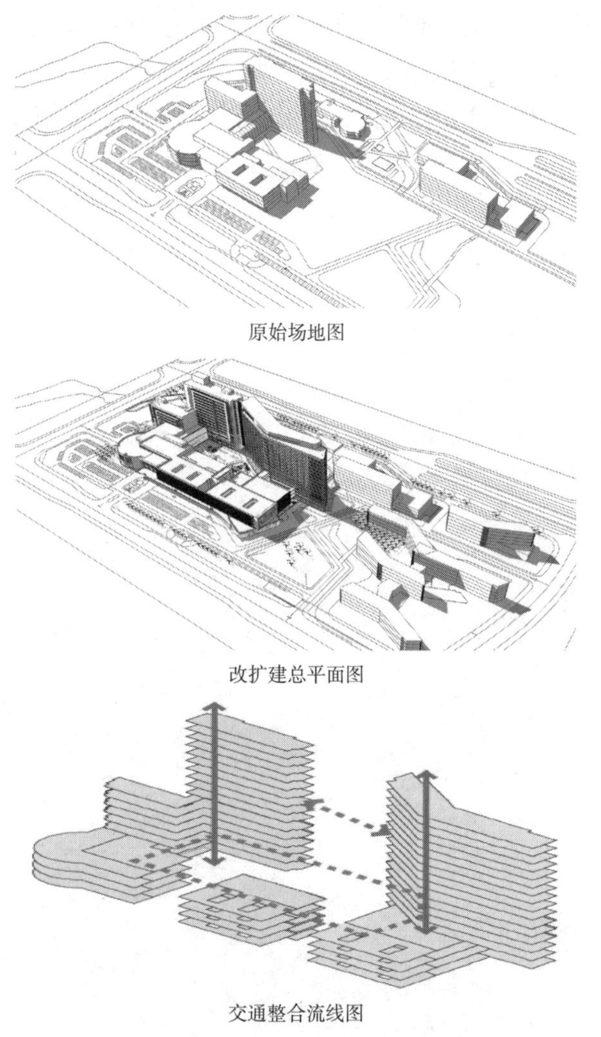

图 3-5 医院改扩建项目示例图二

概述

医院安全不仅包括保证医院正常运行的生物、环境、消防等传统意义上的安全，同时还包括在自然灾害发生期间和紧接阶段依然能够在自身的基础设施之上提供服务并全面运转的非传统意义上的安全。

传统安全

生物安全：主要内容为院内交叉感染控制。医院中部分病人在救治过程中存在传染性，院内交叉感染控制主要是防止其他人群受到感染，同时也保证所有人群在救治过程中不受到空气等环境的感染。

环境安全：保证医院的环境满足病人的使用和安全。病人的活动多存在不便且体力比较虚弱，医院环境应满足无障碍要求，方便残疾人使用，同时应考虑防止病人滑倒等设施。医院中部分医疗设备存在放射性，放射性的影响应控制在使用范围内，防止辐射对周边环境产生影响。

消防安全：医院中病人的移动多存在不便，部分部门的救治活动不能随意中断，应充分考虑特殊性，进行防火、疏散等设计。

非传统安全

非传统安全需考虑的因素主要包括下列内容：

自然地质灾害：主要是指在发生地震、泥石流、滑坡等自然地质灾害的情况下保证医院的安全，为了避免泥石流、滑坡等对医院的安全产生影响，医院的选址应远离有上述危险的区域。

气象灾害：主要是指在发生洪水、冰冻、干旱、台风、飓风等情况下保证医院的安全。

技术事故灾害：在大规模传染病、工业事故、有毒物质泄漏、交通事故等发生情况下保证医院的运行安全。

恶意攻击：在受到生物、化学、核辐射攻击情况下保证医院的运行安全。

技术措施

生物安全：

医院的防交叉感染要避免人流混杂，在设计上首先要考虑流线分开，从根本上杜绝交叉感染的发生。在区域的划分上应尽量考虑医患分开，具有感染性的病人区域可考虑隔离。对于手术室、实验室等环境要求高的区域考虑通过净化设备来满足要求。

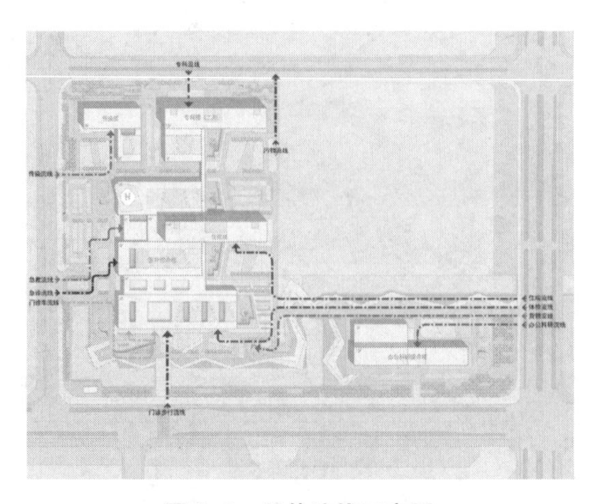

图 3-6　总体流线示意图

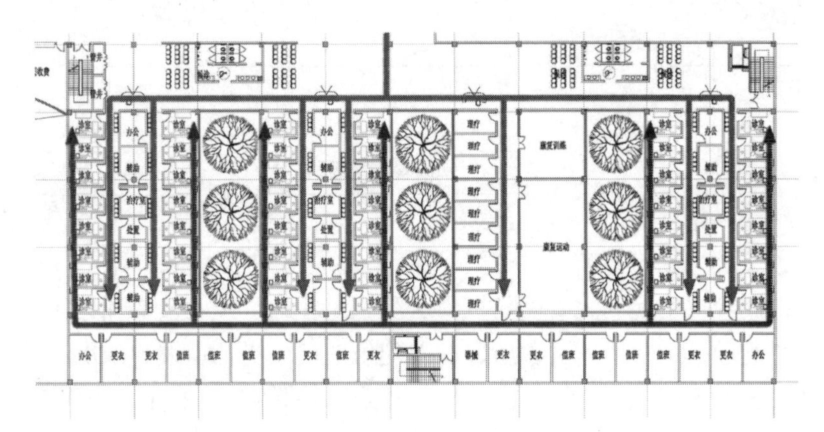

图 3-7 门诊单元医患分区示意图

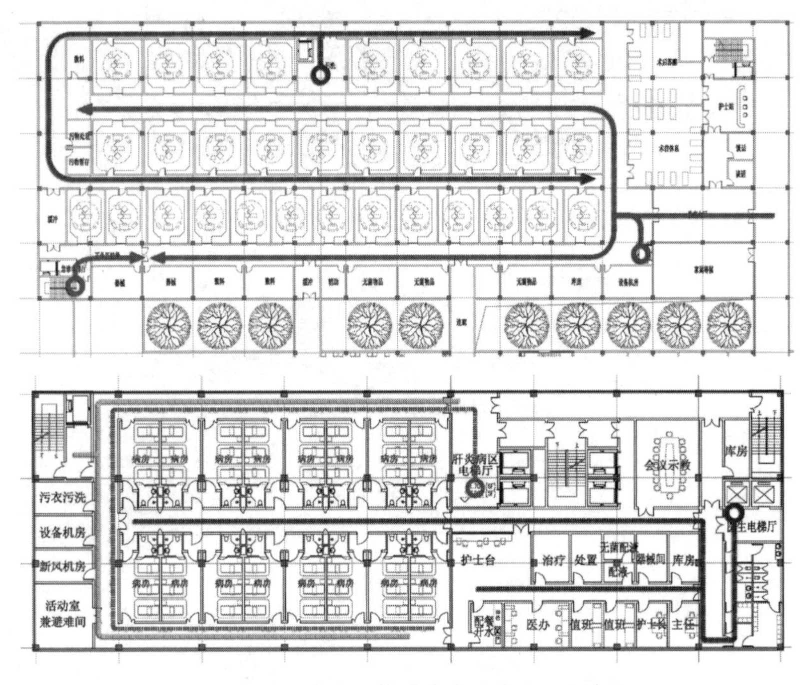

图 3-8 手术室及传染病房流线分区示意图

防辐射：

医院中产生辐射的区域主要包括放射科、核医学科、放疗科等。放射科设备 X 射线的防护主要通过砖墙或砖墙 + 铅板进行防护。直线加速器的能量较大，射线的防护应采用重晶石混凝土进行防护。核医学科病人在治疗过程中采用放射性元素，除病人的活动区域限定外，对于病人产生的废水等含放射性的物质应集中处理后才能排放。

防辐射构造表　　　　表 3-1

辐射设备	防护措施
X 光	300mm 厚黏土砖墙或砖墙 +（1 ~ 3）mm 铅板
直线加速器	2 ~ 2.5m 厚重晶石混凝土，主照射面厚度大于 2.5m
CT	300mm 厚黏土砖墙或砖墙 +（1 ~ 3）mm 铅板
DR	300mm 厚黏土砖墙或砖墙 +（1 ~ 3）mm 铅板
MRI	龙骨支撑，采用 0.5mm 的铜板厚度的六面体
ECT	300mm 厚黏土砖墙或砖墙 +（1 ~ 3）mm 铅板

续表

辐射设备	防护措施
PET - CT	300mm 厚黏土砖墙或砖墙 +（1 ~ 3）mm 铅板
DSA	300mm 厚黏土砖墙或砖墙 +（1 ~ 3）mm 铅板

避震：

医疗建筑在抗震救灾中起到重要的作用，医院建筑在地震中不仅要保证不倒塌，还应能继续正常使用，担负起救援的重要职责，所以医院建筑应高于当地房屋建筑的抗震设防要求。有条件的宜考虑采用避震技术。

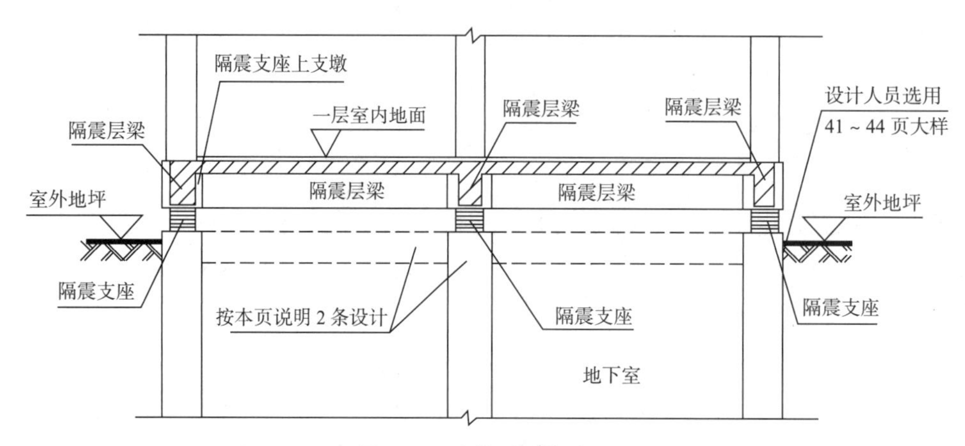

图 3-9　建筑避震构造图

技术难点

现代医院的规模越来越大，建筑布局多采用集中式布局，因此建筑的体量也比较大、大空间多，导致医院的耐火等级要求、疏散、防火分区的划分等方面有一定的特殊性。同时医院由于使用人群的特殊性，病人的行动比较慢，甚至有些病人无法行动；医院中手术室等部门因为工作的性质特殊，部门的工作在遇到火警时不能立即停止运行，消防设计的要求比其他类型建筑要高。

由于使用要求，医院的各部分之间通常都相互联系为一个整体，总体设计中应该主要解决总平面中的建筑防火间距、消防车道、消防登高面设置等问题。医院中的大空间比较多，例如大厅、医院街等经常几层通高，联系多个部门，大型医技科室防护有特殊要求。医院建筑的疏散距离与其他类型建筑要求不同。因此总体设计中防火分区的划分、疏散楼梯的布置等是设计中的难点。

技术措施

医院的消防设计中应该充分根据医院建筑的特点进行设计。

高层病房楼一般布置在多层门急诊医技楼上或临近布置，当高层病房楼布置在多层门急诊医技楼上，高层病房楼应有一个长边直接落地，布置消防登高场地。高层病房楼与多层门急诊医技楼临近布置，建筑间距宜满足多层与高层建筑间距要求，高层病房与多层门急诊医技楼通过连廊联系时，多层门急诊医技楼不宜按高层裙房考虑。高层病房楼应布置环形消防车道。

医院建筑消防设计中疏散距离比其他类型建筑小。医院建筑由于体量一般比较大，疏散楼梯底层直通室外出口可结合内院统一解决。

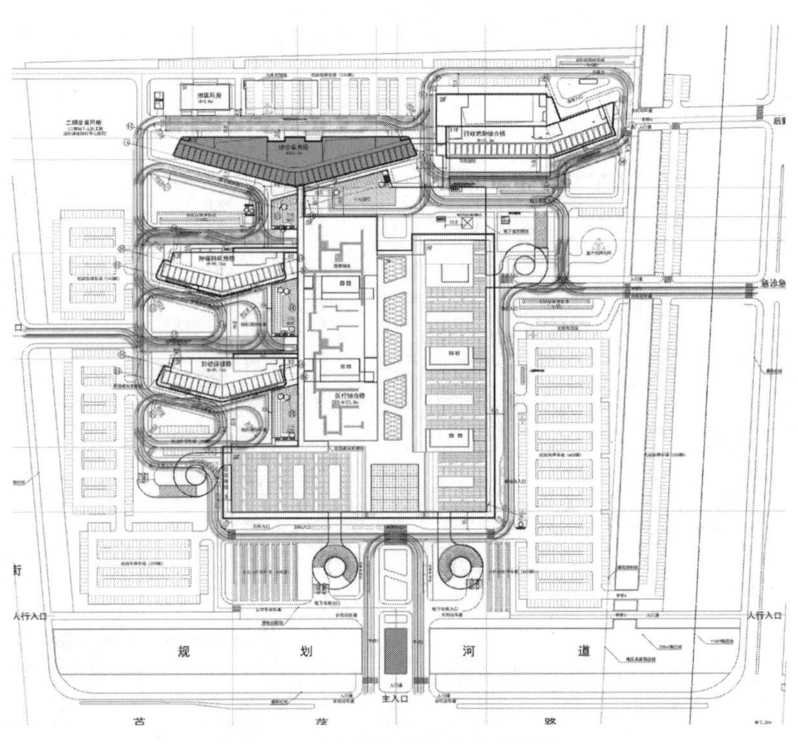

图 3-10　某医院消防总平面图

[1] 疏散口设置、建筑防火构造等设计详见第四章。消防喷淋等灭火系统设计详见第六章。

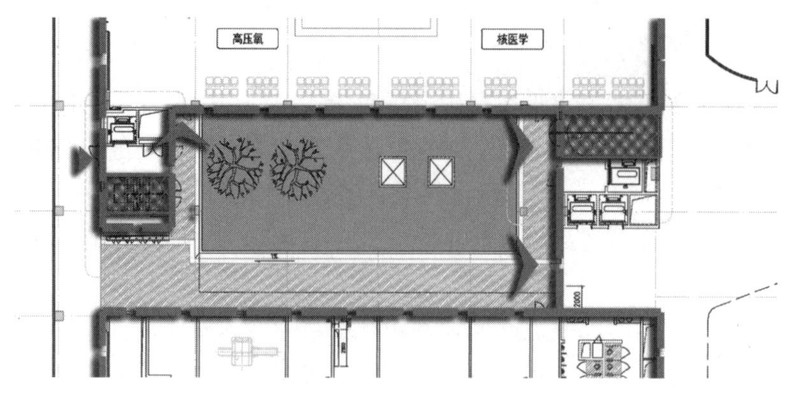

图 3-11　疏散楼梯底层直通室外平面示意图

手术室位于多层建筑时，防火分区面积不应大于 4000m²，当手术室面积大于 3000m² 时宜单独划分防火分区。小于 3000m² 时可与其他科室合并按小于 5000m² 的要求划分防火分区，但手术室与周边区域应进行防火分隔。

大型重要医技科室防火分区宜按科室使用范围划分，避免影响科室使用。当与其他科室同处于一个防火分区时，与周边区域应进行防火分隔。

医院街防火分区面积上下叠加，可不受防火分区面积限制，但是每个防火分区的底层建筑面积不应突破规范中关于防火分区面积的规定。

高层建筑大厅防火分区不应大于 4000m²。

高层病房楼病房部分及手术室应设置避难间，避难间可结合电梯厅布置。

医院建筑不应设置走廊尽端房间。

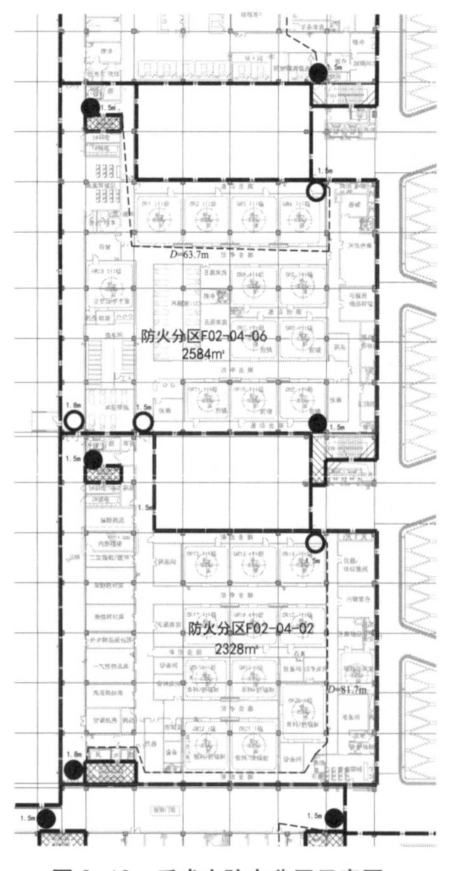

图 3-12　手术室防火分区示意图

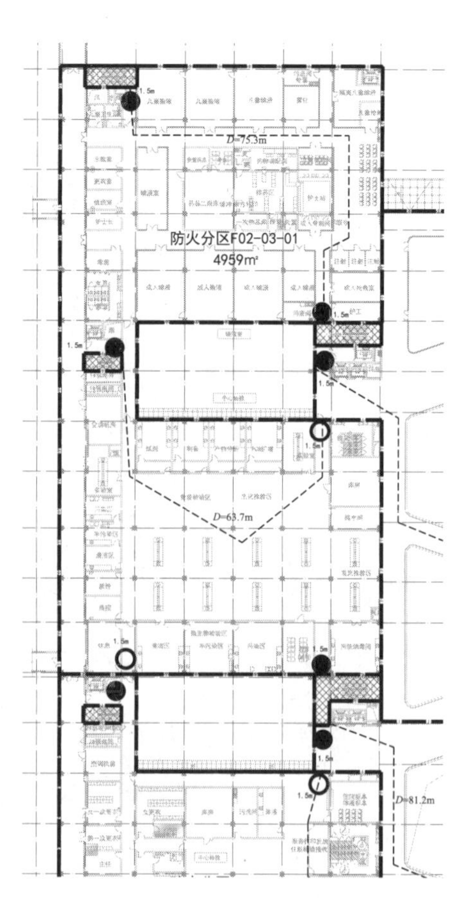

图 3-13　大型医技防火分隔示意图

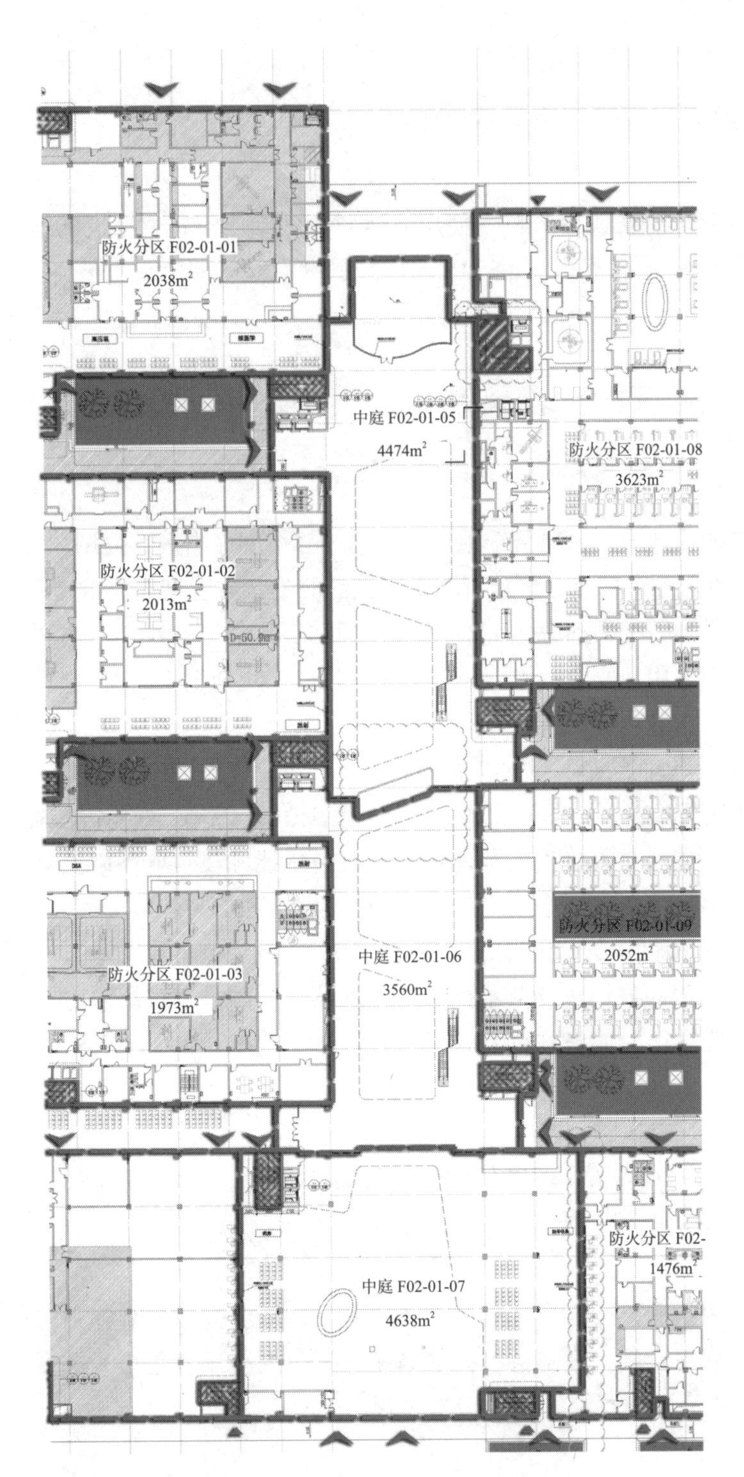

图 3-14　医院街、门厅防火分区示意图

需求特点

综合医院的床位数规模和建筑体量一般都比较大，建筑能耗也相对较高。医院设计中应充分考虑率绿色节能的要求。

医院使用人流量大，医院建成投入使用后运营一般不能停止，空调的使用周期长并且运行时间不统一，要求也不同。病房区域 24h 运行，手术室等区域空调与普通空调开启时间不同。医院建筑由于体量大而形成的暗房间多，通风采光的要求比较高。同时由于医院的发展，房间功能经常发生变化。

医院特定污染物多，同时其对外部场地及室内空间的整体洁净等级要求高。

技术要点

医院的绿色节能需从城市、项目场地、建筑单体三个层面出发，强调“简单且实用 - 高新但合理 - 体现需求特点”三个要点，整合特属于绿色医院建筑的适宜性技术体系。

规划及室外环境设计层面强调土地的高效利用和良好的生态环境。主要内容包含土地集约利用、地下空间利用、用地安全、保护环境、避免污染、用地卫生、无电磁、氡、有毒物质；同时利用乡土植物、绿化等营造舒适的室外环境。

建筑及室内环境设计层面除了通常技术手段外，在总体设计中应尽可能考虑自然通风采光的利用，减少医院街等大空间的阳光直射、使用可循环材料等降低建筑的能耗。

暖通及电气设计要求更高标准的节能设计、可再生能源建筑应用以及被动式节能技术的应用。兼顾围护结构和设备系统节能，设计应体现日照、通风、采光、遮阳被动式节能措施等，鼓励可再生能源利用（地源热泵、太阳能光热及光电），鼓励余热利用等。

给水排水设计提倡高效用水及节水措施、节水器具、高效景观用水方式，鼓励使用较高用水效率等级的卫生器具；考虑到医院污水成分的复杂性，为确保用水安全，仅强调合理收集利用蒸汽冷凝水等优质排水。

可持续发展：

医院的生命周期相对较长，医院的发展经常需要功能的改变，医院应考虑柱网的标准化、采用可循环使用材料措施，便于改建。

自然通风采光：

由于医院的使用时间长，医院宜尽可能考虑内院、下沉庭院等措施利用自然通风采光，以达到节能的目的。病房走廊、医院街、科室等候空间等人流量较大的区域更加应该注重考虑自然通风采光，同时提高环境质量。

遮阳：

医院的医院街、大厅等空间在自然采光的同时应考虑遮阳措施，减少能源的消耗。可以利用光伏电板发电的同时起到遮阳的目的。

屋面绿化：

医院的门急诊医技部分多为多层建筑，屋面设置绿化，利于屋面的保温隔热，同时为病人提供活动场所。

公共交通利用：

医院的人流量较大，人流的组织应尽可能利用周边的公共交通，减少医院的停车压力，也是节约能源的一个重要的方向。

---

[1] 绿色医院可采用技术措施详见本导则附录三。

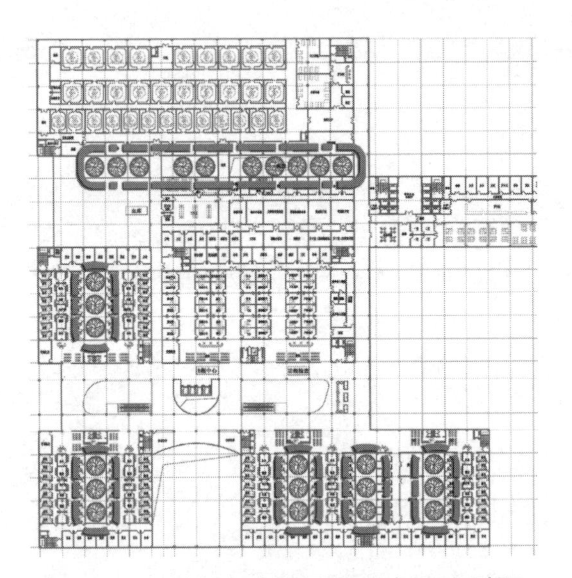

图 3-15　医疗综合楼自然通风采光平面示意图

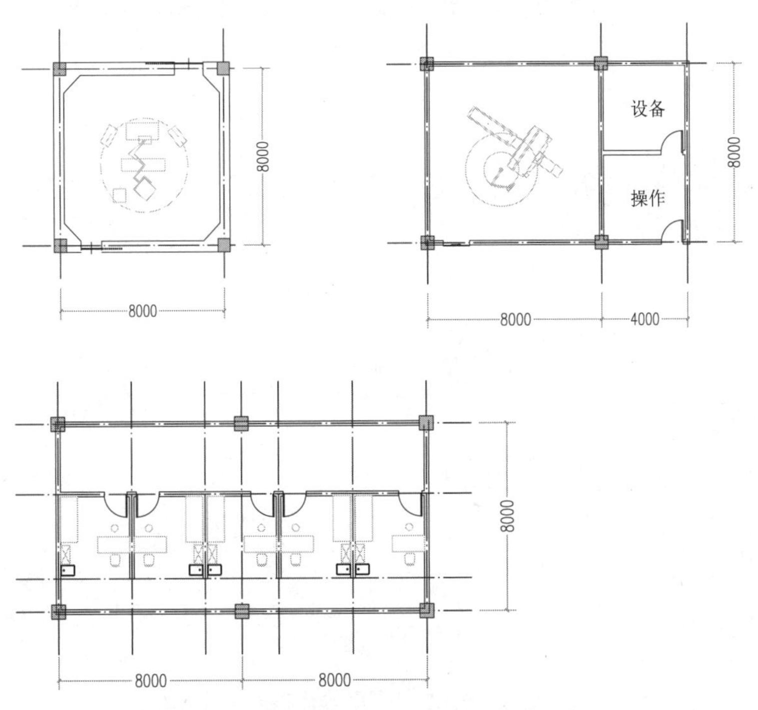

图 3-16　不同功能在标准柱网中布置示意图

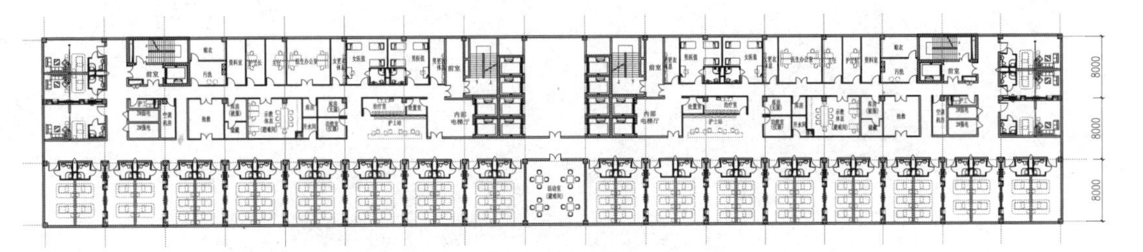

图 3-17　病房楼自然通风采光平面示意图

根据国家的人防规划，医院中一般均需要设置人防内容，除了普通的物资、人员掩蔽设施外，医院中还应设置人防医院。

分类

人防医院按照规模、用途等分为医疗救护站、战时急救医院、战时中心医院三类。

医疗救护站：防护区最大建筑面积 1500m^2，主要承担战时紧急救治。人员数量 140 ~ 150 人，床位数 15 ~ 25 张。

战时急救医院：防护区最大建筑面积 3000m^2，主要承担战时早期治疗。人员数量 210 ~ 280 人，床位数 50 ~ 50 张。

战时中心医院：防护区最大建筑面积 4500m^2，主要承担战时早期治疗和部分专科治疗。人员数量 390 ~ 530 人，床位数 150 ~ 250 张。

设置要求

人防医院的设置应根据当地的人防规划要求，一般根据医院的等级配置，二级医院设置医疗救护站、战时急救医院，三级医院设置战时中心医院。

房间配置

人防医院房间的配置应按有关规范设置，见下表。房间应按急救部、洗消、医技部、手术部、病房及保障用房的流程进行分区布置。

战时急救医院示例图

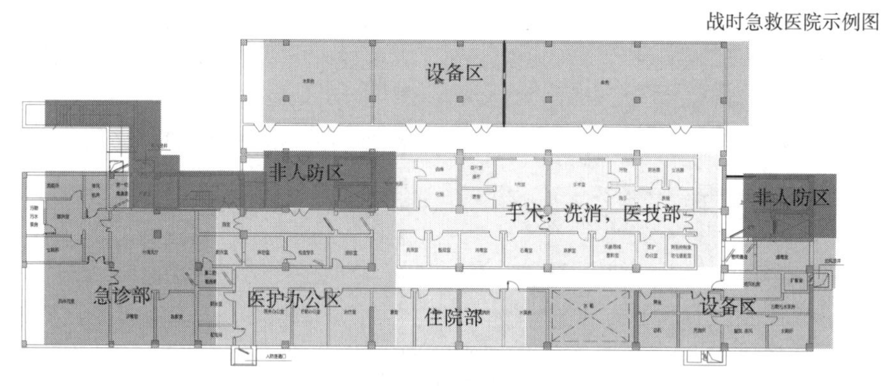

图 3-18 奉贤区中心医院医疗救护站示例图

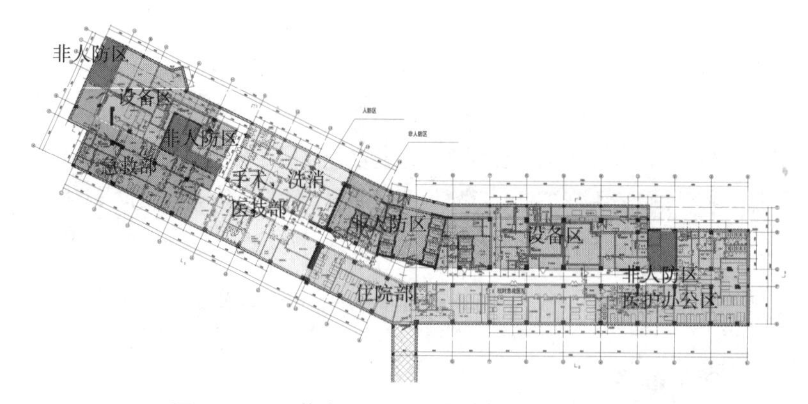

图 3-19 江苏省盛泽医院战时急救医院示例图

人防医院房间配置表 表 3-2

	保障用房																										医技部																
	管理用房								生活服务用房			设备用房									口部房间						放射		检验				功能检查		血库				中心供应				
	院长室	医务办公室	后勤办公室	警卫室	计算机房	寝室	厕所	盥洗室	配餐间	食品库	库房	通风机房	防化通信值班室	深井泵房	储水间	饮水间	污泵间	配电间	采油电站	室外防护室	滤毒室	脱衣室	淋浴室	检查穿衣室	密闭通道	防毒通道	X线机室	操作诊断室	临床检验室	生化室	细菌检验室	血清检验室	心电图	B超室	战时献血室	战时采血室	储血室	配血室	接受室	洗涤室	整理室	消毒灭菌室	库房兼发放室
中心医院	•	•	•	•	•	•	•	•	•	•	•	•	•	•	•	•	•	•	•	•	•	•	•	•	•	•	•	•	•	•	•	•	•	•	•	•	•	•	•	•	•	•	•
急救医院	•	•	•	•	•	•	•	•	•	•	•	•	•	•	•	•	•	•	•	•	•				•	•	•	•	•	•	•	•	•	•			•	•	•	•	•	•	•
救护站	•	•	•	•	•	•	•	•	•	•	•	•	•	•	•	•	•	•	•	•	•				•	•	•	•	•	•	•	•	•	•			•		•	•	•	•	•

	医技部		分类急救部						手术部										病房																					洗消间			
	药房																		外科护理单元							烧伤护理单元							内科护理单元										
	战时制剂室	药库兼发药室	分类厅	急救观察室	诊疗室	污物间	厕所	污泵间	手术室	洗手室	麻醉药械室	无菌器械敷药室	医护办	更衣浴厕	清洗室	污物间	换鞋处	石膏室	外科病房	重病、隔离室	治疗室	医护办	库房兼敷料室	厕所	盥洗室	烧伤病房	重症监护室	治疗室	医护办	库房兼敷料室	厕所	盥洗室	内科病房	重症监护室	治疗室	医护办	库房兼敷料室	厕所	盥洗室	脱衣室	淋浴室	检查穿衣室	防毒通道
中心医院	•	•	•	•	•	•	•	•	•	•	•	•	•	•	•	•	•	•	•	•	•	•	•	•	•	•	•	•	•	•	•	•	•	•	•	•	•	•	•	•	•	•	•
急救医院	•	•	•	•	•	•	•	•	•	•	•	•	•	•	•	•	•	•	•	•	•	•	•	•	•	•	•	•	•	•	•	•	•	•	•	•	•	•	•	•	•	•	•
救护站	•	•	•	•	•	•	•	•	•	•	•	•	•	•	•	•	•	•	•	•	•	•	•	•	•															•	•	•	•

针对不同的基地条件，医院的设计应有所不同。设计应从基地的条件入手，充分分析基地的特点，强调项目与基地的关系，强调设计的原创性。

设计时应从多方面对场地条件加以分析，并在设计中采取针对性策略。

医院选址原则

医院建设用地宜形状规则、排水通畅、日照充足、通风良好，交通方便，最好与两条城市道路相邻，城市基础设施完善，环境安静，远离污染源、易燃易爆物品的生产和贮存区，不应临近大型车站、地铁中心等人员密集场所，与周围托幼机构、中小学校、食品生产经营单位、肉菜市场之间应物理分隔。符合卫生、预防疾病、消防及环保等要求，同时应符合环评报告的要求。

医疗资源配置

场地附近区域内的医疗资源对医院的科室设置有较大的影响，应该仔细研究周边专科医院、综合医院、大型医疗设备等的设置情况，调整项目的科室配置。

服务区域

综合医院的服务对象为周边居民区，根据医院的等级、科室的强弱不同，医院的服务半径也不同，设计应详细分析周边的居民区情况，确定病人的来院方向。

景观条件

良好的自然景观对病人的康复能起到积极的作用。设计之初应调查基地周边的绿地、自然景观、景观河道等景观资源，加以利用。

充分考虑所在地的自然环境和相关条件，为患者的治疗、休养创造宜人的室内外环境。充分利用周围的有利资源，以此创造舒适、宜人的医疗环境。

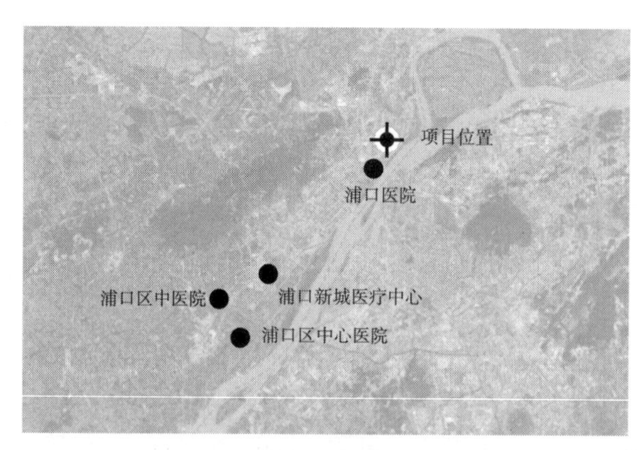

图 3-20　医院服务区域分析示意图

日照条件

医院的病房应有良好的朝向，满足有关的日照要求。在满足自身日照的同时，应充分考虑新建项目对周边地块的日照遮挡，减少对周边有日照要求建筑产生遮挡，保证周边有日照要求建筑符合规范要求。

[1]　空间布局的任务主要是结合项目具体的场地情况，综合考虑建筑形态、交通要求、功能位置要求、远期发展等因素，确定合理的医院功能区关系和科室位置。

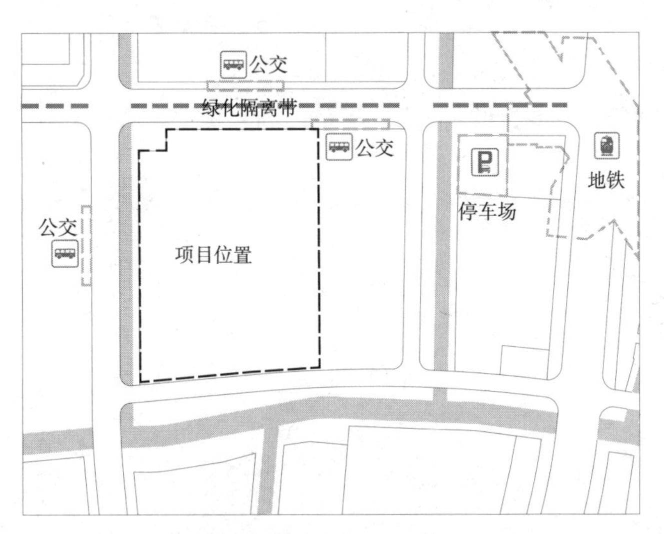

图 3-21 交通分析示意图

交通状况

医院的人流量巨大，因此基地周边的道路情况对医院出入口的设置影响较大。设计应主动了解场地周围城市道路情况，全面掌握道路等级、通行情况以及是否有中心绿化带、机非隔离带等影响交通的设施。

除此之外还应该了解场地周围是否有大型交通设施，如地铁站、汽车站、公交站等，出入口设置时应避开大流量交通带来的拥挤，同时考虑利用上述设施提供患者到达医院的便利性。

周边功能布局分析

医院周边人流大的建筑会对医院的交通产生影响，设计时主入口应避免临近。由于上午 7:00 ~ 10: 00 医院交通流量较为集中，主入口更应该避免与此时间段内人流量大的建筑临近。

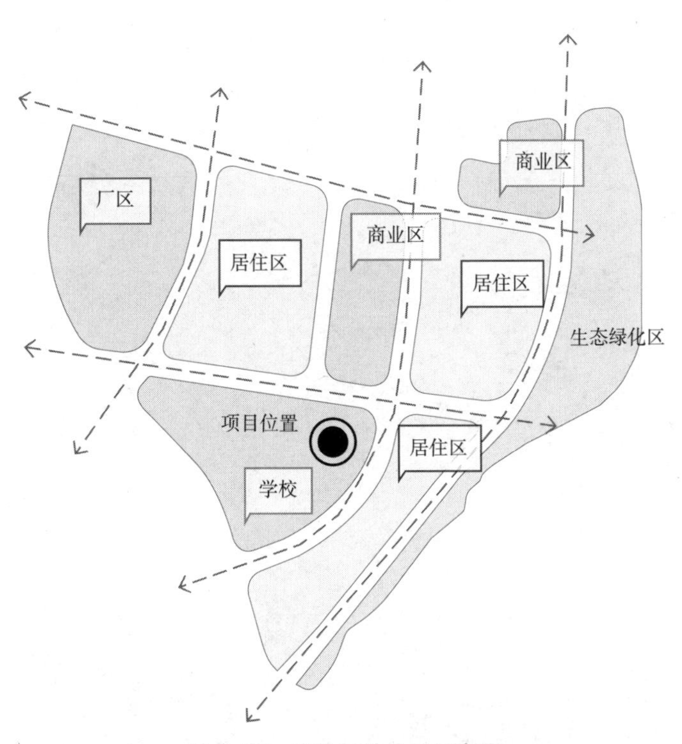

图 3-22 周边场地分析示意图

场地竖向分析

医院的基地宜平坦开阔，设计时应注意场地的高程情况，针对不同的高程情况合理利用，不宜简单推平处理。

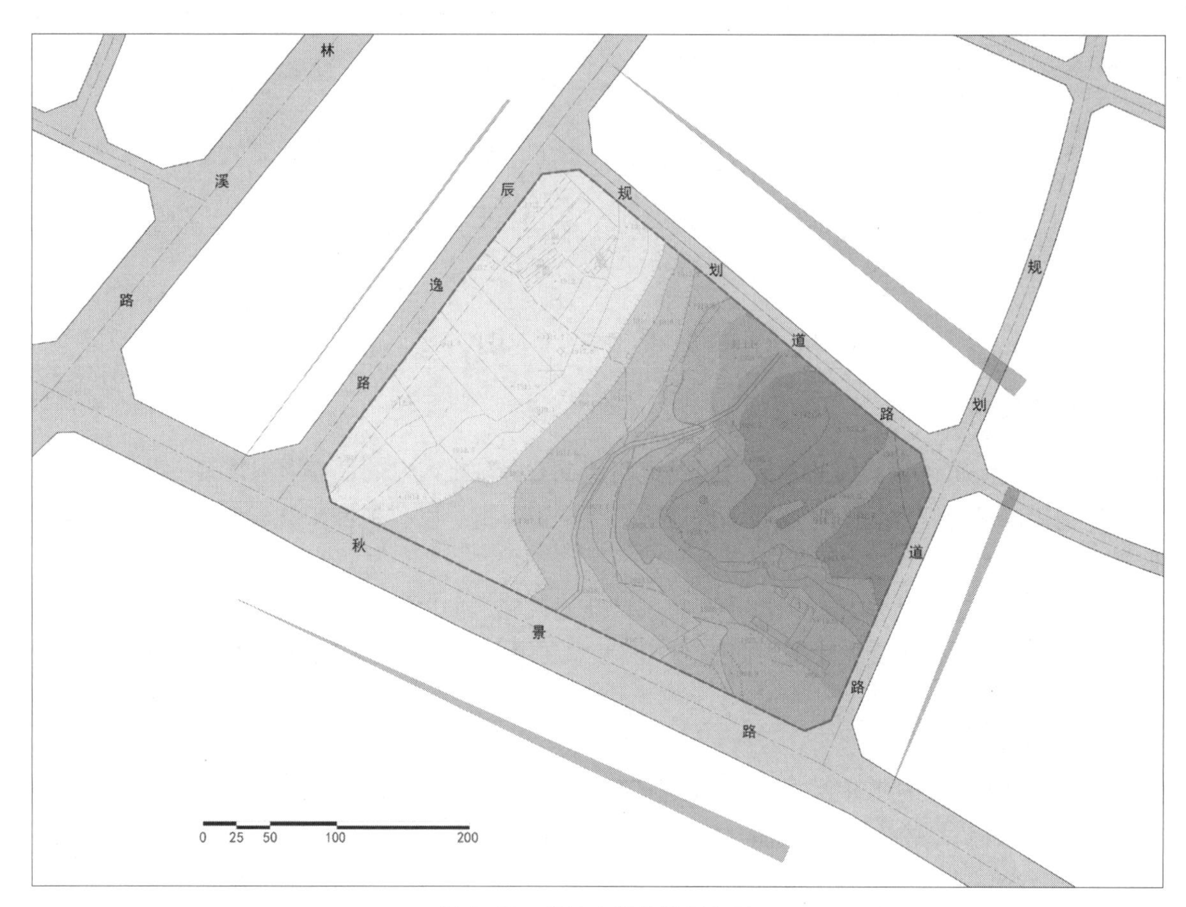

图 3-23　基地高程分析示意图

基本要求

功能区及科室的位置布置[1]首先应符合医学流程，减少各种流线之间的交叉，同时缩短各个流线的距离。

传染病病区建筑应位于医院院区下风向，相对独立的区域，宜有独立出入口，病房有良好通风。

行政、科研独立成区，宜有独立出入口，同时方便与医疗区、后勤保障区取得便捷联系。

后勤保障区用房与医疗区保持一定距离，路线互不交叉干扰。

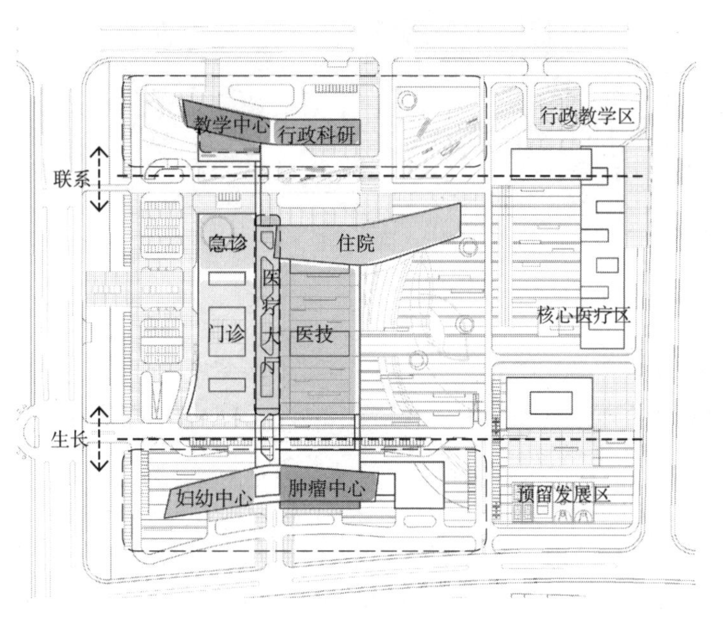

图 3-24 医院分区示意图

七项设施位置要求

核心医疗区：

医疗核心区一般置于基地的中心位置，门、急诊部宜面对主要入口广场，医技区宜位于中间位置，其他功能应围绕医技区布置。

医技再分区（住院医技及门诊医技）：

大型综合医院的医技内容繁多，根据使用对象的不同，可分为主要为病房服务的住院医技和主要为门诊服务的门诊医技，门诊医技和住院医技可结合医院的具体情况分区布置。

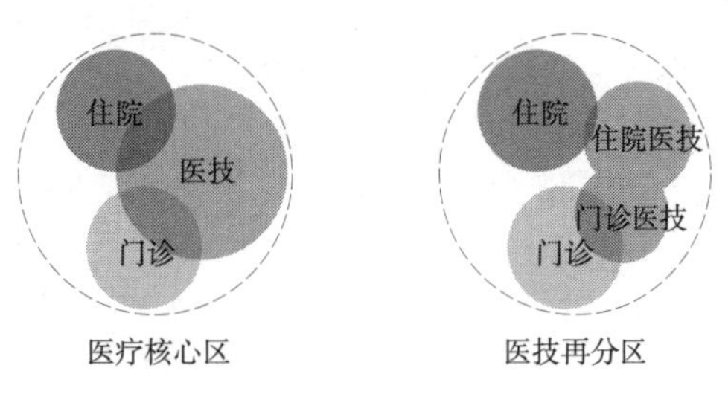

图 3-25

[1] 科室位置关系详见第二章工艺设计。

综合医院＋专科医院：

综合医院中的强势专科规模一般较大，专科需要的门诊、医技、病房可独立成区，与综合医院相对分开，缩短各部分病人的移动距离。

医疗中心：

大型综合医院医疗区中门急诊、医技、病房内容可按照使用科室的不同，按科室进行组合，形成医疗中心，不同的医疗中心组合成医院的医疗区。

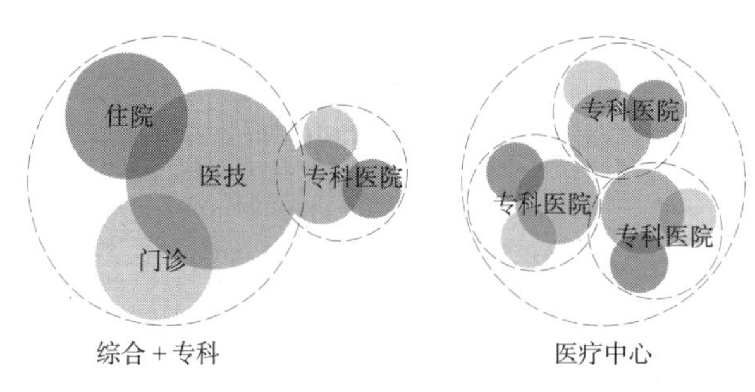

图 3-26

科室位置要求

医院科室位置首先应满足医疗工艺的要求，功能联系紧密的科室位置应靠近布置。人流大、设备沉重的科室可布置在低层区域。有防辐射等要求的科室应根据使用要求结合设备的安装确定科室的位置。

门诊大厅应布置在门诊区域的中间位置，方便到达各个诊区。急诊急救应靠近布置，方便医生的抢救，急诊急救入口与门诊大厅宜靠近，便于病人的转诊。

放射科设备重量比较大，运输不便，使用的人流量大，行动多不便，一般布置在底层。检验科人流量较大，宜布置在二层，设有分层标本采集物流系统的可设置于三层及以上楼层。

手术室是医院中最重要的医技科室，与之相关的科室也比较多，宜靠近病房布置。多布置在医技部的顶层，ICU、病理、血库、中心供应室等相关科室应就近布置，方便手术室的运行。同时应考虑与急诊急救的绿色通道。

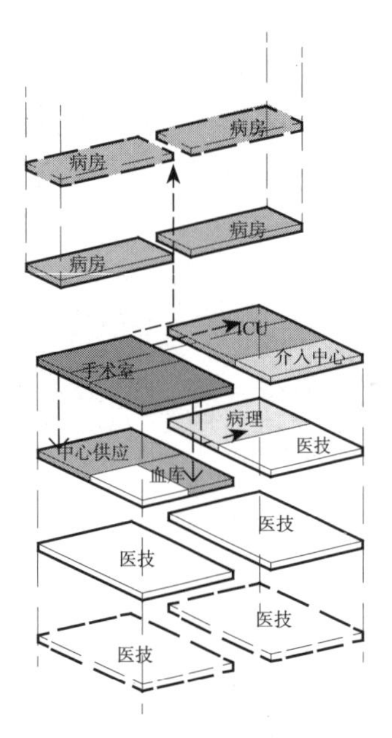

图 3-27　手术室及相关科室位置关系示意图

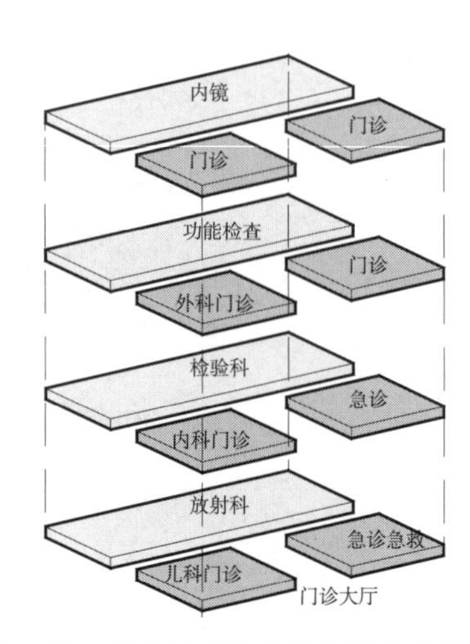

图 3-28　门急诊医技功能位置关系示意图

公共空间

医院街

医院中门诊科室与医技的功能非常密切，各个科室与医技科室都存在或多或少的直接功能联系。在多层门急诊医技楼中，门诊科室与医技的联系通道综合形成医院街，使得医院中门诊与医技的联系全部集中在医院街内，而不必明确特定的通道。医院街是一种模糊的交通解决方案。

医院街的高度一般与门急诊医技楼相同，由于医院的人流主要集中在三、四层以下，医院街的高度通常也在四层以下。医院街的宽度根据空间关系确定，一般通过设置中庭来解决交通面积与空间尺度的矛盾。

综合医院的门厅除了作为病人的入口分流空间外，同时兼做取药、挂号的等候空间。门厅宜靠近医院的基地主入口，方便病人的到达，同时宜安排在门诊医技区的中间位置，保证病人的行进距离最短。

地下空间

现代综合医院规模不断扩大，交通组织越来越复杂，流线更加细分。地上空间也越来越紧张。地下空间的开发利用，就显得尤为重要。

立体交通：结合地下车库设置专门的机动车下客泊位，机动车来院人员可由地下公共竖向交通直接进入地上科室。

物流通道：地下空间设置主要水平主通道，方便医院的送餐、药品等运送。

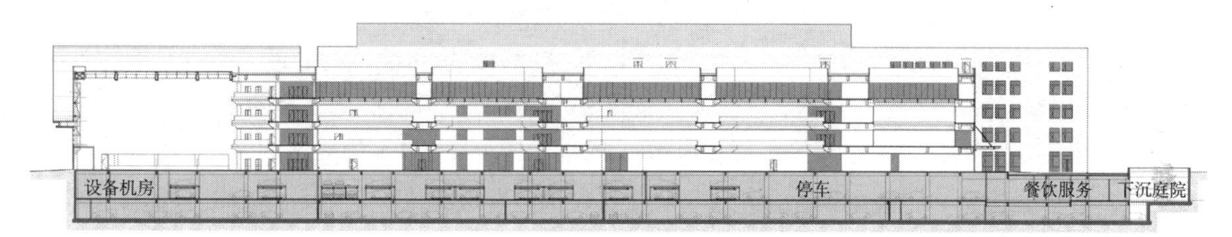

图 3-29 地下空间功能设置示意图

附属设施

液氧站：

1. 宜为独立建筑物；单罐容积不应大于 5m³，总容积不应大于 20m³；相邻储罐之间的距离不应小于最大储罐直径的 0.75 倍；

2. 医用液氧储罐与医疗卫生机构外的建筑的防火间距应符合《建筑设计防火规范（2018 年版）》GB 50016—2014 的规定。

其与其他建筑间距不小于下表要求：

液氧贮罐与建筑物、构筑物之间防火间距表　　表 3-3

建筑物、构筑物	防火间距（m）
医院内道路	3.0
一、二级建筑物墙壁或突出部分	10.0
三、四级建筑物墙壁或突出部分	15.0
医院变电站	12.0
独立车库、地下车库出入口、排水沟	15.0

续表

建筑物、构筑物	防火间距（m）
公共集会场所、生命支持区域	15.0
燃煤锅炉房	30.0
一般架空电力线	≥ 1.5 倍电杆高度

注：当面向液氧贮罐的建筑外墙为防火墙时，液氧贮罐与一、二级建筑物墙壁或突出部分的防火间距不应小于 5.0m，与三、四级建筑物墙壁或突出部分的防火间距不应小于 7.5m。

3. 液氧站位置应为区域能源使用中心，减少管道传输带来的损失；液氧站应靠近道路设置，便于液氧的运输。

污水处理池：

1. 污水处理池与生活水池最小距离应大于 10m；
2. 位置便于日常清理和维护；
3. 污水处理池设置需经过当地相关部门进行环境评估；
4. 污水处理池管理用房一般设在地上，需考虑地上建筑的美观性。

垃圾收集：

医院的医疗垃圾收集和普通生活垃圾收集应分开设置，二者之间应保证一定距离。垃圾收集的位置宜位于医院的下风向，靠近医院的污物出口。

直升机停机坪：

直升机坪多设于宽阔的主要屋顶平台，其起飞着陆区四周应距各种突出物（如机房、楼梯间、烟囱、旗杆、金属天线等）5m 以上，以保证起降净空要求。

起降区分为矩形（方形）或圆形。采用矩形时，长宽应分别取可能接纳的最大型直升机的总长、总宽的 2.0 倍和 1.5 倍；圆形起降区，直径取可能接纳的最大型直升机旋翼直径的 1.5 倍以上。

停机坪按其承担的任务分为普通型和后援型两种。普通型：仅提供起降服务。目前新建的三级医院多数为普通型。后援型：提供野外救助器材、药品和医护人员，并能为直升机提供燃油加注、充电等简单机务保障。

直升机停机坪的位置应充分考虑到救治的需要，应能方便快速到达医院的中心手术室。

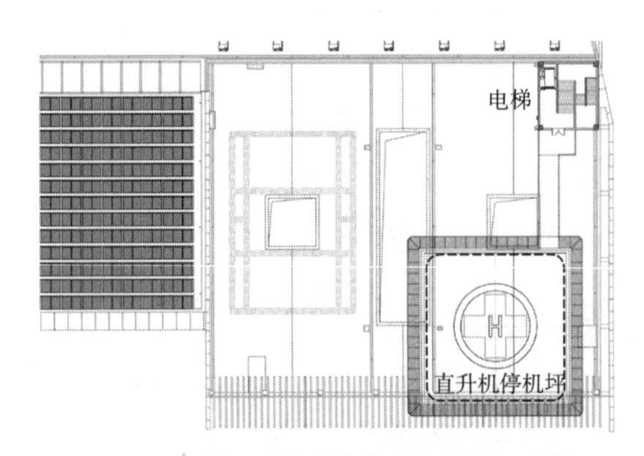

图 3-30　某医院直升机停机坪位置示意图

社会服务功能：

医院除了正常的医疗功能外，应考虑患者及其陪护人员在住院和陪护期间需要提供如同居家生活一样的配套服务，可设置购物、餐饮、银行、电信等服务设施。

为病人家属服务的设施可设置在医院街的端部和地下公共空间。

流线类型

综合医院包括人流、物流、信息流三大类功能流线。不同类的人流、物流，再加上洁污分区、洁污分流的特殊要求，导致综合医院功能组合、流程组织的复杂性和特殊性。

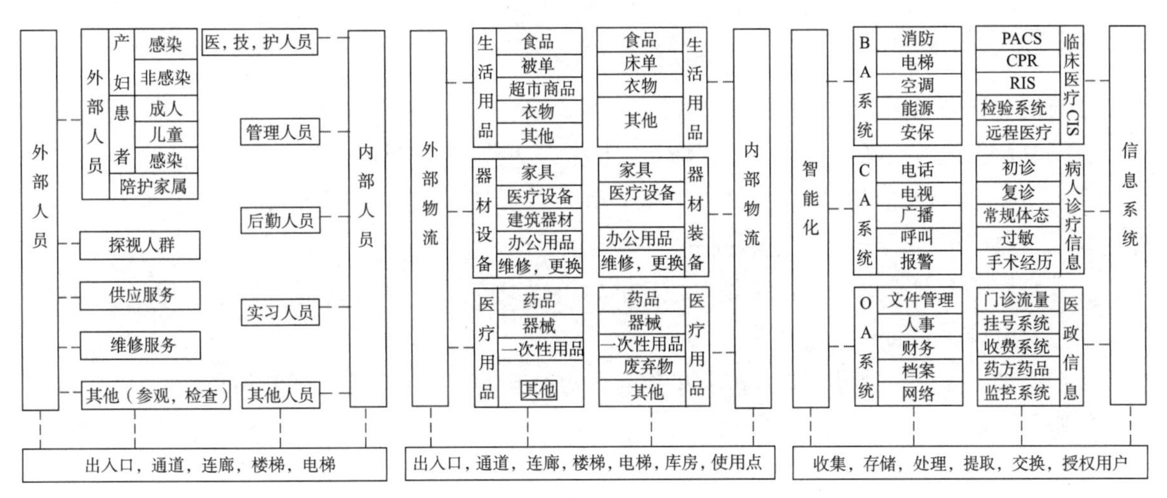

图 3-31　医院流线汇总表

出入口

根据使用性质不同，医院的出入口可分为门诊、急诊、住院、内部工作人员、后勤货物、污物出入口等，根据通行方式的不同，医院的出入口可分为车行、步行出入口，根据清污要求不同，医院的出入口可分为清洁、污物出入口。

医院出入口数量应根据基地条件不同分析确定，新建医院出入口不应少于 2 个；

当只有 2 个出入口时，应保证洁污分流，人员出入口不应兼作尸体和废弃物出口；

当有 3 个出入口时，遵守洁污分流、后勤流线与病人流线分流原则，建议设置内部出入口、病人出入口、污物出口；

当有 4 个出入口时，建议门诊和急诊入口分设，建立“急诊绿色通道”，满足急诊快速、便捷需求，同时作为流行性、大数量、突发性公共疾病的专用通道；

当大于 4 个出入口时，将病人出入口进行细分（门诊、急诊、急救、住院 + 探视），出入口与功能模块对应，减少行进路线。

停车

医院停车系统根据位置不同分为地面停车和地下车库停车[1]；根据功能不同主要分为内部职工停车和外部停车。

设置原则

停车库（场）分区与各功能区域对应布置，便于人流方便到达功能区；行车流线组织清晰、便捷，尽量采用

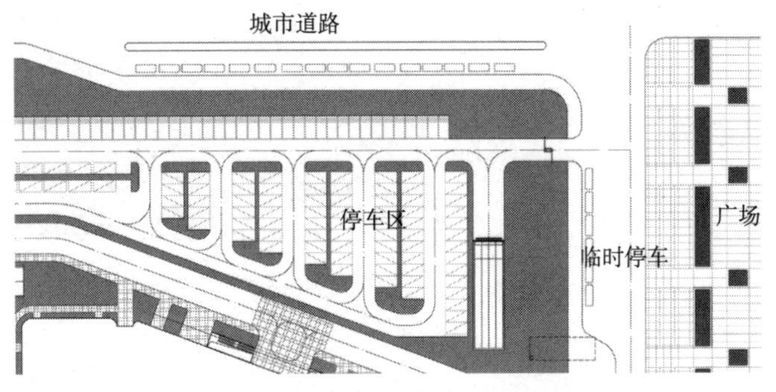

图 3-32　医院港湾式停车示意图

[1] 新建综合医院应配套建设机动车和非机动车停车设施。停车的数量和停车设施的面积指标，按建设项目所在地区的有关规定执行。

单向通行，避免流线交叉，影响使用效率。

出租车临时停车

在医院主要出入口处设置出租车临时停车场地，方便患者便捷、安全到达院区。临时停车场地通常采用港湾式设计模式，单进单出，设置候车区和下客区，下客区与步行系统相连。

组织原则

1. 流线分开

医院交通组织首先考虑做到人车、清污、内外、人物各种流线分开。

医院主要出入口尽可能布置在城市次要道路上，利用城市公交吸引和疏导人流；同时，在医院主要出入口应留有适当场地，满足临时停车需要。

急诊与门诊入口分设，应设置相对独立的急救“绿色通道”，并考虑流行性、大流量突发性疾病发生时门诊病人的“绿色通道”。

医护人员出入口单独设置，并留有单独的污物通道，实现医患分流和洁污分流。

2. 避免拥堵

医院每天人流量较大，特别是早晨上班时间人流更加集中，设计中要合理组织各种流线，避免内部产生拥堵。同时，还要避免内部拥堵导致周边道路的拥堵。

应对医院出入口设置、交通组织进行专门的交通分析。

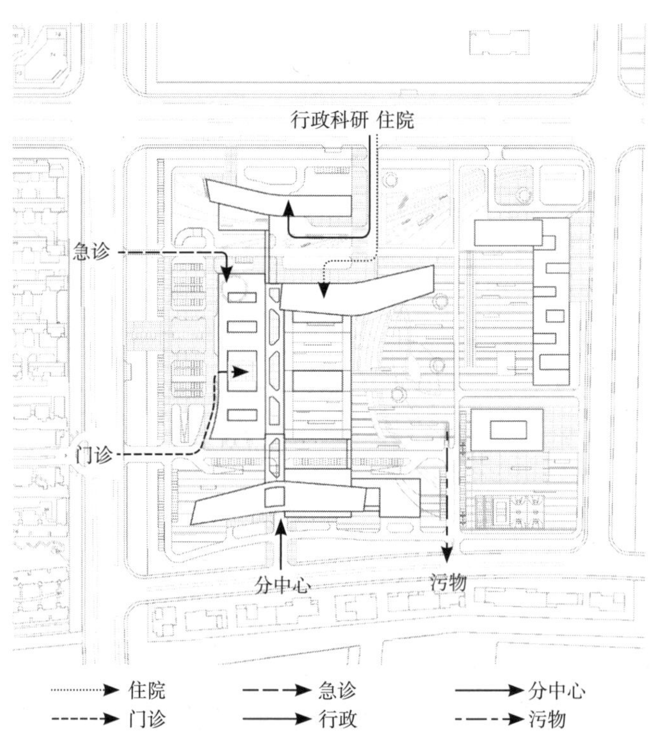

图 3-33　医院总体流线组织示意图

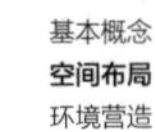

立体交通

医院的流线比较复杂，容易形成交叉混流，不利于医院感染控制，设计可在不同标高平面把人行交通和车行交通或清污交通等分开，形成立体交通体系。立体交通可利用场地高差、地下或半地下车库、轨道交通等将人与车、人与物、清与污、内与外等流线立体分流。机动车进入院区后直接进入地下车库，乘客通过地下下客区直接进入上层空间。轨道交通人流直接进入医院地下一层，通过竖向交通进入上层空间。

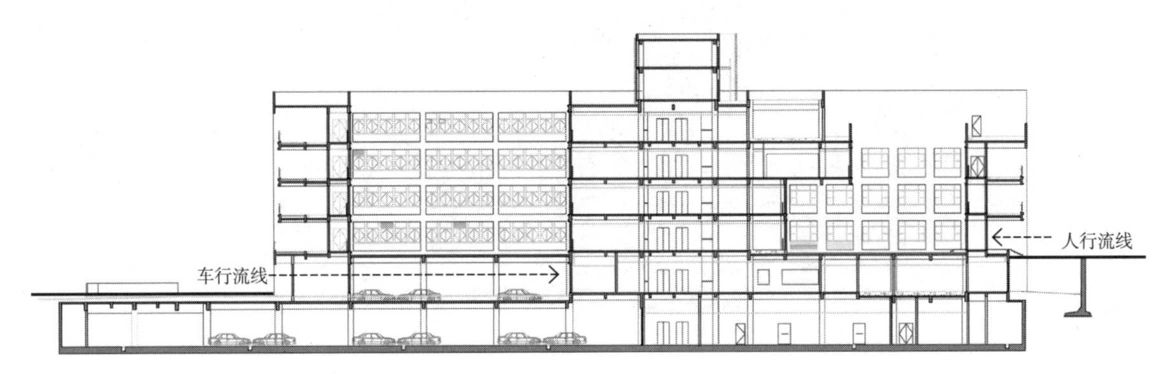

图 3-34　利用高差立体交通示意图

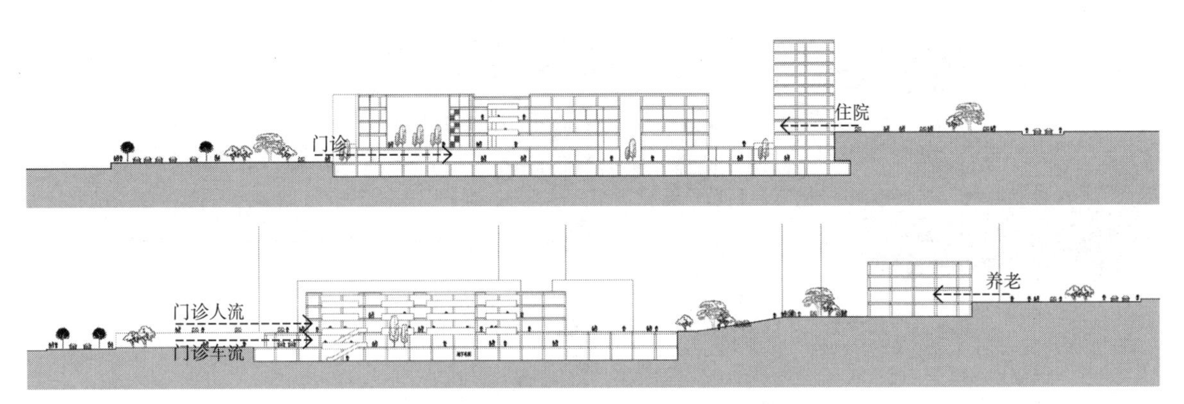

图 3-35　地下车库立体交通示意图

公共交通

医院的人流量较大，设计中应充分利用基地周边的公交资源，方便病人的到达。同时减少机动车来院数量，减少停车位同时达到节能的目的。

设计中，可考虑将公交车下客站点引入至医院内，地铁轨交可直接与地下主要交通核联系，方便病人的出行。

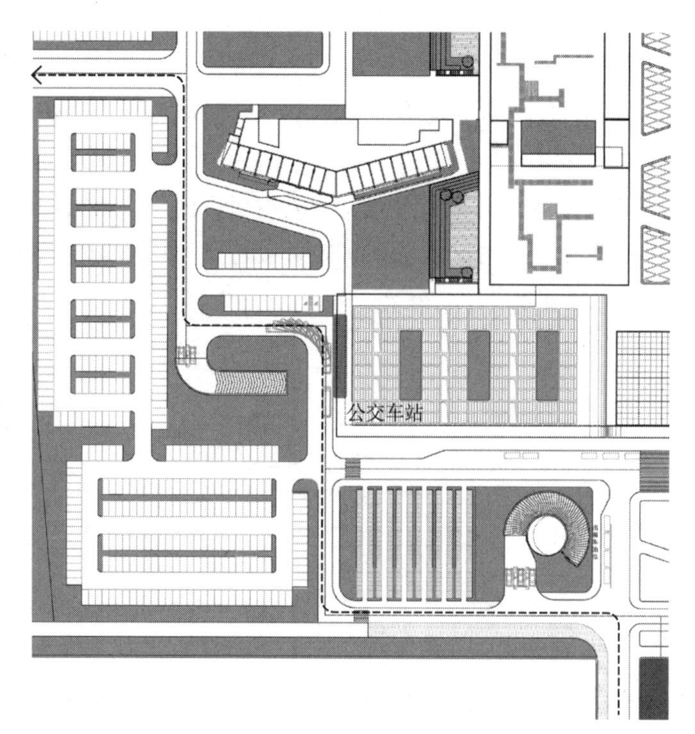

图 3-36　公交引入示意图

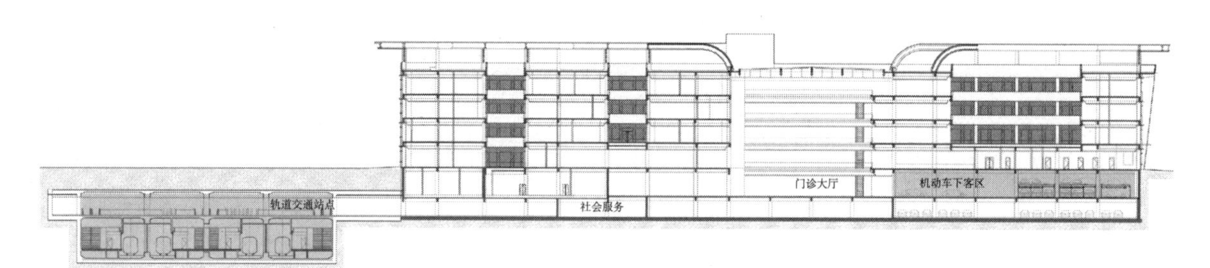

图 3-37　轨交立体交通示意图

医院发展特点

由于病员人数的持续增加、新仪器设备的不断出现以及资金投入的逐年上升，医院的规模一般都是不断扩大的。医院设计应为医院的最终发展留有充分的余地和考虑，避免出现重复和无序建设。

医院的设计可制定长远的规划，建设过程则可以通过分期建设来实现。

分期建设原则

医院的发展建设由于受到医院功能的限制，有自身的特点。医院的发展建设应遵循特有的原则：

1. 分期建设保证最终医院总体布局的合理性。医院的合理使用是医院建设的最终目标，医院使用的合理性始终应放在建设的首位。

2. 保证发展方案的可实施性。在保证最终使用合理的基础上，医院的建设应充分考虑施工的合理，制定合理的建设顺序，保证方案的可操作性。

3. 不影响医院的正常运行。医院从建成开始运行后，几乎所有功能都不应停止。发展过程中可利用前一期的过渡空间和过渡功能尽可能减少对医院正常业务工作的影响。

4. 避免重复建设。医院的功能复杂，发展中的制约也非常多，在发展过程中应尽量避免因为建设的原因而重复建设。

5. 节约投资。医院发展建设改扩建实施的方式多种多样，在相同的基础条件上应考虑建设的经济性，节约投资。

发展方式

医院的发展方式多种多样，针对不同的内容采用的方式也不同，大致有以下几种方式。

1. 功能置换

对于医院中功能要求不高的一些功能，可以通过功能置换的方式来实现过渡。例如：多余的门诊可作为医院的办公用房、病房可作为职工宿舍等。

2. 床位增加

医院的发展比较常见的是床位数的增加。针对病床数的增加一般可考虑通过新建病房楼和在原有的护理单元内预留加以实现。

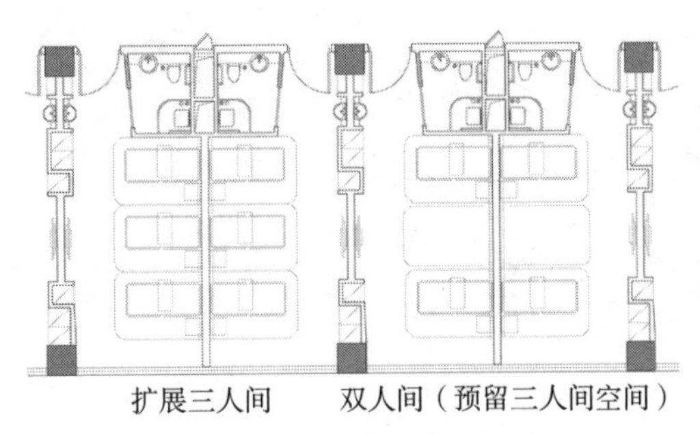

图 3-38　病房增加床位示意图

3. 门诊量增加

门诊诊室数量没有非常明确的要求，一般按照最大门诊量所需要的最少数量的诊室来设置，由于诊室大多相同，可按照实际的门诊量来安排科室的位置，实现门诊量的增加。

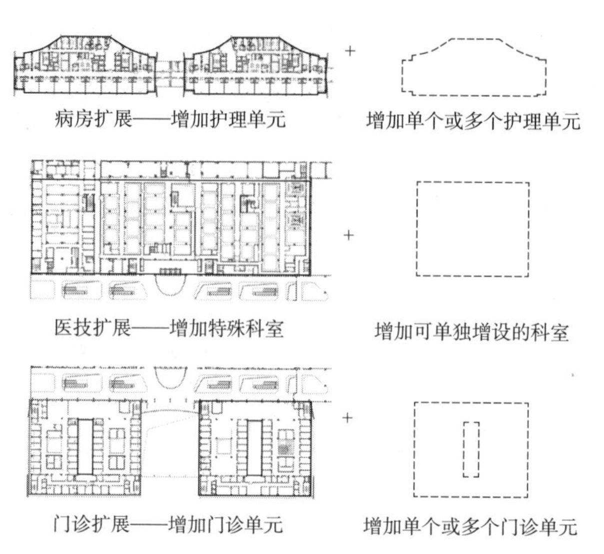

图 3-39　病房、医技、门诊增加示意图

医技科室增加

医技科室基本上都有严格的操作流程，科室的发展不仅是面积和房间数量的增加。因此，医技科室的增加一般采用科室内部预留房间的方式来完成，保证整个医技科室的布局不受影响。对于个别新增加的科室则可通过整体新建医技科室来实现。

增加医疗中心（专科医院）

医院规模的不断扩大，医院的特色专科规模也不断发展，当特色专科的规模扩大到 300 床以上时，可以考虑将特色专科单独布置形成医疗中心或专科医院，来实现医院规模的增加。

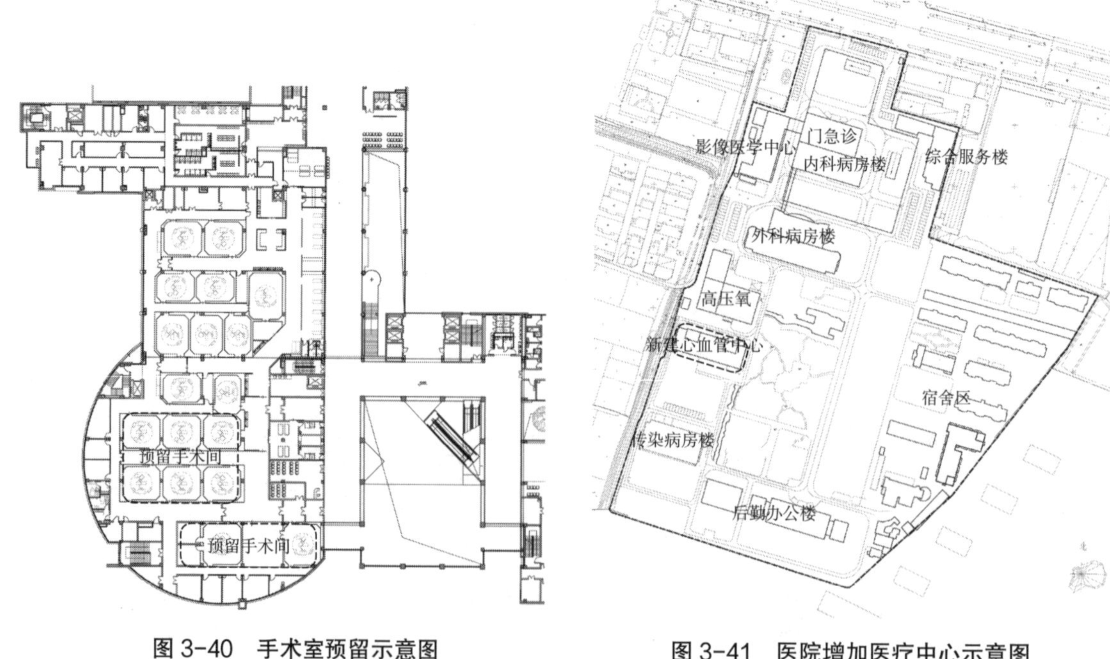

图 3-40　手术室预留示意图

图 3-41　医院增加医疗中心示意图

定义

集中式总体布局是指医院的主要部分通过医院街、医疗大厅等形式紧密联系在一起，满足医院使用功能的一种布局形式。

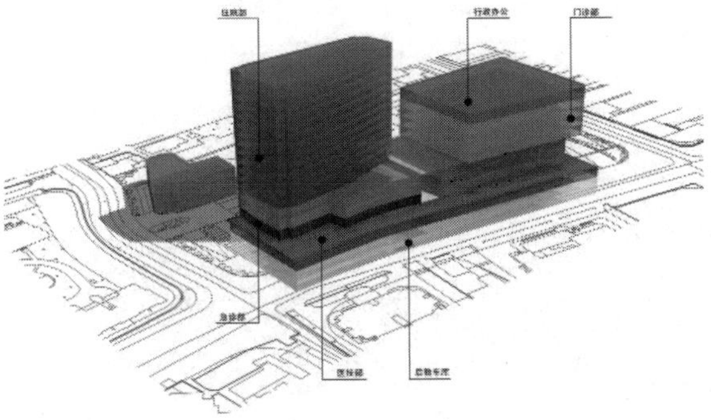

图 3-42　集中式医院示意图一

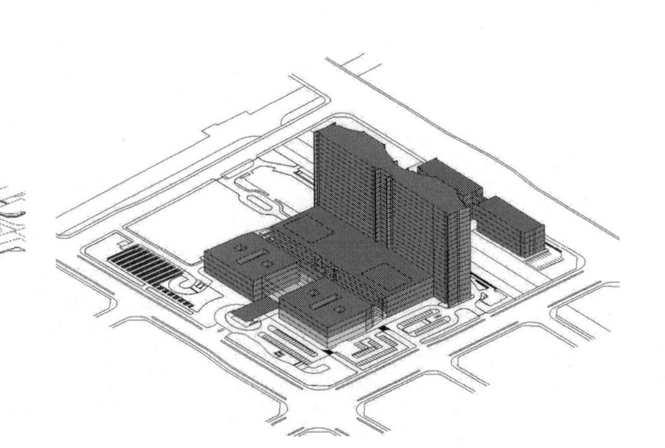

图 3-43　集中式医院示意图二

常见模式

根据医疗区门急诊、医技、病房三者之间的位置关系不同，集中式医院布局有几种不同类型。各种类型的位置关系虽有不同，但是医疗区的流程关系基本相同。

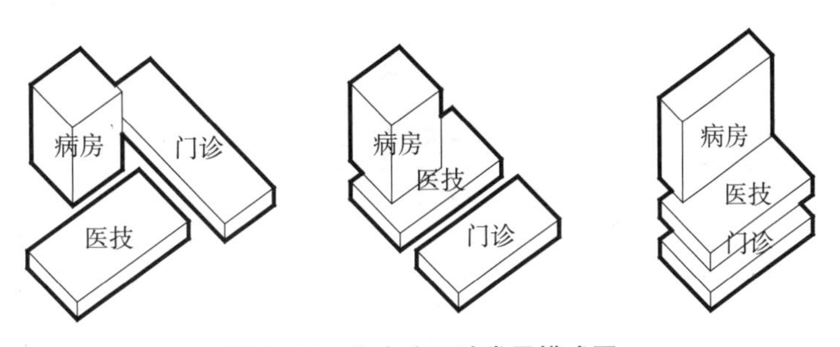

图 3-44　集中式医院常见模式图

功能布局特点

1. 主要医疗区集中布置，各功能区之间的联系密切，方便病人的救治。

2. 由于建筑集中布置，体量比较大，平面尺寸也较大，平面暗房间较多，不利于房间的自然通风采光。

3. 由于建筑体量较大，一般在功能区之间以及功能区内部增加内院。

4. 集中式布局医院体量比较整体，建筑形体关系容易塑造，建筑形态相对有表现力。

5. 建筑体量比较完整，建筑空间的增加受到形体关系的制约，发展的余地不大。

6. 当病房置于医技或门诊楼上时，由于病房与门急诊医技柱网要求不同，会造成平面布局的浪费，不利于科室的布置。设备管线的转换也可能增加建设成本。

7. 由于建筑体量比较集中，病房楼有时设置与门急诊医技楼上部，建筑室外环境变化相对较少，绿化与建筑的关系不够密切。

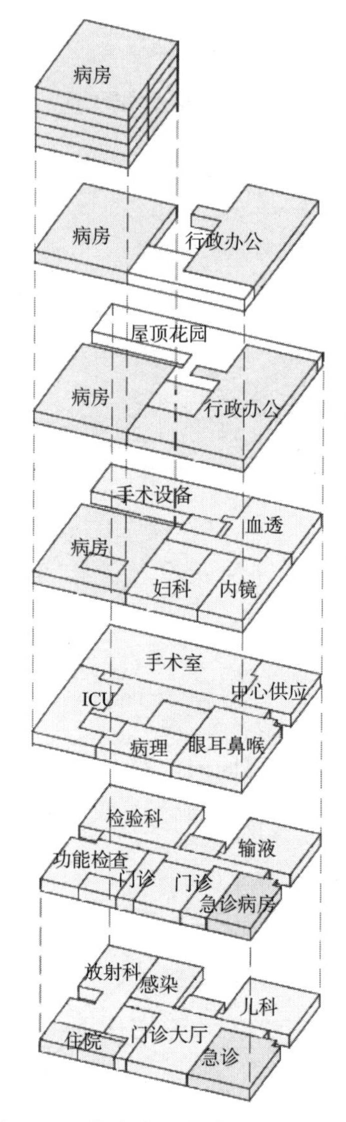

图 3-45 集中式医院功能位置示意图

交通组织特点

1. 由于建筑各部分集中布置，各部分之间流线相对较短，方便各部分之间的联系，符合医院对病人救治的要求，节约时间。

2. 由于各部分功能集中布置，集中式布局医院的交通组织相对比较复杂，合理的流线组织是设计的关键。集中式布局医院一般地下室连通，通过立体交通组织达到流线的分流，避免交叉感染，提高环境品质。

适用范围

集中式布局土地利用效率比较高，流线短洁，多在用地紧张、规模较大的医院项目中采用。

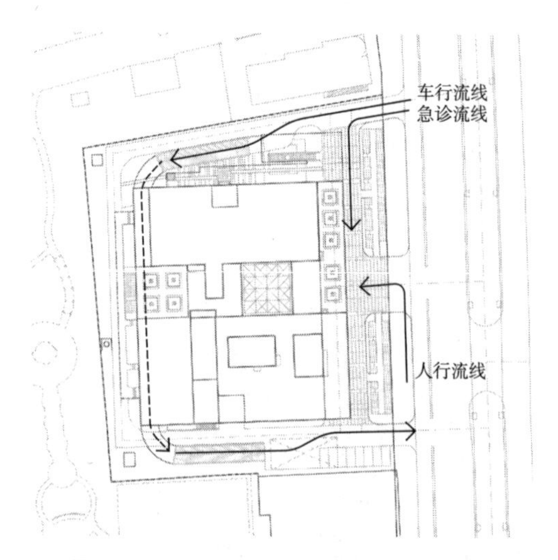

图 3-46 集中式医院交通组织示意图

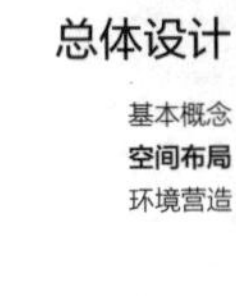

定义

分散式总体布局是指门急诊、医技、住院部、行政办公、教学科研、后勤等功能分为若干栋建筑，整个医院由多个独立的建筑物构成的布局形式。建筑物之间一般用廊道相互联系。

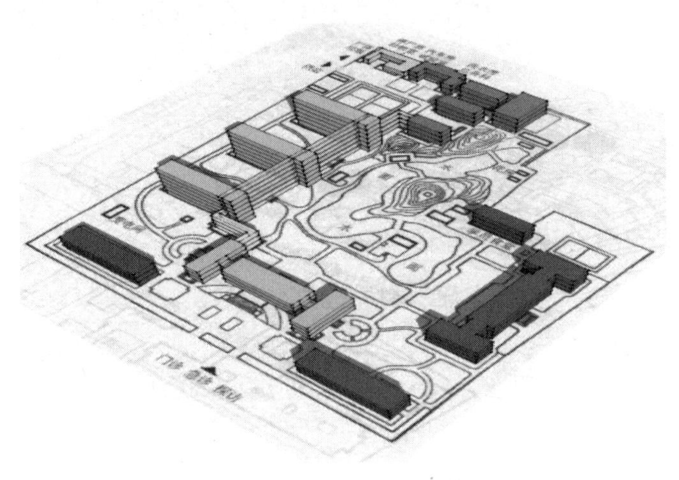

图 3-47　分散式医院示意图

常见模式

分散式布局的医疗区一般有两种模式，以七项设施内容为依据和以专科类别为依据两种不同的建筑空间组合方式进行分散布置。

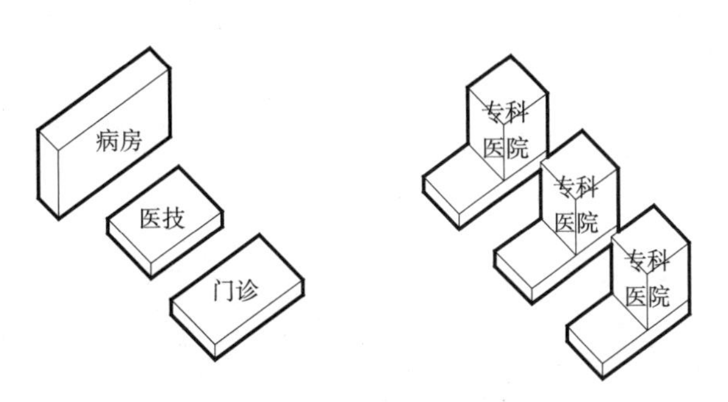

图 3-48　分散式医院常见模式示意图

功能布局特点

1. 医疗区各主要建筑均单独布置，各功能区之间的距离一般较远，病人的行走距离较远。

2. 由于建筑分散布置，每栋建筑的体量一般不大，平面暗房间相对较少，大多数房间都有较好的自然通风采光。

3. 由于建筑分散布置，建筑体量一般较小，建筑与环境的融入关系比较好，尺度相对比较宜人。建筑之间空间较大，利于室外环境营造，病人的室外活动空间较多。

4. 每栋单体的功能相对单一，结构形式、机电管线安排都相对简单，建设成本及周期相对较少。

5. 由于建筑单体独立设置，建筑空间的增加比较方便，医院的发展余地较大。

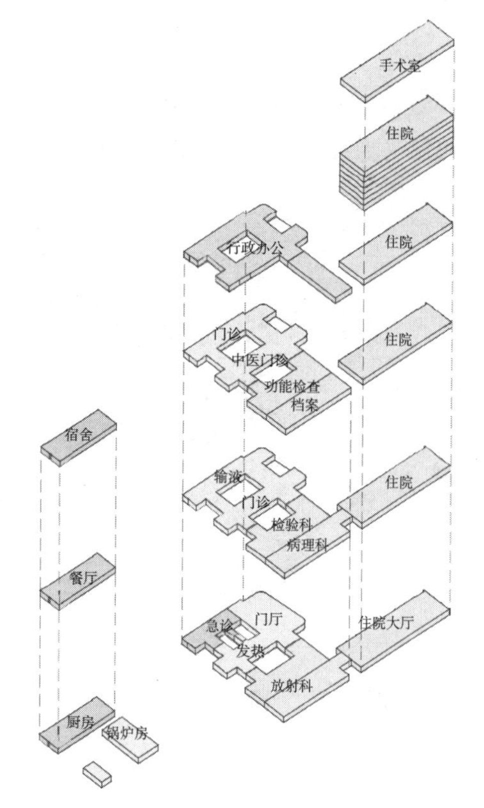

图 3-49　分散式医院功能位置示意图

交通组织特点

1. 建筑分散布置，各部分入口分开布置，利于流线的分开，但是增加了后勤服务等流线的距离。

2. 建筑分散布置，各部分之间流线相对较长，各部分之间的联系相对不方便，不适合大型医院病人紧急救治的要求。

3. 由于每栋建筑的体量相对较小，建筑内部的流线组织简单。

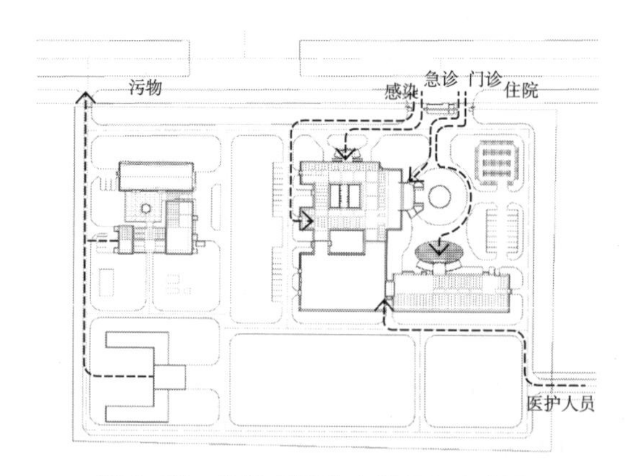

图 3-50　分散式医院交通组织示意图

适用范围

分散式布局的土地利用效率不高，流线比较长，多在用地较大，土地相对宽裕、对医院总体环境要求较高的医院项目中采用。

定义

组合式总体布局是指门诊、医技、病房等功能中的部分功能按照一定的功能要求组合成一个整体，几个这样的整体或单体再根据一定的空间关系布置在一起的一种医院布局类型。

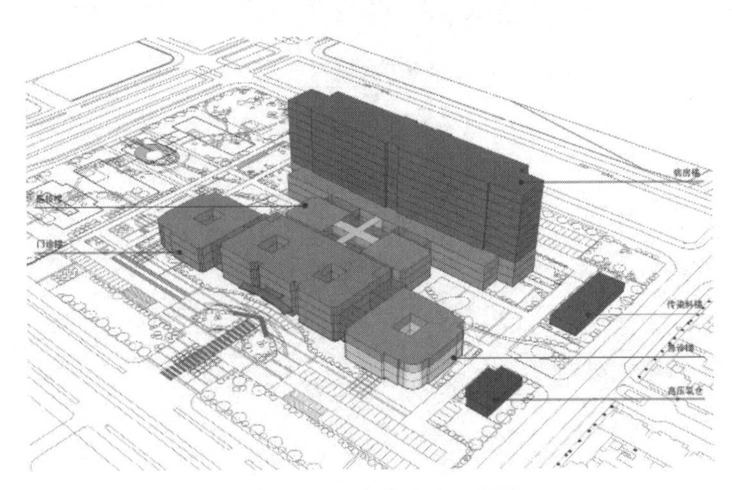

图 3-51　组合式医院示意图

常见模式

根据组合内容的不同，常见以下两种不同的模式。一种是门急诊医技内容组合在一起，病房楼单独设置。另一种是综合医院与一个或几个专科医院组合在一起。

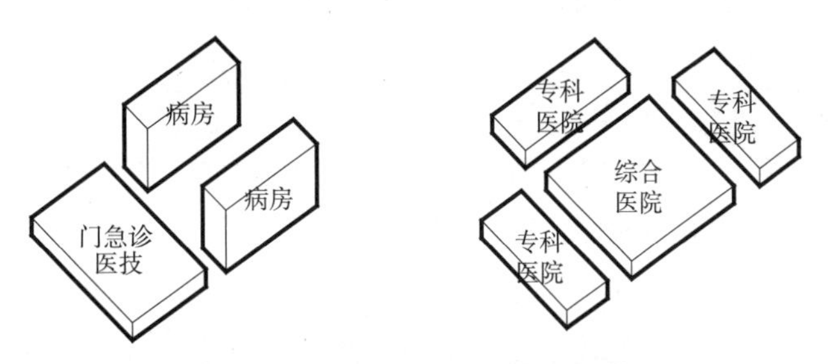

图 3-52　组合式医院模式示意图

功能布局特点

1. 组合式布局根据工艺设计的需要将部分功能集中在一起，其余的功能分开布置。多常见门急诊医技集中为一栋综合楼，病房分散布置。

2. 门急诊医技功能组合布置，保证了病人诊疗的便捷，病房相对分散布置，便于病房获得良好的环境。

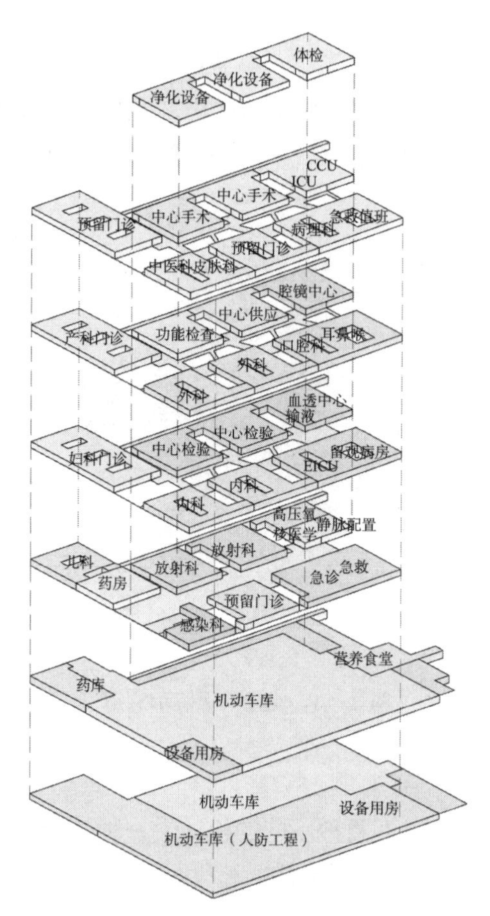

图 3-53　组合式医院功能位置示意图

交通组织特点

各部门既能联系方便，又能根据不同功能有相对的独立性，便于独立组织交通。各医疗功能独立成区；流线组织较为便捷且干扰少。

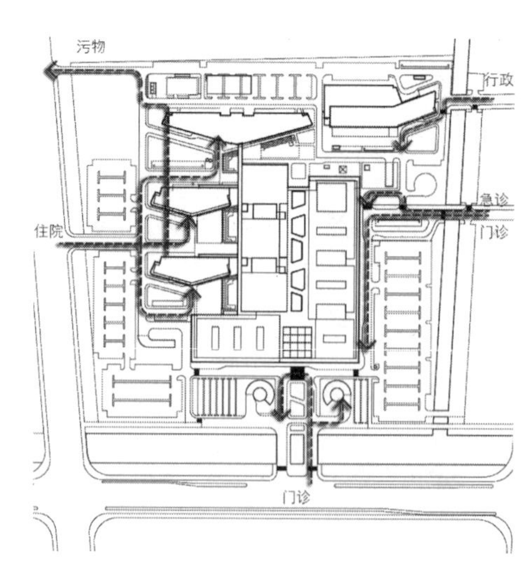

图 3-54　组合式医院交通组织示意图

适用范围

组合式布局兼顾了集中和分散式布局的共同优点。既保证了医院的使用功能，又可兼顾环境品质。这是目前比较常见的布局类型。

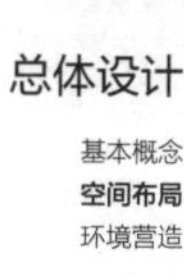

定义

标准单元式总体布局是指医疗区的门诊、医技、病房内容按照一定的功能要求关系组成可以完成一个或多个科室医疗活动的单元，多个相似的单元按照一定的空间关系组合成完整的大型综合医院的布局模式。

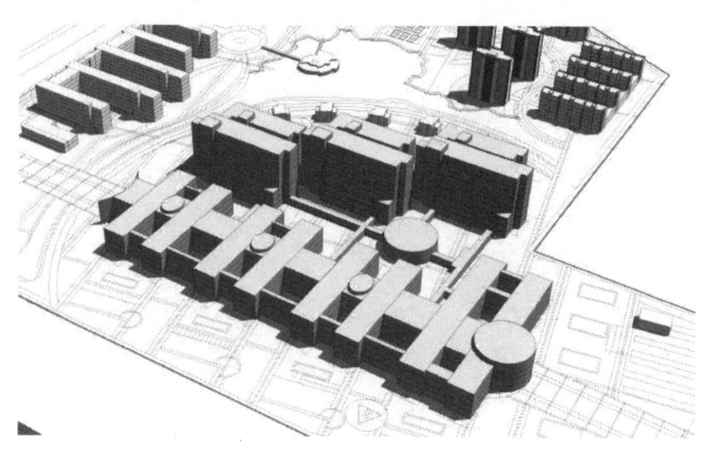

图 3-55　标准单元式医院示意图

常见模式

每个标准单元一般由门诊及其所需要使用的医技、相应的病房组成。门诊、医技、病房的空间关系通常分为水平和竖向两种模式。当三者之间采用水平分区模式时，门诊、医技、病房三区可相对独立成区，符合传统医院的流程关系。

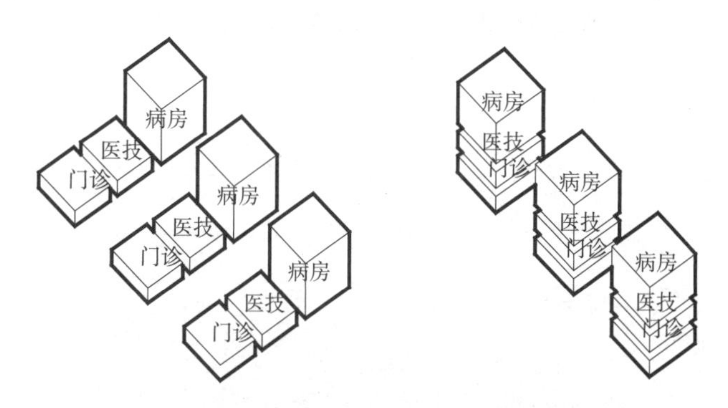

图 3-56　标准单元式医院模式示意图

功能布局特点

1. 医疗区按门急诊、医技、病房的关系形成标准单元组合，便于扩建，灵活多变。改扩建弹性较大，便于未来发展。

2. 每个单元相对独立，有一套完整的诊疗设施，这种方式较适合几个专科中心并置的大型综合医院建设。

3. 由于各标准单元之间的联系要求相对较弱，单元之间可布置内院，采光通风较好；开放空间较多，可较好地组织绿化景观系统。

4. 由于每个单元之间的功能相对完成，医疗设备在一定程度上存在重复，医疗设备的配置是设计重点，同时应该合理解决各单元门诊的分诊的问题。

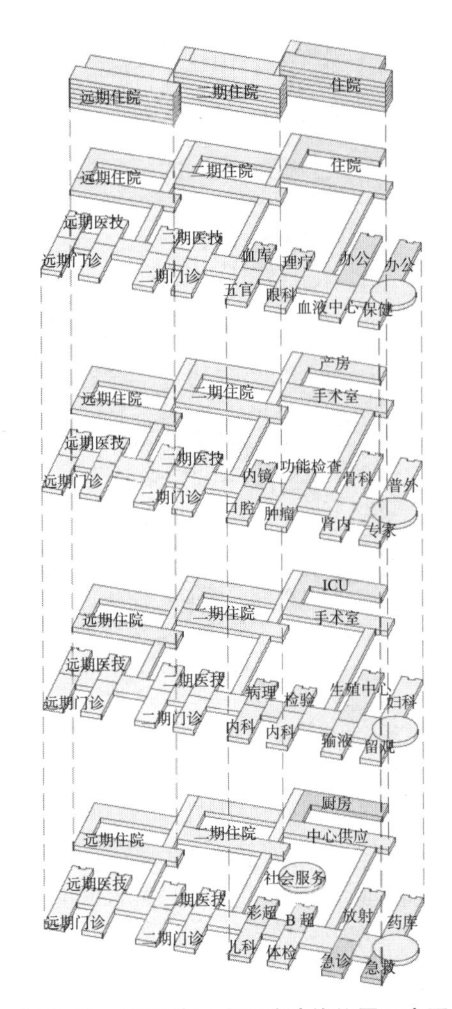

图 3-57　标准单元式医院功能位置示意图

交通组织特点

由于每个单元均设置门诊及病房内容，利于各部分流线的分流，但是会带来服务流线等公共流线加长的弊端。

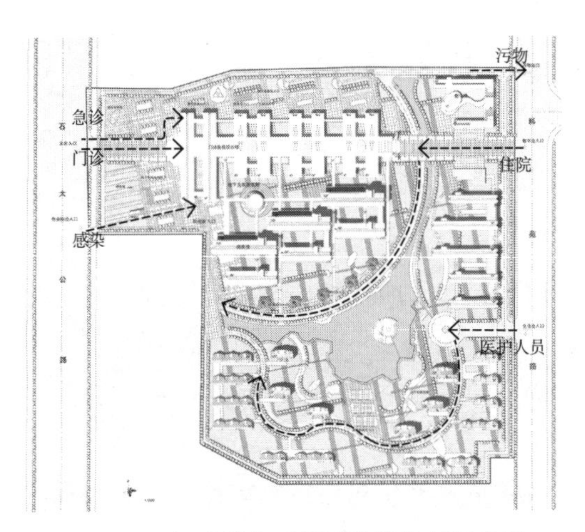

图 3-58　标准单元式医院流线组织示意图

适用范围

适合门诊预约程度较高、采用分中心模式的综合医院项目的建设。

医院的环境营造包括建筑本身与场地构成的新环境和建筑室内环境两个方面。医院的环境设计应简洁实用，环境设计与空间相呼应。医院的环境应考虑医院的功能因素与病人的心理因素两个方面。

医疗特点

医院的人流量相对较大，环境营造首先应利于医院人流的组织，便于各种人流迅速到达目的地。医院的病人一般身体较虚弱，医院的环境设计宜方便病人直接到达，减少迂回。

病人对医院的设置一般都不太熟悉，医院的环境设计应便于病人快速寻找目的地，病人需到达的区域应易于识别。

医院的环境应具有一定的导向性，从空间尺度、色彩等引导病人的行走方向，方便病人的就医。

医院中的各区域根据功能的不同针对不同人群开放，医院的环境设计宜与区域的限定相呼应，避免外来人流误入限定区域。

医院的病人多带有病菌，因此医院也是病菌容易繁殖的地方，医院的装饰材料应易于清洗消毒，或者是能抑制细菌繁殖。

医院里的推床和物流推车比较多，建筑的装饰材料应考虑防止撞击。

各种人性化的设计是医院环境设计的重点，良好的人性化设计不仅方便病人的就诊，同时也可以使得病人有良好的感受。

患者心理

病人由于身体的原因，一般心情压抑紧张，医院的环境设计应充分考虑病人的感受，从多方面满足病人的心理需求。

色彩是环境因素中重要的一个方面，对人的影响也比较明显，医院的环境色彩宜选择容易使患者放松的颜色。

医院室内环境的材质除了考虑易于消毒清洗、防止撞击之外，还应该考虑材质的触感、直观感受等因素，从多方面关注病人的心理。

病人在等候过程中容易焦虑，封闭的空间会加剧病人的焦虑感，医院中的等候空间宜局部开敞。

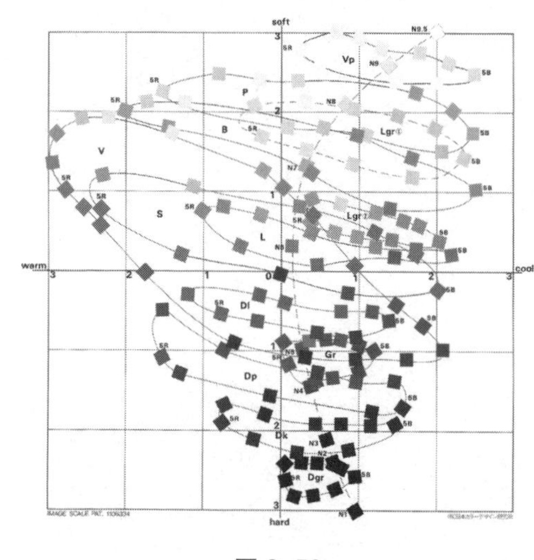

图 3-59

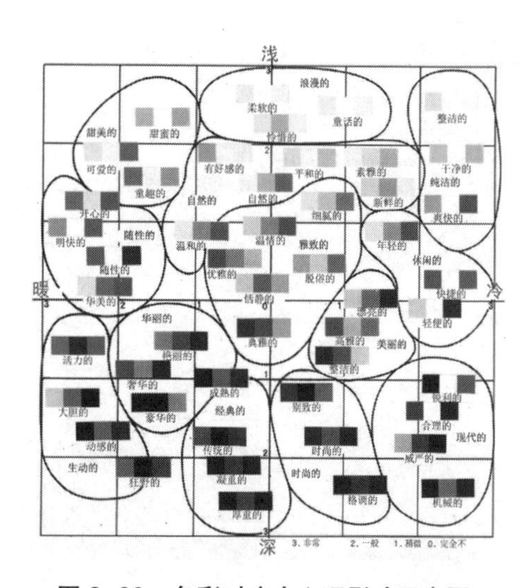

图 3-60　色彩对病人心理影响示意图

自然环境的引入不仅可以改善室内的环境品质，利于室内的自然通风采光，同时可以对病人的心理产生影响，减少紧张感。

表 3-4

材料感觉特性的差异测定			
感觉特性	材料感觉特性的差异	感觉特性	材料感觉特性的差异
1. 自然 — 人造	木、陶、皮、塑、玻、橡、金	11. 浪漫 — 拘谨	皮、陶、玻、木、塑、橡、金
2. 高雅 — 低俗	陶、玻、木、金、皮、塑、橡	12. 协调 — 冲突	木、玻、陶、皮、木、金、橡
3. 明亮 — 阴暗	玻、陶、金、塑、木、皮、橡	13. 亲切 — 冷漠	木、皮、玻、陶、塑、橡、金
4. 柔软 — 坚硬	皮、木、橡、塑、陶、玻、金	14. 自由 — 束缚	木、玻、陶、皮、塑、金、橡
5. 光滑 — 粗糙	玻、金、陶、塑、橡、皮、木	15. 古典 — 现代	木、皮、陶、橡、塑、玻、金
6. 时髦 — 保守	玻、陶、金、塑、木、皮、橡	16. 轻巧 — 笨拙	玻、木、塑、皮、陶、橡、金
7. 干净 — 肮脏	玻、金、陶、塑、木、皮、橡	17. 精致 — 粗略	玻、陶、金、塑、木、皮、橡
8. 整洁 — 杂乱	陶、玻、金、皮、橡、塑、木	18. 活泼 — 呆板	玻、陶、皮、木、塑、金、橡
9. 鲜艳 — 平淡	皮、木、陶、玻、塑、橡、金	19. 科技 — 手工	金、玻、陶、塑、橡、皮、木
10. 感性 — 理性	皮、木、陶、玻、塑、橡、金	20. 温暖 — 凉爽	皮、木、橡、塑、玻、陶、金

表 3-5

各种材料的感觉特性	
木材	自然、协调、亲切、古典、手工、温暖、粗糙、感性
金属	人造、坚硬、光滑、理性、拘谨、现代、科技、冷漠、凉爽、笨重
玻璃	高雅、明亮、光滑、时髦、干净、整齐、协调、自由、精致、活泼
塑料	人造、轻巧、细腻、艳丽、优雅、理性
皮革	柔软、感性、浪漫、手工、温暖
陶瓷	高雅、明亮、时髦、整齐、精致、凉爽
橡胶	人造、低俗、阴暗、束缚、笨重、呆板

医院室外环境设计应与医院的建筑风格相协调，宜考虑采用简洁现代的风格，场地内宜减少高度变化，方便病人的活动。

场地

医院的入口广场交通比较繁忙，场地设计首先符合交通组织的要求，整个场地设计宜简洁，不应有过多的高差变化。

医院的停车较多，主要停车位宜布置在地下，地面停车场主要作为临时停车场考虑，地面停车及非机动车停车宜结合绿化进行设计。

下沉庭院

医院的地下空间一般除了停车之外还有后勤保障及社会服务功能，设计可考虑通过下沉庭院改善地下功能空间的环境品质。

图3-61

图3-62

绿化

医院中的场地绿化宜草地和乔灌木结合，绿化不宜太复杂，高差变化不宜太大。

图3-63

屋顶绿化不但可以隔热降温，而且能美化环境，特别是对于医院这类用地比较紧张的建筑，能提供病人的活动场所。屋顶绿化应注意安全性和防止屋面漏水。

图 3-64

图 3-65

标识

医院室外标识主要包括医院名称标识、医院总平面图、各单体建筑名称标识、道路及各单体建筑的导向标识、急救通道标识、无障碍通道标识、室外宣传栏等，标识应结合场地景观统一设计。

内庭院

医院建筑由于使用功能的要求，一般建筑的体量都比较大，平面比较集中。建议在建筑平面内部设置内庭院增加通风采光并提供病人的休息场所。

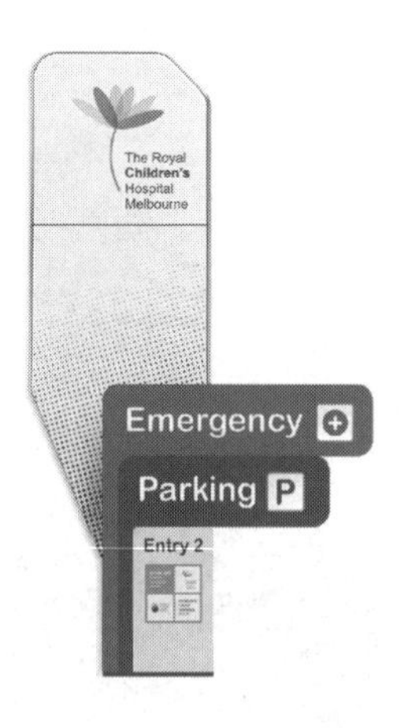

图 3-66

图 3-67

形体特点

医院建筑由于其特有的功能构成以及组合模式，形成较为明确的空间形态。

病房楼根据日照和建筑朝向要求，通常呈板状布置，标准层为一个护理单元时建筑尺寸约为 20m × 72m，标准层为两个护理单元时建筑尺寸约为 20m × 140m；医技楼由于大型医技区所需面积和流程要求，通常呈大块面布置；门诊区可根据不同科室要求分区设置，由于门诊区对候诊空间、诊室空间均有较高的采光要求，所以门诊区通常呈模块化，庭院化形态。

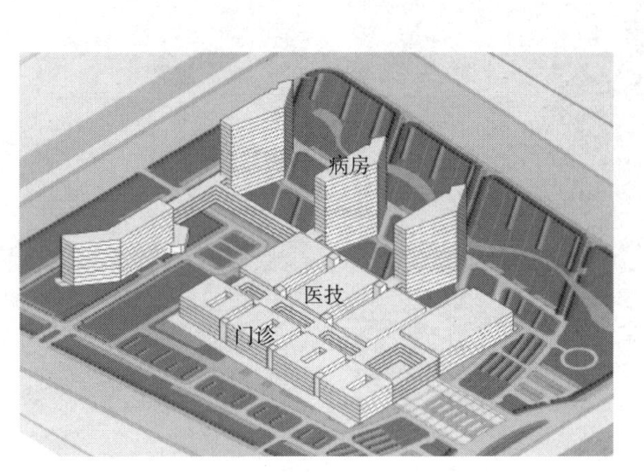

图 3-68

设计原则

1. 形式追随功能：

医院建筑的形象设计要突出自身的个性特征和环境优势，医院特征是其功能特性的空间体现，强调内在功能美与外在形式美的有机结合。

2. 亲切、亲和：

医院设计的宗旨是“以病人为中心”，应立足患者的心理和视觉体验，注重内在功能与外在环境的融合，为患者创造亲切自然、舒适温馨的建筑氛围。

3. 时代性、经济性、艺术性：

医院作为公共建筑应体现简洁、大气的建筑性格，同时应该反映建筑的时代性、经济性和艺术特征。

设计导向

1. 融合周围环境：

医院建筑不能破坏医院建筑所处环境的整体气氛，要很好地融合在周围环境中，协调整合在一起。

2. 简约设计

应立足患者心理和视觉体验，选择简单、朴素大方的设计。简单的材料可以通过建筑结构的变化，比如体量、结构或者空间的变化，让建筑富有美感和趣味。

3. 地域特色：

立面设计可以利用当地的地域元素，将材质、颜色或者某种样式融入设计中去，体现一种文化的传承和延续。

4. 颜色：

医院的色彩最好统一配色，颜色应相对简单，外立面色彩种类尽量避免太多，优选明快清新的色彩。色彩组合上可在饱和度很高的颜色中加入不同程度的灰色适当降低明度，然后大面积使用，或者可以以灰色调为主，局部区域加一些饱和度较高颜色作为点缀。

5. 表皮：

可以利用表皮的立面处理方法，融合一些地域元素、色彩搭配等方法，通过表皮肌理的变化，来提升整体建筑品味。

图 3-69

图 3-70

图 3-71

图 3-72

图 3-73

设计要点

医院的室内环境应充分考虑患者、陪同家属以及医护人员的需求，从室内空间形态、尺度、材质、色彩、标识等方面进行考虑。

医院室内装饰材料选择应综合考虑功能、费用、造价、心理等多方面的因素，同时要兼顾安全、环保、易维护性等。医院公共空间室内材料多采用面砖、板材等，同时辅以木、皮革等软装。

色彩设计作为医院设计的一个重要组成元素，应以淡雅为主，可选用高明度、低纯度的浅色，不宜采用红色、黑色等视觉刺激较大的颜色，同一视觉空间主体颜色应控制在3种以内，并且与医院整体色调相协调，形成统一风格。针对不同的功能空间，由于使用对象不同，空间色彩宜有所变化，可局部采用一些纯度比较高的色彩。

医院标识系统是利用文字、图案、色彩、造型及符号，根据医院内外结构特征，配合医疗科室和职能科室的服务功能，在最短的时间内把就诊者引导到目的地。是专属于传递医疗功能、医院服务理念、医院环境等信息的标识导向系统，具有简明性、连续性、规律性、统一性、可视性等特点。医院的标识系统应纳入到医院的整体室内环境考虑当中，保持标识系统与室内风格的统一。

医院街

医院街的空间尺度在满足人流使用的基础上宜适当放大，减少压迫感，但应该考虑节能，高度以三、四层为宜。

医院街的装修材质宜考虑容易清洁、耐磨的材料为主，色彩选择宜结合标识系统进行。

医院街一般尺度都比较大，应结合平面布局，在合适的位置与室外空间相通，将自然环境引入室内。

由于医院街内等候人员较多，宜在适当的位置增加生活服务内容。

图 3-74

图 3-75

门诊大厅

医院大厅是主要病人进入的第一空间，同时兼挂号取药等功能，因此大厅空间应采光通风良好，宽敞明亮。同时可根据医院的特点增加空间的特色。

等候空间

医院等候空间的大小应根据人数多少计算确定，医院中等候时间一般较长，等候空间的环

图 3-76

图 3-77

境设计考虑应舒适宜人，装修的材质、色彩考虑以温馨为宜。空间尽可能不完全封闭，最好与自然环境有联系。

病区

病人的住院时间一般比较长，病区的环境设计在满足医疗的功能基础上注重病人的生活感受，病区的环境应适合病人的居住，例如：病人的隐私、安静的休息环境等。

不同病区由于收治的病人不同，对环境的需求也不同，不同科室的环境设计也应区别对待，在统一的基础上注重体现特色，特别是妇幼、肿瘤等病区的环境设计。

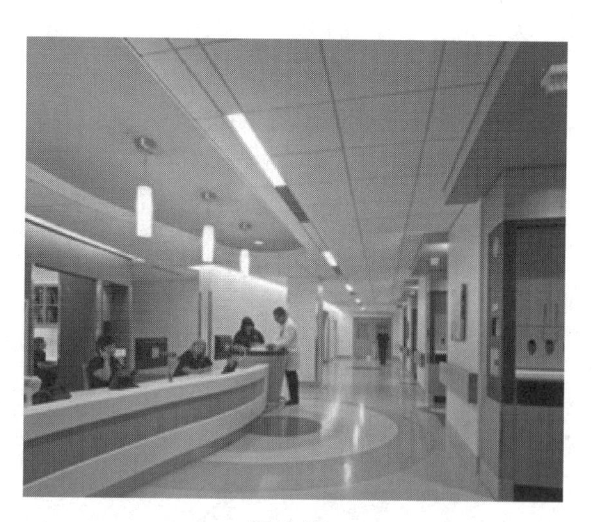

图 3-78

CHAPTER

4

第 4 章　建筑设计

目的

建筑设计是在总体设计完成后，根据每个科室的特点，对其科室内部功能空间进行合理布置，保证符合工艺设计的流程合理性要求，同时其内部空间也要有一定的建筑品质。

建筑设计是每个科室的详细设计，根据其工艺流程、建筑空间、结构、机电、医疗设备等方面的具体要求，合理布置科室所需房间，确保该科室投入使用后，发挥高效功能。

工作内容

首先要确定科室内部流程，这个流程是在总体设计确定的位置、范围的基础上，结合具体科室的实际运行和管理需要，根据各个房间不同的使用功能，修正、完善工艺设计的流程，相较于工艺设计，这个流程是一个更加精细化设计的内部流程，而其中包含的减少流线交叉、缩短流线长度、简化流线复杂程度等原则是共通的。

其次明确各个房间的位置和大小。每个科室内部的房间相互之间都有一定的相互影响关系和流程要求，房间的合理组合决定了医疗工程的高效实现，其位置关系首先考虑房间对人流、物流、信息流的要求，还要考虑医院房间特有的净化、辐射防护、特殊排风、承重等需求。

最后布置房间内部设备、家具和工程技术要求。房间的医疗行为、家具设备的布置，均与空间尺度和工程技术参数相关。家具设备摆放与医疗行为密切相关，如诊室医生工作桌、患者检查床以及诊凳、衣架、隔帘等，均应在房间功能需求中给予反映。医疗功能房间内的装饰装修、暖通空调、给排水、强弱电、医用气体等条件，应在施工图设计前进行研究，以便机电专业工程师按照医疗功能要求，进行专业设计。如房间内的强弱电插座数量，与医疗行为密切相关，而且其布设的位置与家具、设备都有关系。

设计目标

传统医院多以管理为中心，而现代医院建筑设计多以病人为中心，建筑设计必须更加关注病人的生理、心理和社会需求。需要研究病人对环境的感觉、经验和评价，并作为设计的依据和内容，从而创造更适合病人需要的医院建筑。

医院建筑在其使用寿命周期内，都会因为各种条件的变化而产生改造的需求。改造通常会

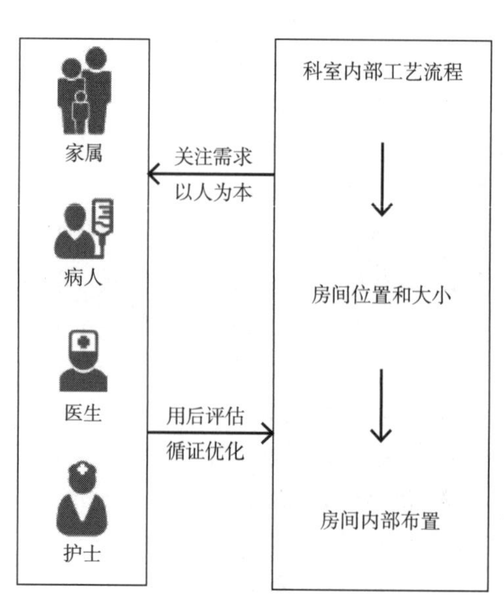

图 4-1

有房间布局调整、设备设施更新等方面，因此建筑设计除了考虑满足目前使用需求外，还要有一定的前瞻性和可变性。这种前瞻性和可变性应建立在医疗行为对应的建筑空间的基础上。

现代医院所使用医疗设备日益繁多和复杂，其对建筑物会有相应需要，比如承重、用水、用电、排风等方面，建筑设计要留有一定的余量，以便适应医疗设备更新的可能。

医院分级系统图 表 4-1

医院分级系统	建筑空间	设计要求	举例
第一级 医疗行为系统	医院建筑综合体	总平面设计	医院
第二级 医疗行为子系统	医院建筑分区	医院系统七个子系统的分区设计	住院部
第三级 医疗行为组织	医院建筑单元	独立完成一类医疗活动内部组织单元设计	护理单元
第四级 医疗行为区域	空间系列	协作完成某一医疗行为系列的基层组织行为	病房区域
第五级 医疗行为系列	空间组	密切相关的医疗行为单元空间设计	候诊、诊室、检查室
第六级 医疗行为单元	行为空间	某一行为单元的活动空间设计	病床区

根据来源重绘:《综合医院流线系统研究》格伦，李艾芳，张集锋，《新建筑》2004.4

功能构成

门诊部是为不需要或尚未住院的就诊患者进行疾病诊治的场所[1]。门诊部大致由公用部分和诊区部分两大功能构成。公用部分一般包括挂号、收费、取药、门厅、交通空间和非医疗服务设施等。各科诊区主要由诊察室及其相关的医疗用房组成。

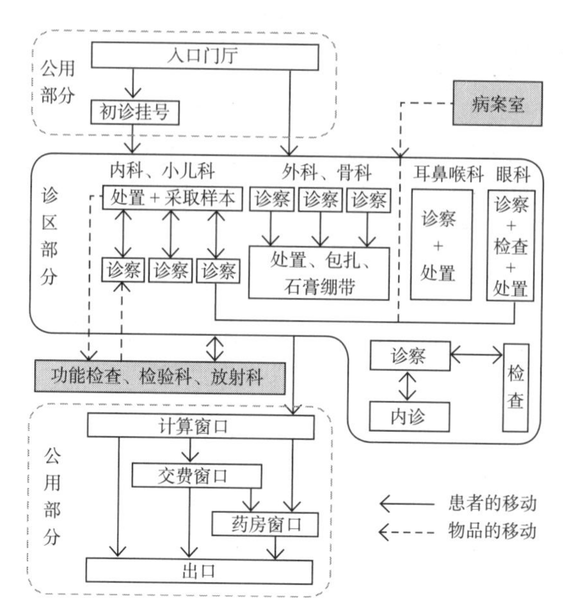

图4-2 门诊功能关系示意图

门诊功能构成表 表4-2

分区	用房属性	用房名称
公用部分	医疗用房	门厅、挂号、问询、病历室、预检分诊、记账、收费、药房、候诊区、输液室、注射室
	内部用房	门诊办公室、卫生间（公用和专用）、医护人员更衣休息区域、清洁和维修人员更衣休息间、工具物品存放间等
	服务设施	小卖部、花店、礼品店、药房等
诊区部分	必备用房	诊察室、资料室、护士站、值班更衣室、污洗室、杂物间、卫生间（公用和专用）
	科室选配	换药室、处置室、清创室
独立或共享的检查设施		放射检查、功能检查、检验室

区位关系

门诊部是医院重要的诊断、治疗场所，病人数量最多，应设在靠近医院主入口处，病人进出的路程短，同时与急诊部和医技部临近，并应有室内通道联通。感染科门诊应独立分区，单独进出。儿科、妇产科宜设独立出入口。

门诊部建筑层数不宜过高，以四至五层为宜。各科室诊区按人流量的大小和患者情况，安排楼层。内科、外科、儿科等宜安排在低层，而耳鼻喉、口腔科、眼科、皮肤科等可以在较高楼层。

布局模式

门诊部的布局按照诊疗流程，一般以公用部分作为交通枢纽，围绕它布置各科诊区，以缩

[1] 门诊部规模的确定取决于一天门诊患者数，以平均日门诊量来表示。门诊就诊人流波动大。一年中，门诊高峰多出现在夏季六、七、八月；一天中，上午约占全日门诊人次的2/3。据调查，每名病人平均在院停留时间为146min，其中医生直接诊病时间仅占7.5% ~ 16.5%，等候时间占全程的2/3，从而形成了挂号排队时间长，候诊候药时间长，等候检查治疗时间长，诊病时间短的“三长一短”现象。

短就诊路线，便于消毒和减少感染。通常有四种布局形式：庭院式、板块式、街厅式。（1）厅式：门诊综合大厅直接与各科室候诊厅联系，科室位置一目了然。又分为环厅式和厅廊式两种。（2）庭院式：强调良好的自然通风采光和庭园绿化，采用门诊科室环绕庭园的方式。（3）板块式：采用大面积板块式的门诊布局，平面极为紧凑，通过人工照明和空调环境，节约用地，缩短流线，提高效率。多见于用地紧张的城中心医院。（4）街厅式：采用较长的纵向医疗街，街两侧布置公用部分及科室候诊区。

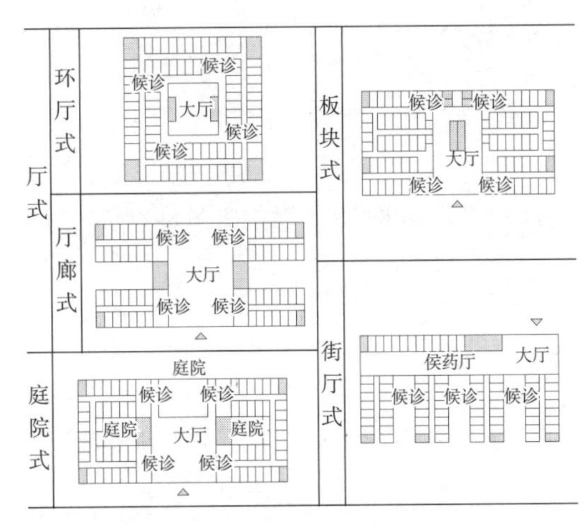

图4-3 门诊空间组合示意图

科室划分

在一般综合医院中，门诊分科为大内科、大外科、妇产科、中医科、小儿科、五官科等，其他还有发热、肠道、肝炎等感染科室及保健。大型综合医院门诊部分科较细，特别是大内科、大外科，会有很多细化科室。虽然各科室功能设置和规模面积存在差异，但为了通用性和灵活性，一般采用模块化的单元式布局。

门诊科室构成表　　表4-3

基本科室	占门诊总量比例[1]	细化科室
大内科	28%	心血管内科、呼吸内科、消化内科、血液内科、肾内科、神经内科、胸内科、内分泌科、呼吸道内科、风湿免疫、传染内科
大外科	25%	普通外科、神经外科、脑外科、胸外科、心血管外科、泌尿外科、骨外科、烧伤外科、整形外科
妇产科	18%	妇科、产科
中医科	5%	—
小儿科	8%	小儿内科、小儿外科
五官科	10%	眼科、耳鼻喉科、口腔科
其他科室	6%	发热、肠道、肝炎、肿瘤

设计要点

1. 门诊部人流量大，应设在靠近医院主入口处，病人进出的路程短，同时与急诊和医技临近。

2. 门诊主要出入口，必须有机动车停靠的平台及雨篷，应设置无障碍出入口。为避免交叉感染，有条件时可单独设置儿科、妇产科等出入口。

3. 门诊用房，应充分利用自然采光、通风。

4. 各科室诊区应尽可能分区尽端式布局，减少交叉感染机会。

5. 感染科门诊应单独成区布置，有条件的宜独立设置单独出入口，并应单独设化验、放射检查、卫生间、留观室等，以避免交叉感染。

[1] 一般情况下，门诊各科的种类和分科比例应根据医院规模，并参考服务地区对象的发病特点，以及医院医疗技术力量等因素确定。当前的趋势是大部分科室的门诊人数历年是在一个较小的幅度中变化，比例基本稳定，如外科、妇科、五官科等。但有些科室比例又有明显的下降，如内科、传染病科。还有以下科室比例又有明显增长，如口腔、眼科、肿瘤、产科、老年病科等。

门厅

门诊门厅是门诊公用部分[1]中空间最大、可达性最高的公共区域，因此也是建筑设计最重点的部位[2]。门厅的人流集中而且复杂，交通流线必须顺畅便捷、导向准确、迅速分流，避免人流迂回往返。同时为了提供人性化的就医环境，候诊区域与交通干线要分区设置，大厅要有良好的通风、采光。

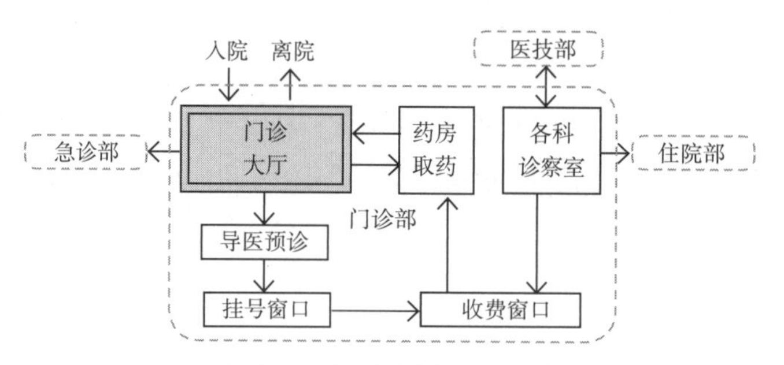

图 4-4　门诊大厅流程关系示意图

门诊大厅在空间组合方式上大致分为两类：

（1）合厅模式：将挂号、取药[3]、化验、交费等功能集中设在一个较大的大厅内。多见于大型综合医院。门厅宽敞明亮、引导性强、功能集中。

（2）联厅模式：将挂号、取药、化验等功能分设在多个相对独立的厅内，并通过交通空间紧密联系在一起。多见于中小型医院，有利于功能分区、疏导人流，控制规模。设计需要结合医院的交通结构，处理好各厅之间的交通联系和引导关系。

门厅功能构成表　　表 4-4

	空间模式	空间组成	功能
门诊门厅	合厅模式	综合大厅	挂号、收费、问询导医、门诊取药、候诊区、公共卫生间、非医疗服务用房、楼电梯、扶梯
	联厅模式	入口门厅	问询导医、候诊区、公共卫生间、非医疗服务用房、楼电梯、扶梯
		挂号大厅	挂号收费、候诊区
		取药大厅	门诊取药、候诊区

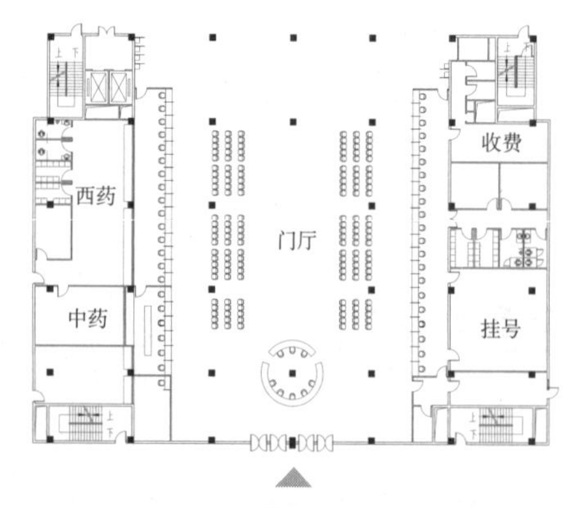

图 4-5　单厅式门厅布局示例图

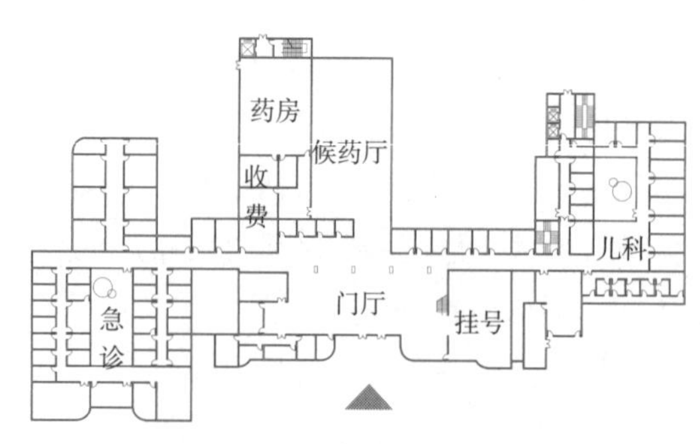

图 4-6　分厅式门厅布局示例图

[1] 门诊公用部分包括：门厅、挂号、问讯、预诊、分诊、收费、门诊药房、候诊、门诊办公、公共卫生间等。

[2] 综合医院门厅面积通常按床均面积指标 1 ~ 1.5m²/床乘以总床位数进行计算。

[3] 门诊药房的具体设计详见医技部药剂科部分。

挂号收费

挂号收费分集中式、分科分层式和自助式三种形式:(1)集中挂号收费是最常见的挂号形式,采用窗口接待的方式容易聚集大量人流。挂号收费窗口一般设于门厅显著位置,窗口一侧应当预留足够空间,避免病人排队过长影响门厅交通。窗口的数量在设计时应与门诊量相匹配。收费窗口后部一般设置出纳用房,并设置安全的内部通道保证现金保管及运输的安全。初诊和复诊分设不同窗口挂号,为避免人流混杂,将传染、儿科、急诊独立设置挂号收费。挂号、收费窗口均需考虑无障碍使用。(2)较大型医院为方便病人在就诊人数密集楼层或科室设置分科/分层挂号收费,可以尽快分散人流,减少病人移动距离。但是分层分科挂号收费需在门厅设置醒目的导医咨询服务台,引导患者到各科室就近位置挂号结账。(3)随着医院信息化的发展,自助挂号、预存费用等方式出现,传统挂号收费的窗口数量逐渐减少。自助挂号收费设施通常设置在公用部位的厅廊内,便于病人抵达。

门诊取药 [1]

门诊取药一般设置在门诊门厅内,分为中、西药取药区两部分。门诊药房的发药区需要在设计时充分预留窗口一侧的病人等候空间。并在内装设计时结合室内空间设置叫号显示牌等人性化设施。尽量给病人创造一个平静安定的等候区域。在大型综合医院中,为了方便病人,可以对门诊量较大的门诊科室设置独立的药房和取药窗口。

公共卫生间

门诊公共区域卫生间应当结合门厅和主要交通空间均匀布置,合理规划卫生洁具数量 [2]。门诊病人卫生间与医务人员卫生间宜分开独立。一般不分科设置,但儿科、妇产、感染、急诊需单独设置。检验科体液收集处附近宜设置卫生间,避免病人往返长途送检。为了提高灵活性,充分利用硬件资源,可设置无性别卫生间。

门诊公共卫生间应设置无障碍卫生间,为异性家属陪同病人提供方便。普通卫生间也需结合病人体质和医疗需求进行精细化设计 [3]。考虑到病人体质虚弱,蹲位尺寸应适当放大,一般考虑外开门,厕所隔间的尺寸为 1.1m 宽,1.4m 深。

非医疗服务用房

在不影响流线组织的情况下,可在门厅、医院街等公共区域设置部分非医疗服务用房,如咖啡店、礼品店、鲜花店、书报亭、小卖部等,为病人提供多种便利服务。在提供便利的同时改善了门诊的环境气氛,缓解病人就诊时紧张情绪。另外,设计要合理控制规模,首先确保医疗用房的规模和便利。

[1] 门诊药房的具体设计详见医技部药剂科部分。

[2] 病人卫生间的蹲位数,可按《综合医院建筑设计规范》(GB51039)第 5.2.11 计算。

[3] 卫生间应设输液吊钩,厕所应设前室,设置非手动开关的洗手盆,蹲式大便器宜采用“下卧式”,避免地面高差,大便器旁应设置“助力拉手”等装置。

关注重点[1]

门诊公用区域是综合医院内部空间形态的重要部位，设计需要充分把握其流程特性，根据每个医院的规模、场地、定位等诸多因素进行差异化设计，形成具有特色的公共空间。但在设计之初，一些共性通用的设计要点需要给予足够的关注：（1）室内空间合理的净高设计；（2）垂直交通的形式与布点；（3）电梯扶梯的运载能力和科学选型；（4）消防疏散的严格控制等。

建筑层高

医院各部门的层高结合其功能需要和经济性而有所不同。从净高要求方面来讲，诊室约为 2.4 ~ 2.8m，医技检查用房约为 2.8 ~ 3.0m，手术部约为 2.8 ~ 3.4m，病房及其他普通房间约为 2.6 ~ 3.0m。同时应结合特殊的器械、设备的管径尺寸而具体调整。吊顶内应考虑结构梁、设备管线的尺寸约为 1.0 ~ 1.2m，在此基础上确定层高。

从提高病人的舒适度出发，室内净高宜适当增大，尤其是人员较多的大型公共空间，例如门诊大厅、门急诊候诊区等，要尽量提高净高，给予患者舒适感觉。同时要注意核查上下层的相互影响，尤其是上层排水不能进入下层房间的，需要降板处理，会影响下层房间净高。

各部门层高参考表　　表 4-5

部门 / 区域	功能用房	净高控制	建议层高
门诊部	诊室	2.4 ~ 2.8m	4.0m/5.0m
	公共部分		
医技部	医技检查用房	2.8 ~ 3.0m	4.5m
	手术部等	2.8 ~ 3.4m	
住院部	病房	2.6 ~ 3.0m	3.9m
地下室	机动车车库	2.2m	3.6m
	设备用房	3.0 ~ 4.0m	5.1m

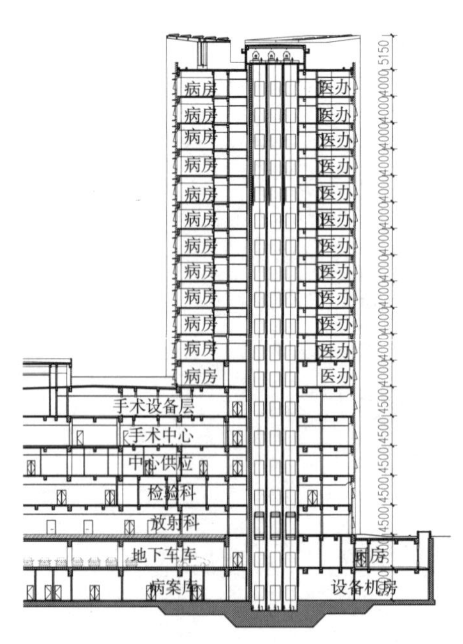

图 4-7　综合医院典型剖面示例图

[1]　门诊共用部分需要关注的设计重点在综合医院的其他部分也具有通用性。涉及医技、病房部分的相关内容在本节一并介绍。

垂直交通

综合医院各项功能通常分布于不同楼层，病人、医护动线和物品动线都需要顺畅的连通各楼层，相应的垂直交通体系包括电梯、楼梯和扶梯，垂直交通设施的简明易用是设计的目标。门诊部选择在病人容易找到的位置，住院部选择在护士方便观察出入人员的位置。电梯和扶梯周边同时宜布置楼梯，三者合理搭配，结合人流方向合理布置。

电梯

电梯是垂直交通最重要的设备。通常分为病床梯、客梯、货梯和杂物电梯，不同使用性质的电梯宜分开设置。三层及三层以上的医疗用房应设电梯，且不得少于 2 台。供患者使用的电梯和污物梯，应采用病床梯，住院部宜增设供医护人员专用的客梯、送餐和污物专用货梯。电梯井道不应与有安静要求的用房贴临。

电梯的配置数量需要经过运载力计算方能确定，计算公式:$N=KPT/240R$[1]。医院病床梯井道宽 2400 ~ 2700mm，井道深 3000 ~ 3300mm，轿厢宽 1400 ~ 1800mm，轿厢深 2400 ~ 2700mm，开门方式一般是旁开门。

自动扶梯

自动扶梯通常设置在人流量大的门诊部，其位置应结合合理的门诊就医流程。同时应考虑无障碍设施，并控制振动、噪声。

自动扶梯梯型按其结构特点分为标准型、苗条型和加重型。如安装位置宽裕，应优先选用加重型扶梯。考虑到病人的生理特点，梯级宽度应选择 1000mm 及以上，水平梯级数量宜选择 3 级或以上，额定速度 0.5m/s，倾斜角 30°。

医院使用自动扶梯时，除设置通常的标识外，还应设置一些适合医院特定环境的警示牌，以温馨的语言提示乘客，按规定安全乘用扶梯。

楼梯

楼梯的布置根据医疗模块均匀布置，尽可能和电梯厅组合布置，行动力较强的病人可采用楼梯上下移动，缓解高峰时期电梯候梯时间过长的问题。

楼梯的位置应同时符合防火、疏散和功能分区的要求。根据《民用建筑设计统一标准》和《综合医院建筑设计规范》，医院楼梯踏步宽度不小于 0.28m，高度不大于 0.165m，主楼梯宽度不小于 1.65m。

安全疏散距离表[2]　　**表 4-6**

房间位置			位于两个安全出口之间的疏散门			位于袋形走道两侧或尽端的疏散门		
防火等级			一级二级	三级	四级	一级二级	三级	四级
医疗建筑	单、多层		35	30	25	20	15	10
	高层	病房部分	24	—	—	12	—	—
		其他部分	30	—	—	15	—	—

[1] 其中 K 是客梯集中率（每 5min 输送乘客率），医院 K=22%；P 是使用电梯的总人数，医院 P=1.1 床位数，T 是电梯往返一周总的运行时间，医院 $T=2H/V+125F(V+3.5)+3R$；V 是电梯速度，考虑到病人身体状况，通常 V=1 ~ 2.5；F 是每班电梯预计停站数，通常采用 n ~ $0.9n$，R 是电梯额定人数，医院用电梯一般为 1.6 ~ 2.5T，人数 21 ~ 33 人。

[2] 依据《建筑设计防火规范（2018 年版）》GB50016—2014 安全疏散距离。

用房组成

诊区[1]是门诊部的基本功能空间，以科室为单位，基本一个科室对应一个诊区。

诊区的由候诊、诊室、医辅用房三部分组成，其规模大小由诊位数决定。诊位即每位诊病医师及所属的诊病设置所占的空间位置。诊室数量则与每室容纳的诊位有关。在诊位的计算上，以上午占日门诊人次的2/3为依据，计算公式如下：

$$诊位数=\frac{全日门诊总人次\times 该科所占人次比}{每名该医师半日接诊人数}\times\frac{2}{3}$$

$$诊室数=\frac{该科半日总诊位数}{每诊室平均诊位数}$$

各科门诊人次占总人次的百分比表　　表4-7

科别	一级医院	二级医院	三级医院
普内科	24.37	21.36	18.06
神经内科	—	0.86	5.03
普外科	12.81	11.09	7.75
骨外科	1.11	1.79	3.42
妇产科	6.68	8.08	5.24
儿科	12.87	14.26	11.94
眼科	4.27	5.18	9.64
耳鼻喉科	3.20	4.94	6.59
口腔科	6.54	5.92	5.25
皮肤科	2.18	6.56	9.07
中医科	14.97	9.68	7.72
针灸科	3.93	—	2.87
中医骨伤	2.61	1.00	—
其他	4.46	9.28	7.42
总计	100	100	100

外科工作量包括小手术，眼、耳、鼻、喉科包括直接检查、验光和门诊小手术在内。

各科门诊人次比例应根据医院实际和专科特色调整。

每名门诊医生每小时门诊工作量表　　表4-8

科别	门诊人次	科别	门诊人次
平均	5	眼科	6
外科	7	耳鼻喉科	6
内科	5	口腔科	3
儿科	5	皮肤科	7
妇产科	6	感染科	6
中医科	5		

基本模式

各科诊区根据科室自身工艺特点，其房间构成及面积比例均有差异，但基本都可以分成诊

[1] 专科诊区详见各科室设计部分。

室区和治疗区这两大功能区，根据两大功能区的关系，通用诊区可以分成混合型、分区型和共享型三种。

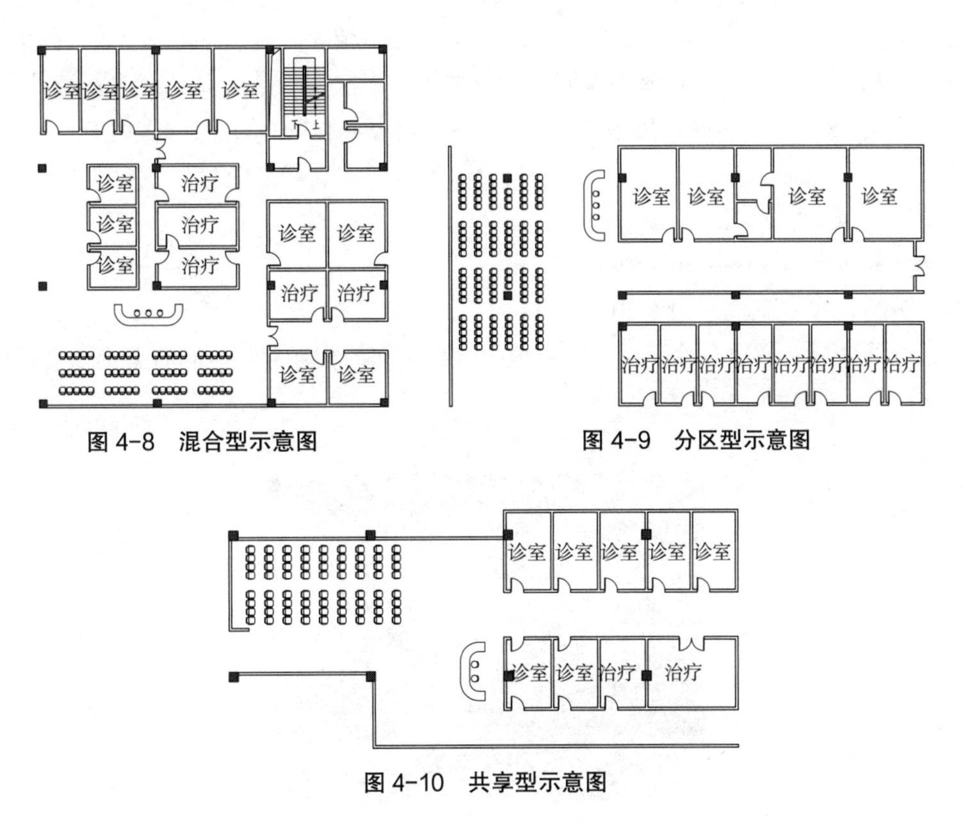

图 4-8　混合型示意图

图 4-9　分区型示意图

图 4-10　共享型示意图

流线组织

根据诊区内医患流线的关系，通用诊区有三种类型：医患分流型、医患局部分流型和医患混合型。

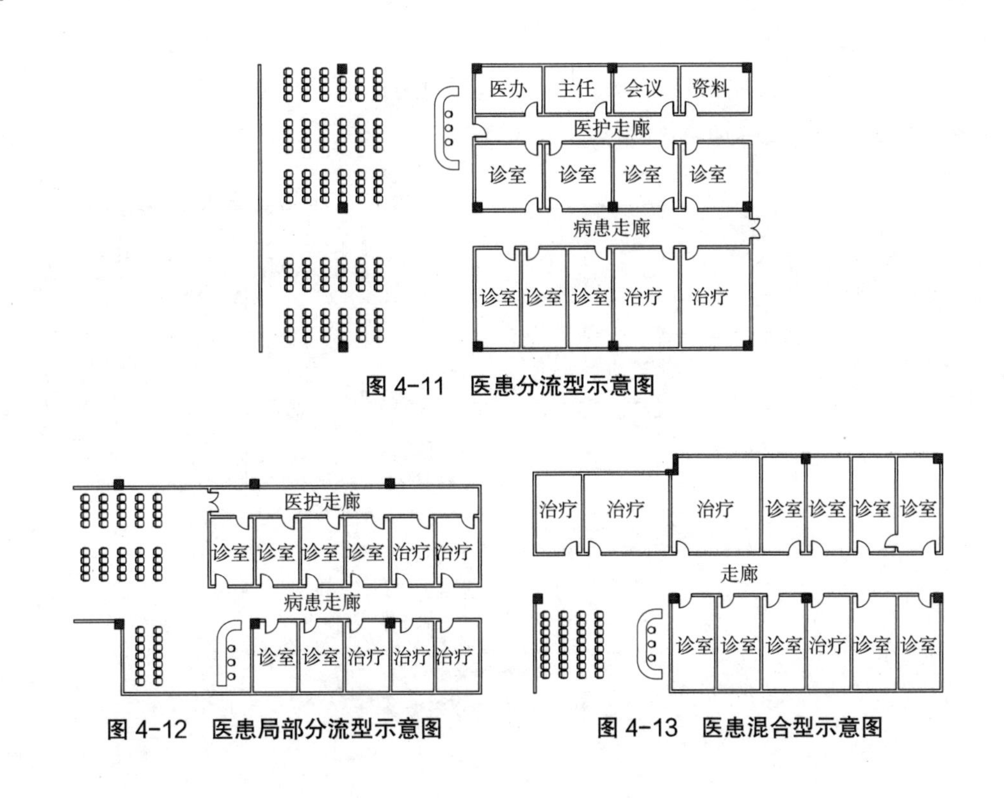

图 4-11　医患分流型示意图

图 4-12　医患局部分流型示意图

图 4-13　医患混合型示意图

用房组成

候诊区是门诊部中病人密集而停留时间最长的地方，要为病人提供一个良好采光和通风、宽敞而舒适的安静环境，是避免交叉感染、促进医疗效果、疏导人流、提高医院效率的重要措施。

候诊区的面积，以病人的候诊量为依据，根据门诊人次高峰来计算。据调查统计，一般按全日门诊人次的 15% ~ 20% 同时集中计算。成人每人 1.2 ~ 1.5m^2，儿童因多由家属陪伴，有时陪伴人数较多，故需适当放宽至每人 2m^2。门诊部患者人次高峰集中量一般为 30%，其中候诊占 60% ~ 70%，候诊室面积计算如下：

成人 = 分科人次 × 30% × 60%-70% × 1.5m^2

儿童 = 分科人次 × 30% × 60%-70% × 2.0m^2

候诊区应结合公共通道和诊区设置，避免门诊科室间的相互穿越，同时要提供舒适的环境，使患者情绪稳定。

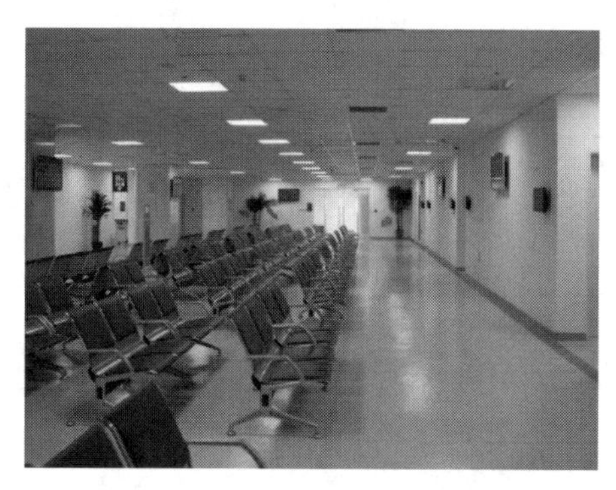

图 4-14 某医院候诊区示意图

一次候诊

1. 厅式候诊：在诊区端部设候诊厅，中走廊，走廊宽度 2.1m 以上。

2. 廊式候诊：中走廊候诊，走廊宽度单面排椅 2.7m 以上，双面排椅 3.0m 以上；走廊局部加宽候诊；单面走廊候诊，走廊宽度为 2.4m 以上（包括封闭式与开敞式）。

3. 宽廊候诊：走廊宽度增加至 4.8m 以上。

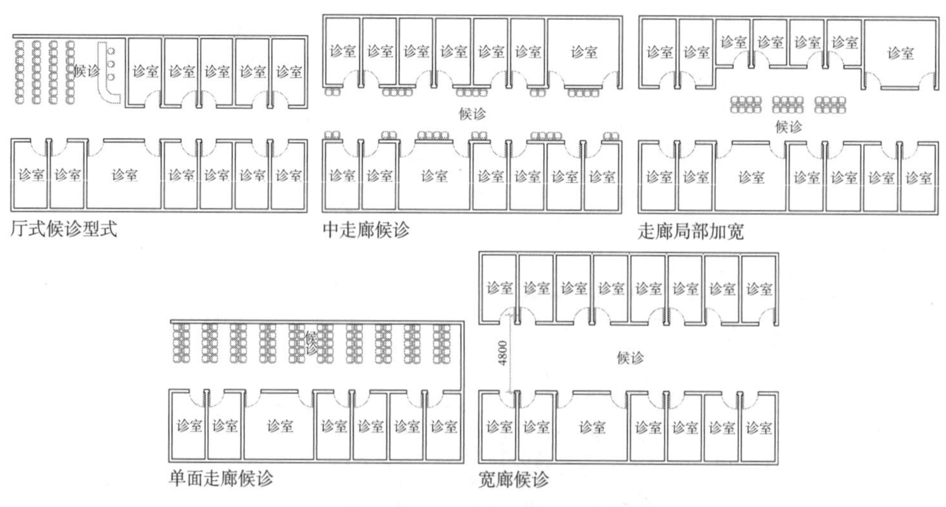

图 4-15 一次候诊示意图

二次候诊

二次候诊一般与呼号候诊相结合，可减少门诊各科室的互相穿越，减少混乱。其位置应紧靠医生诊察室，这样对病人候诊和医务人员工作都比较方便。二次候诊的空间环境应有利于病人安心等候，室内色调柔和。

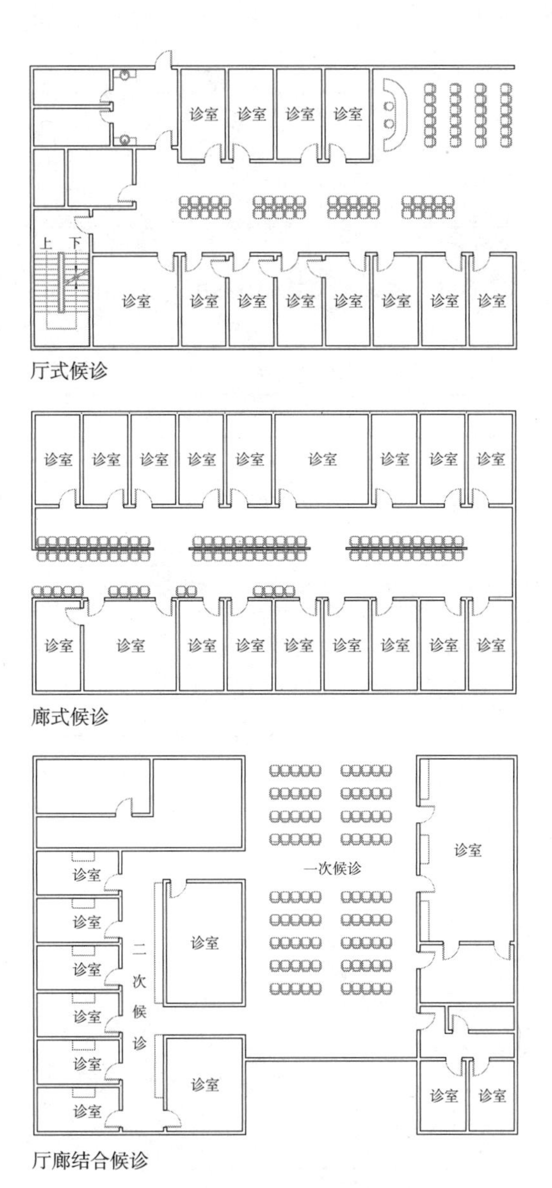

图 4-16　二次候诊示意图

通用诊室

诊室的大小及尺寸，一般分为单间式、合间式与套间式，但都以单间式的基本间为单位来组合。每间诊室通常设1～2个诊位，为较好的保护病人隐私，可设1个诊位。诊室尺寸以3～3.3m开间 ×（4.2～4.5m）进深为宜，教学医院进深可加大至4.8～5.1m。

诊室净高不小于2.6m，门应设置非通视窗采光，窗户设置应保证自然采光和通风的需要。

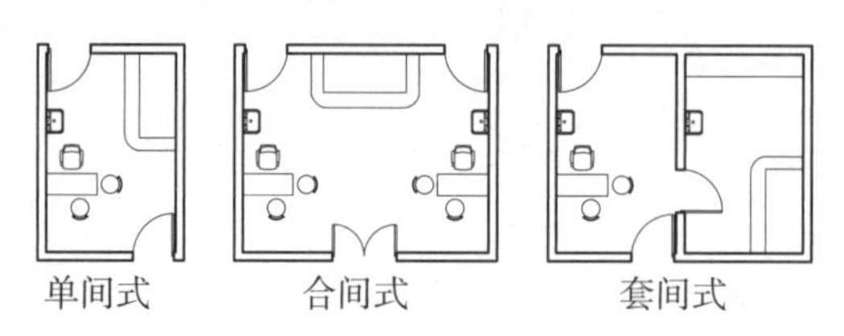

图4-17　诊室种类示意图

诊室基本装备表　　表4-9

装备名称	说明（单位：mm）
诊查床	1950（L）×700（W）×700（H）可安装一次性床垫卷筒纸
诊桌	1200（L）×750（W）×800（H）
医生座椅	可升降，带靠背
病人圆凳	可升降，无靠背
隔帘	—
电脑	—
脚蹬	200高度

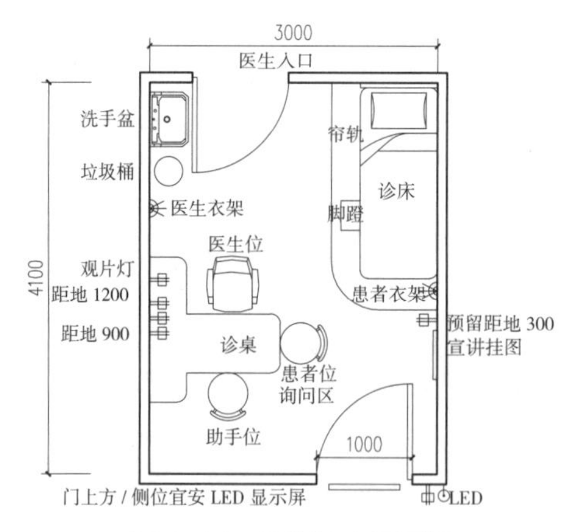

图4-18　单间诊室平面图

专科诊室

内科外科多为单间式或少量套间式，内科除诊室外，还有治疗室，如输液、穿刺、灌肠、注射、导尿、引流等。一些大型综合医院将此功能专设门诊治疗室，也为其他科室服务。外科换药室布置同内科治疗室。

耳鼻喉科测听室要隔音隔声，墙身宜设双层，墙身内侧做吸音处理墙与地接触处宜用软木或橡胶垫，防止固体传声，隔声要求15dB，面积不宜过小。

[1]　大型综合医院门诊部各科宜适当增加专科专家门诊诊室、主任诊室及教学诊室，一般以单间为主。

暗室是眼科检查诊断的重要部分，室内可分隔成小间分别测试，暗室长度不宜小于 6m。

口腔科诊室宜采用大空间，以隔断分隔诊位，每个诊位一个治疗椅，间距不宜小于 1.8m，治疗椅距外墙应大于 1.2m，距边墙大于 1m，诊室光线应充足，治疗椅应靠近外窗，但阳光不应直射病人面部。每台治疗椅都有电气及上下水管线，应采用暗管，并便于检修。牙片室诊察时病人坐着拍片，房间比普通 X 光室小，10 ~ $12m^2$ 即可。

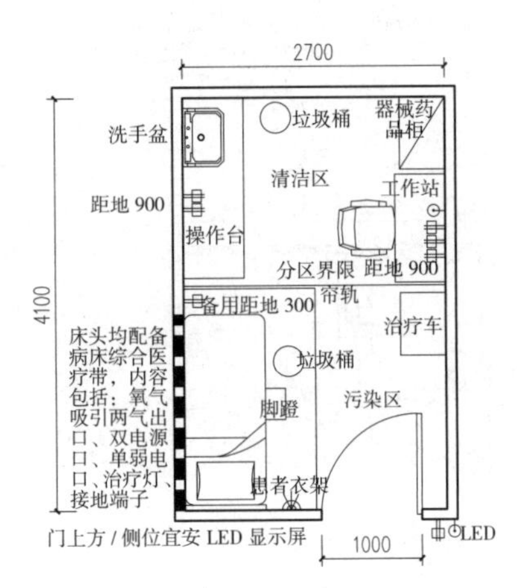

图 4-19　治疗室布置示意图

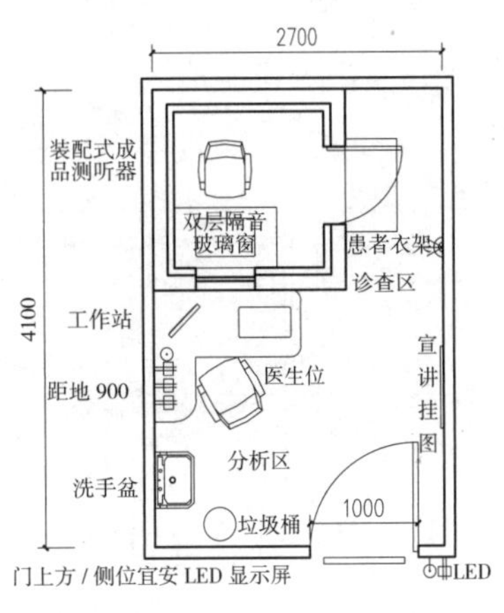

图 4-20　测听室平面图

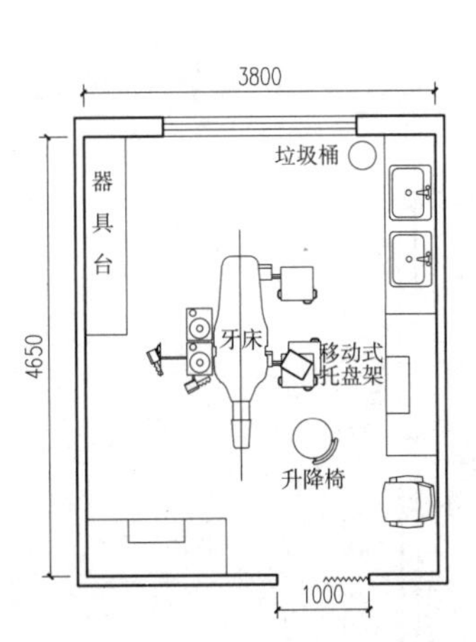

图 4-21　口腔科诊室平面图

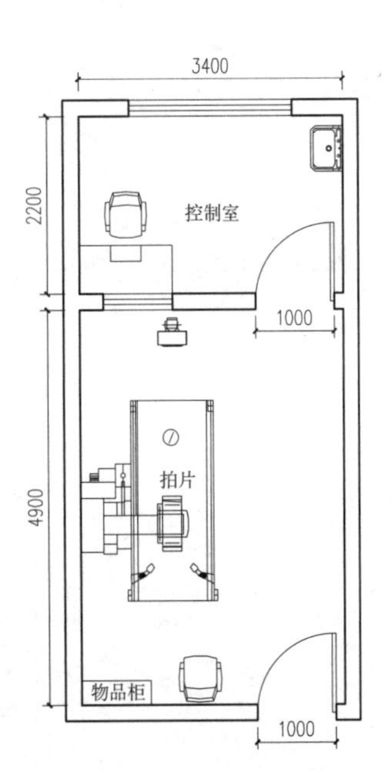

图 4-22　牙片室平面图

用房组成

输液室是用于急诊、门诊输液的治疗区域，配套房间有皮试室、注射室、护士站、输液配液室。一般是大空间集中式，座椅间距应满足治疗车通过、护士静脉注射等操作所需空间[2]。

皮试室

皮试室需满足坐姿注射的功能要求，同时需设置一间休息观察室，以对出现微反应的病人进行观察和处理，室内分设座椅区和床位区。

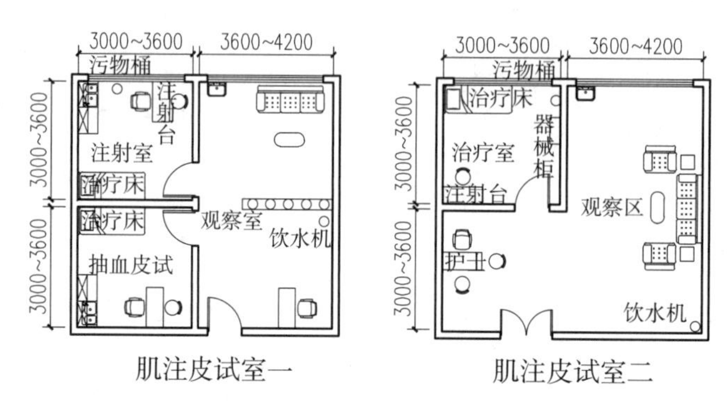

图4-23 皮试室平面示意图

输液配液室

输液配液室用于门急诊输液配剂，有洁净要求，需设置更衣过渡区，配剂需设置层流超净台。

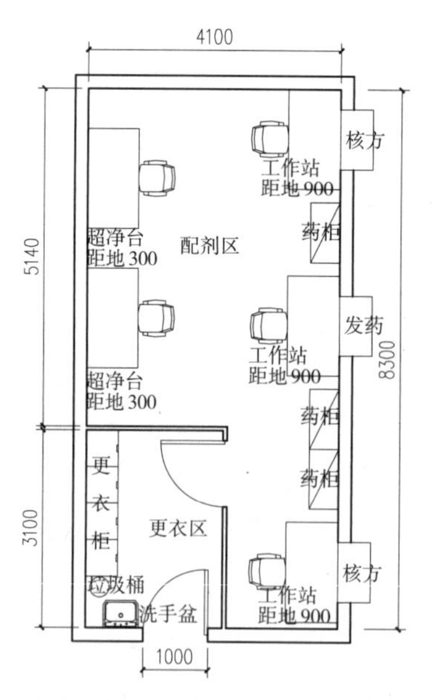

图4-24 输液配剂室平面示意图

[1] 门诊部和急诊部均应设置输液室，目前多数医院为方便管理多把门诊输液和急诊输液归为一处，设于急诊部。有条件的医院，建议将儿童输液室与成人输液室分开设置，即儿科输液室布置在儿科区域，避免成人对儿童的干扰传染。日间输液室与急诊输液室分开设置，即急诊输液室布置在急诊区域，方便管理。

[2] 输液室应靠近卫生间，方便病员到达，输液病员带着吊瓶，有时可能有家属陪同、帮助如厕，建议考虑第三卫生间，卫生间尺寸应较普通卫生间尺寸更宽敞，其厕位尺寸应较普通厕位宽敞。

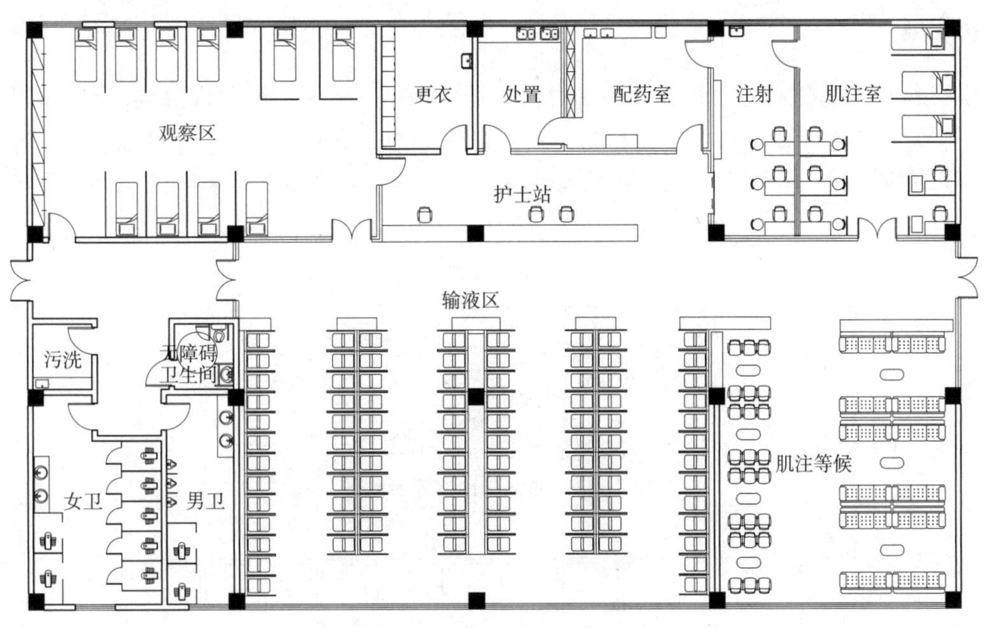

图 4-25　输液大厅平面示意图

注射室

护士根据医嘱，对病人进行肌肉注射，本室应备有抢救车。

儿童输液台

儿童注射室应设 L 型儿童处置台，以便两位护士共同操作完成注射。应靠近抢救室和配剂室，装配吊顶环式轨道。

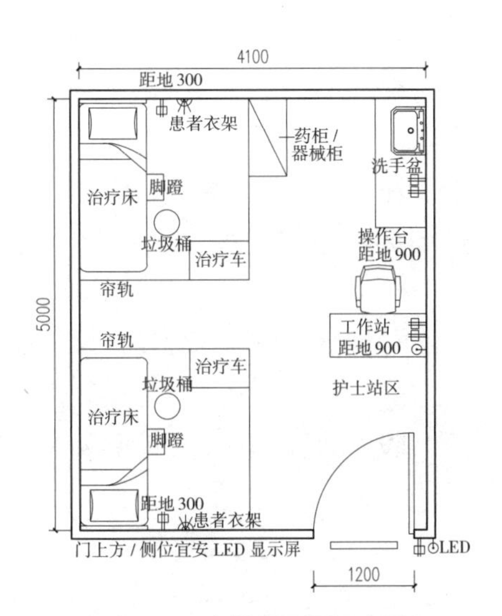

图 4-26　注射室平面示意图

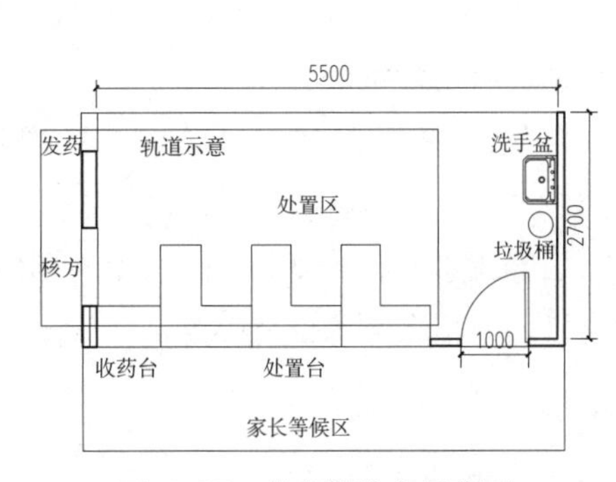

图 4-27　儿童输液台示意图

用房组成

大内科科系，细分有心血管内科、胸内科、神经内科、血液内科、内分泌内科、呼吸内科、消化内科、肾内科、风湿免疫内科及传染内科，近年来增添保健、肥胖、生殖研究、不孕症等。

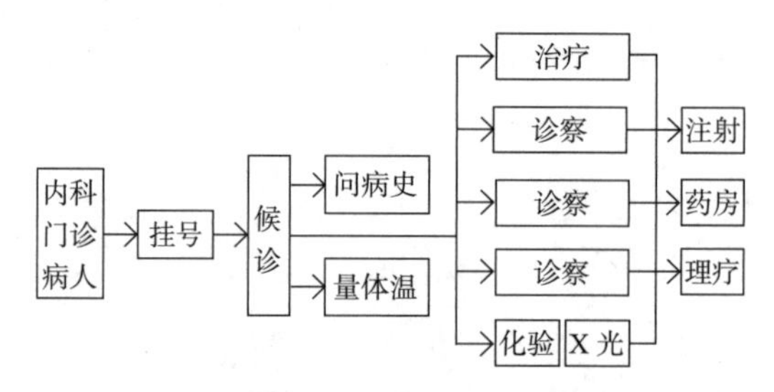

图 4-28　内科门诊诊疗示意图

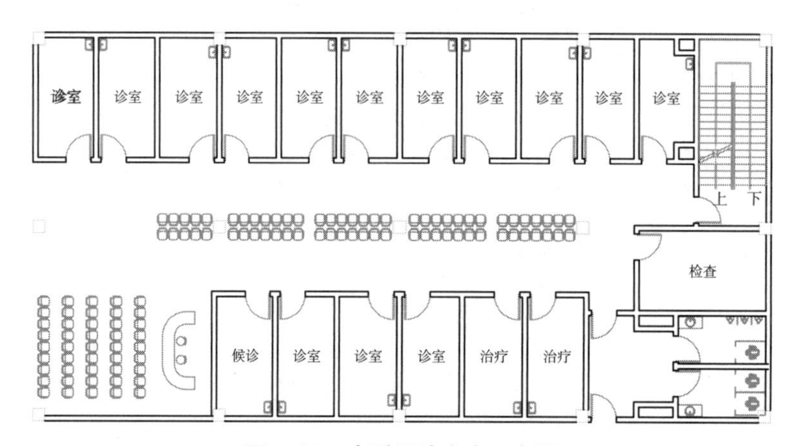

图 4-29　内科门诊方案示意图

内科患者较多，约占门诊部全日门诊人次的 20% ~ 25%，因此要注意组织好人流。在大型门诊部中大内科可按科系分科就诊，有利于分散内科人流。

内科除诊察室外，还有各种治疗室，如输液、穿刺、注射、灌肠、导尿、引流等。近年来，随着门诊人次的增加，医疗的发展，大型综合医院的门诊部，已将这些治疗室集中单独成立门诊治疗室，即内科治疗室。

内科的胃镜、肠镜检查，如不设在集中的内窥镜室，也可分设在内科治疗室内，集中管理使用，但以集中为好。

内科需设隔离诊室，因初诊病人中，可能会有肝炎、肠道痢疾、结核等传染病人混在一起，发现后即将该病人移至隔离诊室诊察。

流线组织

内科人流量大，为减轻门诊垂直交通压力，不宜布置在较高楼层，另外内科需做医技检查较多，诊室宜靠近门诊化验室、门诊注射室、放射科、功能检查和内镜科等。

基本模式

内科门诊多采用厅廊式，大型门诊部大内科的科系分得较细，可按科系分科就诊，有利于

[1]　内科门诊的季节性特征是冬春季患者较多，夏秋季较少。

分散内科人流。

房间布置

每间内科诊室宜设两名医生，以便进修医生和见习医生合室使用。诊室尺寸以3 ~ 3.3m开间，4.5m进深为宜。教学医院包括实习学生使用，进深可用4.8m或5.1m。诊室后部可开门相通或通过专用医护走廊连通，一方面保障医患分流，另一方面可以方便医生之间讨论病情。医护走廊内可设置医护休息室、更衣、卫生间、医护办公等医辅房间。

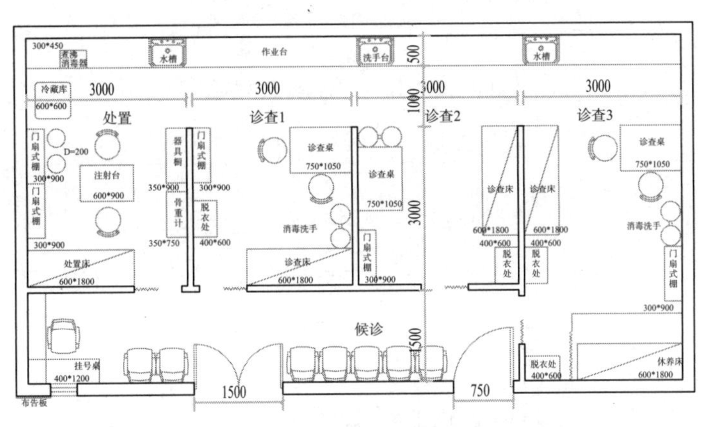

图 4-30　内科诊室处置室平面组合图

图 4-31　第一人民医院松江分院内科门诊平面图

用房组成

大外科科系，细分有普通外科、骨外科、泌尿外科、神经外科、心血管外科、胸外科、整形美容外科、碎石外科及烫伤、烧伤外科、肿瘤外科、放射治疗外科等。

外科患者较多，约占门诊部全日门诊人次的 20% ~ 25%，仅次于内科。

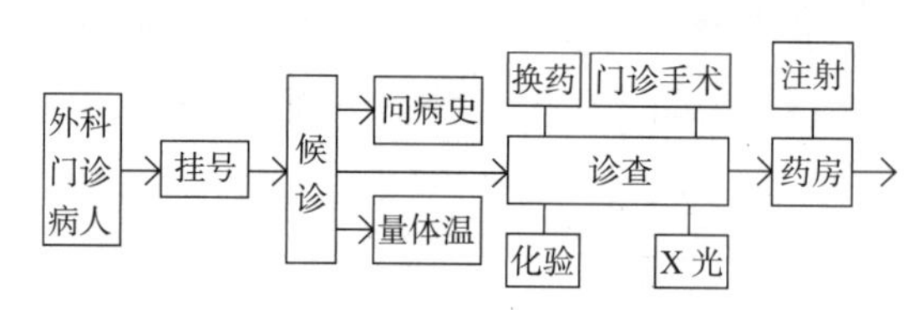

图 4-32　外科门诊诊疗示意图

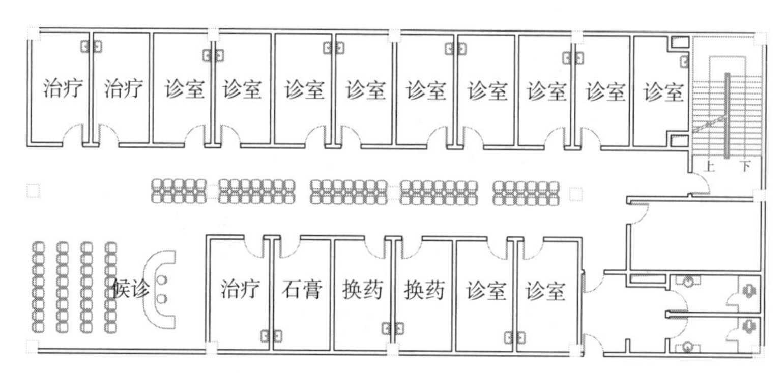

图 4-33　外科门诊方案示意图

普通外科除诊室外另有换药室、治疗室、门诊小手术室；换药室分有菌室和无菌室，前者为有菌换药，后者为术后拆线、切开、封闭、注射。室内要考虑男女分开换药，并设置器械桌、器械药柜、水池、消毒器等。小型医院的门诊部多将外科门诊手术与诊室设在一起。大型医院外科门诊手术室，因为患者数量多，一般多另行与其他科室门诊手术室合并独立设置。病人多预约而来。门诊各科手术病人多预约，手术室也集中。

骨外科有石膏室，泌尿外科有膀胱镜室（可设在门诊泌外科处，也可集中设在内镜科或放射科）。

碎石科有碎石室一般在门诊小手术室内。换药、治疗室的宜靠近候诊，部分复诊换药者按预约而来，不再进入诊室。

流线组织

外科病人多行动不便，因此最好设在一层，泌尿外科与内镜、骨科与放射科有较多联系，宜同层设置。

基本模式

外科门诊多采用厅廊式，大型门诊部大外科的科系分得较细，可按科系分科就诊，有利于分散外科人流。

房间布置

外科诊室一般为单间通用诊室，骨科诊室稍大，宜采用两开间，医生诊察时会要求病人活动，练习走路等活动。

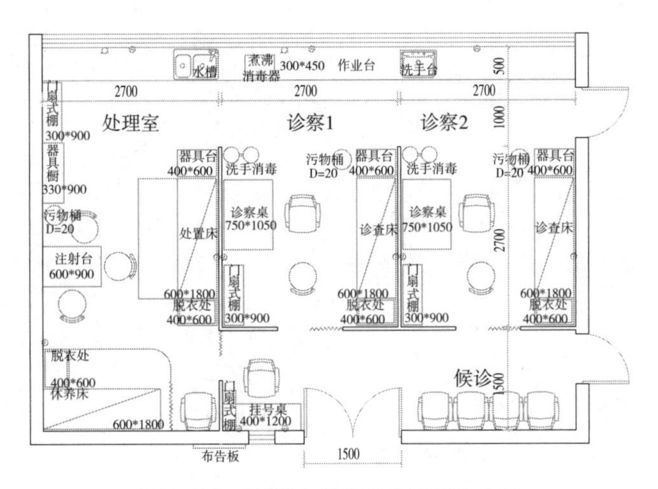

图 4-34 外科诊室处置室平面组合图

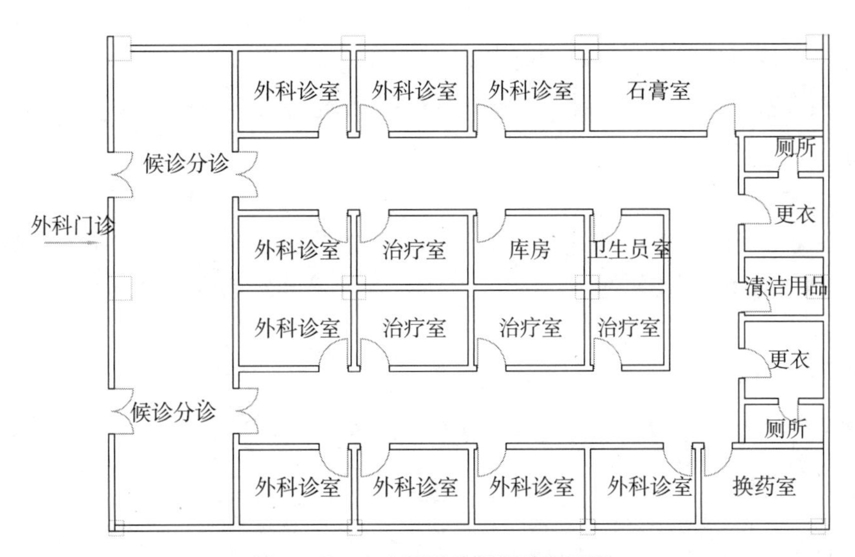

图 4-35 东方医院外科门诊平面图

用房组成

儿科门诊的组成应有预检鉴别室[2]、挂号药房、候诊室、诊室、隔离诊室、观察室、抢救室、治疗室和厕所。

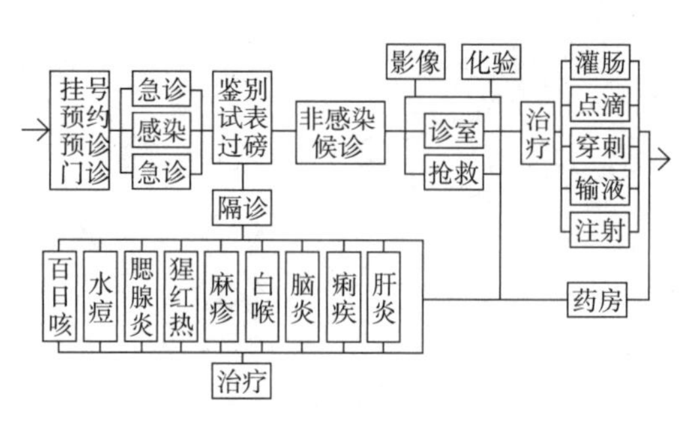

图 4-36　儿科门诊诊疗示意图

门诊需要比成人门诊更大的可供家属成员陪护的活动等候空间。诊室、检查室、等候区域需考虑增加病患和家属等候的座位，卫生间宜为亲子卫生间。候诊厅科宜增设儿童游乐休息空间。针对婴幼儿患者，宜设置母婴哺乳室、母婴照顾台。

公共厕所内宜按 1∶5 ~ 1∶6 的比例设置幼儿专用的小便器、坐便器、洗手池等设施；或可在公共女厕所内增设男性幼儿小便器等设施。

根据儿科疾病结构的改变，急性传染病减少，因此大型门诊部中隔离诊室可适当减少。

流线组织

儿科门诊需独立设置，并与各科隔离，应单独设置儿科挂号、药房、化验等室。小型医院不能独立设置时，使用路线需注意划分清楚，使之各行其道，互不干扰，必要时由护士代办挂号取药。

儿科入口处应设鉴别室，如鉴别为传染患儿，因移至传染诊室诊察，诊治完毕，直接离院。传染与非传染患儿的挂号取药宜合用，但要避免患儿及成人随意穿越，以减少交叉感染。

基本模式

儿科门诊的平面布置类似于小型的急诊部。

房间布置

儿科诊室可采用通用诊室，儿科就诊患儿陪伴率为96.62%，每一儿童平均有1.82人陪同前来，因此候诊面积相应增加。候诊室要适合儿童的身心特点，爱玩好动是儿童本性，最好把医疗程序与游戏结合在一起。

[1]　综合医院内儿科系指儿内科患者，其他科的病儿，由儿童专科医院诊治，或由医院内其他科诊治。
儿童医院一般指专门诊治 14 ~ 16 周岁以下的少年儿童各类疾病、开展儿童预防保健等工作的综合性专科类医疗机构设施。
儿科门诊的季节特征是冬春季患者较多，夏秋季较少。
根据近年来的发展，儿科的差异性较大。对于健康儿童的保健工作，有的地区已经可以在社区完成（如新生儿的抚触游泳、预防保健），有的医院在儿科门诊设置，有的医院在儿科病房设置。因此，如果综合医院的儿科门诊中有健康儿童的保健工作，需要注意健康儿童流线和患病儿童流线分开设置，避免交叉感染。

[2]　儿科和内科中，婴儿占多数，约占总人数的2/3，0 ~ 2 岁最多，2 ~ 5 岁次之，5 ~ 9 岁又次之，6 ~ 14 岁最少，由于少儿中有较多的传染病，所以需进行鉴别并隔离。

儿科诊区应采用合乎儿童心理特点的色彩、图画、标识等设计，提供适合儿童治疗和公共活动空间及游玩场所，让患儿有勇气并且持有积极的心态去面对治疗。

抢救室与观察室的房间布置同急诊部。

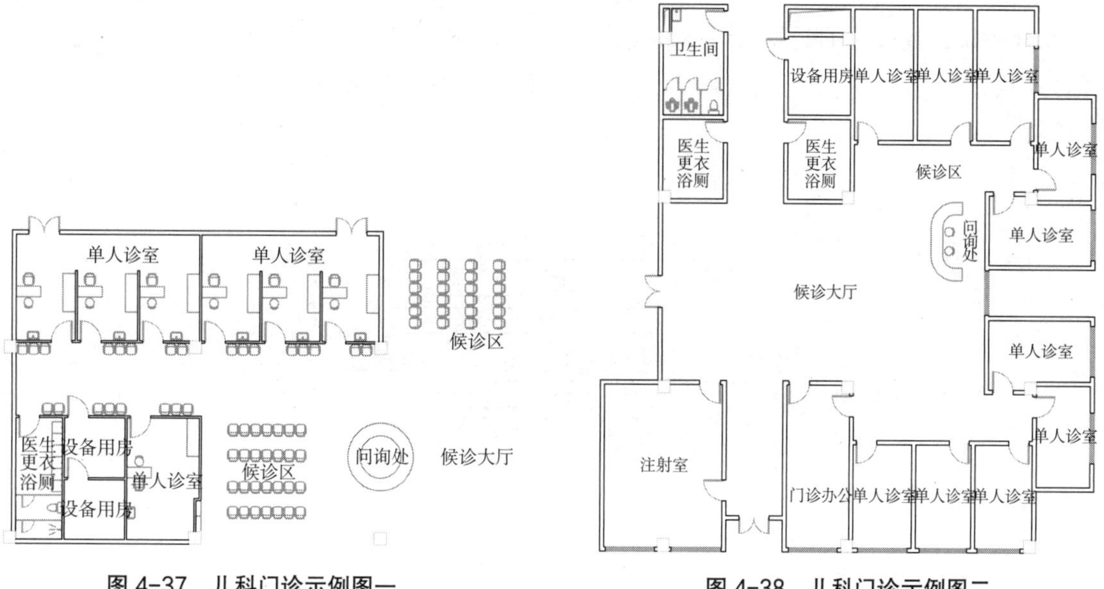

图 4-37　儿科门诊示例图一

图 4-38　儿科门诊示例图二

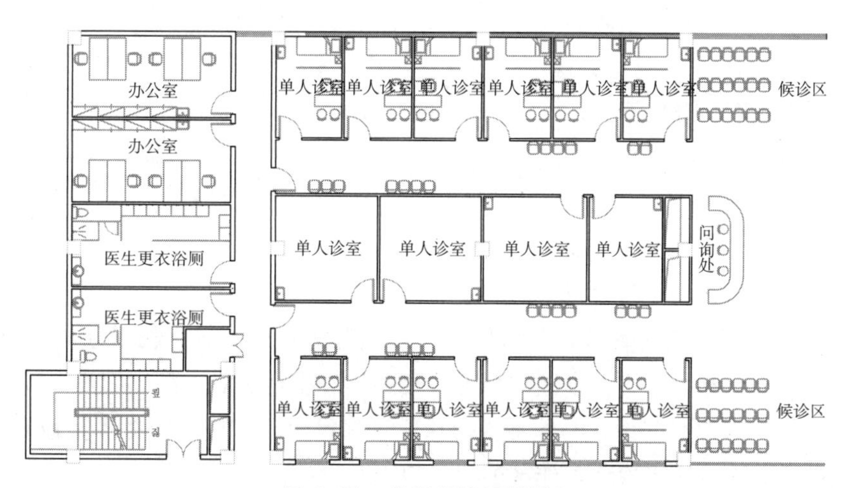

图 4-39　儿科门诊示例图三

用房组成

感染科通常包括发热、肠道 [2] 和肝炎，根据当地疫情，可加设艾滋病及其他杂症门诊。综合医院内设的感染科多为门急诊合一，自成一区，24h 使用。尽量避开人员密集场所，避免与大量人流交叉。

综合医院设置较多的是发热门诊和肠道门诊，发热门诊用于治疗发热患者，同时用于排查疑似传染病人。宜设单独的影像检查室。肠道门诊用于及时控制痢疾、霍乱、伤寒之类的肠道传染病。

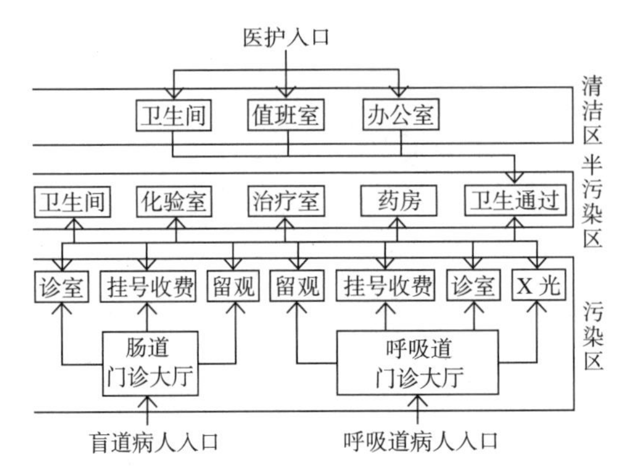

图 4-40　感染科门诊流线图

感染科用房组成：挂号、药房、诊室、治疗室、化验室、输液室、观察室、X 光室、卫生间、污洗间、医护更衣、医护办公值班。

流线组织

病人通常由门诊或急诊分诊而来，其位置应保证病人走出门诊或急诊门厅后容易寻找，并尽量避开人员密集场所，避免与大量人流交叉。

不同类型的传染病门诊科室包括分科候诊、诊室等应自成一区，相对独立，条件允许的情况下分别出入口设计，互不干扰，本区内部配置相关检查用房、病人配套用房，如卫生间。

平面布局应将病人等候就诊区与医务人员诊断工作区分开。应为医务人员设置卫生通过间，其位置应布置在医务人员进出诊断工作区的出入口部。

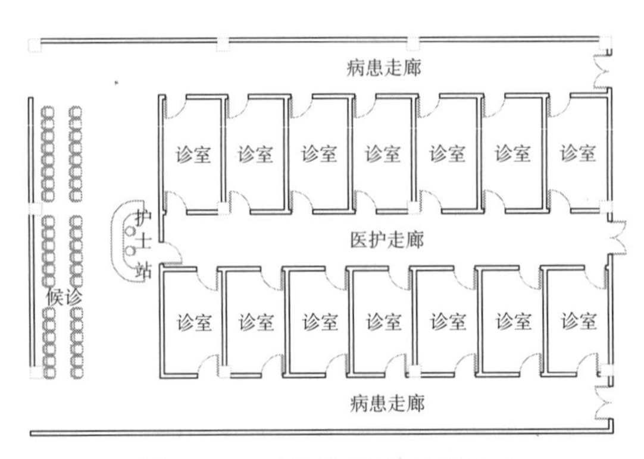

图 4-41　诊区布置形式示意图

[1] 综合医院内感染科门诊的污水处理和医疗废弃物处理应单独设置，污废水应进行单独消毒、灭菌处理后排入医院总排水系统。

[2] 肠道门诊有季节性，发病率以夏季最高冬季较少。

基本模式

功能布局应按照“三区二通道”设置，即污染区、半污染区、清洁区、清洁通道、污染通道，各区不应交叉。

房间布置

感染门诊的诊室、观察室宜充分利用自然通风和天然采光。

病人使用的卫生间宜采用不设门扇的迷宫式前室，并应设非手动开关龙头的洗手盆。

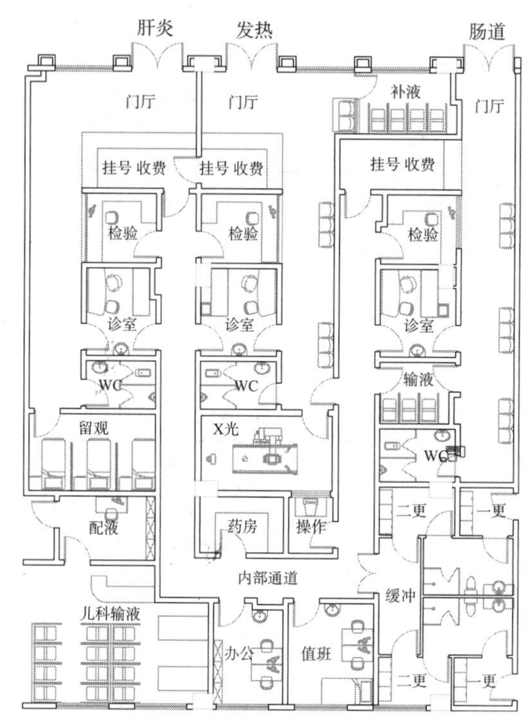

图 4-42　李庄同济医院感染科平面图

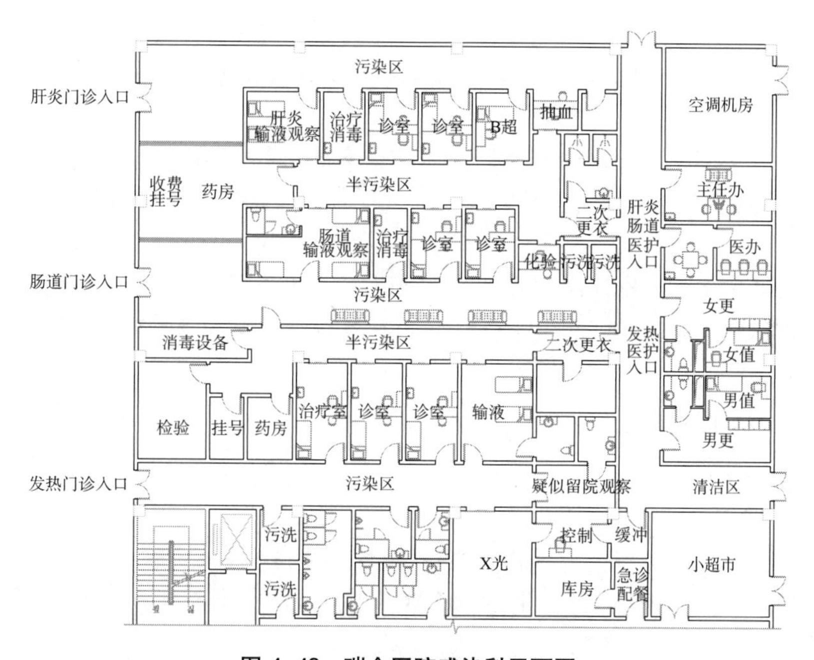

图 4-43　瑞金医院感染科平面图

用房组成

妇产科[1]包括妇科及产科两部分，其门诊人次比例约为 2∶1。一般妇科就诊者是病人，诊察后需治疗，产科就诊者不是病人，是生理常态，因此妇产科的诊室宜分科分室。

妇产科诊区有别于通用诊区的特点是检查较多，并宜专设宣教室。为缩短病人的就诊流线往往将检查用房、治疗用房与诊室相邻布置，分为诊察区、治疗区和检查区。基本形式有单廊式和双廊式。

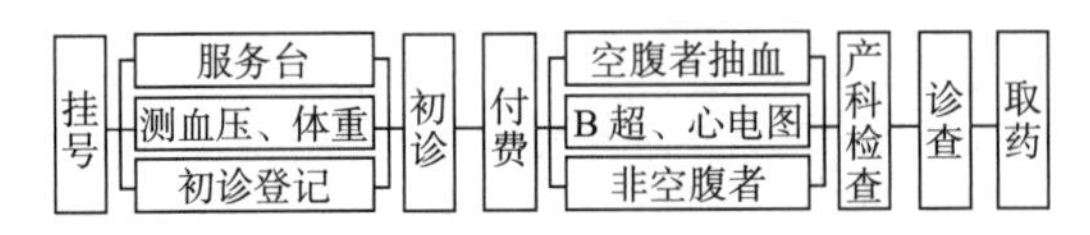

图 4-44　妇产科门诊诊疗示意图

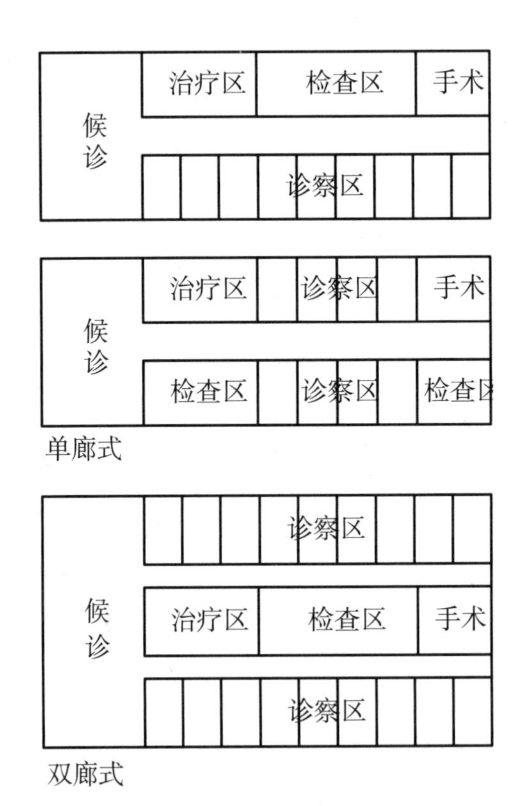

图 4-45　妇产科门诊平面布置形式示意图

妇科诊区

妇科诊区房间主要有诊室、隔离诊室、细胞检验、冲洗室、洗消室、检查室、宫颈镜室、阴道镜室、治疗室、专用卫生间。一般情况下诊室应与检查室相邻布置，或合二为一，便于医生检查。

检查室内的诊察床位应三面临空布置，与诊室合并设置时应有隔帘或隔断分开。

产科诊区

产科主要是对产妇进行产前、产后的检查以及计划生育小手术等。

产科诊区房间主要有产前检查、化验、诊室、人工流产、术后休息、治疗室、专用卫生间、

[1] 受孕妇四个月之内为妇科，四个月以上属产科，产科又称计划生育。

产前教育用房等，可在科室内部设置宫腔镜室，便于检查。

产科病人行动不便，诊区最好在首层或低层设置，宜设单独出入口。

产科门诊在诊断时需听胎音，诊室应设在周围噪声较小的区域。

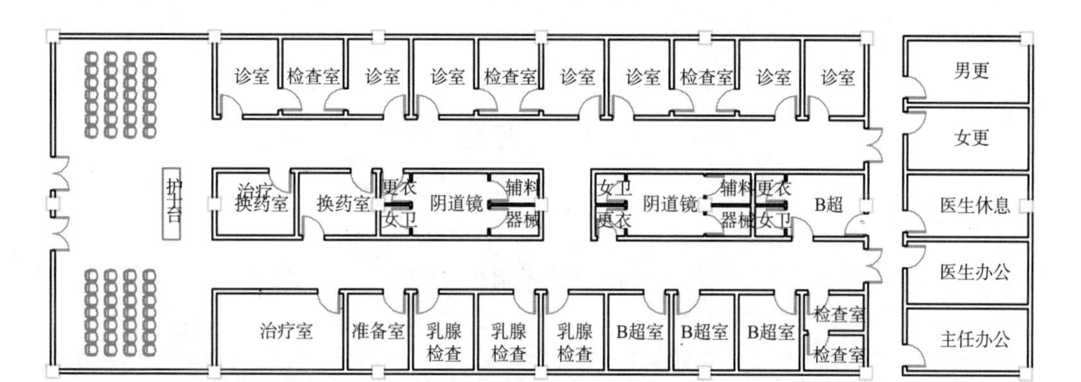

图 4-46 妇产科门诊示例图一

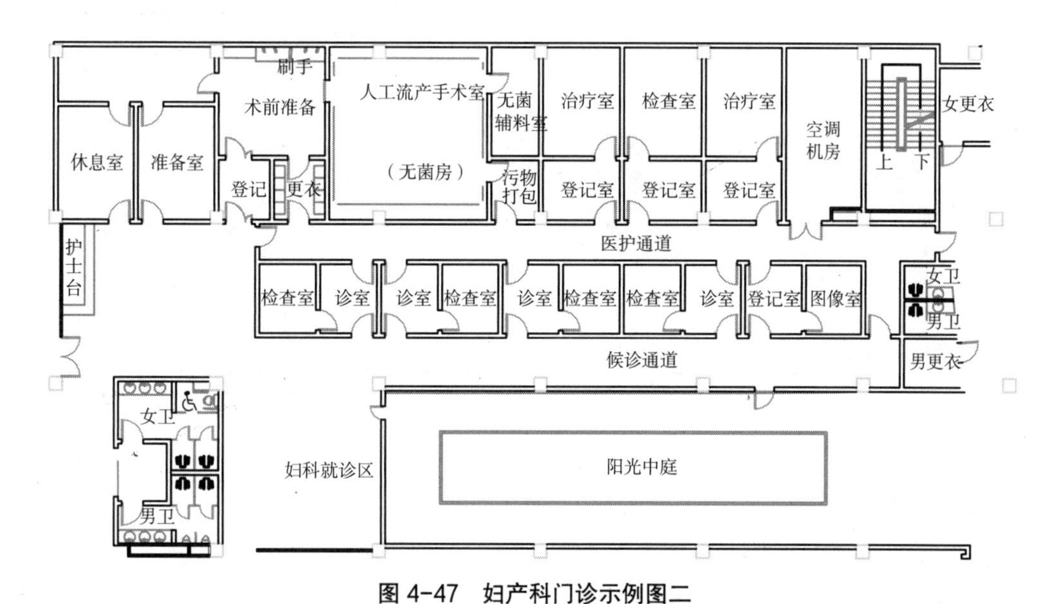

图 4-47 妇产科门诊示例图二

用房组成

口腔科是医学学科分类之一，又称牙科，主要是治疗各类口腔内外科疾病、进行口腔美容修复。综合医院内口腔科一般分为口腔外科、口腔内科、口腔修复、口腔正畸及儿童口腔科等。

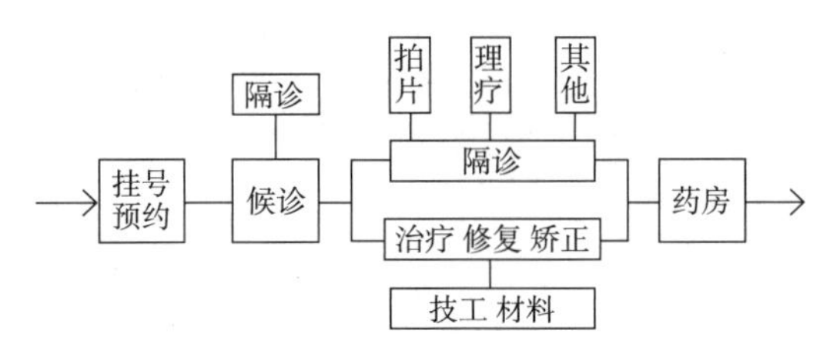

图 4-48　口腔科流线示意图

口腔科主要功能房间表　　表 4-10

名称	房间	功能	面积	采光要求
诊室	诊疗室 口矫室 休息室	诊察治疗	单间：13 ~ 18m^2；大空间：每椅面积约 9m^2	采光充足，采用接近天然光色、显色性好的光源
牙片室	X 光室 暗室 操作室	拍摄牙片	X 光室 15m^2 暗室 5m^2	无需自然采光
技工室	焊接室 单体制作室	加工义齿	视设备和规模而定，20m^2 以上	避免阳光直射，采用显色性好的光源
医生用房	更衣室 办公室 资料室	医生办公休息	视人数和规模而定	

流线组织

口腔科主要是为门诊病人服务，住院病人较少。病人一般行动并无不便，可布置在较高楼层或离门诊入口较远区域。

基本模式

口腔科病人主要在治疗椅上进行诊察和治疗，各种用房均以诊室为核心布置。

房间布置

口腔诊室要求光线充足，但应防止阳光直射病人面部，诊室内宜在两张治疗椅之间设一洗手盆，以便医生随时洗手，防止交叉感染。地面材料不宜采用较小的肌理，如普通水磨石，以免牙齿落地难于发现。

技工室是患者镶配假牙的技工操作间，应有良好的排风装置，宜分设两间，一为制作间，一为蒸煮打磨间，注意吸尘，防止粉尘飞扬。

[1]　口腔科原本属于五官科，综合医院可选设。但由于人们对口腔健康的日益重视、口腔治疗领域的拓展以及技术的发展，现在大部分二级和三级综合医院已将口腔科分离出来为单独的科室；三级综合医院应单设口腔科。

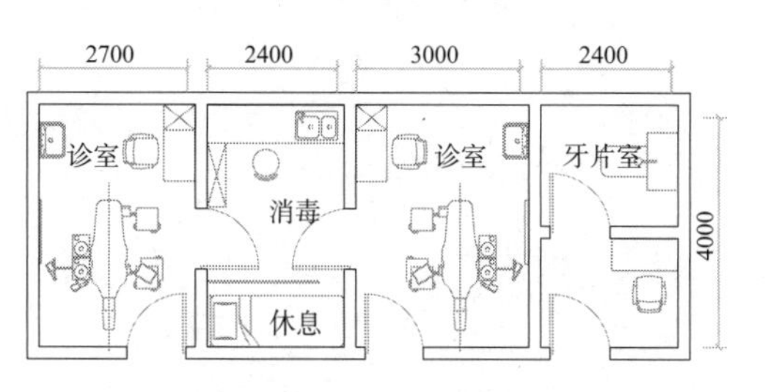

图 4-49　单间诊室示例图

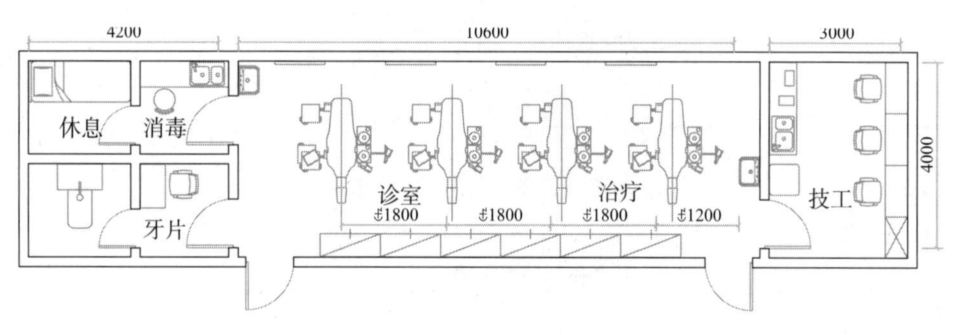

图 4-50　大空间诊室示例图

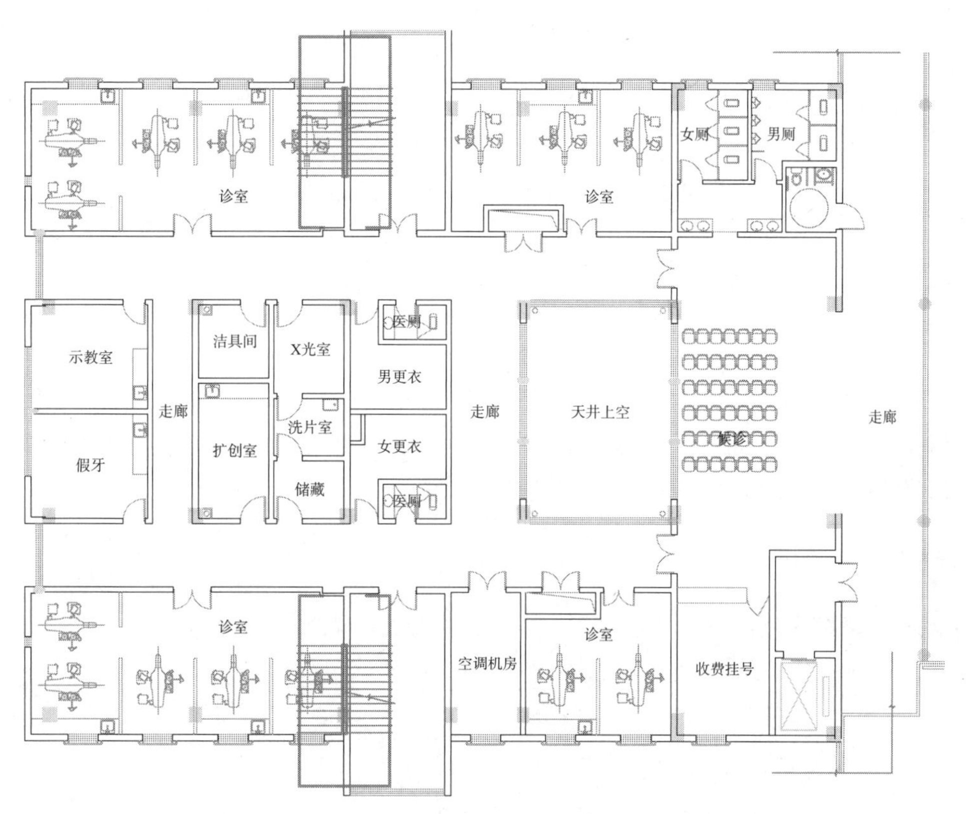

图 4-51　上海第一人民医院松江分院口腔科门诊平面图

用房组成

耳鼻喉科主要房间有诊室、检查室、消毒室、治疗室。

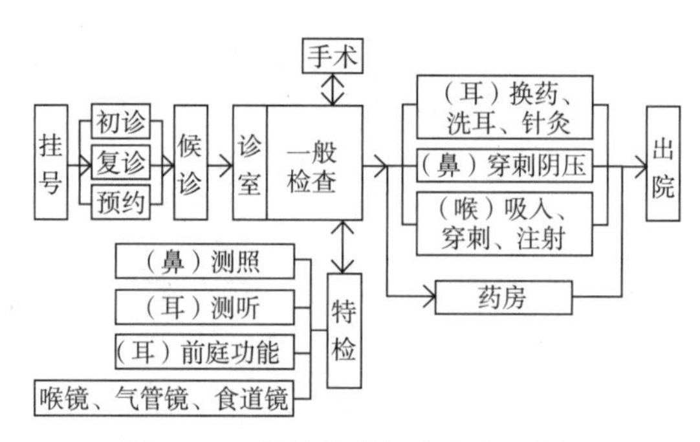

图 4-52　耳鼻喉科门诊诊疗示意图

耳鼻喉科室构成表　　表 4-11

名称	房间	功能
诊室	诊室	一般检查、治疗
检查室	测照暗室	检查鼻窦炎
	测听室	作耳语及机械测听，有隔音要求
	前庭功能	内耳神经平衡测定
	内镜	喉镜、气管镜、食道镜检查
消毒室	洗涤消毒室	对医用设备洗涤、消毒
治疗室	治疗室	鼻穿刺、换药、阴压、吸入
医护用房	主任、医办、护办、更衣室	医护办公后勤

流线组织

耳鼻喉科病人一般行动并无不便，可布置在较高楼层或离门诊入口较远区域。耳鼻喉科诊室和治疗室设备较复杂，诊断时每个患者都需使用一套医疗器械及设备，用后要经过洗涤和消毒。因此，诊室和治疗室需附设洗涤消毒间，作临时洗消用。

基本模式

耳鼻喉科门诊多采用厅廊式，或采用大空间，内分设小隔间。

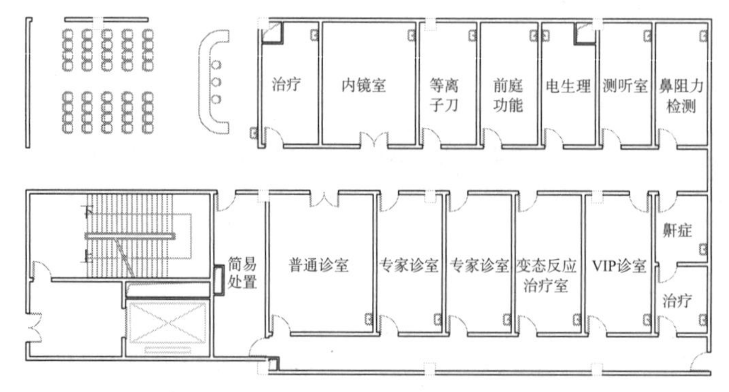

图 4-53　耳鼻喉科门诊示意图

[1]　耳鼻喉科以三月份发病较多，八、九月份为高峰（暑期学生多，割扁桃腺）。儿童约占门诊人次的 2/3 ~ 1/2。

房间布置

主要诊室要求北向，避免阳光照射炫目，因每个耳鼻喉科医生头部都带有一个反光镜，检查时不能有阳光直射，而依靠灯光，因此诊室朝向不能东向、西向或南向。

测听室要求隔绝外界一切杂音，一般做屋内屋的双层结构，除顶部脱离外，墙地支连部位以软木或橡皮支垫隔音防震，六面都做隔音处理。隔音要求达到15dB，耳语测听间距要求5～6m，因此，测听室面积不宜过小。

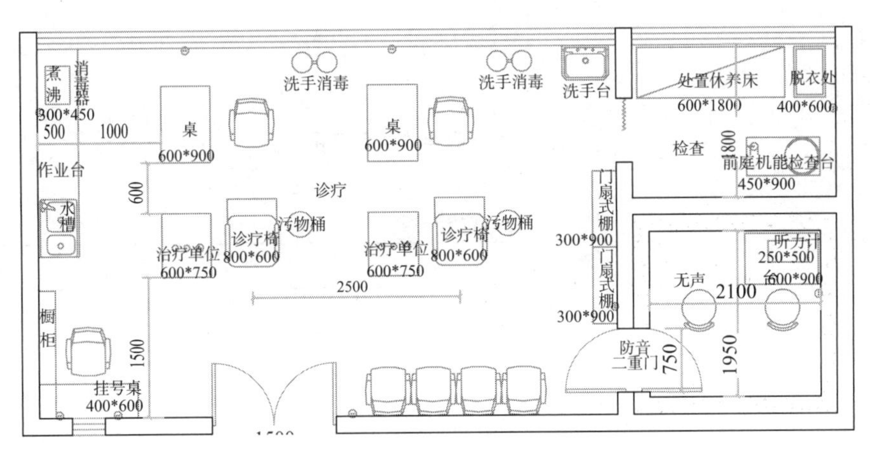

图 4-54　耳鼻喉科诊室治疗室平面组合图

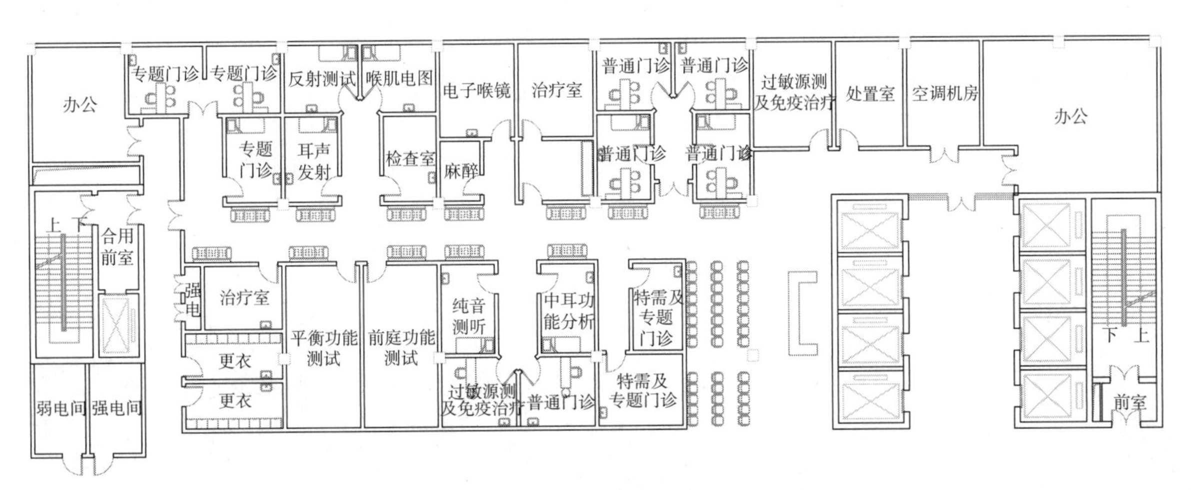

图 4-55　上海市第六医院耳鼻喉科门诊平面图

用房组成

眼科主要房间有诊室、检查暗室、验光暗室、视野检查室、饮水实验室、电生理室、量眼压室、治疗室、激光诊疗室、门诊手术室、消毒室。

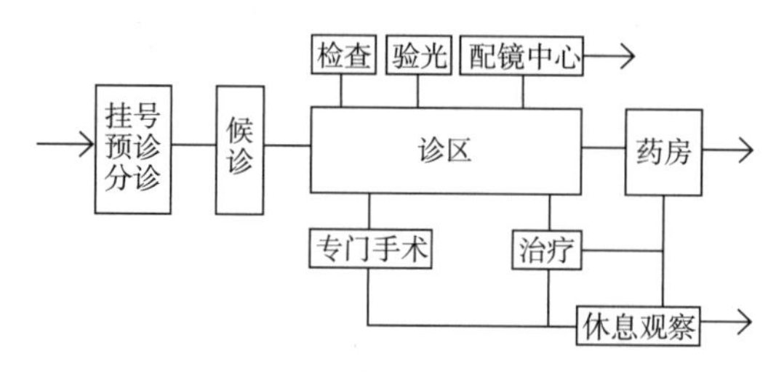

图 4-56　眼科流线示意图

眼科主要功能房间表　　表 4-12

名称	功能	设计要点
诊室	医生诊察	
检查暗室	眼底检查	长度不小于 3m
验光暗室	验光配镜检查	要求同检查暗室，另设视力表，测试距离 5 ~ 6m
视野检查室	视野检查	检查在日光灯下进行，要求遮光通风
饮水实验室	青光眼检查	室内光线要暗
电生理室	眼内晶体、视网膜检查	要求同检查暗室
量眼压室	测量患者眼压	
治疗室	眼外伤换药	宜靠近诊室
激光诊疗室	用激光漫反射诊断早期白内障	室内禁用反光材料
门诊手术室	手术治疗	最小 4.5m × 5.5m，设电动窗帘，随时使室内变暗
消毒室	医用设备消毒	靠近手术室、治疗室

流线组织

眼科病人一般行动并无不便，可布置在较高楼层或离门诊入口较远区域。眼科特检仪器较多，并常在暗室中进行检查，因此各检查室，应围绕大诊室设置，以便随时就近检查。

基本模式

眼科诊室有单间和大空间两种，眼科诊室不需隔声或隔离，为提高检查设备的使用效率，可设大空间诊室，候诊可采用诊室二次候诊，以便护士照料。

房间布置

眼科门诊环境避免强光照射，避免使用红、橙等刺激性色彩，要求光线稍暗而均匀、柔和，以北向为宜，避免东西向。

暗室内设脚灯，以便于暗室内的活动，地面分格可一米一块，

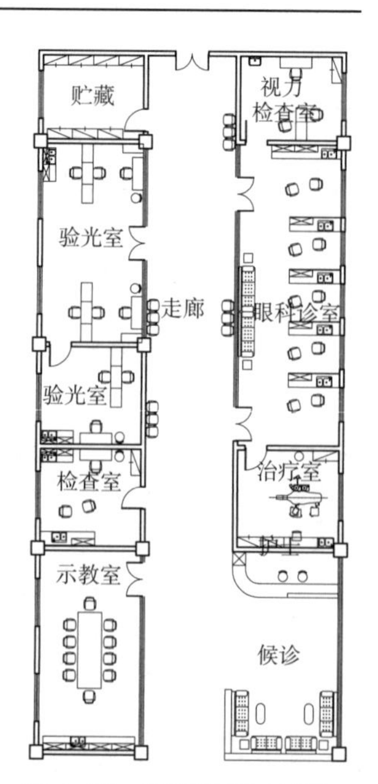

图 4-57　眼科诊区示例图一

[1]　眼科患者以老年人居多，儿童患者较少，仅占眼科门诊人次的 10%。在整个门诊人次中初诊约占 70%，复诊约占 30%。

以便目测视距。视力检查的测试距离为 5 ~ 6m，有反光镜者距离可减半。

大型医院在眼科门诊专设眼科手术室，该室因无菌要求高，又有专用仪器设备，因此设在眼科而不设在门诊手术部，小型医院则与眼科治疗室合并。门诊眼科手术室为了便于玻璃体和视网膜手术，应设电动窗帘，随时使室内变暗，同时要有供氧吸引等设施。

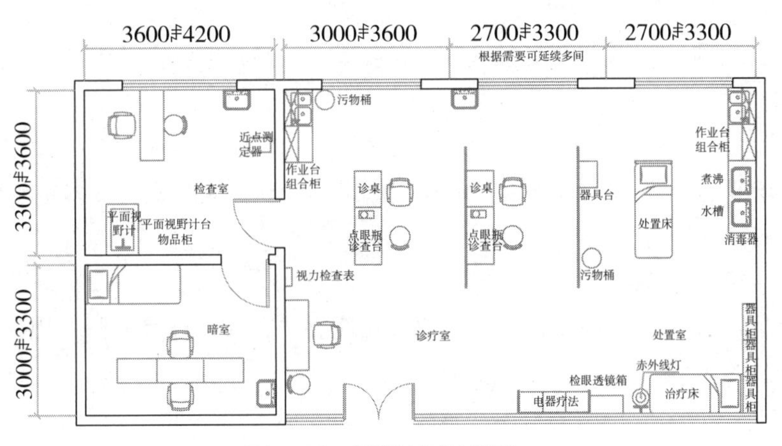

图 4-58　眼科诊区示例图二

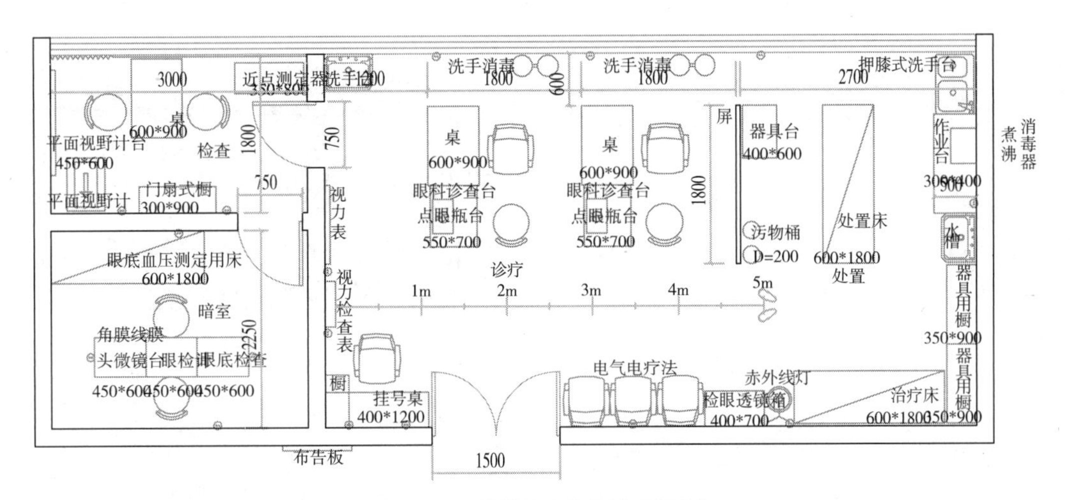

图 4-59　眼科诊室处置室平面图

用房组成

中医科门诊偏重治疗，主要治疗方式有按摩、牵引、针灸、理疗、气功、痔瘘等，房间是与此对应的诊查治疗室。

流线组织

中医科门诊人流量小，可设置在门诊部较高楼层，但部分患者行动不便，因此宜靠近电梯。

基本模式

中医科门诊多采用厅廊式，各种诊查治疗室沿走廊排开，减少病人过多走动。

房间布置

诊查治疗室需要望、闻、问、切，诊室应光线明亮、柔和，环境安静，以便全面会诊病人。中医教学以传统观摩传授为主，诊室面积应适当加大。

针灸、推拿等诊疗手段特殊的科室，诊室入口布置应注意保护患者隐私，诊室内部各诊疗床之间也应设置隔断。

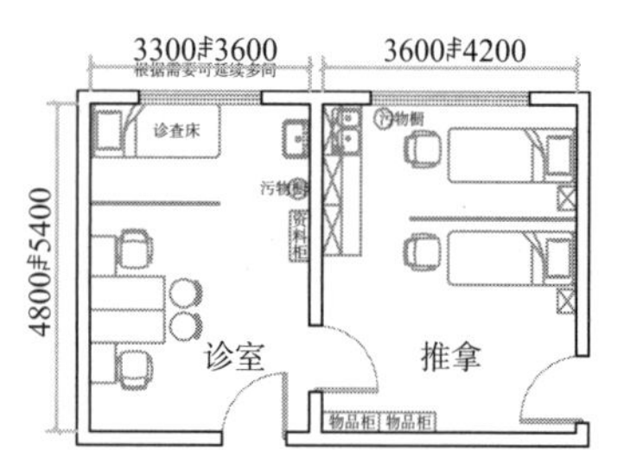

图 4-60　痔瘘综合诊查治疗室

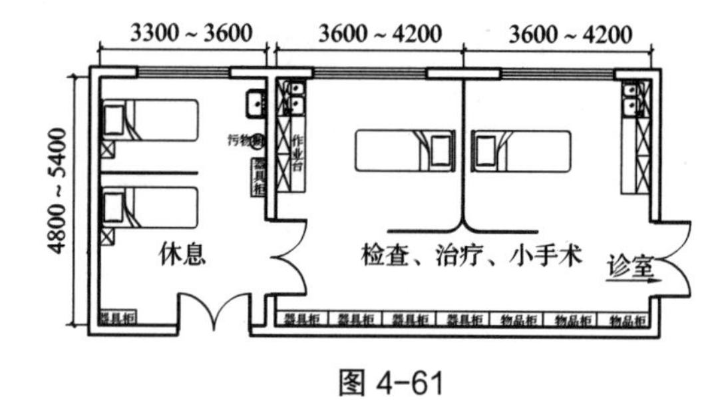

图 4-61

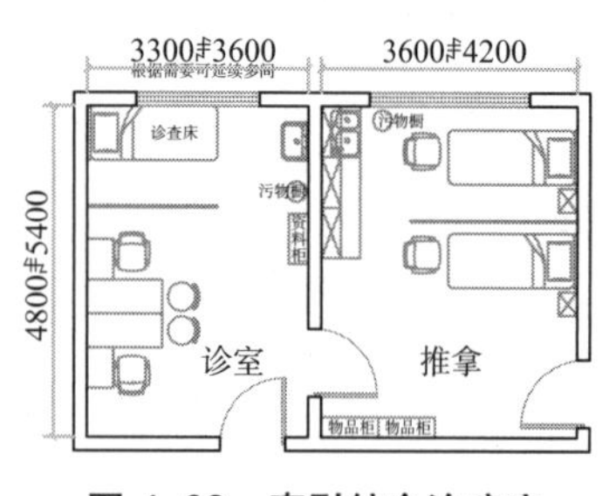

图 4-62　牵引综合治疗室

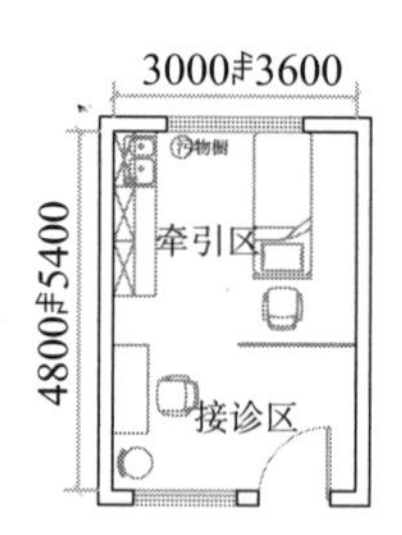

图 4-63　针灸、理疗综合诊查治疗室

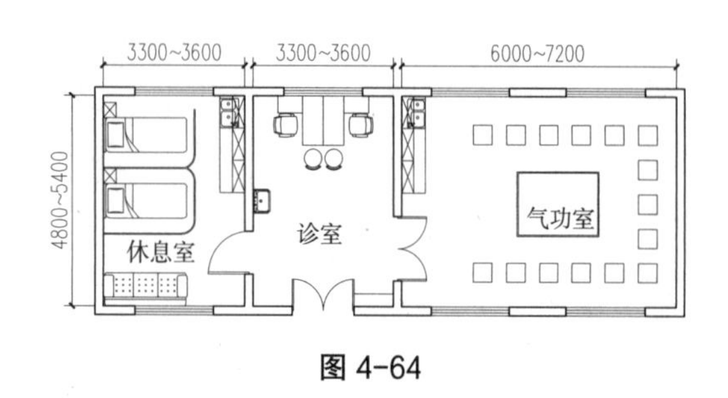

图 4-64

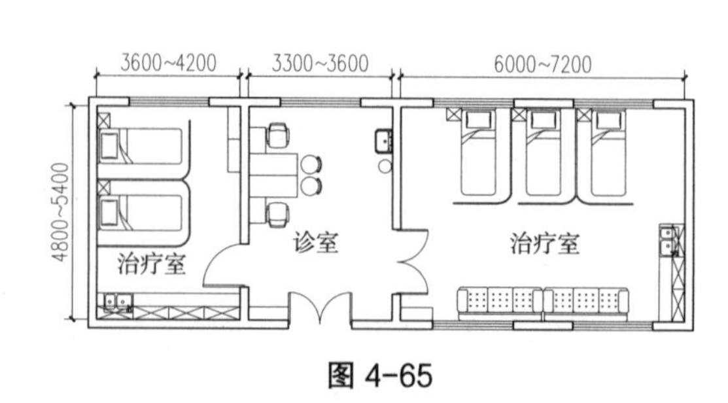

图 4-65

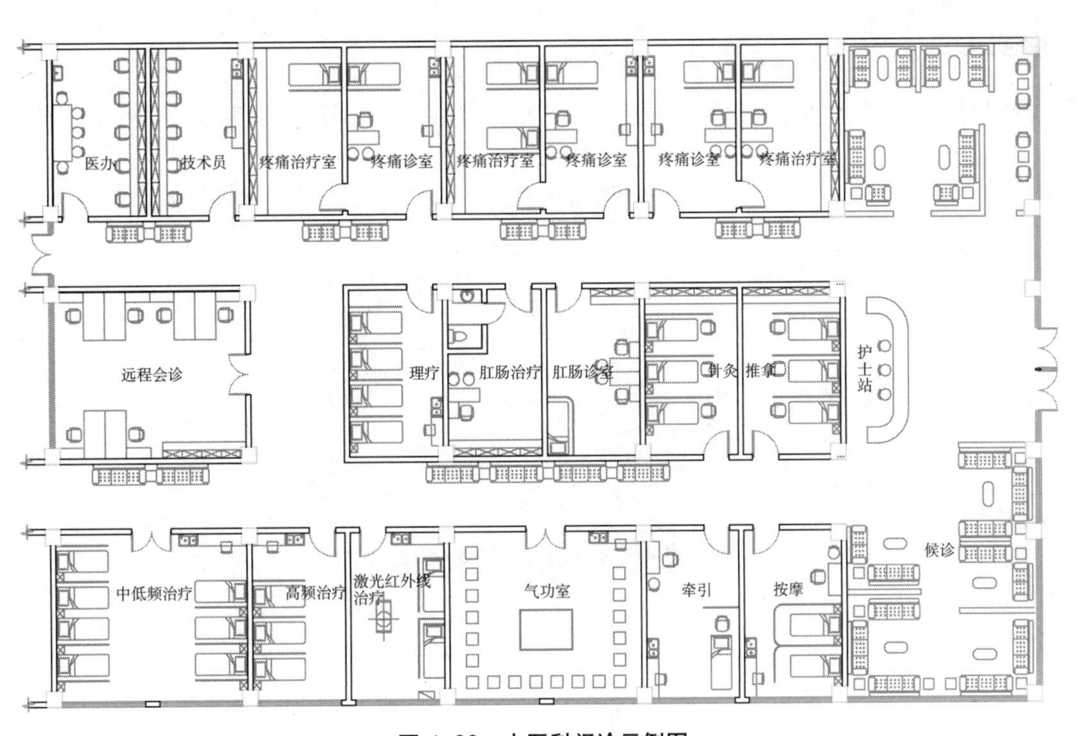

图 4-66　中医科门诊示例图

用房组成

皮肤科属于外科，多带传染性，同时为保护病人隐私，大型医院一般独立成区，并设置于门诊顶层或尽端。

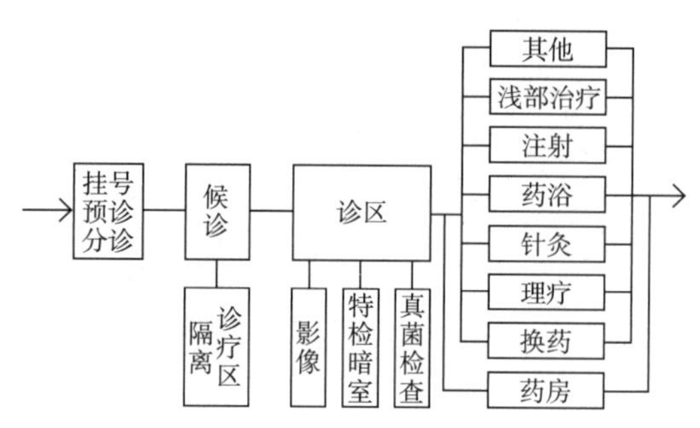

图 4-67　皮肤科流线示意图

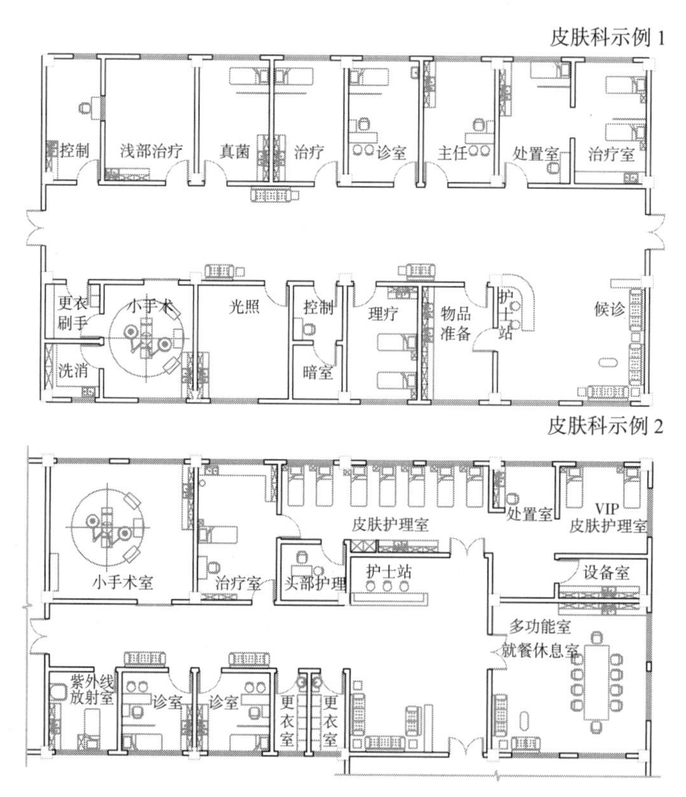

图 4-68　皮肤科门诊示例图一、二

皮肤科主要功能房间表　　表 4-13

名称	功能	设计要点
诊室	医生诊查	单人诊室，光线充足
隔离诊室	对传染性皮肤病患者诊查	同诊室
特殊检查室	利用伍德士灯进行检查	靠近诊室，7 ~ 8m^2
小手术室	治疗	同门诊手术室
治疗室	有菌换药 无菌治疗	分成两间，相互连通

[1]　皮肤科一般儿童患者占 1/2 ~ 1/3，发病时间以 5 ~ 11 月较多，特别是夏天发病率最高。

续表

名称	功能	设计要点
化验室	取患者活体标本分析检验	—
理疗室	治疗	可设在理疗科
浅部治疗室	低压电疗	可设在放射科
医辅用房	主任、医办、护办、更衣	医护办公后勤

房间布置

诊室内部色调宜为浅色，以便观察患者皮肤病变，诊室为单间，男女病人分开检查。

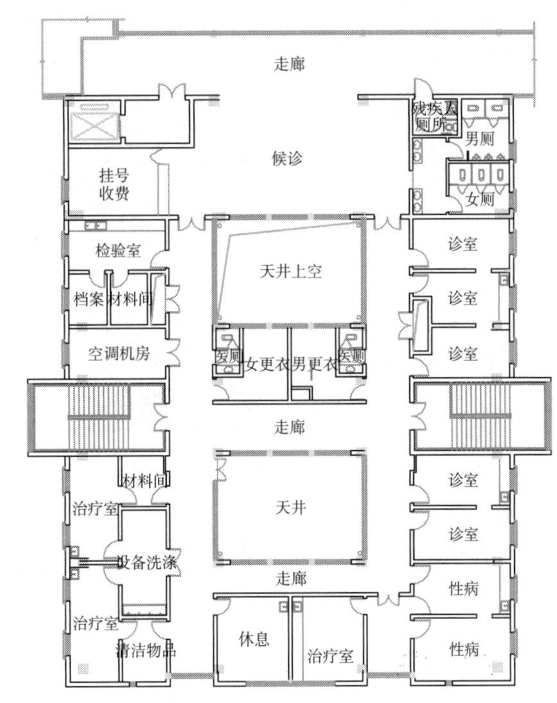

图 4-69　上海第一人民医院松江分院皮肤科门诊平面图

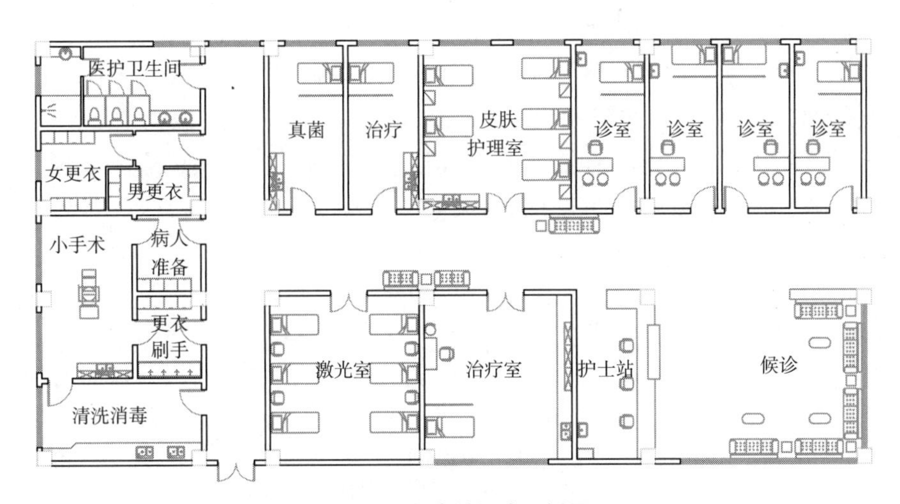

图 4-70　皮肤科门诊示例图三

功能构成

急诊部是综合医院中的重要医疗部门，是对病人进行紧急抢救治疗、急诊，观察的场所，是医院中重症病人最集中、病种最多、抢救和管理任务最重的科室。急诊部最根本特点是"急"，需要随时面对危急重患者并提供救护。"快速、畅通、规范、高效"是急诊部服务的目标，急诊部各功能区域的合理设置、急诊急救流程的规范是实现这一目标的必要条件。

布局模式

急诊急救部按内部功能可以分为急诊区、急救区、辅助区和留观区。根据内部功能区的排列方式不同，一般有分层和同层两种布局形式。急诊急救一般设于首层，同层展开。留观、辅助区可与急诊急救比邻，也可叠加在上部楼层。

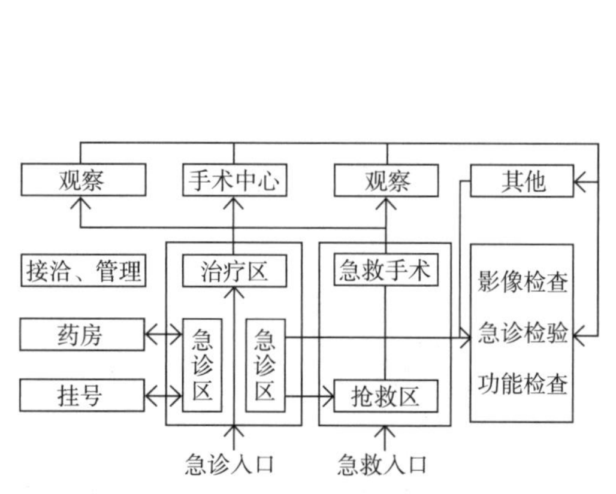

图 4-71　急诊部功能流程示意图

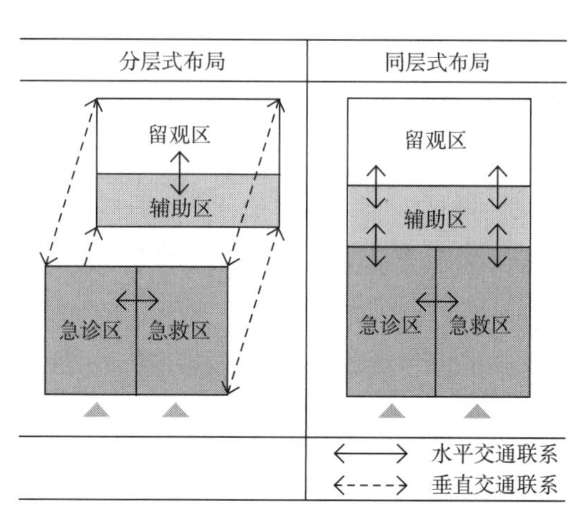

图 4-72　急诊部布置模式示意图

区位关系

在新建的综合医院内，急诊部多附建于门诊部，设有独立的急诊就出入口，并保持有独立的单元尽端。借助于门诊部中的各医技科室，开展对急诊的抢救工作，能节约人力和设备，是目前各医院急诊部中，较普遍采用的方式和方法。

急诊部的区位设置需要保证进出方便，应考虑救护车和其他交通工具方便到达，入口应明显易认，预检分诊应位于病人一进门就能看到的地方。

适当考虑与住院部、手术部的联系，保证病人能迅速进入医院病房或手术室。急诊入口与住院入口不宜过于靠近，避免人流的相互影响和感染。

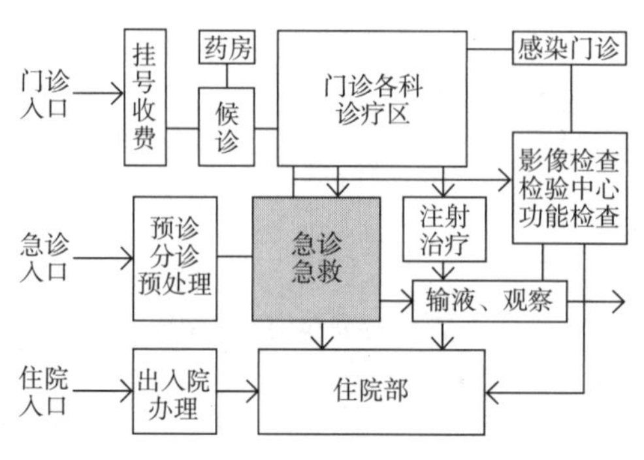

图 4-73　急诊部区位关系图

科室划分

急诊部一般分为急诊区和急救区，主要是病情轻重危急之差，急救区专门接受有生命危险的患者，明确的分区可以使病人以最快速度到达相应诊察治疗区域。规模较大的急救区可发展成为急救中心[1]。在入口处理上，也区分有急救救护车入口和普通急诊病人入口，这样也就更自然地将急救区和急诊区区分开来，同时也避免一般普通车辆可能阻挡救护车辆进出。

综合医院一般设有内、外、妇、儿、五官等专科诊室。急诊工作量一般占全日门诊量的1/8 ~ 1/10。儿科急诊和感染科急诊一般与相应门诊合并设置，使用上为门急诊合一，24h 使用。规模较小的综合医院急诊部仅设内、外科诊室及相应的治疗、注射、手术、抢救等房间。急诊部配置必要关键抢救用医学影像诊断用设备、X 光机、化验等设施并形成医技核心区，其余各区围绕其布置。

急诊部功能配置表　　表 4-14

区域名称	房间名称
急诊 急救大厅	预检、挂号 / 收费、急诊药房、门厅
急诊区	诊室、患者候诊区、家属等候区、治疗处置室、注射、取血室、洗胃室、急诊化验、B 超、心电图、影像检查、输液室、护士站
急救区	抢救室、器械准备、治疗处置室、石膏室、清创室、急诊手术室、EICU
留观区	留观病房、配液室、备餐室、治疗处置室、护士站
辅助区	医生办公室、值班 / 更衣室、护士办公室

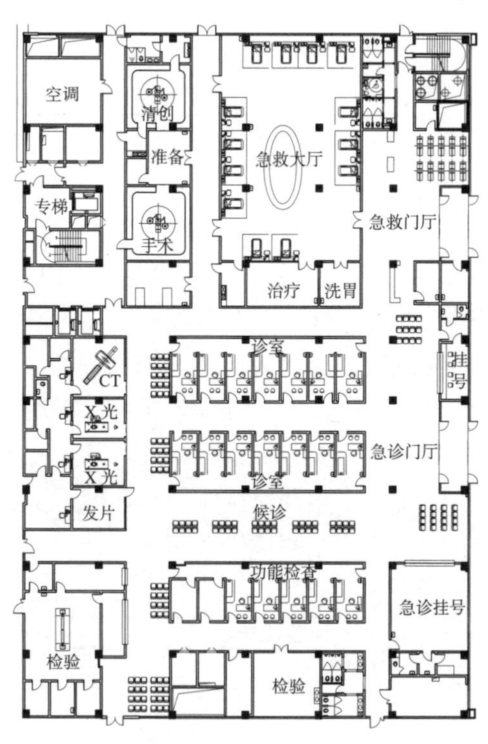

图 4-74　苏州市第九人民医院急诊部示例图

[1]　急救中心（站）有别于急诊部，它是政府设立的非营利性的、公益性的卫生医疗机构，是从事院前急救的专业医疗机构。急救中心的设置一般由卫生主管部门根据当地常住人口及医疗卫生条件确定，可单独设置，也可设于综合医院内。急救中心分院前急救、院内急救两部分。院前急救以救护车为中心，负责病人的现场救护及安全运送。院内急救负责病人入院后的抢救、监护、治疗，设 ICU 一体化、创伤中心与急诊手术室，为急、危、重病人实行一站式无中转急救医疗服务。电气系统设计需要考虑提供应急电源，在停电时为关键的护理设备和监护提供电力。

用房组成

急诊更多情况充当非正常时间门诊的功能[1]。其用房组成和门诊部比较类似，不过为了诊疗、检查一体化，急诊除了诊疗区外还设置医技检查区。

规模较大的综合医院，急诊区都设有内科、外科、妇产科、五官科等各科室，并设有相应的治疗、注射、输液、抢救等配套房间[2]；规模较小的医院可仅设内科、外科诊室及相应的配套房间，其诊室无法满足患者诊治需要时，往往由值班医生带到门诊专科科室进行诊治。其医技检查可借用门诊的医技科室，尤其是 CT 等大型医疗设备。

急诊区主要用房功能表　　表 4-15

分区	房间名称	功能说明
诊疗区	急诊诊室	主要设置内科、外科、妇产科、五官科等诊室
	会诊室	可完成急诊区的教学、会诊使用
	护士站 / 患者候诊区 / 家属等候区	急诊入口门厅处，设置护士预诊区域或护士预诊室，使病人可以迅速预检
	治疗处置室	进行导尿、换药和拆线等操作
	挂号收费、药房	布置于急诊入口大厅
	洗胃室	与抢救大厅接近
	输液室	可与门诊输液合并
	注射 / 取血室	皮试、抽血、注射等操作
医技区	X 光 /CT/MRI	可与影像科共用，也可独立设置，与急救区共享
	急诊化验	临近公共卫生间，收取样本送临检
	B 超 / 心电图	根据医院规模选择配置
	功能检查	根据医院规模选择配置
	观察室	按医院总床位数 5% 设立，不计入总床位规模数量内

流线组织

急诊诊室应保证独立，不能相互穿行，避免干扰和交叉感染。诊室应靠近急诊区入口门厅，其候诊区不得阻隔急诊检查和急救通道。急诊病人病种复杂，门厅、预检分诊流线应避免交叉感染。护士站宜设置在中心区域，使护士对各区域情况有直接的视线控制。

为提高急诊部和其他医技各科室的联系，从而提高急诊部的医疗质量和效率，在条件许可下，宜设置物品传输系统。气动管道传递或电动轨道台车等系统，特别是与放射科、检验科等科室。

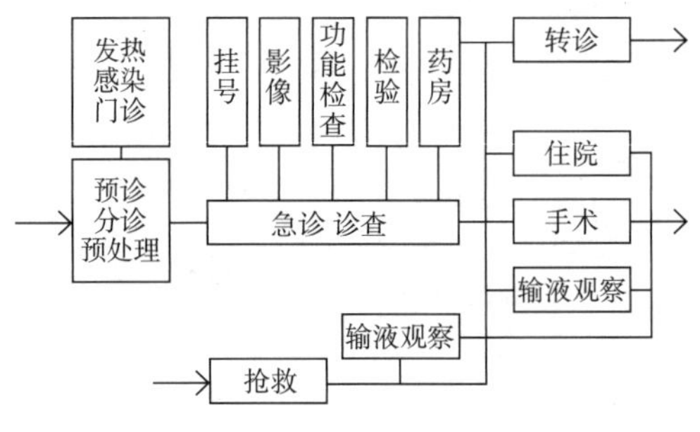

图 4-75　急诊区流线图

[1] 近年来由于城市生活节奏的加快，急性、突发性事故增多，工薪阶层职工白天无暇看病，下班后去医院看病，使各大医院的急诊人流迅速增长。

[2] 急诊是医院里的易感染科室，应采用独立的空调系统，建议使用 100% 新风，不使用循环风。诊室、抢救室采用高换气次数。急诊输液室和注射室可单独设置，也可和门诊合并设置。具体要求详见门诊部设计。

房间布置

1. 考虑到急诊病人陪同家属和担架、推床等设施，建议诊室面积比通用诊室略大，单人净面积不小于 $12m^2$，净高不小于 2.6m，宜设双人诊室。

2. 诊室门应设置非通视窗采光，窗户设置应保证自然采光和通风的需要。

3. 诊察床设置隔帘保护病人隐私。

4. 急诊室色调宜淡雅，忌用白色、红色或紫色，室内光线应充足，灯光照度宜增大，空调需考虑较一般正常提前或推迟，采用管网相应需考虑单独系统，与其他系统分开。

急诊区主要用房基本装备表　　表 4-16

房间名称	装备名称
诊室	诊查床、诊桌、医生座椅、病人圆凳、隔帘、观片灯、脚蹬
换药室	诊查床、药品器械柜、医生座椅、病人圆凳、操作台、换药车、器械托盘、污物桶、脚蹬
治疗处置室、注射室	药品柜、器械柜、操作台、治疗车、抢救车、脚蹬、冰箱、污物桶

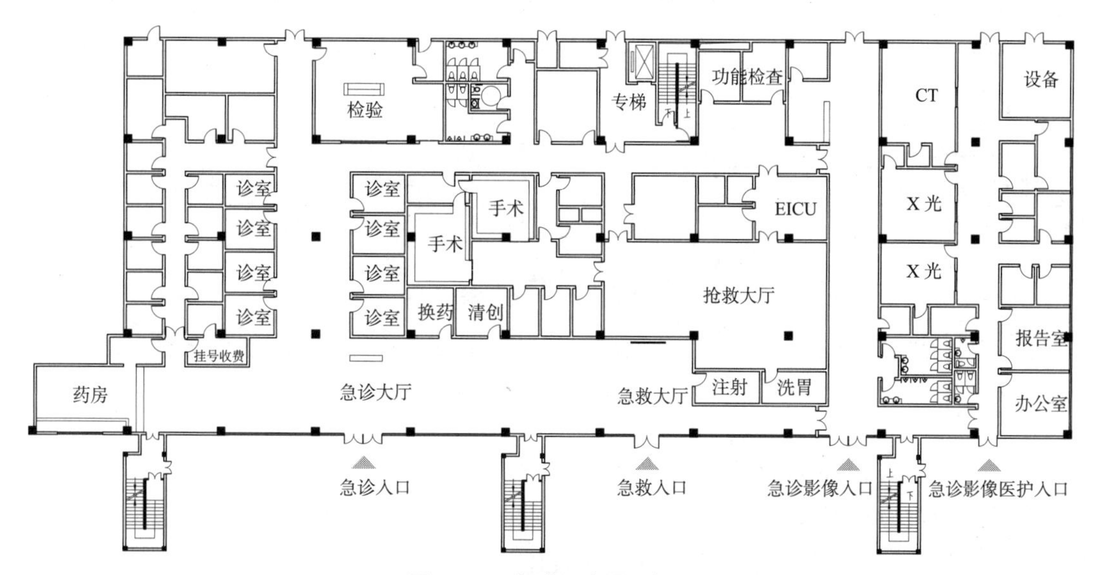

图 4-76　急诊区布置示例图

用房组成

急救区不分内科或外科，患者的病情不一，都是需要紧急救治的病人。根据流程大致可以分成抢救室、手术室、监护室三个功能单元。急救区设独立手术室，可以减少对中心手术室区的感染率及负担，但面对各种不同的病种，急救手术室无法处置时，抢救病人就转到中心手术部进行手术。

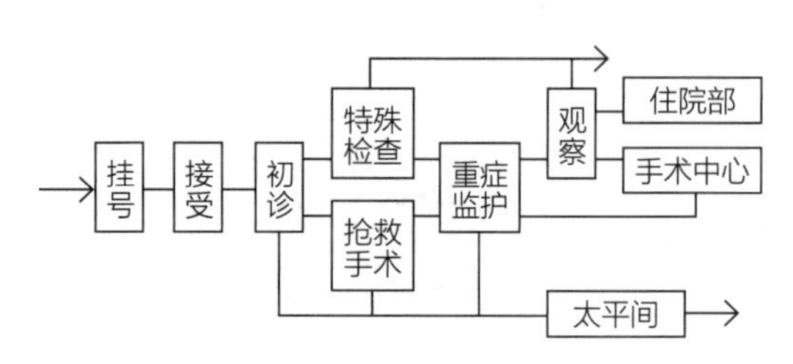

图 4-77　急诊区流程图

急诊区主要用房功能表　　表 4-17

房间名称	功能说明
抢救室	每床设氧气、真空吸引
器械准备	—
治疗处置室	可按需分设有菌、无菌两间
石膏室	—
清创室	外伤的清创、缝合、换药等处置
急诊手术室	半污染急救手术室，包括手术室、无菌用品储存、消毒刷手、更衣卫浴、设备库
EICU 监护室	根据医院规模，选择配置
救护车辆核生化清洗区	设在急诊门外，有化学、核辐射沾染的车辆进行喷洒消毒。根据医院规模，选择配置

流线组织

抢救室与手术室、EICU 之间必须设院内紧急救治无干扰绿色通道。

应能保证急救区病人转送到医院手术部的通道便捷或设置专用电梯。

抢救室应紧邻门厅，病人过多时可在门厅展开抢救。

房间布置

抢救监护室内平行排列的观察床净距不应小于 1.20m，有吊帘分隔者不应小于 1.40m，床沿与墙面的净距不应小于 1m。

EICU 病床中必须有隔离床，应设两间隔离室，隔离室也可以用作 CCU，以及严重病室、感染病室、防止感染病室、意识清醒患者病室等。

EICU 中的器材室应有足够的或者充分的面积，此外还应有专用化验室、电子仪器室、处置室、污物室、工作人员室、探视入口等。并按需要设电源、医疗用气体配管等。

医师值班室可以设在区外比较方便的位置。

抢救室宜为大空间，以便适应各种危重病人同时救治，其面积不应小于 30m^2。

抢救室的设备器械配置与手术室相同，设置悬挂式移动 X 线机、自动生理监护仪、悬吊式麻醉机和人工呼吸器、起搏器、除颤器等抢救设施。采用悬吊的目的是使地面没有过多的设备管线，以免忙乱中绊倒医护人员。抢救室的公共区域需要充分考虑推床的宽度 [1]，保证病床移动的安全便利。

[1]　净宽度需控制在 2.4m 以上。平车轮椅停放设计时可利用建筑结构，形成凹口，用于停放平车轮椅。

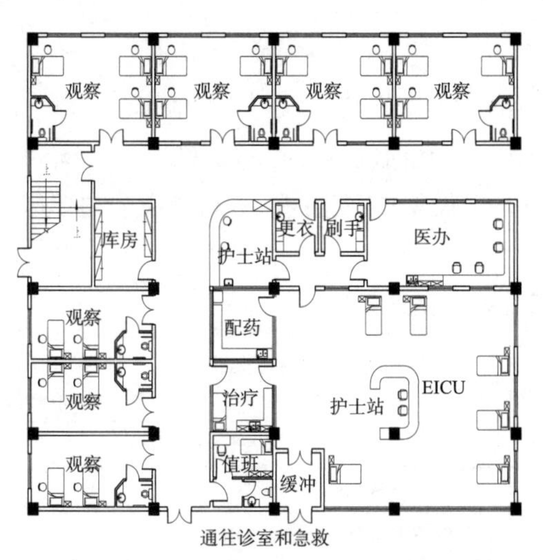

图 4-78　典型 EICU 平面示例图

床头均配备病床综合医疗带，内容包括：氧气吸引两气出口、双电源口、单弱电口、治疗灯、接地端子等。

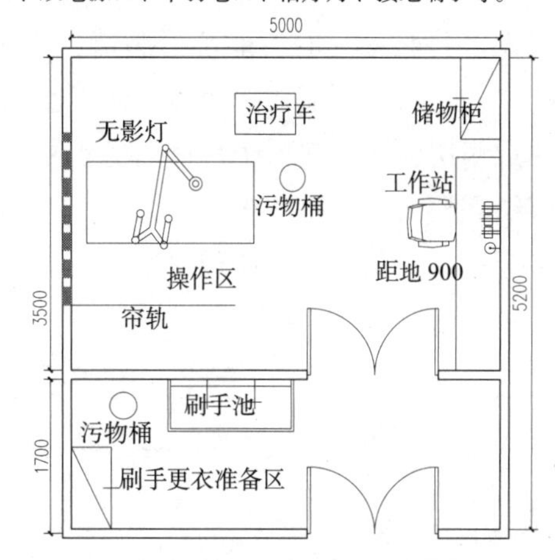

图 4-79　典型清创室平面示例图

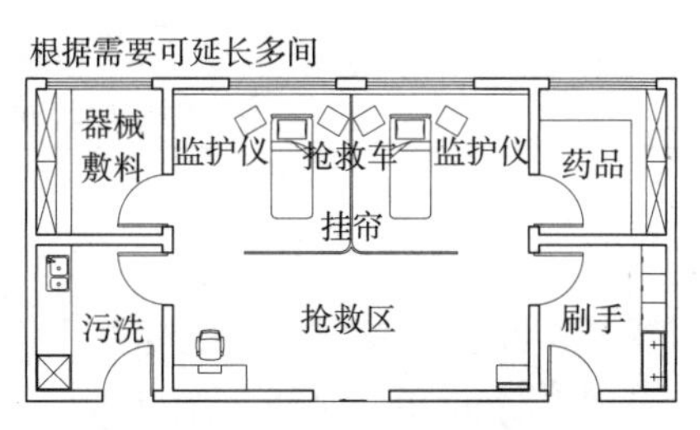

图 4-80　典型抢救室平面示例图

床头均配备病床综合医疗带，内容包括：氧气吸引两气出口、双电源口、单弱电口、呼叫对讲口、阅读灯、治疗灯、接地端子、可视对讲。距地 1500mm。

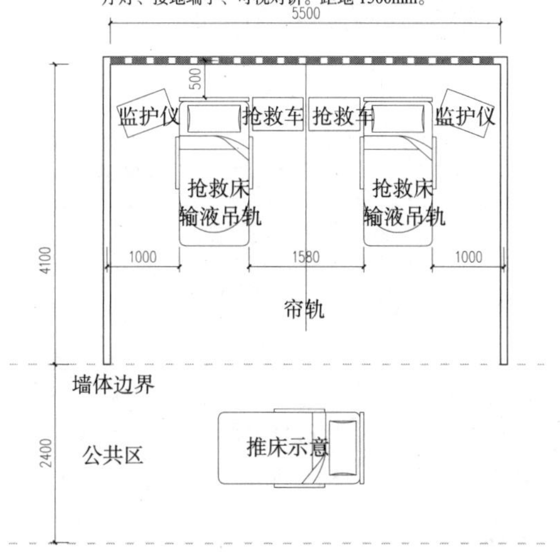

医用吊塔，配备氧气、正压、吸引三气出口、四个电源口、三个弱电口、接地端子等。

图 4-81　抢救室病床区局部示例图

用房组成

留观区是收容一时不能确诊病情，而需要观察的病人。有传染病嫌疑的病人，垂危而不宜移动的病人，以及不需住院而暂时还不能回家的病人，作短时间的治疗和观察[1]。

留观病房标准一般低于普通病房，多为 4 ~ 6 床，多设集中卫生间。另行需设隔离单床小间，以便容纳需隔离的或垂危病人。

治疗室是为急诊病人护理治疗之用，位置应靠近观察室或诊室。

留观区主要用房功能表 **表 4-18**

房间名称	功能说明
留观病房	一般为 4 床、6 床、单床
配液室	内可附设超净台，供配液使用
备餐间	准备病人餐食
治疗处置室	可用于综合治疗，如换药、消炎、包扎等
护士站	位置明显 到达各留观病房的服务半径短

流线组织

留观病房宜与抢救区同层布置。也可通过专用急救电梯联系上下层设置，保证病人运送便捷。留观病房可与 EICU 同层设置，形成急诊内相对独立的病人生活区。同时应保证洁污流线分开，有条件的情况下医患流线尽量分开。

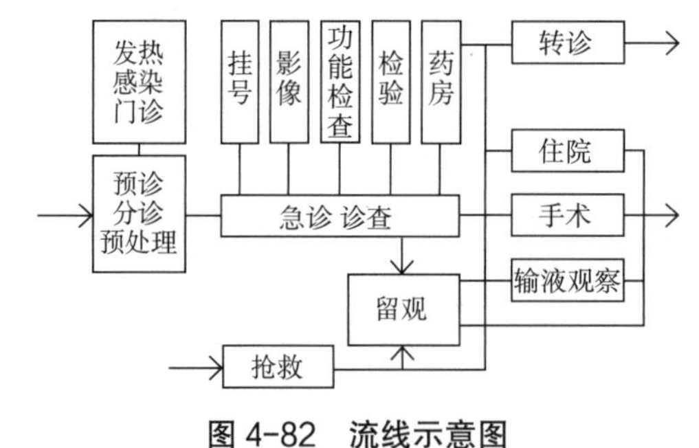

图 4-82　流线示意图

房间布置

留观病房设置与普通病房基本相似，但监护设施配套相对齐备。根据需要设隔离观察病房，应具备就地消毒设施。平行排列的观察床净距不应小于 1.2m，床沿与墙面的净距不应小于 1h。其他辅助用房参照示例进行布置。

[1] 卫生部规定：急诊观察床位数量按医院总床位数量的 5% 设立，不计在总床位规模数量内。急诊患者留观时间原则上不超过 72h。

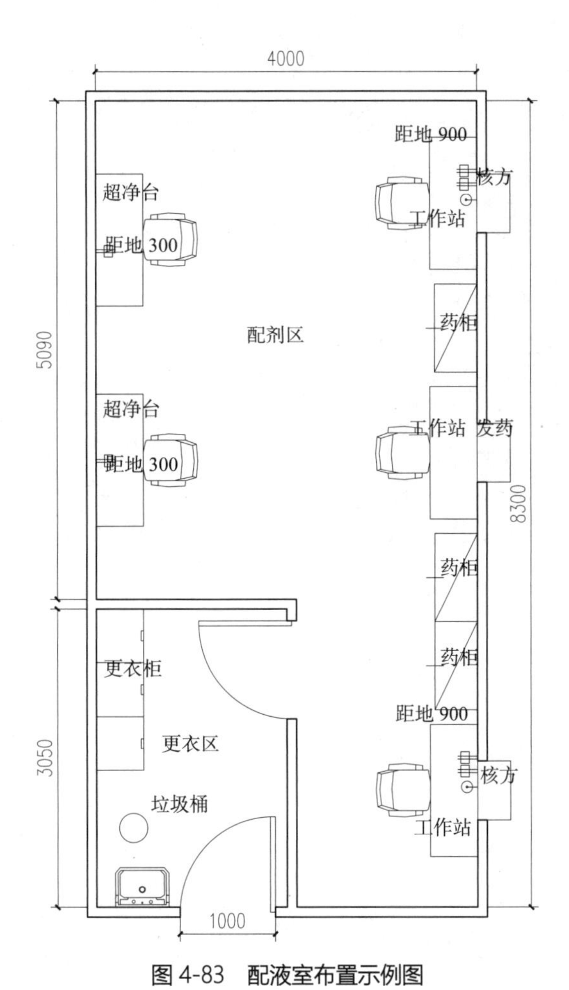

图 4-83 配液室布置示例图

配备病床综合设备带，内容包括：氧气吸引两气出口，双电源口，单弱电口，呼叫对讲口，治疗灯，接地端子。

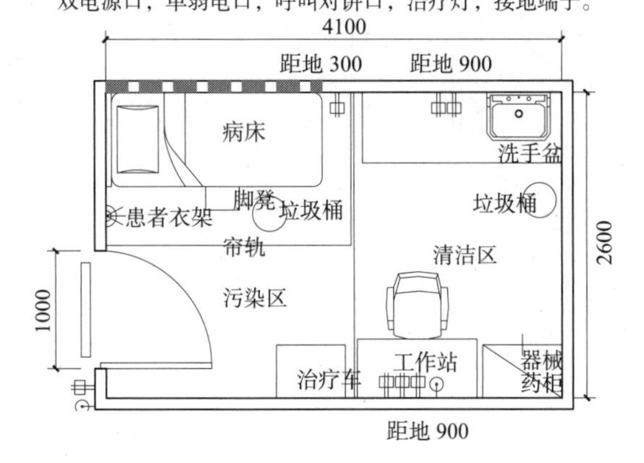

图 4-84 治疗处置室布置示例图

配备病床综合设备带，内容包括：氧气吸引两气出口，双电源口，单弱电口，呼叫对讲口，治疗灯，接地端子，距地 1.5m。

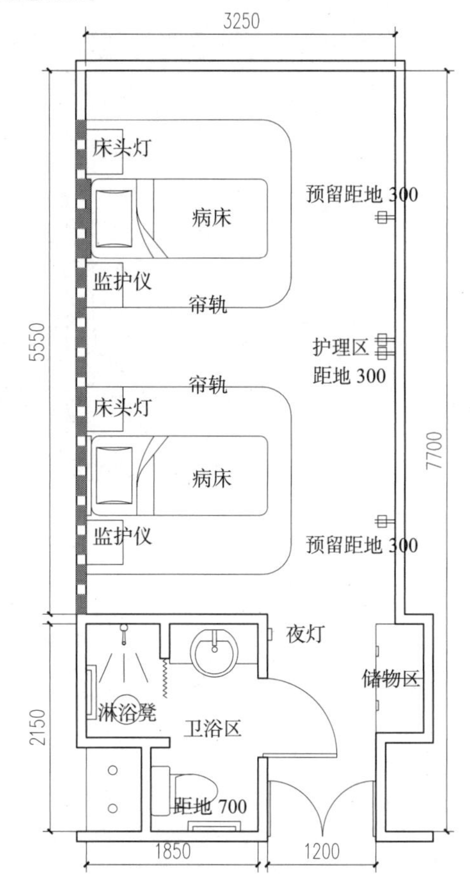

图 4-85 留观病房布置示例图一

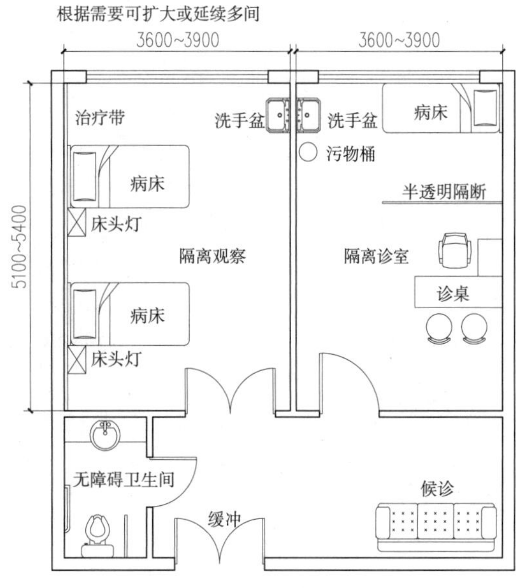

图 4-86 留观病房布置示例图二

功能构成

医技科室是指运用专门的诊疗技术和设备，协同临床科诊断和治疗疾病的医疗技术科室。

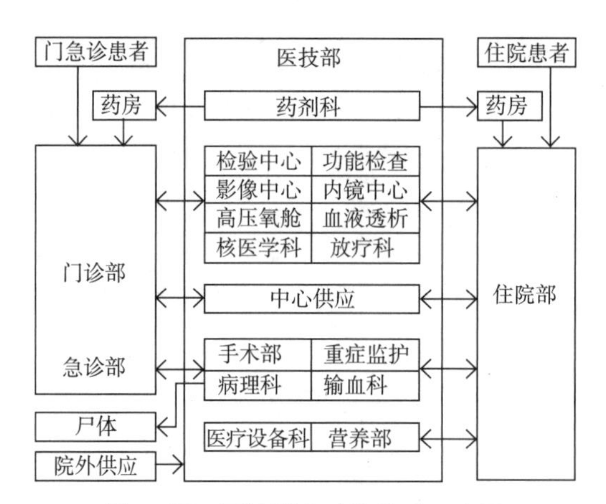

图 4-87 医技科室功能关系示意图

区位关系

医技部通常与门诊部及住院部均有便捷的联系，根据医院规模不同主要有以下几种布置模式。

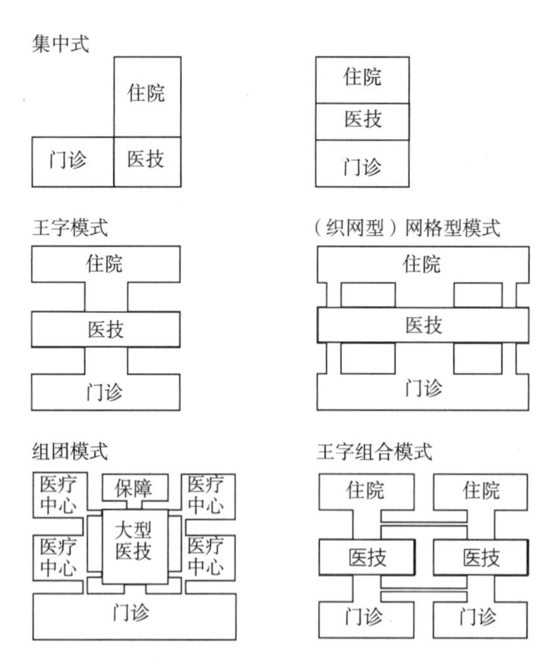

图 4-88 医技位置示意图

科室划分

医技科室按工作性质和任务，可分为以诊断为主的或以治疗为主的科室，还有以供应为主的科室。

[1] 医技科室建筑面积详见第二章工艺设计。

医技科室列表　　表 4-19

科室名称	主要功能
药剂科	包括药库、药房、制剂、静脉配置中心，向临床提供药品
检验科	检验病人血液、体液
血库 / 输血科	储存血液及为输血病人配血
放射科（影像科）	利用普通 X 射线拍片机、计算机 X 射线摄影系统（CR）、直接数字化 X 线摄影系统（DR）等为病人进行医学影像分析
功能检查	各项超声检查、经颅多普勒检查、心电图、综合心电、骨密度、肌电图、脑电图、心肺功能等
内窥镜	利用内窥镜伸入人体器官内部对其内部腔体进行检查及治疗
手术部	为病人提供手术及抢救
病理科	主要任务是在医疗过程中承担病理诊断工作，包括通过活体组织检查、脱落和细针穿刺细胞学检查以及尸体剖检，为临床提供明确的病理诊断，确定疾病的性质，查明死亡原因
中心供应室	是医院内各种无菌物品的供应单位，它担负着医疗器材的清洗、包装、消毒和供应工作
重症监护（ICU）	运用各种先进医疗技术、现代化的监护和抢救设备，对各类危重病患者实施集中的加强治疗和护理
核医学（含 ECT）	是采用核技术来诊断、治疗和研究疾病的一门新兴学科
放疗科	利用直线加速器、钴 60 治疗机等产生放射线杀伤癌细胞，对肿瘤实施治疗
高压氧舱	用于各种缺氧症的治疗
血液透析室	是急慢性肾功能衰竭患者肾脏替代治疗方式之一。血液透析的设备包括血液透析机、水处理及透析器
营养部	对住院病人进行营养评价及进行营养治疗
医疗设备科	负责全院医疗器械设备档案的立卷建档工作

设计要点

1. 医技部与病房、门诊的联系紧密，位置应位于门诊、病房的当中，便于二者的共享。

2. 在布局上应考虑方便门（急）诊、住院患者。

3. 医技部宜采用尽端布置方式，各科室自成一区，医患分区分流、洁污分流。

4. 医技科室技术发展更新较快，在设计上宜考虑布局更新的灵活性及适当预留发展空间。

5. 医技科室对室内环境（温湿度、通风空调、射线防护、电磁波屏蔽等）有不同要求，大型医疗设备对室内净高、楼地面荷载、接地、配电、安装运输等还有不同要求。

6. 医技科室对消防设计、事故应急等方面有特殊的要求。

7. 手术室或手术部、产房、重症监护室、贵重精密医疗装备用房、储藏间、实验室、胶片室等，应采用耐火极限不低于 2.00h 的防火隔墙和 1.00h 的楼板与其他场所或部位分隔，墙上必须设置的门、窗应采用乙级防火门、窗。

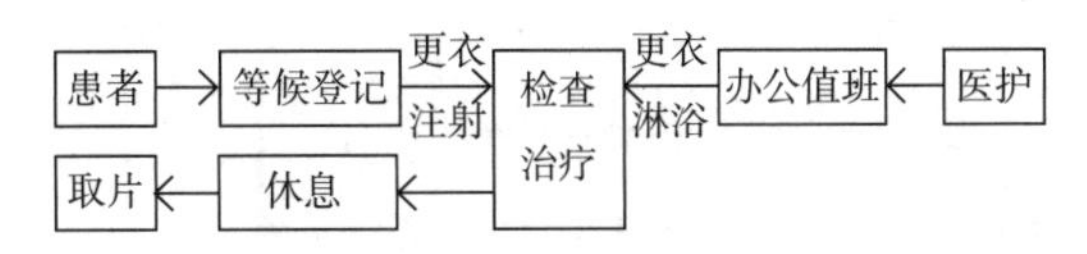

图 4-89　医技检查流程示意图

流线组织

药剂科是集药剂的管理、技术、经营、服务等于一体的综合性科室。

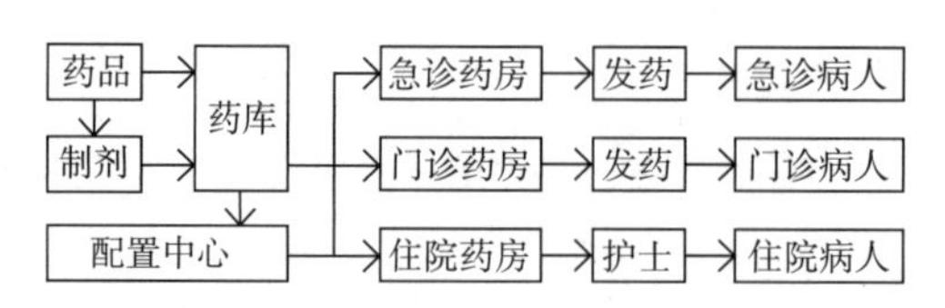

图 4-90　药剂科功能关系示意图

用房组成

药剂科一般包括门诊药房、急诊药房、住院药房、药库 [1]、静脉配置中心及制剂等。

药剂科用房组成表　表 4-20

门诊药房	中药房：摆药区、核对区、发药区 西药房：摆药区、核对区、发药区 附属用房：办公、检查、值班
急诊药房	摆药区、核对区、发药区
住院药房	摆药区、核对区、发药区、办公、检查、值班
药库	西药库：口服制剂区、注射制剂区、外用药制剂区 中药库：中成药区、中药饮片区 特殊管理品库（毒、麻、精神药品库）：一类精神药品库、二类精神药品专柜、医疗用毒性药品专柜
静脉配置中心	中转、排药、审校、肿瘤药物配置、普通药物配置、核对、发药
制剂	西药制剂、中药制剂

基本模式

门诊药房——是医院药剂科的重要组成部分之一，负有监督和指导医生和门诊病人安全、有效、合理地使用药品的责任。门诊药房不仅担负着门诊药品的请领、调配、发放、保管及药物咨询服务，并且随着药学科学技术特别是各类边缘学科逐渐向药学领域渗透。

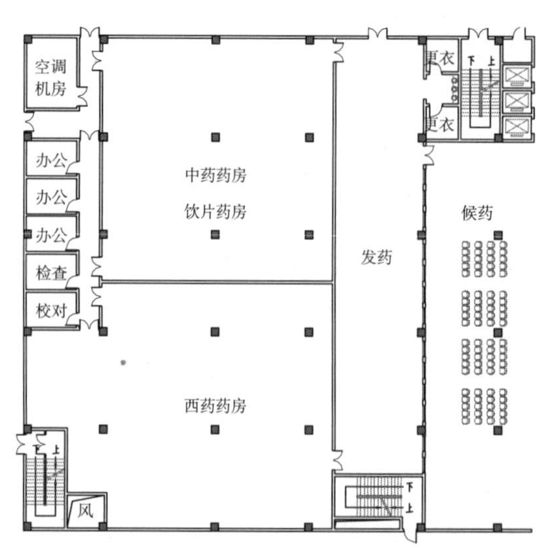

图 4-91　某医院门诊药房示例图

[1]　药库空调设置要求详见有关章节。

门诊药房一般设置在门诊门厅内，分为中西药房两部分，主要用房包括摆药区、核对区、发药区及附属值班用房等。门诊药房的发药区应充分考虑门诊病人的等候空间。

急诊药房——负责医院急诊处方及科室领单等的调配发放工作，保障急诊用药。监督和指导急诊医生对药品的合理应用和急诊病人对药品的正确使用，保证病人用药安全。

急诊药房一般设置在急诊门厅内，主要用房包括摆药区、核对区、发药区及附属值班用房等。设计条件允许时也可以与门诊药房合并设置，减少人员配置。

住院药房——一般设置于住院部门厅附近，主要用房包括摆药区、核对区、发药区及附属值班用房等。住院药房工作流程一般为医生在电脑上开处方——药房看电脑配药——药房将药品送到护士站。药品一般由护士直接送至各护士站，病人不直接在住院药房领取药品。

药库——是医院药品主要储备场所和供应基地，药库一般划分为三个子库，分别为西药库、中药库、特殊管理品库（毒、麻、精神药品库），同时设立验货区、退货区等。西药库分口服制剂区、注射制剂区、外用药制剂区；中药库分中成药区、中药饮片区；特殊管理药品库设麻醉、一类精神药品库、二类精神药品专柜、医疗用毒性药品专柜。在药库保管条件上，按药品存放要求设有常温库、阴凉库、冷藏库。

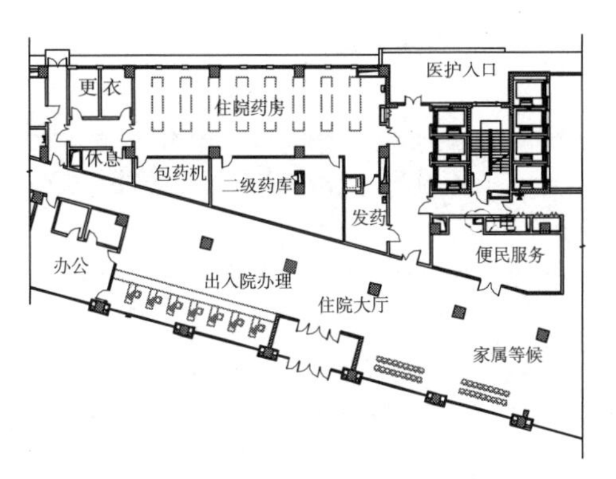

图 4-92　某医院住院药房示例图

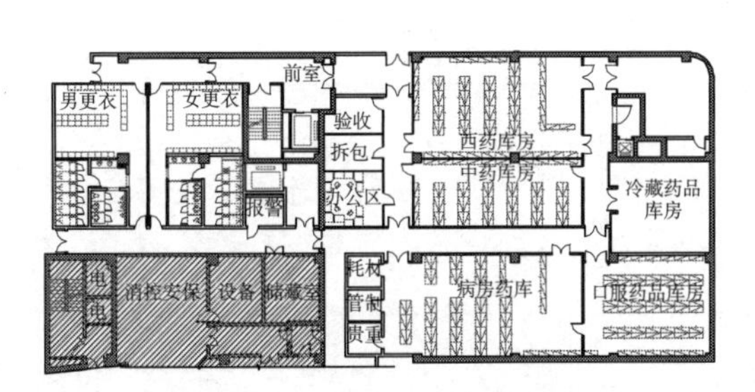

图 4-93　某医院药库示例图

静脉药物配置中心[1]——将原来分散在病区治疗室开放环境下进行配置的静脉用药，集中由专职的技术人员在万级洁净、密闭环境下，局部百级洁净的操作台上进行配置。

一是改变了各种临床静脉输液加药混合配制的传统做法，过去这一做法由护士在病区内操作，由于病房环境条件有限，输液质量易受影响、病人安全用药难以保证；

二是避免了过去化疗药物因开放性加药配制对病区环境的污染和对医务人员的损害；

三是加强了对医师医嘱或处方用药合理性的药学审核，发挥了药师的专长与作用；

四是有利于合理用药，提高药物治疗水平，降低治疗费用；

[1]　静脉药物配置中心一般由专业净化厂家设计施工。

五是明确了药师与护理人员的专业分工与合作，把护士从日常繁杂的输液工作中解脱出来，护士有更多的时间用于临床 护理，提高护理质量。

静脉药物配置中心一般由抗肿瘤化疗药物配置间、静脉营养液配置间、排药间、电脑收方与审方区、成品核对包区、药品周转库、隔离衣洗衣间、办公室、普通更衣间等组成。人流与物流分开，办公区与控制区、洁净区、辅助区分开。

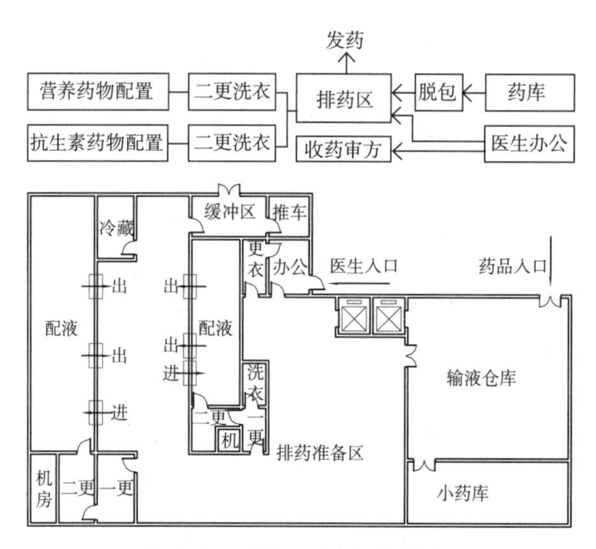

图 4-94　配置中心关系示意图

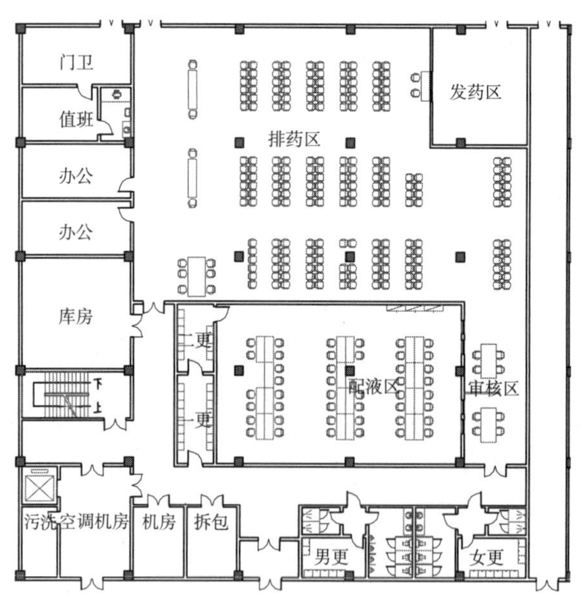

图 4-95　某医院配置中心平面示例图

房间布置

静脉用药调配中心（室）洁净区应设有温度、湿度、气压等监测设备和通风换气设施，保持静脉用药调配室温度 20 ~ 25℃，相对湿度 70% 以下，保持一定量新风的送入。

静脉用药调配中心（室）洁净区的洁净标准应符合国家相关规定，经有关检测部门检测合格后方可投入使用。各功能室的洁净级别要求：

1. 一次更衣室、洗衣洁具间为十万级；
2. 二次更衣室、加药混合调配操作间为万级；

3. 层流操作台为百级。

其他功能室应作为控制区域加强管理，禁止非本室人员进出。洁净区应持续送入新风，并维持正压差；抗生素类、危害药物静脉用药调配的洁净区和二次更衣室之间应呈 5 ~ 10Pa 负压差。

静脉用药调配中心（室）应根据药物性质分别建立不同的送、排（回）风系统。排风口应处于采风口下风方向，其距离不得小于 3m 或者设置于建筑物的不同侧面。

静脉用药调配中心（室）应有相应的仪器和设备，应配置百级生物安全柜，供抗生素类和危害药物调配使用；配置百级水平层流洁净台，供肠道外营养液和普通输液静脉用药调配使用。

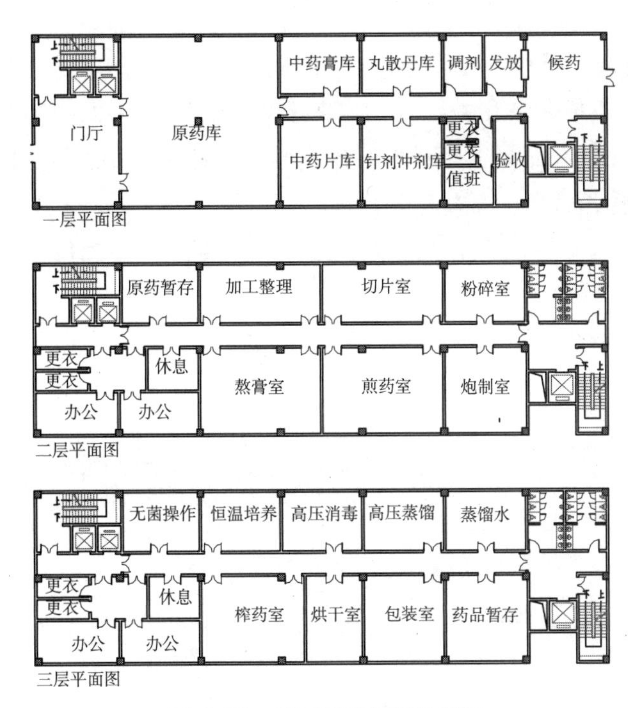

图 4-96　某医院制剂楼示例图

中药制剂用房名称表　　表 4-21

房间名称	主要功能
整理加工间	加工方式多为水制、火制、水火共制，目的是清除杂质，调整药性，降低毒性，利于存储。水制法分洗、漂、泡、渍等；火制法分煅、炮、煨、焙等；水火共制法分蒸、煮、淬等
切片粉碎	将经加工整理后的原药，进行切片粉碎，一般医院切片粉碎可在一起，规模较大的原药可以分室
熬膏、合剂	熬膏、制作合剂，都是将药料放入锅中加水煎煮，取液过滤，再加温浓缩，应有机械排风装置
炒、炮室	对药材进行炒、炮、灸等加工处理，注意排烟降温
片、丸室	中药片剂是将中草药加工提取，加入适当辅料成片，制丸是将药粉粘合成丸
灌装间	包装或灌装制成中药制品
原药库	药材库房，要防潮、防虫、防鼠

流线组织

手术部一般位于医院内门诊与住院部之间的位置，根据医院的规模不同可将门诊手术、日间手术与住院手术设在一处，也可以分设在各自相邻区域，独立使用。除中心手术以外，还有各个不同部门的专用手术室，如眼科、妇产科、门诊综合手术、急诊手术等，可设在各自的部门区域里。

手术部规模以手术室数量确定，与医院总床位数相关。其中综合医院每 50 ~ 60 床一间，外科病房每 25 ~ 30 床一间。手术室的净化级别根据医院的手术类型确定，一般针对不同的手术设置专门的手术室。

手术部不宜设于首层。设在顶层时应对屋盖的隔热、保温、防水等采取严格措施。

手术部位置设置应方便联系相关部门，与急诊部、住院病房以及中心供应室、输血科、病理科和重症监护室（ICU）在布局上相互靠近布置。手术室与中心供应宜上下垂直布置，保证手术器械的消毒与敷料的供应。

手术后病人多需进入重症监护室（ICU）监护，手术部与重症监护室（ICU）宜平层布置，保证病人可方便到达。

病理科、输血科当条件不允许时可与手术部分开设置，二者之间的联系可以通过物流传输等解决。

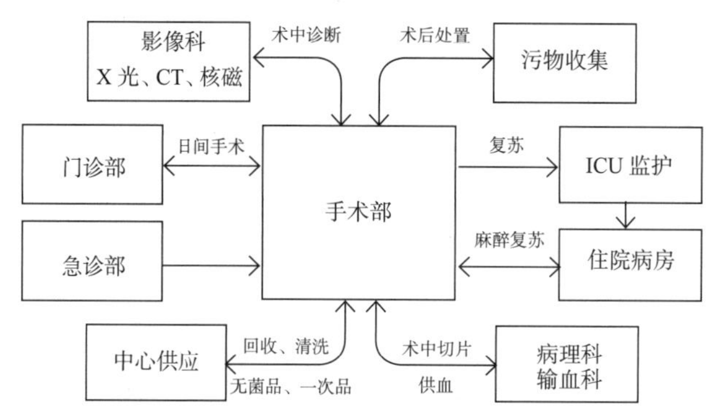

图 4-97　外部流程示意图

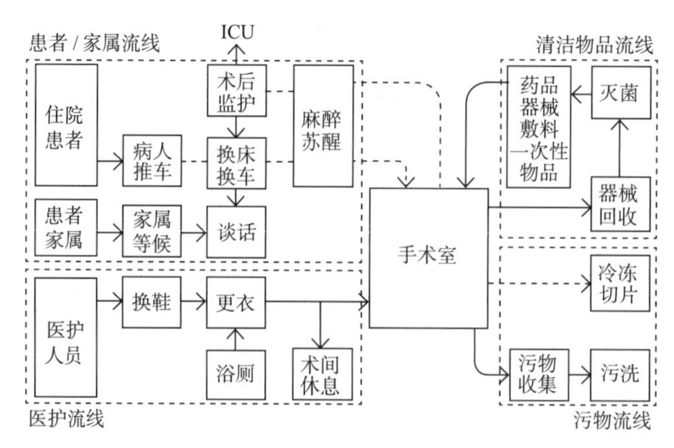

图 4-98　内部流程示意图

[1] 手术室设置数量及手术室的净化等级确定参见第二章。

洁净手术部手术室净化设备布置于手术室正上方，因此洁净手术室上部应考虑设置净化设备层，设备层的层高宜大于 3.0m，便于净化设备的布置及检修。

手术部宜整层布置，条件不允许时可上下两层布置。也可以将麻醉科单独设置在手术室的上下一层。

手术室或手术部、产房、重症监护室、贵重精密医疗装备用房、储藏间、实验室、胶片室等，应采用耐火极限不低于 2.00h 的防火隔墙和 1.00h 的楼板与其他场所或部位分隔，墙上必须设置的门、窗应采用乙级防火门、窗。

用房组成

根据内部流程关系，手术部主要分为三大区，患者准备区、手术区及医护辅助区。三大区的主要房间[1]组成见表 4-22。

房间功能组成表 **表 4-22**

区域	名称作用
患者准备区	家属休息 谈话 换床
医护辅助区	麻醉科 卫生通过 值班、护办、医办、主任 清洗打包
手术区	各级手术室 器械、药品、无菌物品、敷料 麻醉、苏醒 应急消毒

基本模式

手术部平面布局确定方式有多种，主要基于对洁污区域管理和控制的方式不同来分类，通过对人流，物流进出手术室的洁污划分方式来确定医疗流程。

根据洁污区域管理划分洁污共区与洁污分区，洁污共区主要包括单走廊式，洁污分区分为清洁供应区式和污物回收廊式。

单走廊式主要应用于小型手术部，门诊手术室等。

清洁供应区式清洁供应单设通道，其他共用通道，污物回收廊式污物回收单设通道，其他共用通道。

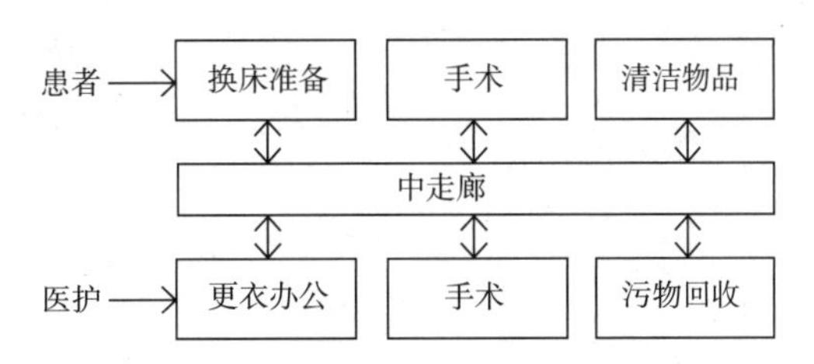

图 4-99 单廊式手术室流程示意图

[1] 手术室或手术部、产房、重症监护室、贵重精密医疗装备用房发生火灾时不能马上撤离，因此，需要加强对这些房间的防火分隔，以减小火灾危害。采用耐火极限不低于 2.00h 的防火隔墙和 1.00h 的楼板与其他场所或部位分隔，墙上必须设置的门、窗应采用乙级防火门、窗。

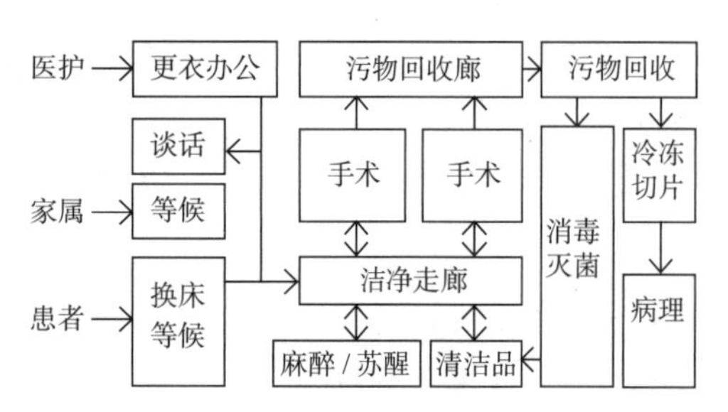

图 4-100　污物回收廊式手术室流程示意图

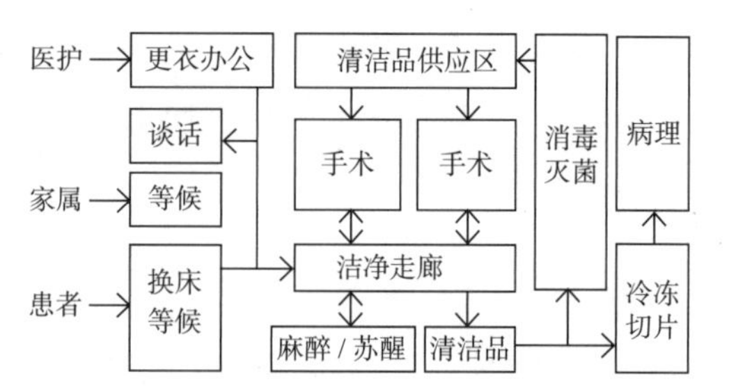

图 4-101　清洁供应区式手术室流程示意图

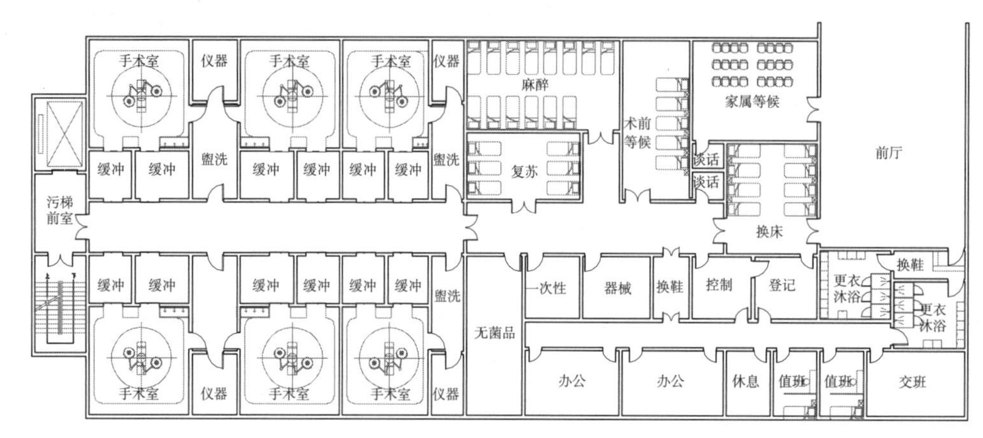

图 4-102　单廊式手术室示例图

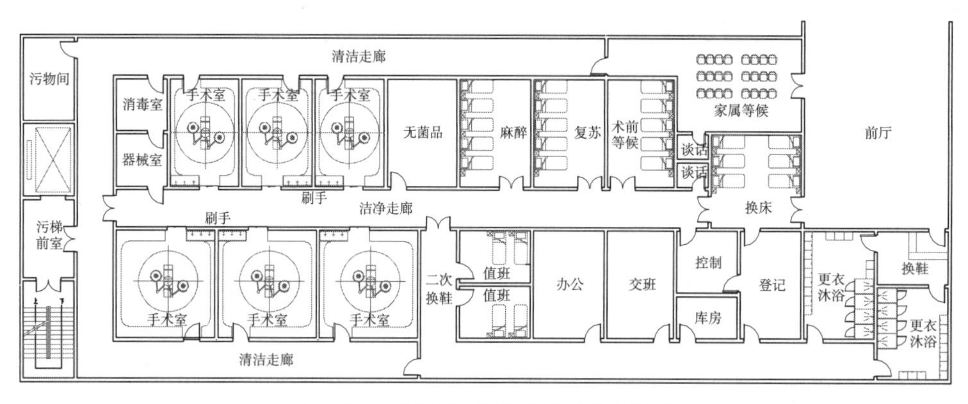

图 4-103　污物回收廊式手术室示例图

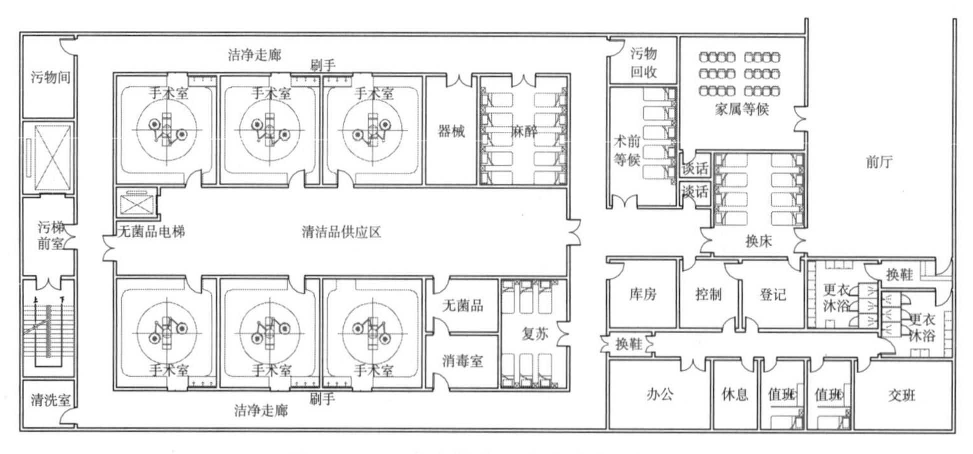

图 4-104　清洁供应区式手术室示例图

房间布置

1. 根据手术类型确定手术室规格及内部设施的数量。

2. 满足空气净化、清洁要求，室内手术间应采用光洁材料 [1]，应采用八角形式圆角型墙面，考虑减少细菌滋生的环境。

3. 特殊手术室需考虑防护屏蔽及设备进出口方式。

4. 刷手池数量为每间手术室两个，应采用嵌墙式或独立式。

5. 刷手池开关与手术室门开关均应为感应式或肘触式，门净宽不宜小于 1.4m。

6. 手术示教系统（教学医院）的摄像头位置应满足观察手术室全景与手术操作过程，一般在房间天花板角部、无影灯上各安放一个。

7. 除移动式设备外，手术室配套的观片灯、器械柜、写字板、显示屏等均应采用平面嵌墙式，避免在房间内有突出物。

8. 洁净手术部房间分为 Ⅰ 、Ⅱ 、Ⅲ 、Ⅳ级，并以空气洁净度级别作为必要的保障条件。

9. 手术室根据手术程序不同，有以下几种组合房间形式。

（1）单间（组合刷手池）

（2）组合配套仪器库

（3）带准备间手术室

（4）特殊手术室（术中 CT 或核磁）

手术室规格表 **表 4-23**

手术室	长 × 宽 × 高（m）
特大手术室	8.00 × 7.00 × 3.00
大手术室	7.20 × 6.30 × 3.00
中手术室	6.60 × 5.70 × 3.00
小手术室	6.00 × 5.00 × 3.00

注 1. 以上手术室尺寸均为标准尺寸，根据手术类别及需要选择相应的手术室；

2. 手术室空调风向方式为三中：垂直层流式、水平层流式、紊流式，均需在吊顶及侧墙内安装空调管道及送、排风口。

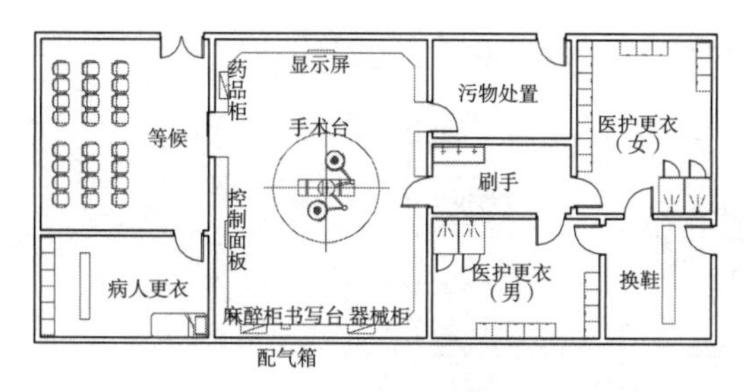

图 4-105 门诊手术室布置示意图

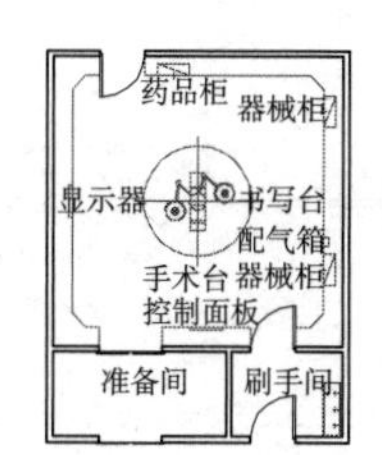

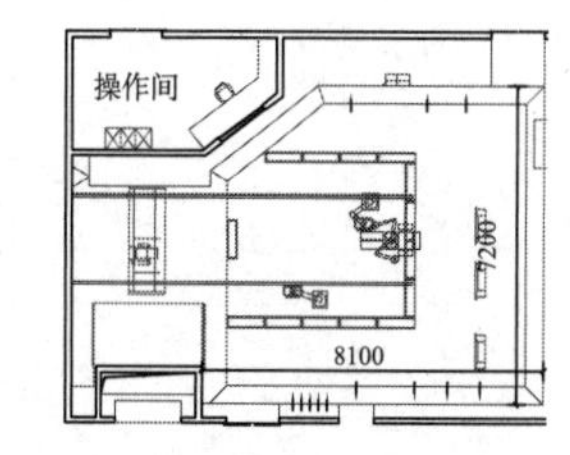

图 4-106 带前室、CT 手术室布置示意图

[1] 手术室顶棚材料应利于清洗，耐腐蚀，无缝或密缝，板面与各种设备的接缝要密合固定；通常使用瓷砖、金属嵌板或仿瓷涂料。墙面材料要易于清洗、耐腐蚀、抗撞击，阴角作斜边 1000mm 的 45° 倒角；地面要求坚固平整，无缝耐腐蚀，易于清洁，宜为现浇水磨石地面；塑料地板 / 橡胶地板、导电地板。

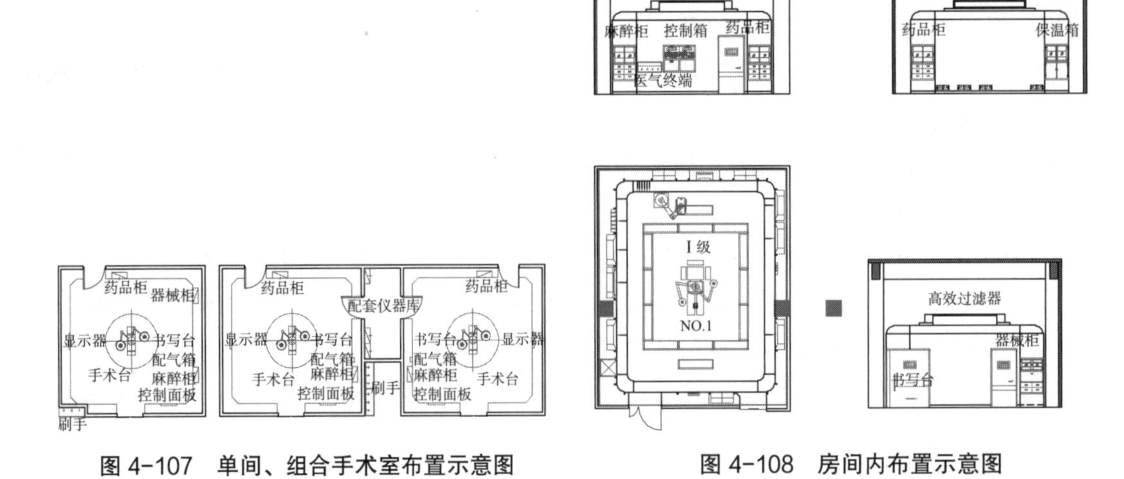

图 4-107　单间、组合手术室布置示意图

图 4-108　房间内布置示意图

1. 手术室卫生通过主要包括换鞋、更衣、淋浴、卫生等内容。
2. 卫生通过可考虑手术医护人员术前和术后分开布置，保证手术医护人员的洁净。
3. 手术室卫生通过更衣箱的数量应根据手术室内医护人员数量确定。

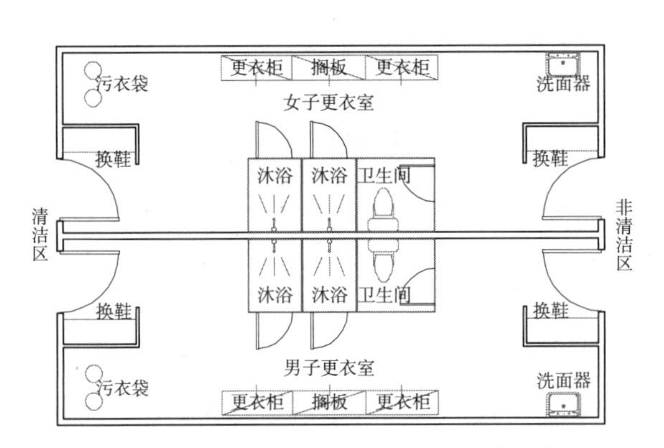

图 4-109　一般卫生通过布置示意图

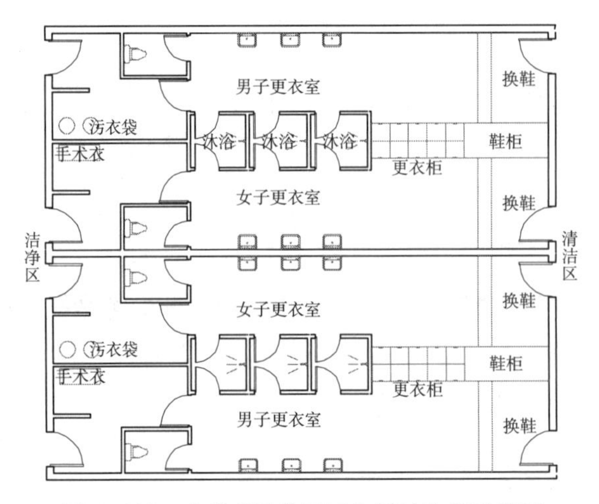

图 4-110　术前术后分开卫生通过布置示意图

流线组织

放射科需要承担门诊、急诊、住院、保健、体检等各部门的放射检查和放射诊疗工作。

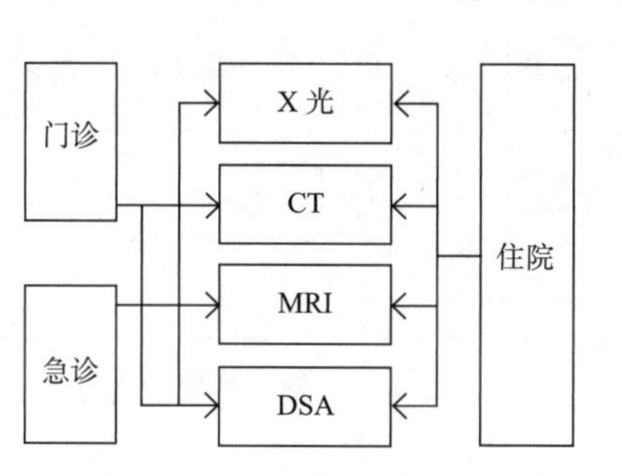

图4-111　放射科关系示意图

用房组成

放射科是医院重要的辅助检查科室，主要包括：普通X线拍片机、计算机X线摄影系统(CR)、直接数字化X线摄影系统（DR)、计算机断层扫描（CT)、胃肠造影、磁共振成像仪（MRI)、数字减影血管造影（DSA）等设备[2]。

基本模式

放射科布局方式根据规模不同一般分为三类：

1. 单廊式——病人和医生共用一条走廊，适用于小规模影像科。

2. 双廊式——病人和医生分设不同通道进入放射诊断室。

3. 多廊式——病人和医生分设不同通道，按照设备类型分设不同区域，适用于大规模影像中心。

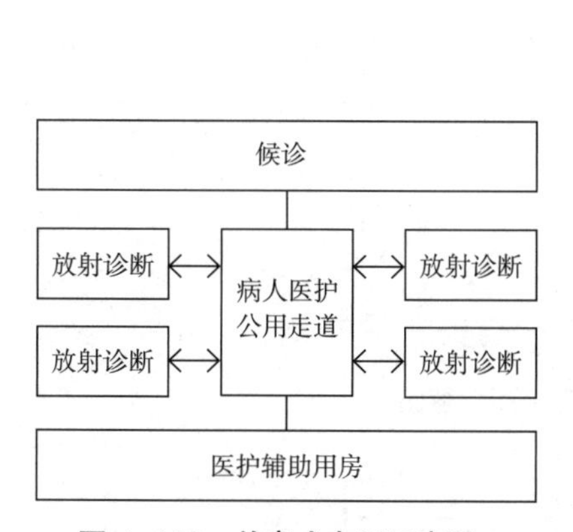

图4-112　单廊式布局示意图

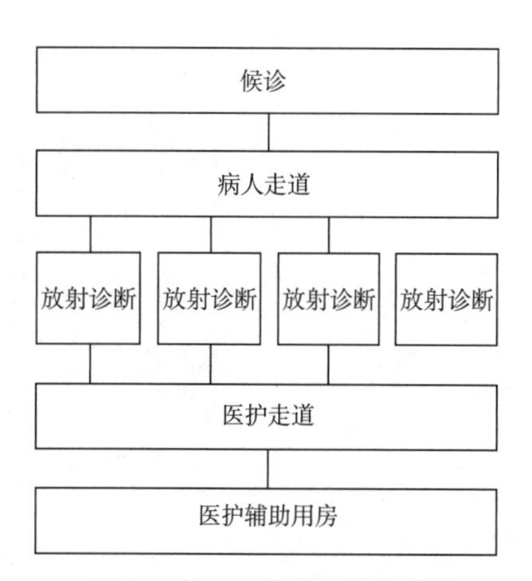

图4-113　双廊式布局示意图

[1]　放射防护应由专业单位进行专项设计及评审。

[2]　X线机虽有各种自屏蔽措施，但散射影响仍需考虑，X线机房四壁和楼板、顶棚应做防护处理，满足相应材质的防护厚度要求。如X线摄像机有效线束所向的墙壁或楼面应有2mm厚铅当量的防护厚度，若用容重1600kg/m^{3}的砖墙厚度为240mm，其他墙壁门窗、顶棚应有1mm厚的铅当量的防护厚度。若用容重2300kg/m^{3}的混凝土楼板其厚度为100mm。另外，由于X射线照射剂量与该物体距放射源距离的平方成反比，机房面积大小对防护影响很大。因此，200mA以下的机房面积不应小于6000m×4000mm，200mA以上的机房不应小于6000mm×6000mm，层高不低于3.6m。

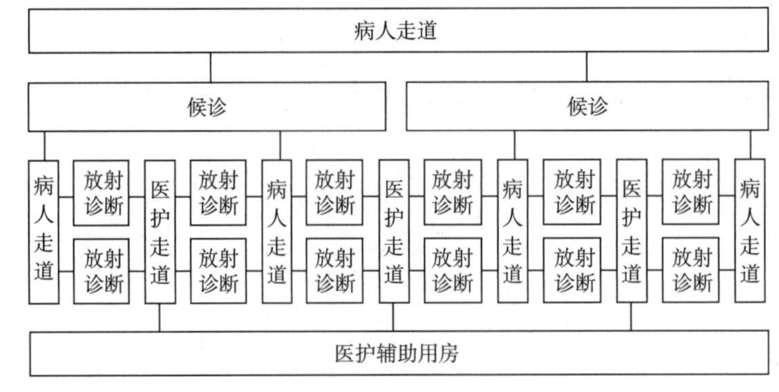

图 4-114　多廊式布局示意图

房间布置

X 光设备包括普通 X 线拍片机、计算机 X 线摄影系统(CR)、直接数字化 X 线摄影系统(DR)等。

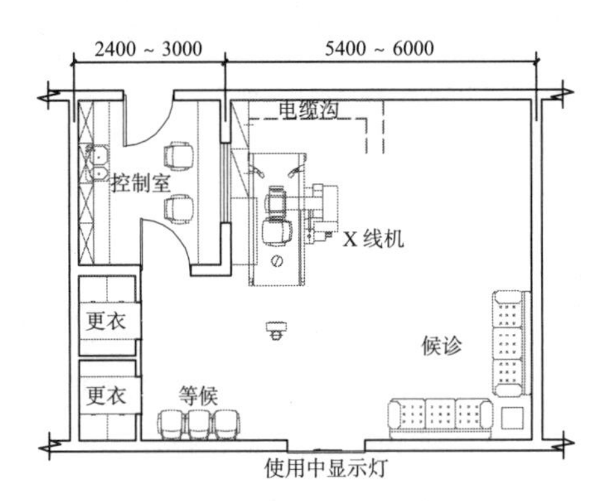

图 4-115　X 光室平面示意图

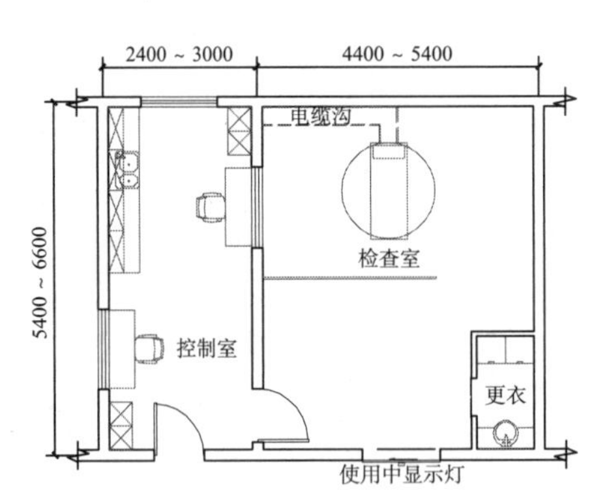

图 4-116　钼靶室平面示意图

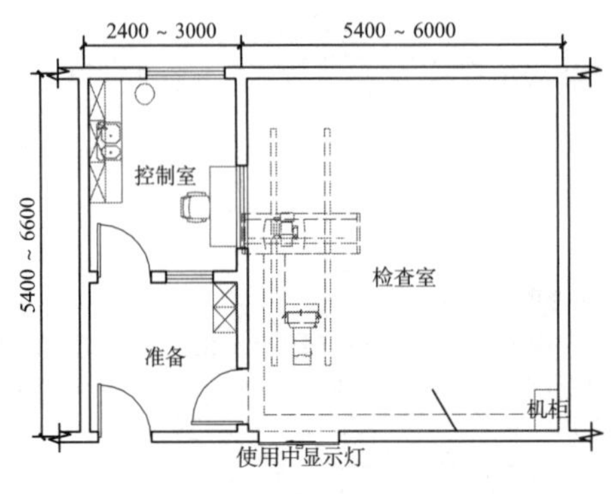

图 4-117　DR 室平面示意图

CT（电子计算机X射线断层扫描技术）

1.CT设备[1]需专线供电，电缆沟尺寸通常（宽 × 深）0.2m × 0.15m；设置设备专用PE线（保护接地线），接地电阻小于2Ω，且必须采用与供电电缆等截面的多股铜芯线；

2. 房间应避免震动，振动会影响CT的图像质量；

3. 扫描室[2]需设X射线警示标志及设备使用中警示灯；应确保安装场地满足电气设备的正常工作环境。应保证放射科设备的电压稳定与电量充裕。

4. 房间尺寸要求

表4-24

房间名称	尺寸
扫描间推荐净尺寸（长 × 宽 × 高）	6.0m × 5.0m × 2.8m
病人及设备出入门推荐净尺寸（宽 × 高）	1.3m × 2.1m
与设备出入相临走廊的推荐宽度	2.5m
观察窗参考尺寸（宽 × 高）	1.5m × 0.9m
窗底边距地面	0.8m
操作间推荐净尺寸（长 × 宽 × 高）	3.0m × 4.5m × 2.8m
操作间门推荐净尺寸（宽 × 高）	1.0m × 2.0m
操作间推荐净尺寸（长 × 宽 × 高）	3.0m × 2.2m × 2.8m

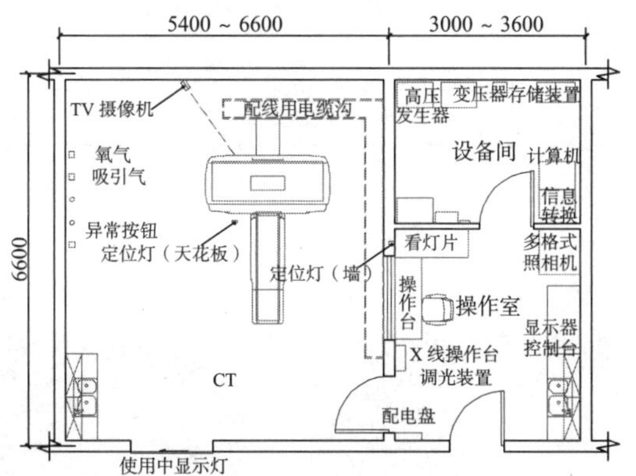

图4-118　CT室房间布置示意图

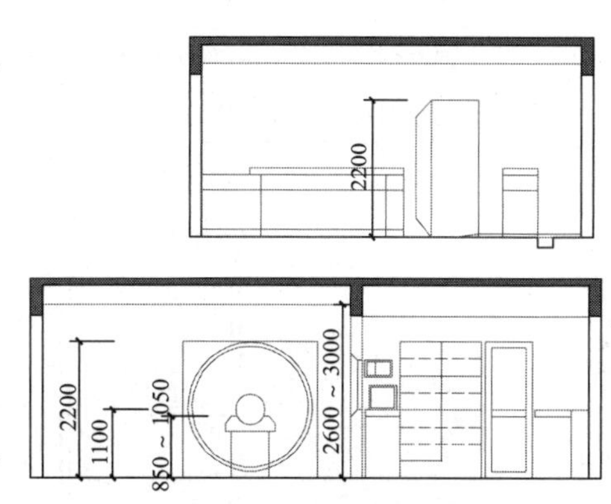

图4-119　CT室典型剖面示意图

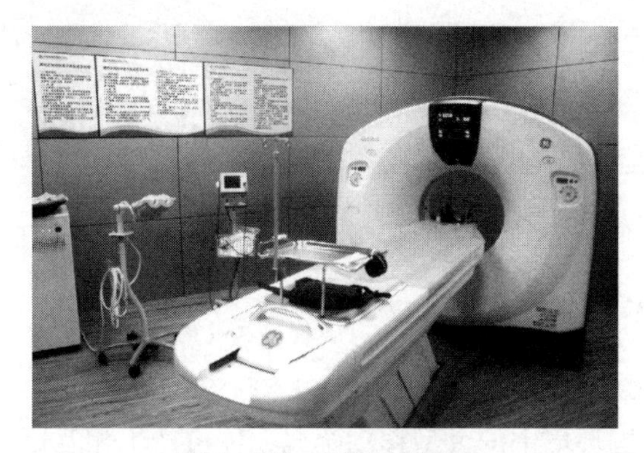

图4-120　CT室实景图

[1] 设备重量约为2t。

[2] 辐射防护必须咨询当地防疫部门并遵从相关法规。

DSA（数字减影血管造影）

1. 与急诊部、手术部、CCU 应有便捷联系，洁净区、非洁净区应分开设置。

2. 必须配备的用房：DSA 机房、控制室、设备间；洗手准备、无菌物品、治疗；更衣、厕所。根据需要配备的用房：办公、会诊、值班、护士站、资料室等。

3. 扫描间和操作间必须处于静磁场 1 高斯线以外的地方；设备间必须处于静磁场 3 高斯线以外的地方；不要将设备布局于变压器、大容量配电房、高压线、大功率电机等附近，以避免产生的强交流磁场影响设备的工作性能。

4. 扫描间安装 X 射线警示标志及设备使用中警示灯。

5. 房间尺寸要求：

表 4-25

房间名称	尺寸
扫描间推荐净尺寸（长 × 宽 × 高）	7.5m × 6.0m × 3.2m
病人及设备出入门最小净尺寸（宽 × 高）	1.2m × 2.1m
与设备出入相临的最小走廊宽度	2.5m
观察铅玻璃窗推荐尺寸（宽 × 高）	1.2m × 0.9m
窗底边距地面	0.8m
操作间推荐净尺寸（长 × 宽 × 高）	2.8m × 6.0m × 3.0m
操作间门推荐最小净尺寸（宽 × 高）	1.0m × 2.0m
设备间推荐净尺寸（长 × 宽 × 高）	2.4m × 6.0m × 3.0m
设备间门最小净尺寸（宽 × 高）	1.0m × 2.1m

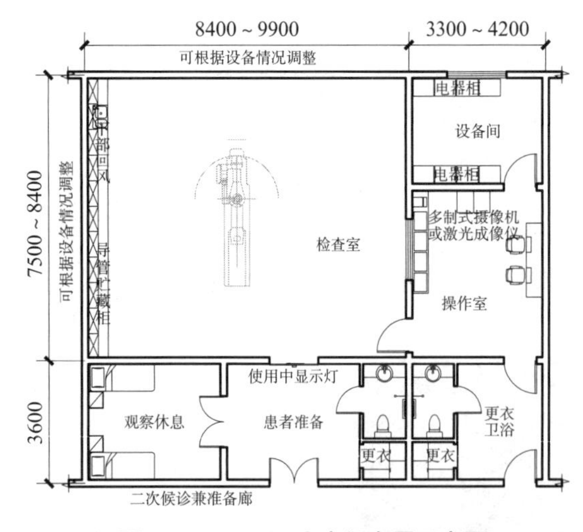

图 4-121　DSA 室房间布置示意图

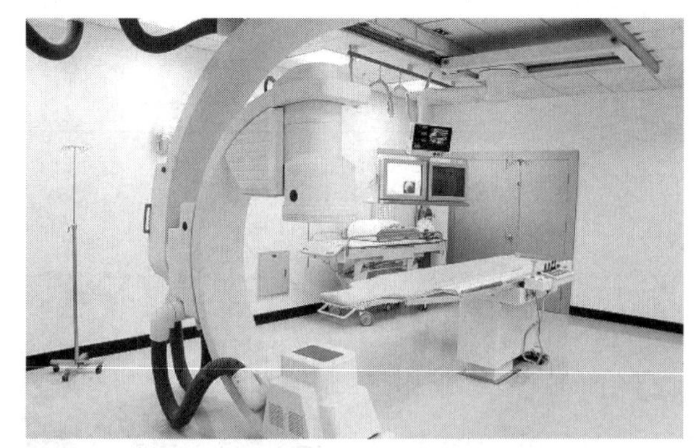

图 4-122　DSA 室实景图

MRI（磁共振成像技术）

1. 根据磁场强度，核磁共振设备分为 0.35T、1.5T、3.0T 等类别。

2. 磁体的强磁场与周围环境中的大型移动金属物体可产生相互影响，通常离磁体中心点一定距离内不得有电梯、汽车等大型运动金属物体，具体限制请参见下表。

物体与磁体中心点最小间距表 **表 4-26**

物体	与磁体中心点的最小间距（m）
火车	100
电梯	13
卡车，公共汽车	13
小汽车，小型货车，救护车	11
交流电源线	5
移动金属物体 <181kg	3

3. 建设场地应尽量避开电磁波和磁场干扰的场所。近距离的铁磁质物质会影响 MR 磁场的均匀性，因此离磁体中心点 2m 内的所有铁磁质物质及重量都必须提交给设备公司工程师做评估。

4. 震动会影响 MRI 的图像质量，要尽量远离震动源。

5. 若附近有磁共振设备，确保两台磁共振设备的 3G 线没有交叉。

6. 荷载按照 10t 考虑，螺栓固定位置处必须保证有 200mm 厚的、标号不小于 C20 素混凝土层。

7. 为了达到高清晰的图像质量，磁体间需要进行射频屏蔽以阻止外界射频源的干扰。

8. 因磁体间不得有空调机组，需安装上送风、上回风心点至少 1.5m 以上，以确保空调进风不会直吹到磁体上；设备一旦投入使用，任何时候空调不得停机。

9. 设备间地面通常处理为 –300mm 水平，上铺抗静电复合地板至 ±0mm 水平；因射频屏蔽工程的需要，磁体间地面通常处理为 –300mm 水平（含承重基座、防水处理），待射频屏蔽工程结束后，扫描间再回填至 ±0mm 水平。

10. 必须考虑设备的运输路径和运输路径的承重要求。

11. 室外水冷机要安装在通风良好的开放空间，安装位置不能高于氦压缩机和梯度线圈 30m，不能低于氦压缩机和梯度线圈 3m。室外机和室内控制器的连线总长度小于 30m，室外机和氦压缩机以及梯度线圈水管连接总长度小于 60m。

12. 房间尺寸要求：

表 4-27

房间名称	尺寸
磁体间推荐净尺寸（长 × 宽 × 高）	7.5m × 5.5m × 3.6m
磁体间门最小净尺寸（宽 × 高）	1.2m × 2.1m
观察窗推荐尺寸（宽 × 高）	1.6m × 0.8m
窗底边距地面	0.8m
操作间推荐净尺寸（长 × 宽 × 高）	3.0m × 4.0m × 2.8m
操作间门推荐净尺寸（宽 × 高）	1.0m × 2.1m
设备间推荐净尺寸（长 × 宽 × 高）	3.0m × 6.0m × 2.8m
设备间门推荐净尺寸（宽 × 高）	1.2m × 2.1m

13. 在核磁共振扫描过程中，特别是超导系统，有时会产生很强的噪声，引起病人的不适甚至恐惧。如果受检者紧张而移动，则会影响图像效果。MRI 检查引起的噪声一般在 65 ~ 95dB，因此接受检查的患者均应佩戴专用耳罩或耳塞进行保护。另外，根据噪声的产生以及噪声源的传播方式，有些厂家的机型采用了静音技术。

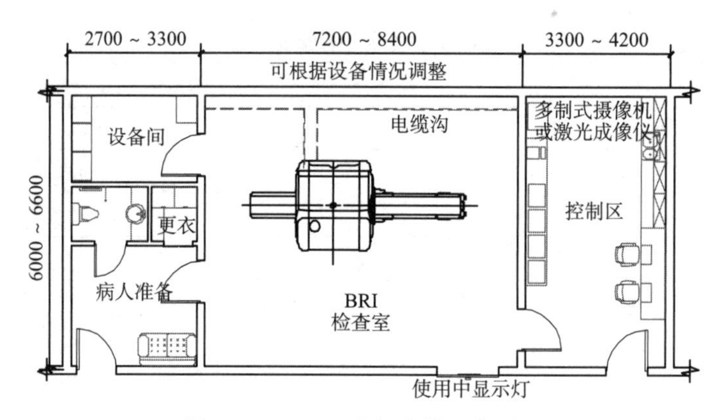

图 4-123　MRI 房间布置示意图一

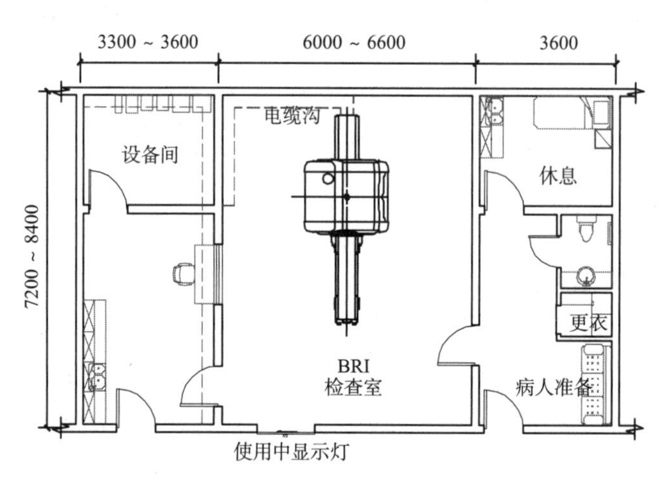

图 4-124　MRI 房间布置示意图二

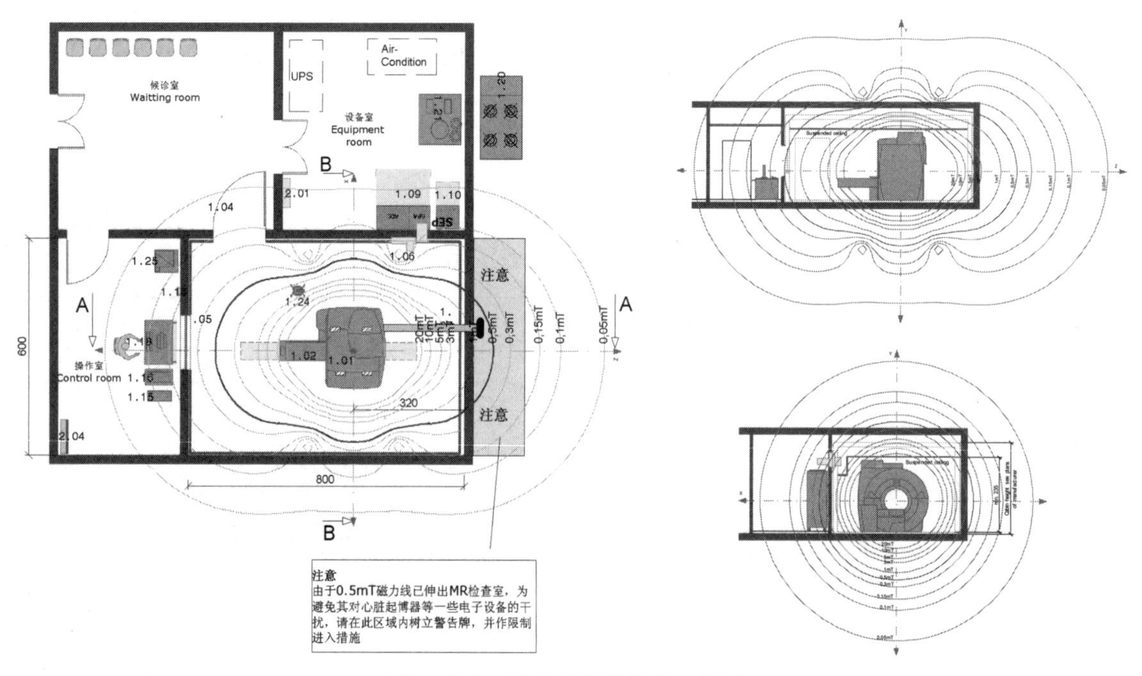

图 4-125　MRI 磁力线分布示意图

流线组织

核医学的任务是用核技术诊断、治疗和研究疾病。核医学诊断技术包括脏器显像、功能测定和体外放射免疫分析。在进行脏器显像和/或功能测定时，医生根据检查目的，给病人口服或静脉注射某种放射性示踪剂，使之进入人体后参与体内特定器官组织的循环和代谢，并不断地放出射线[1]。这样就可在体外用各种专用探测仪器追踪探查，以数字、图像、曲线或照片的形式显示出病人体内脏器的形态和功能。

核医学科布局按检查、制药、治疗等功能分区。SPECT、PET、PET/CT、ECT检查病人流线应单向通过，注射前与注射后病人应不同分区。

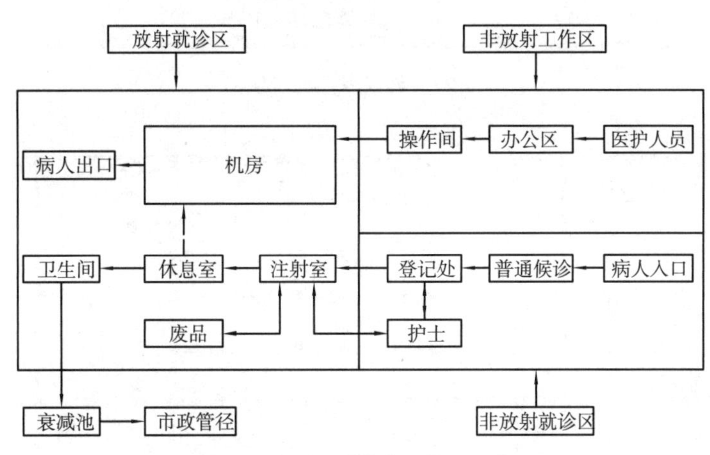

图4-126　核医学功能关系示意图

用房组成

核医学科可进行影像与功能诊断、标记免疫分析、放射性核素治疗、核医学肿瘤普查等业务。可根据放射性等级将用房分为控制区、监督区及非控制区。

核医学科房间组成表　　表4-28

非限制区	候诊室、诊室、医生办公室、厕所
监督区	等候、功能测定、运动负荷、扫描间、床位
控制区	主设备机房[2]、控制室、设备间、观片室、登记存片室、计量室、服药、注射、配药、卫生通过、储藏、分装、标记、洗涤

[1]　放射性废水须进行储存冷却测量，在证明满足标准后按规定要求排放。

[2]　CT扫描间防辐射防护参见放射科。

[3]　名词注释：SPECT：单光子发射计算机断层成像。PET：正电子发射断层成像。ECT：发射型计算机断层扫描仪。

基本模式

核医学科平面布置应按“控制区、监督区、非限制区”的原则顺序布置。

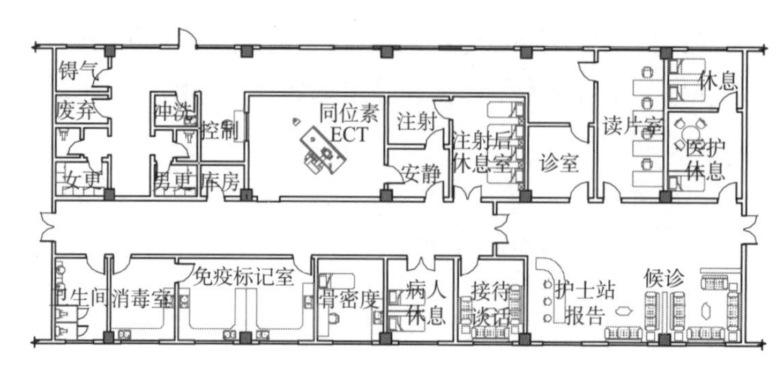

图 4-127　核医学局部示例图一

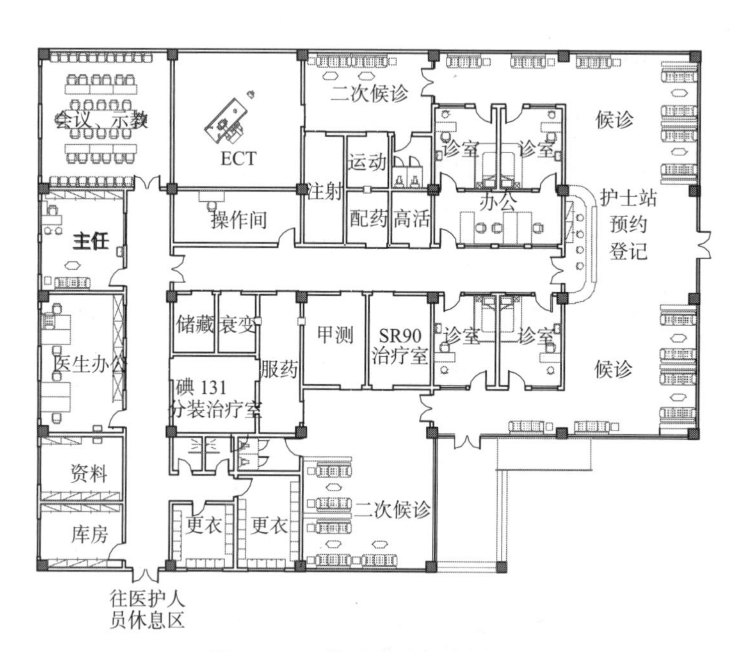

图 4-128　核医学局部示例图二

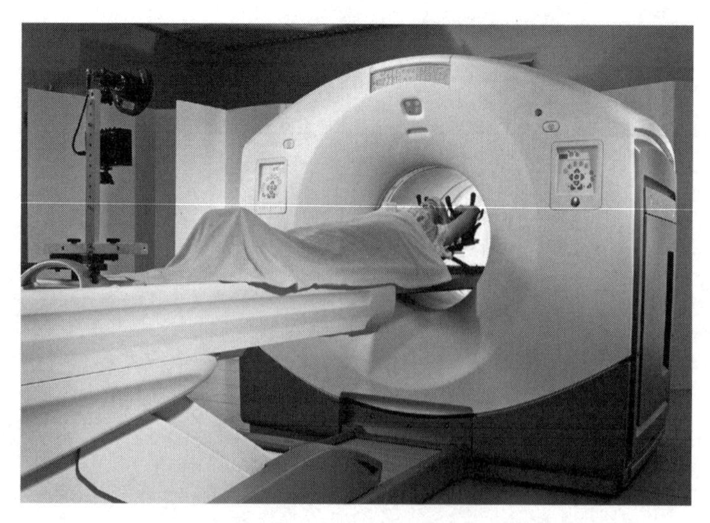

图 4-129　PET-CT 实景图

房间布置

核医学科仪器包括正电子核素显像及脏器功能测定仪器：Y 照相机、SPECT、PET、PET/CT、ECT、甲状腺功能测定仪、肾图仪、多功能仪等。

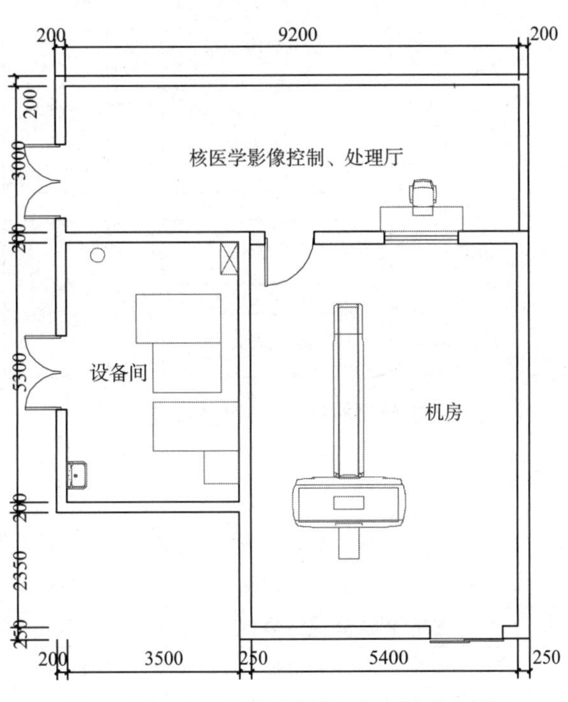

图 4-130　PET-CT/SPER-CT 典型平面图

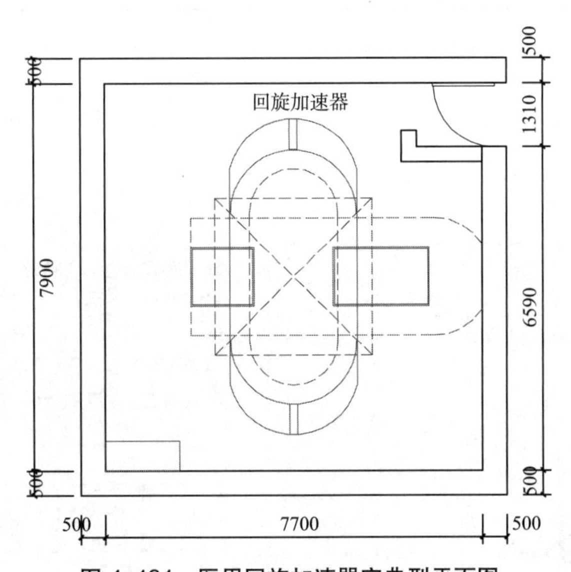

图 4-131　医用回旋加速器室典型平面图

流线组织

放射治疗宜成区布置，避免与其他区域的人 / 物流线混淆。设备一般重量较大，宜布置在底层，同时考虑推车进入。

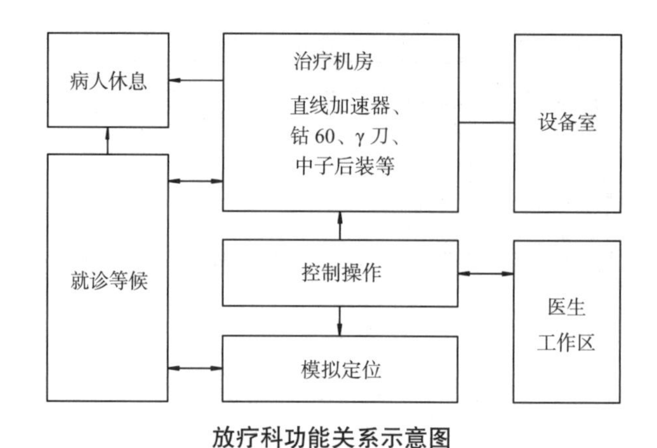

放疗科功能关系示意图

用房组成

放射治疗机房应自成一区，包含直线加速器、中子后装、直线加速器、γ 刀等。

放疗科房间组成表　　　　表 4-29

工作区	放射治疗机房[1]、控制室、治疗计划室、模拟定位室、物理室（模具间）
辅助区	候诊、护士站、诊室、医办；厕所、更衣（医患分设）
污物处理区	污洗间、固体废弃物存放间

基本模式

放射性活性区与非活性区应严格区分，其间设置卫生通过间，经检测无放射沾染后进入非活性区。

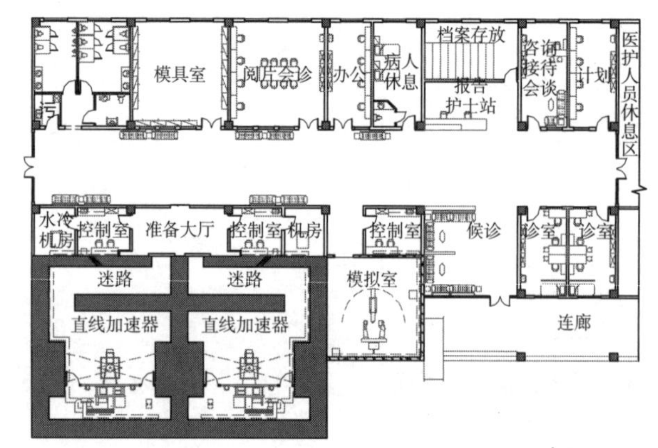

图 4-132　肿瘤治疗中心（两台机并列）局部平面示例图

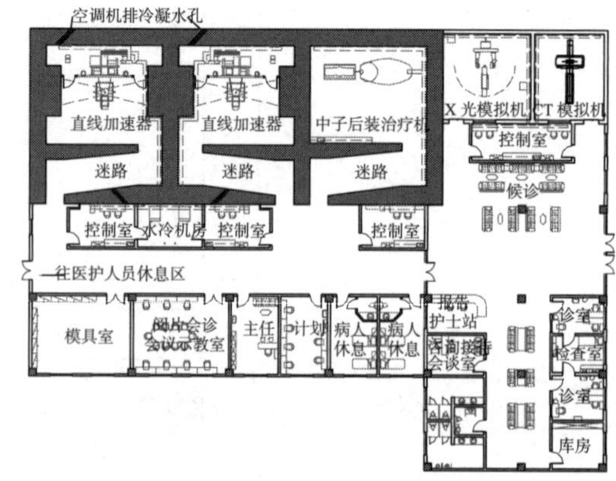

图 4-133　肿瘤治疗中心（带中子后装机）局部平面示例图

房间布置

治疗室四壁和楼板顶盖需根据防护要求设计，入口设置迷路降低治疗室外部放射水平。

[1] 混凝土防护为整体一次性浇筑，各种管线应根据设备安装要求提前确定并预留。

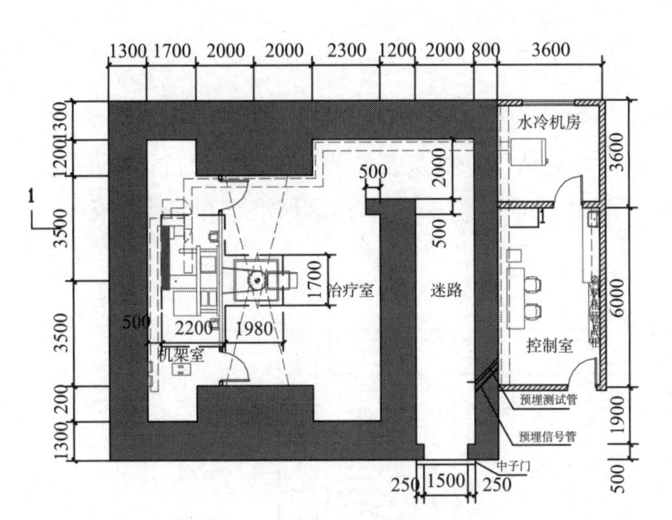

图 4-134　直线加速器典型平面图

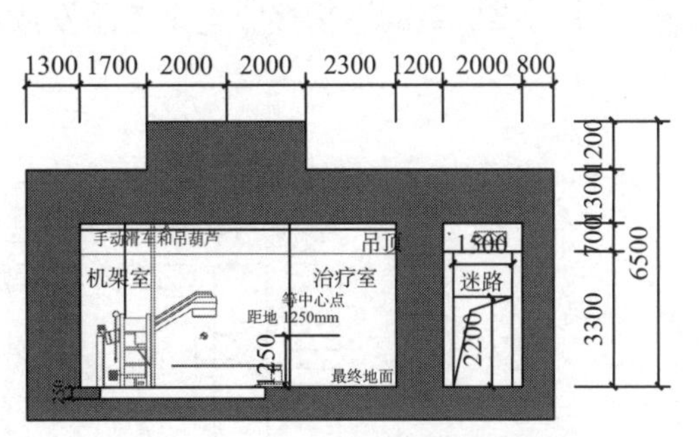

图 4-135　直线加速器典型剖面图

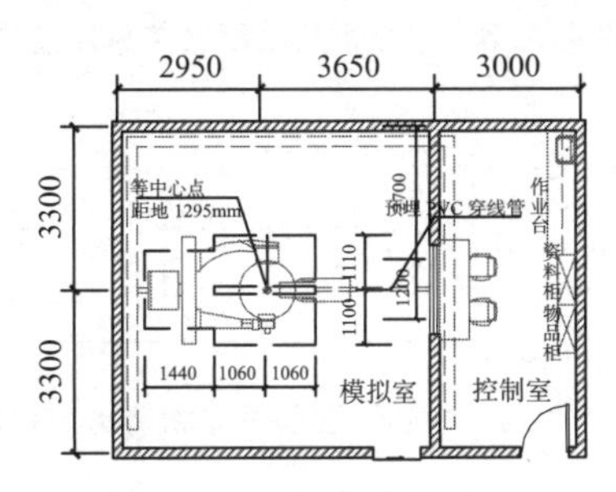

图 4-136　模拟室典型平面图

防护构造做法

穿防护墙管线需提前确定并预留，形成类似“迷路”的构造，防止放射性污染扩散。

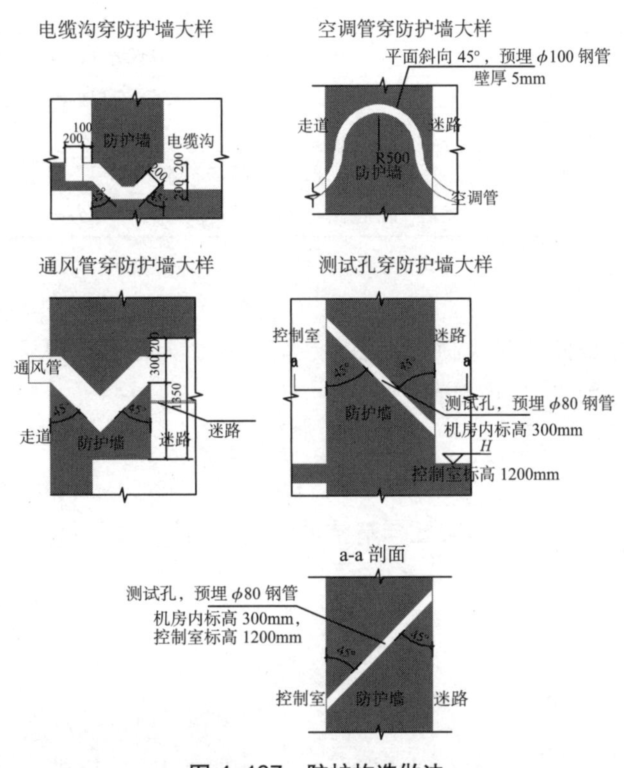

图 4-137　防护构造做法

流线组织

中心供应室[1]应遵循洁污分流，污染区、清洁区、无菌区严格分区，采用单向流程布置，空气流向应由洁区到污区，单向流动。去污区保持相对负压，检查、包装及灭菌区保持相对正压。

中心供应室的污物接收与无菌品发放应分设在不同位置，避免洁污区域混杂和路线交叉。

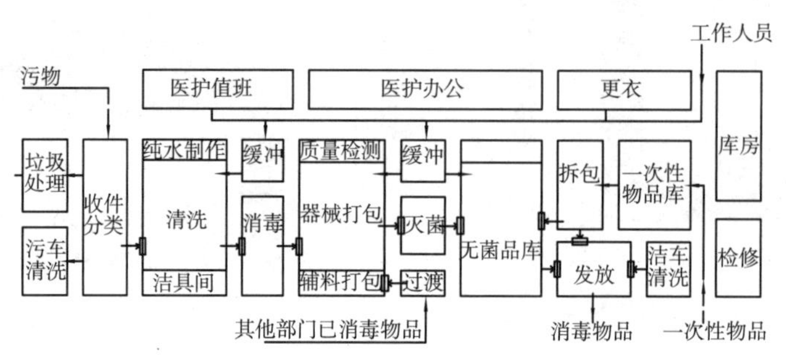

图 4-138　中心供应功能区关系示意图

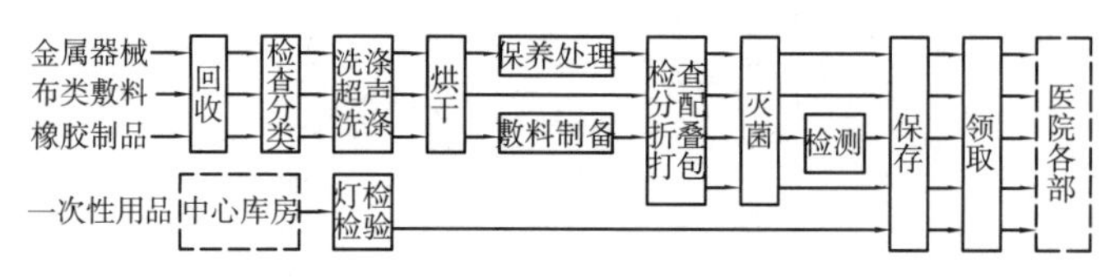

图 4-139　中心供应各类器物消毒流程图

用房组成

中心供应室主要分为污染区、清洁区、无菌区及辅助区。

中心供应室房间组成表　　表 4-30

分区	类型	用房
工作区	去污区（污染区）	污物接收、清洗、分类、污物存放、纯水制备间、器械清洗、污车清洗
	检查包装及灭菌区（清洁区）	辅料库、辅料打包、器械检查包装、器械打包、灭菌、低温打包、低温灭菌、蒸汽发生间、质检、洁具间
	无菌物品存放区	无菌品库、一次性用品库、拆包间、洁车存放、物品发放
辅助区	辅助生活区	换鞋、更衣室、浴厕、值班室、休息室、办公室、护士长办公室、示教室会议室、信息室、缓冲间

基本模式

中心供应室应严格按照“三区制—污染区、清洁区、无菌区”设置，并按单项流程布置，工作人员由辅助区进入以上三区应设置缓冲间。

房间布置

双门式自动清洗消毒机介于污染区与清洁区之间，高压灭菌柜介于清洁区与无菌区之间，收件窗口与发件窗口完全分开。

[1]　一般应由专业厂家深化设计施工。根据《医院消毒供应中心第1部分：管理规范》WS 310.1—2016要求，中心供应室通风、采光要好，不宜建在地下或半地下。

图4-140 中心供应示例图

图4-141 分类清洗区平面图

图4-142 打包消毒区平面图

流线组织

高压氧舱是一种提供高气压环境的密封设备，在医院中利用吸入高压氧治疗临床各科疾病。根据一次治疗的人数分为小、中、大三种类型。

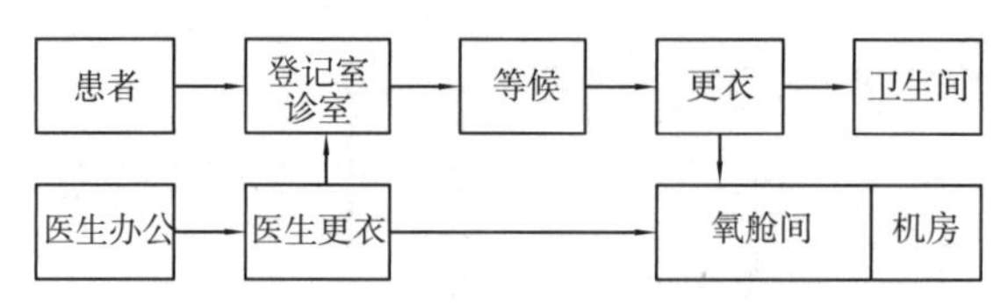

图 4-143　高压氧舱功能关系示意图

用房组成

高压氧舱宜置于独立建筑中，或贴临其他建筑。高压氧舱因舱体较重，一般设于建筑的底层沿建筑外墙放置。须预留安装洞口，并考虑运输通道。

高压氧舱房间组成表　　表 4-31

工作区	氧舱大厅[1]、空压机房、储气储水罐间
医护区	检查室、医护办公室、会诊室、抢救室
等候区	接待室、担架存放、护士站、更衣、卫生间[2]

基本模式

高压氧舱的舱体有过渡舱、治疗舱和手术舱三种。治疗舱分为立式和卧式；大中型舱根据舱室、舱门的数量可分为三舱三室七门、两舱两室四门、一舱二室四门、一舱二室三门、一舱二室二门。

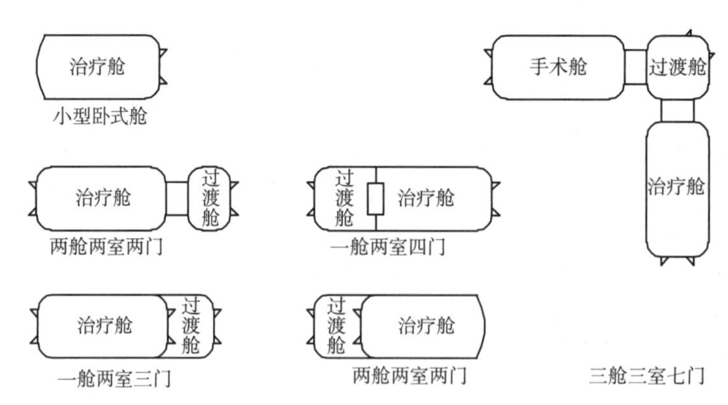

图 4-144　高压氧舱类型示意图

房间布置

高压氧舱大厅下面需要做 2 ~ 2.5m 的地下室（地下室需做防水处理），便于管道连接与检修，也使高压氧舱的舱内地面能与地面持平。空压机房间需要设置通风换气扇。

[1]　高压氧舱大厅与地坑之间的防火分隔应满足防火要求。
[2]　治疗前患者需排空大小便，不得穿着起静电的服装。平面布局上需就近布置更衣室和卫生间。

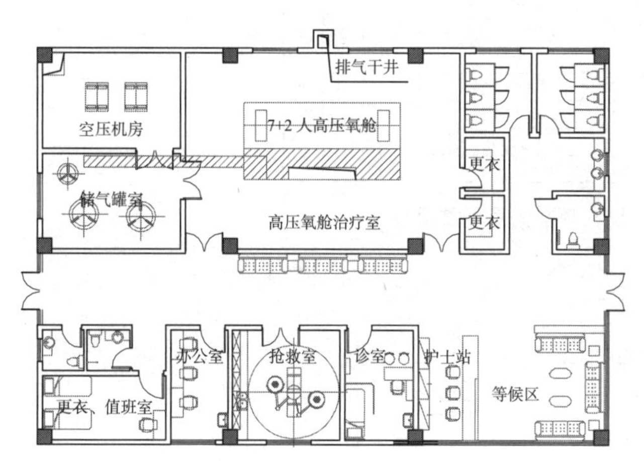

图 4-145　高压氧舱示例图

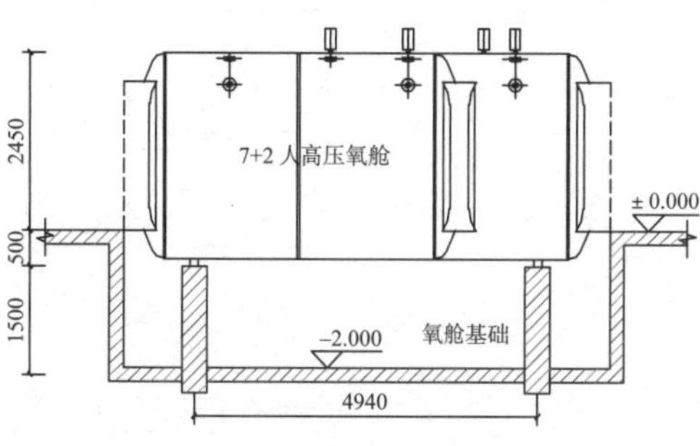

图 4-147　氧舱剖面图

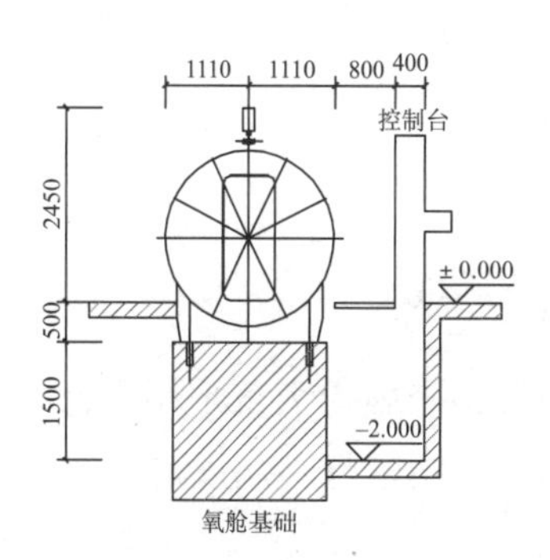

图 4-148　氧舱纵剖面图

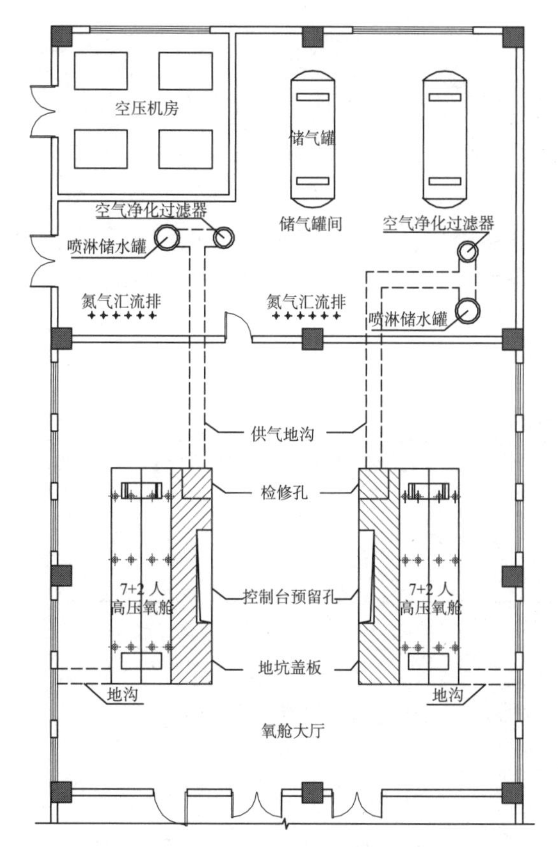

图 4-146　氧舱大厅平面图

图 4-149　高压氧舱实景图

流线组织

大型医院病理科宜单独设置，应与手术部有便捷的联系通道，同时兼顾门诊、病房的病理分析需求。病理科解剖室一般与病理科分开设置于太平间附近。

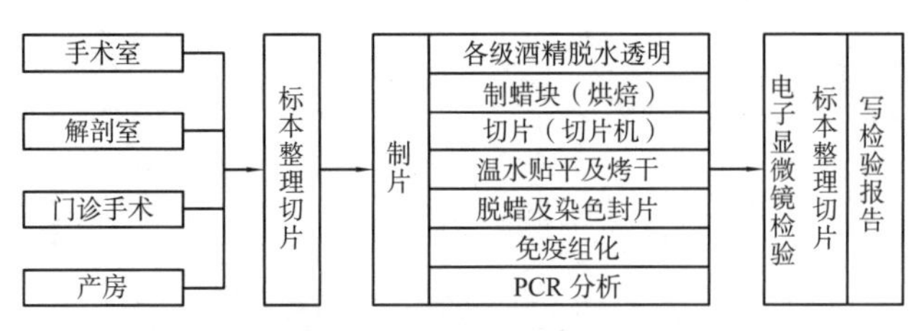

图 4-150　病理科功能关系示意图

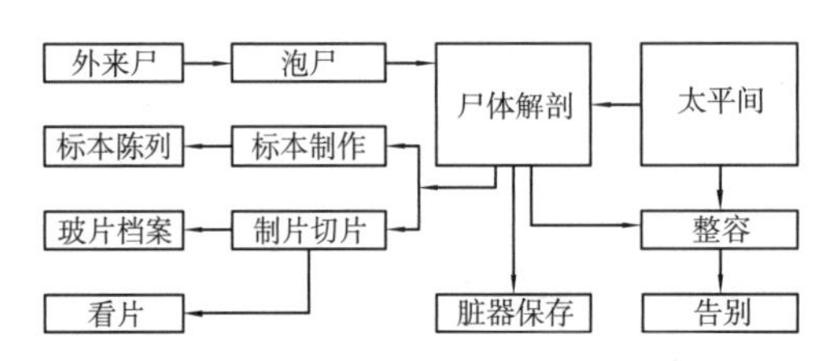

图 4-151　病理解剖流线示意图

用房组成

病理检查因为大量采用有毒有刺激性气味的制剂，房间应有采光通风设施，有些标本制作是在通风柜内进行。病理科标本、切片、蜡块和阳性涂片一般需要保存 15 年以上，因此需要足够的标本库。

室内地面、操作台台面以及洗涤池等均应采用易清洗、耐腐蚀的材料。取材台与解剖台的一端应安装水池，另一端应有冲洗装置。解剖台应在距水池 0.70m 处设泄水口，且两侧均可操作。室内地面应设密闭型地漏。

病理科房间组成表　　表 4-32

工作区	收件、冷冻、取材（切片）、制片、染色、特殊染色、免疫染色、免疫组化、TCT、分子病理、诊断室、PCR 分析、病理解剖
医护区	医护人员更衣、厕所，值班室、办公室及示教室
污物处理区	洗消间、污物库房、消毒

基本模式

病理科分为污染区、半污染区、清洁区，通常按照三个区依次布置。

房间布置

病理科标本取材室应设上下水便于冲洗消毒，脱水处理室需要有良好通风使有害气体迅速扩散，切片染色室需要光照充足。

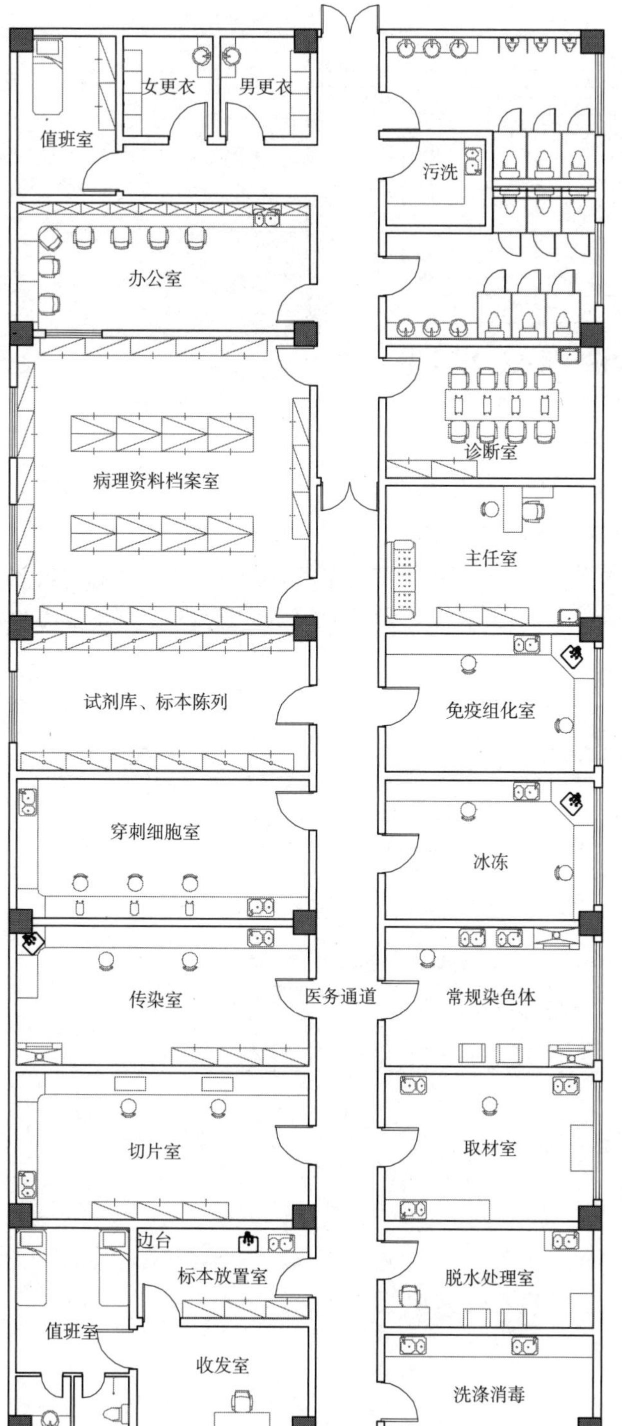

图 4-152　某医院病理科平面图

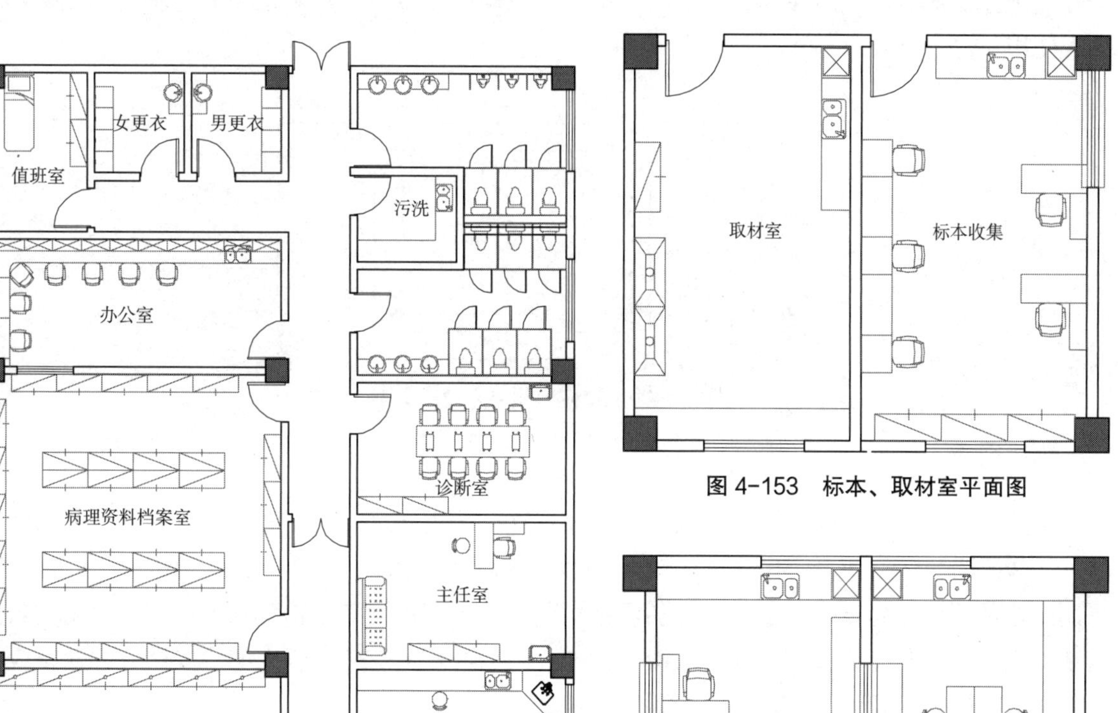

图 4-153　标本、取材室平面图

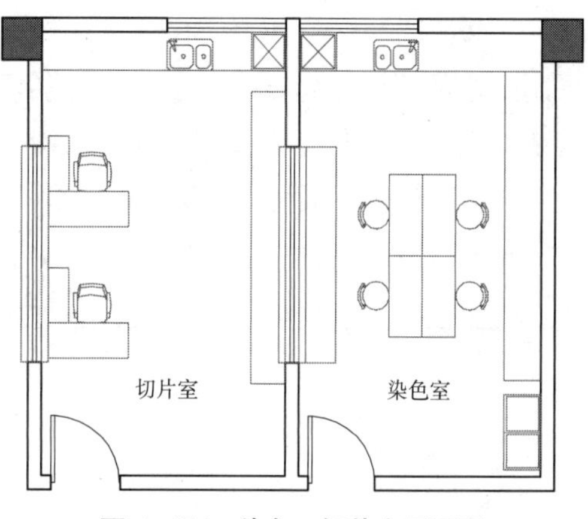

图 4-154　染色、切片室平面图

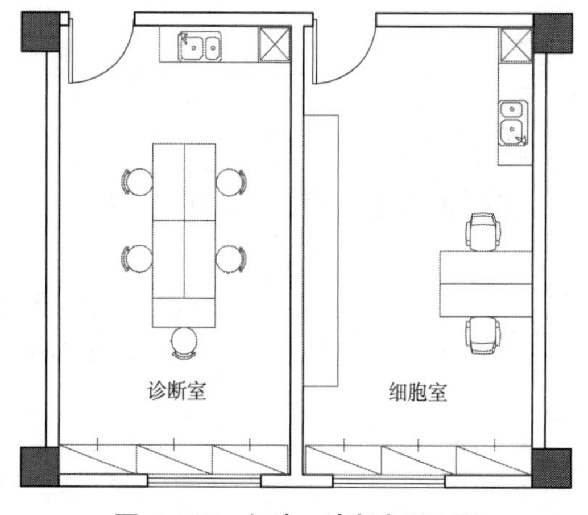

图 4-155　细胞、诊断室平面图

流线组织

在大型医院中，一般设置门诊化验和中心实验室，门诊化验室包括标本采集区和常规化验室，设于病人容易到达的区域。中心实验室进行复杂的化验和进行科学研究，设备复杂昂贵，可设于相对独立的区域。一般在有急诊的医院中，在急诊区域设小型常规检查的化验室，便于夜间病人使用。

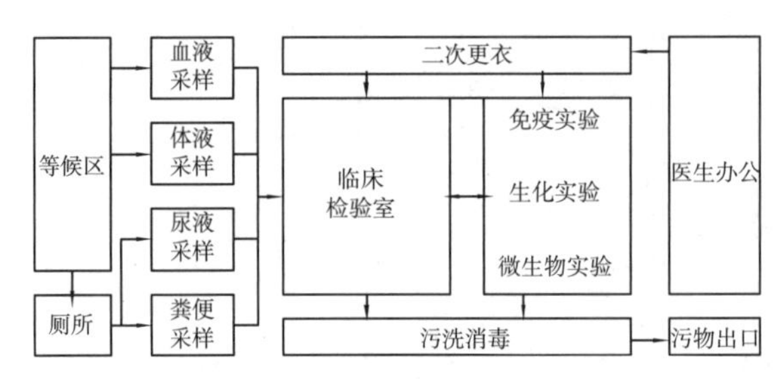

图 4-156　检验科功能关系示意图

用房组成

检验科的各个工作区宜采用开放式大空间，这样使用起来最为便利，并且具有较强的适应性。在微生物学、真菌学、寄生虫学、结核病学及病毒学化验区，必须应用通风橱（柜）等设备，采用严格的通风措施以排除各种可能的污染病菌和化学试剂类有生物毒性的物质，可采用封闭隔断以满足卫生与感染控制要求。血液取样中心（取血室）前应有较大的等候区。细菌室应设专用洗涤设施，不能与其他洗涤设施混用。

检验科房间组成表　　表 4-33

分区	用房
普通检验区	临床检验室（血液、尿便分开）、大空间的自动分析仪区、免疫荧光室
微生物、真菌、病毒检验区	真菌培养、接种、仪器、鉴定、分析、PCR 分析、（HIV）病毒分析、鉴定、该区域各房间之间设传递窗
辅助用房	水处理间、UPS 间、污染间、消毒间
储藏室	库房、冷冻室、冷藏室
医生办公区	男女更衣室、男女值班室、主任室、会议室（示教室）、资料室

基本模式

检验科属于带菌部门，应自成独立单元。

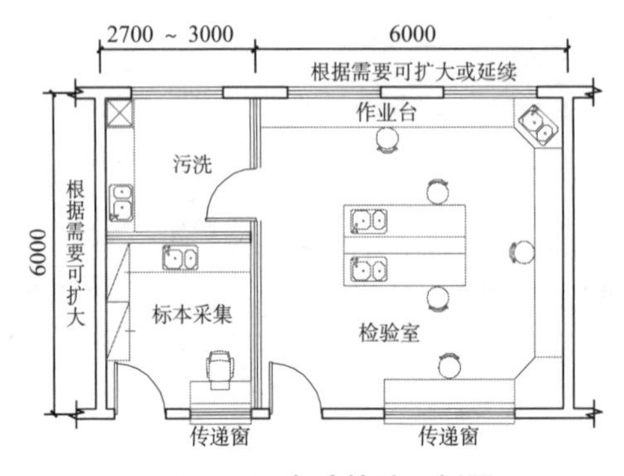

图 4-157　急诊检验示例图

房间布置

常规检验区应靠近入口、标本采集室和洗涤间；
生化检验化学定量分析实验多，对排风、防腐、防尘、防震及给排水管线布置有特殊要求；
微生物检验室以显微镜图片观察为主，应专设洗涤间，应严格严格消毒灭菌。

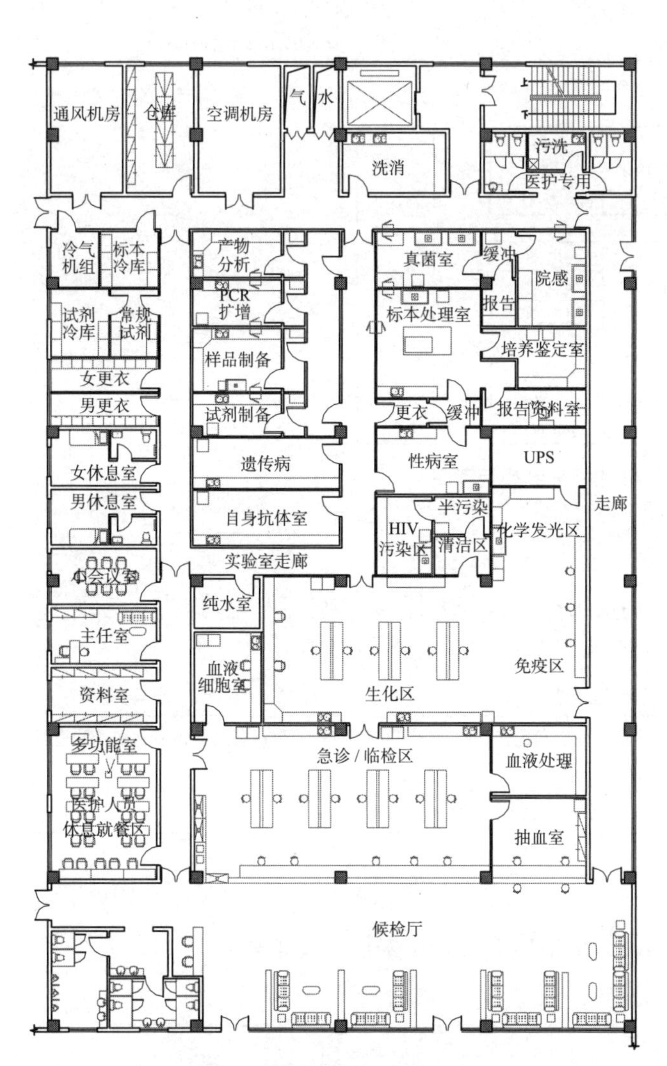

图 4-158　检验科示例图

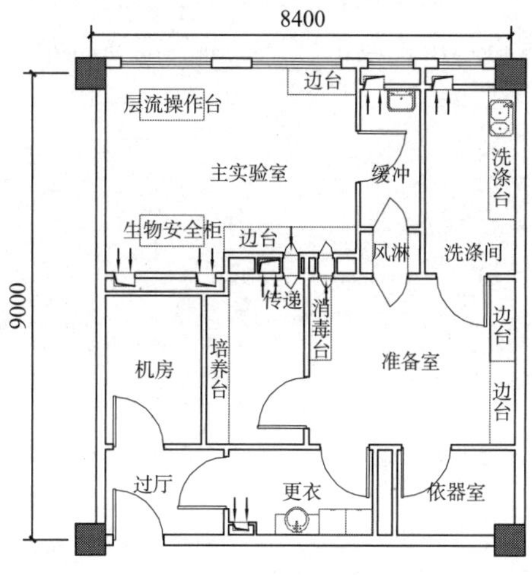

图 4-159　负压实验室平面图

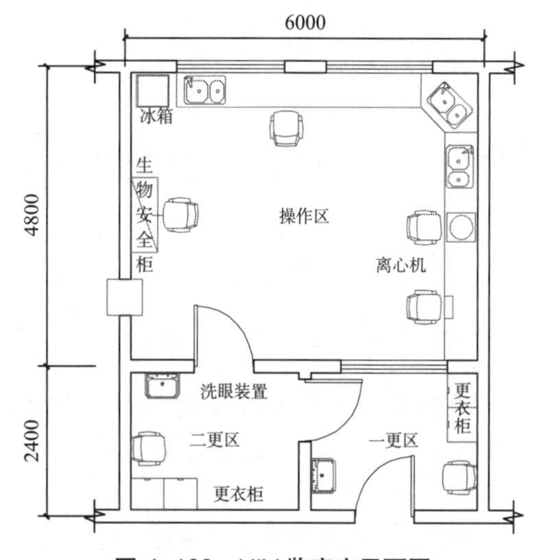

图 4-160　HIV 鉴定室平面图

流线组织

诊察过程中借助各种传感器对人体的活动水平进行量的测定检查，应临近门诊部，容易看得见的位置。为了方便少数住院患者的检查，进口和通道宽度的设计要顾及病床的运送。检查内容包括超声波检查（B超、彩超）、心电图、动态心电图、彩色多普勒、肺功能室、运动平板试验、24h动态血压检查、脑电图室等。

可采用病人与医护人员共用通道，也可采用病人与医护人员分设通道的方式。内部分区时宜将超声、电生理、心肺功能各自布置成独立的区域，提高效率减少各部分之间的干扰。

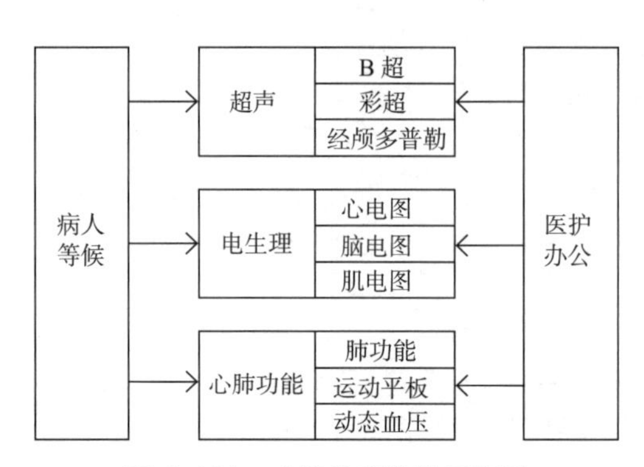

图 4-161　功能检查流线示意图

用房组成

功能检查用房主要由各种检查室及配套用房组成，可分为超声、电生理、心肺功能三部分。

功能检查房间组成表　　表 4-34

检查室	超声波检查（B超、彩超）、心电图、动态心电图、彩色多普勒、肺功能室、运动平板试验、24h动态血压检查、脑电图室
配套用房	医办、会议室、护士站、治疗室、处置室、值班室、更衣室、医护人员休息室、卫生间

基本模式

功能检查通常采用医患分流的双走道模式，小型功能检查可采用单走道模式。

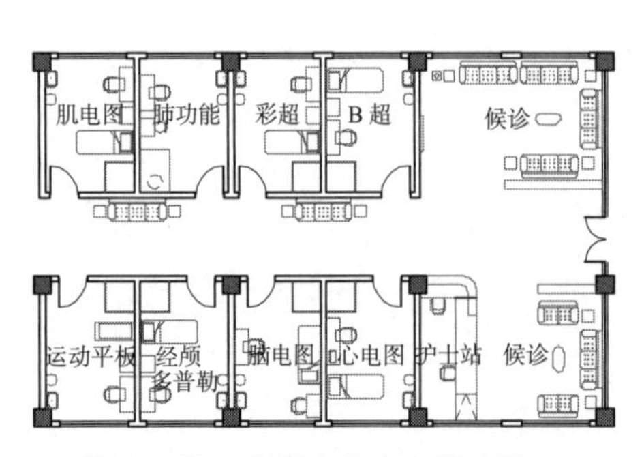

图 4-162　小型功能检查科示例图

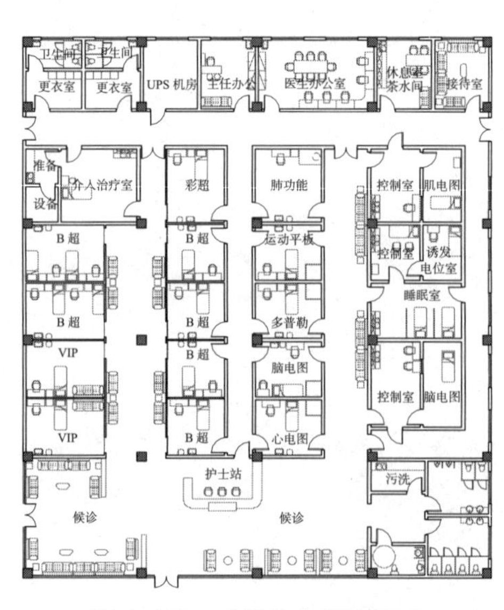

图 4-163　功能检查科示例图

房间布置

心电图室每台心电图机配一张检查床，每台床检查室约 20m²，并应设夜间值班室；

肺功能检查精密仪器较多，需光线充足且有空调防尘设施；

脑电图室需注意远离交流电噪声干扰和机械性振动的场所，电磁干扰较强时检查室可设置金属网屏蔽装置形成法拉第笼。

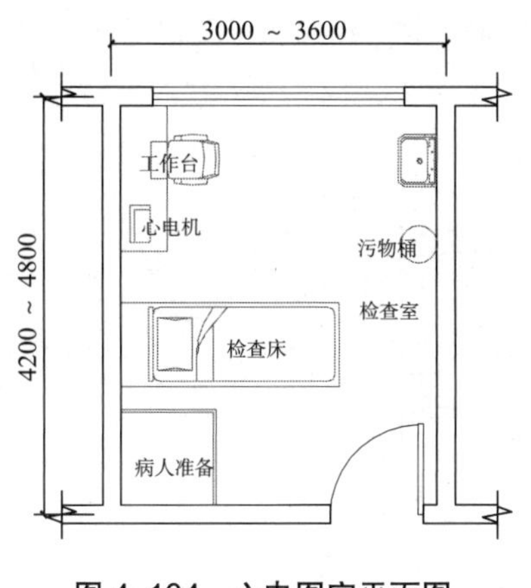

图 4-164　心电图室平面图

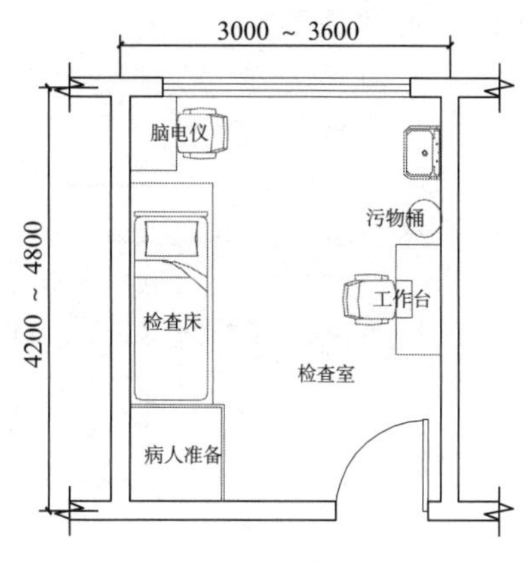

图 4-165　脑电图室平面图

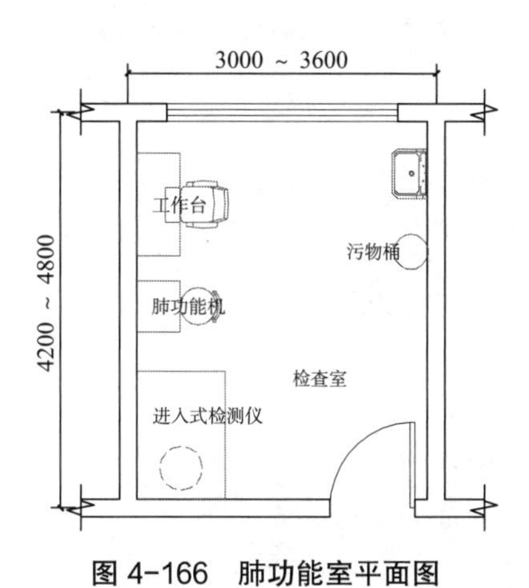

图 4-166　肺功能室平面图

流线组织

内窥镜是利用内窥镜伸入到人体器官内部对其内部腔体进行检查，部分亦具有治疗功能。

内窥镜包括：喉镜、食道镜、胃镜、十二指肠镜、小肠镜、结肠镜、直肠镜、支气管镜、胸腔镜、纵隔镜、胆道镜（ERCP）、腹腔镜、膀胱镜、输尿管镜、肾镜、阴道镜、宫腔镜、血管内腔镜、关节腔镜。

可采用病人与医护人员共用通道，也可采用病人与医护人员分设通道的方式。内部分区时宜将上下消化道、呼吸道等各类内窥镜各自布置成独立的区域，提高效率减少各部分之间的干扰。

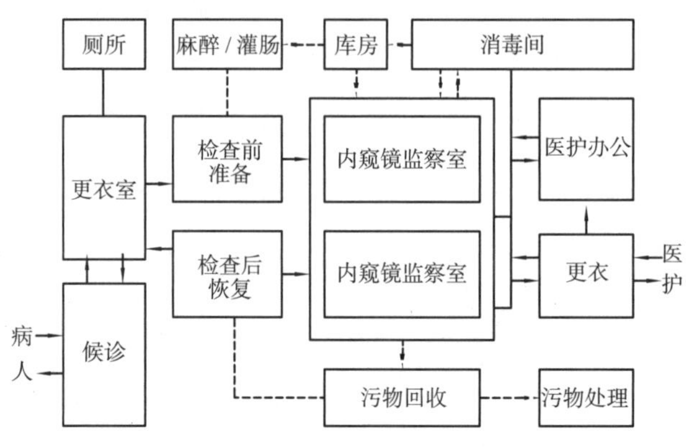

图 4-167　内窥镜流线示意图

用房组成

内窥镜用房主要由各种检查室及配套用房组成。

内窥镜房间组成表　　表 4-35

分区	用房
病人等候区	候诊、护士站、更衣、厕所
术前准备 / 术后恢复区	术前准备、术后恢复、麻醉库房、麻醉工作室
治疗诊断区	内窥镜操作间（下消化道检查应设置卫生间、灌肠室、ERCP 需设置控制室及设备机房）内窥镜消毒间、镜库及辅料库房等
医护工作区	医护人员更衣、厕所，值班室，办公及示教室
污物处置	洗消间、污物库房

基本模式

内窥镜室可集中设置或与临床科室结合设置。

房间布置

膀胱镜应配备 X 射线；上消化道及下消化道检查室应分开设置，可合用 X 射线检查室。

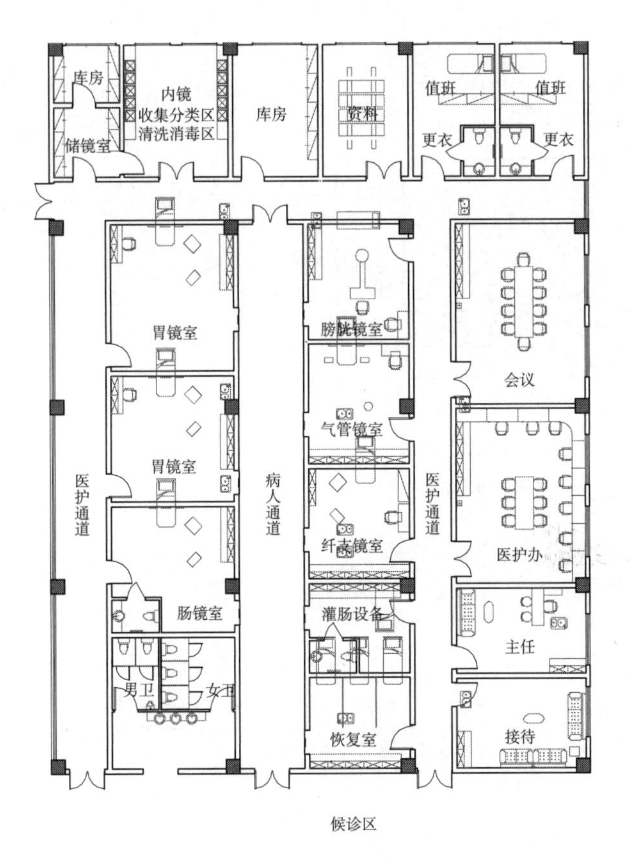

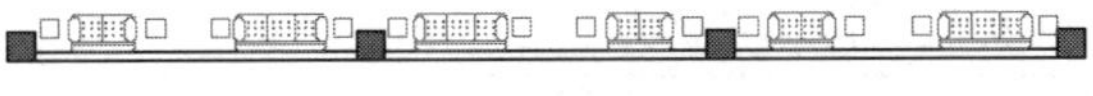

图 4-168　内窥镜平面示例图

图 4-169　膀胱镜室平面图

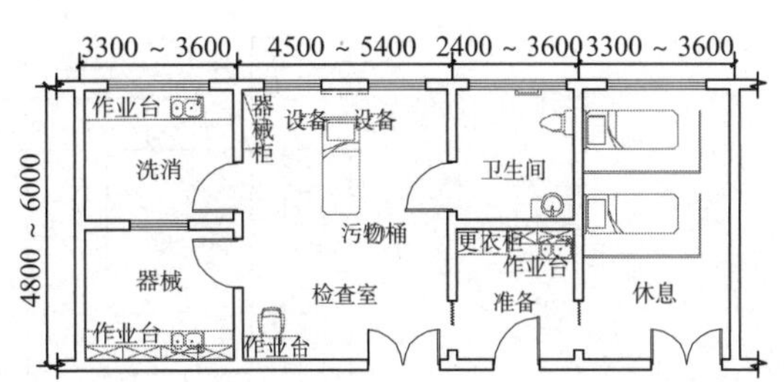

图 4-170　下消化道检查室平面图

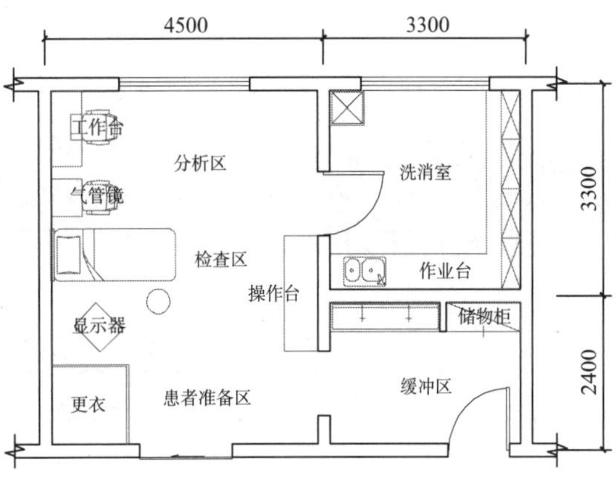

图 4-171　气管镜室平面图

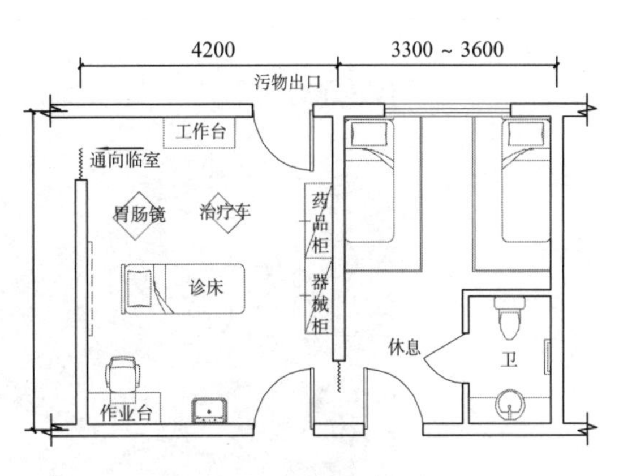

图 4-172　胃肠镜室平面图

流线组织

血液透析治疗区需自成一区，可设于门诊部，也可设置于住院部。

血液透析治疗区应把清洁区、污染区及其通道分开。流线设计应将病人及医护人员[1]的流线分开，并保证医护人员能够不间断地观测到病人。

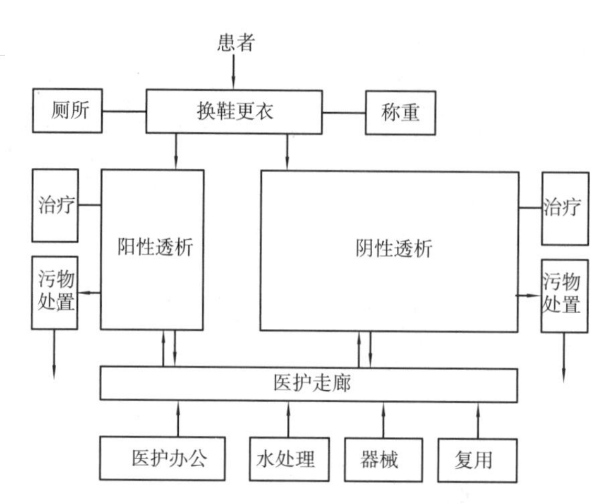

图 4-173　血液透析流线示意图

用房组成

血液透析主要用房如下表所示。

血液透析房间组成表　　表 4-36

清洁区	医护人员办公和生活区、水处理、配液、清洁库房
半清洁区	透析准备室（治疗室）
污染区	透析治疗间、候诊室、污物处理室
其他用房	根据需要设置专用手术室、更衣室、接诊室、独立卫生间

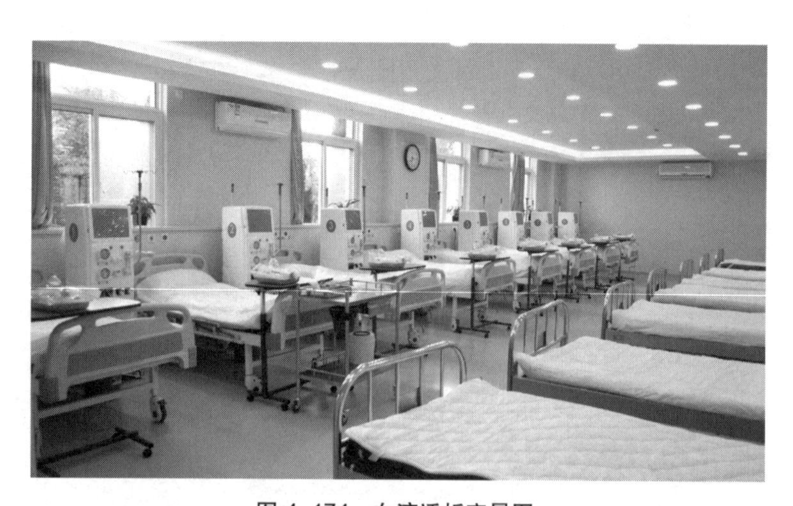

图 4-174　血液透析实景图

[1]　至少有两名执业医师，其中至少有 1 名具有肾脏病学中级以上专业技术职务任职资格，20 台血液透析机以上，每增加 10 台血液透析机至少增加 1 名执业医师；每台血液透析机至少配备 0.4 名护士；至少有 1 名技师，该技师应当具备机械和电子学知识以及一定的医疗知识，熟悉血液透析机和水处理设备的性能结构、工作原理和维修技术；医师、护士和技师应具有 3 个月以上三级医院血液透析工作经历或培训经历。

基本模式

透析室分为阴性透析、阳性透析（感染患者）。

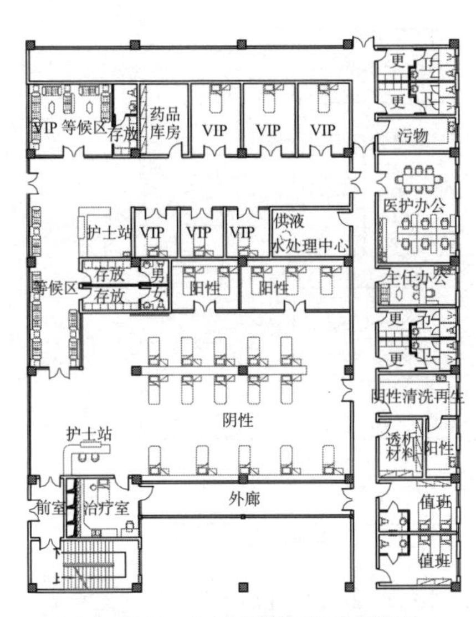

图 4-175　血液透析平面示例图一

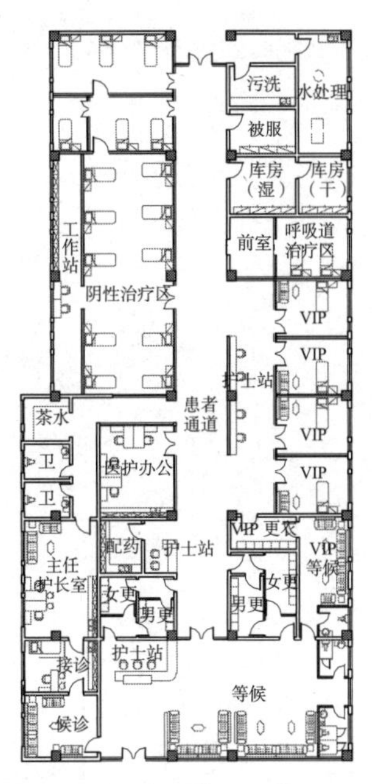

图 4-176　血液透析平面示例图二

房间布置

治疗室（病室）一般以大房间为主，可根据需要配以若干单床间或多床间病室，对甲肝、乙肝患者及传染病等患者，宜设隔离透析治疗室和隔离洗涤池，应设观察窗。

透析治疗时间一次 2 ~ 6h，且多由家属陪伴，需考虑该空间环境的舒适性及娱乐性，及必要的等候空间。

透析床与透析椅之间的净距不得小于 1.2m，通道净距不得小于 1.3m。

透析用水必须进行软水处理，将一般自来水进行除锈、除铁、除砂、除去离子灭菌，然后变成区离子水代替净化蒸馏水方可使用。

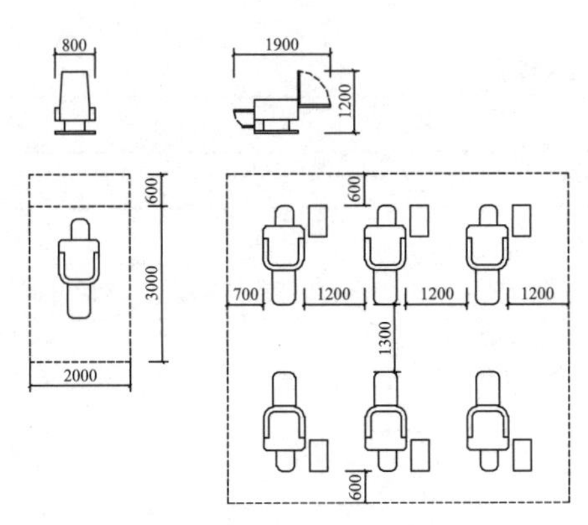

图 4-177　透析椅布置图

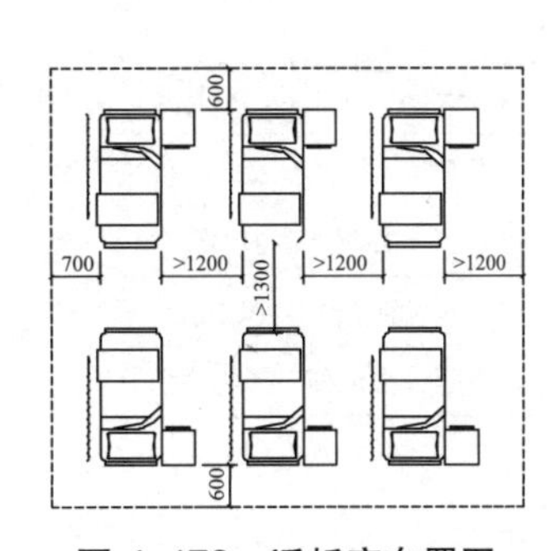

图 4-178　透析床布置图

流线组织

介入治疗宜与手术室贴临，可自成一区，且与急诊、重症监护、手术部和中心供应有便捷的联系。

介入治疗内部流程同手术部类似。

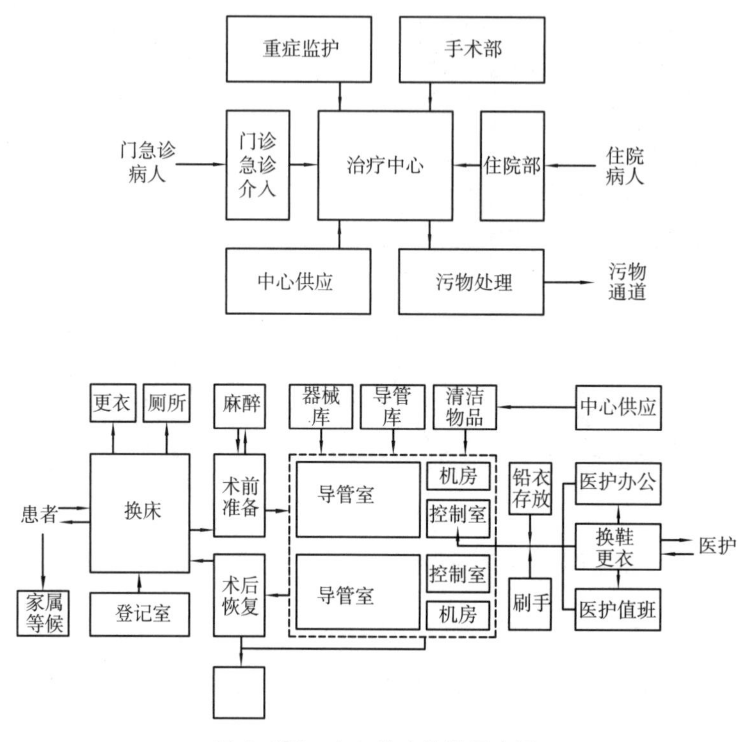

图 4-179　介入治疗流线示意图

用房组成

介入治疗部分治疗环境类似于手术室，洁净区、清洁区分区置。医护人员通过换鞋更衣进入洁净工作区，导管室、辅料、洁净品库房等均位于洁净区。也可将导管室和手术部安排在一起，提高设备使用效率，但介入部分宜独立成区。

介入治疗房间组成表　　表 4-37

分区	用房
换床区	家属等候、换床间、登记室、男女更衣、厕所
准备恢复区	术前准备、术后恢复、麻醉工作室
导管区	导管室（心血管造影 DSA 室）、控制、设备机房、导管库、无菌物品、铅衣存放、一次性物品、药品库、器械库
医护工作区	医护人员换鞋、更衣、值班室、办公、餐厅、阅片和示教室
污物处理	消毒间、洗消间、污物库房

基本模式

介入治疗布局同手术部类似。

房间布置

造影机房的室内布局及主要配备为了减少散射线对人员的影响。机房内仅放置必备的设备，如血管造影诊断床、手术器械台、壁柜（内放无菌器械包）、急救车（放置急救药品、物品）、氧气、吸引器、心电力复监护伏、吊式无影灯、吊式铅屏、高压注射器、温湿度计等。

DSA 设备表　　表 4-38

落地 C 臂	显示器与键盘
诊断床	AXIS 图像处理柜
床旁控制台	高压发生器
悬吊 C 臂	冷却装置
可悬挂 8 台显示器的监控器吊架	系统控制柜
	OR 床专用系统控制柜
悬吊铅屏风及手术灯	系统控制柜
控制单元（控制室）	电缆柜
控制室分配箱	Syngo X 图像工作站

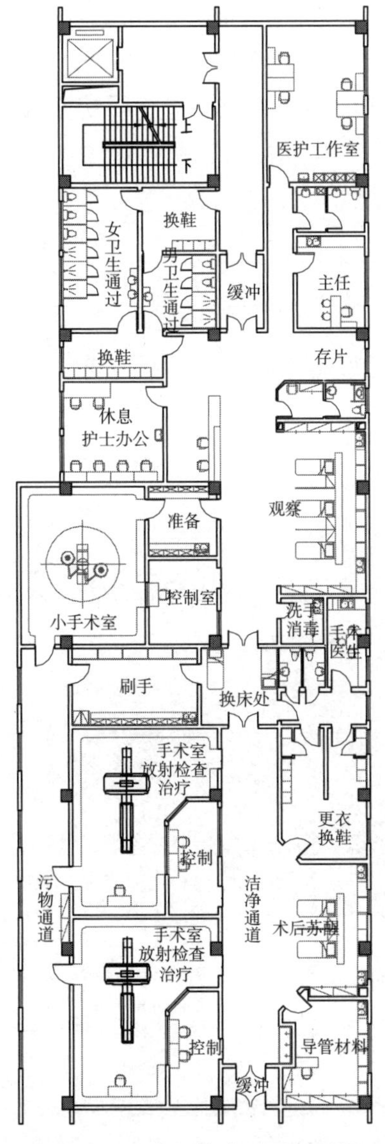

图 4-180　介入治疗平面示例图

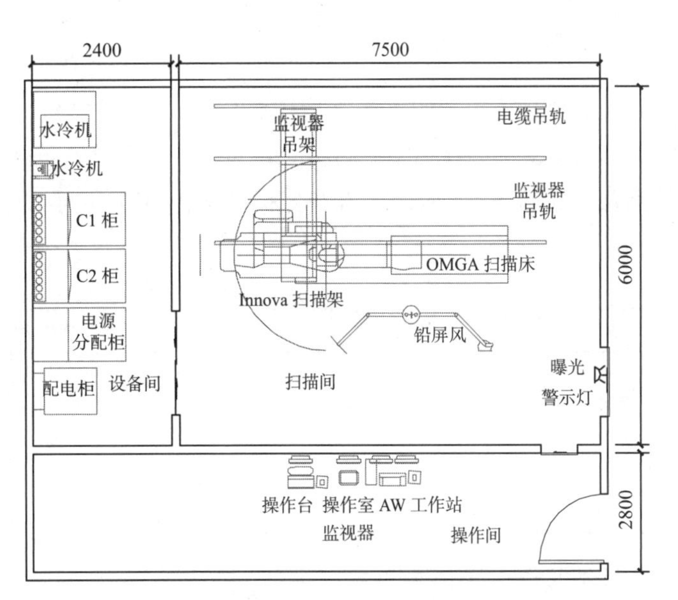

图 4-181　DSA 设备布置图

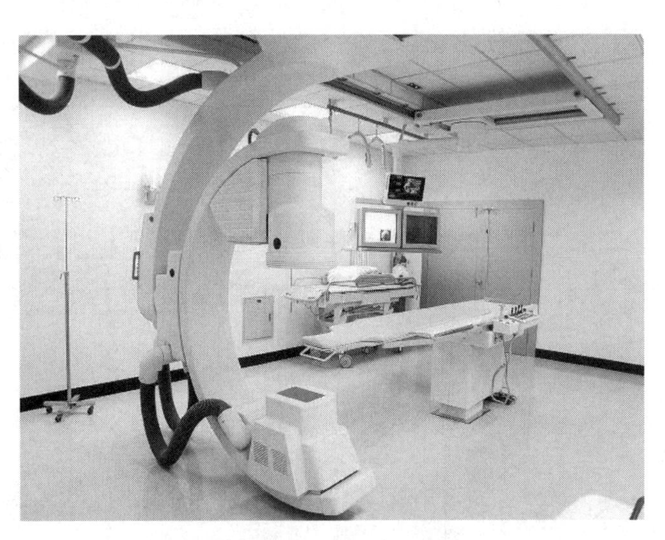

图 4-182　DSA 实景图

流线组织

重症监护室应把清洁区、污染区及其通道分开。流线设计应将病人及医护人员的流线分开，并保证医护人员能够不间断地观测到病人。

重症监护病房（ICU）宜与手术部、急诊部、放射诊断部就近布置，并有快捷联系；心血管监护病房（CCU）宜与急诊部、介入治疗部就近布置，并有快捷联系，当床位较少时可设置于护理单元内，一般收治病情不太严重的患者，或者收治已观察超过 24h 病情稳定的患者。

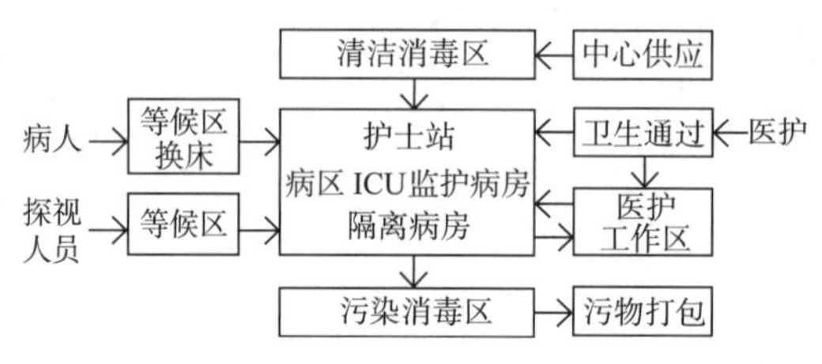

图 4-183　ICU 流线示意图

用房组成

重症监护室主要收治多脏器功能衰竭、按收治科别可细分为心血管监护病房（CCU）、颅脑监护病房（SCU）、肾脏监护病房（KCU）、呼吸系统监护病房（RCU）、神经外科监护病房（NCU）、新生儿监护病房（NICU）、儿科监护病房（PICU）等。

ICU 房间组成表　　表 4-39

入口处以外	入口及卫生通过间		清洁准备区	相关辅助用房		中心监控区		污物
家属等候	接待室探视廊	换鞋更衣浴厕	敷料制作洗消室储藏室	医护办公室休息室值班室	治疗室配药室仪器室	护士站监护病房	隔离病房	洗消间污物收集
非清洁区		半清洁区		清洁区			无菌区	污染区

基本模式

ICU 病床数量一般按医院总病床位的 2% 或手术台数的 1.5 ~ 2.0 倍考虑为宜。在一个 ICU 单元内，床位数以 12 ~ 15 张为宜，超过 15 张床位宜按照病人类别分设 ICU。

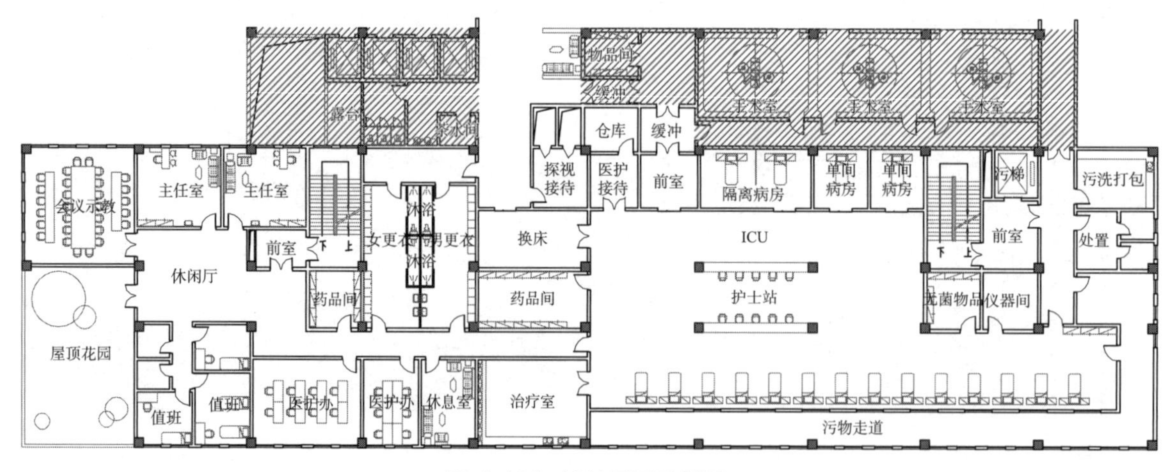

图 4-184　ICU 平面示例图

房间布置

监护病床的床间净距不应小于 1.20m。监护单元每床不小于 12m^2。

护士站应在适中位置，视线通畅，便于观察病人，应设开敞式工作台。护士站设有中心监护仪、室内空气监控仪、病理柜、洗手池等。

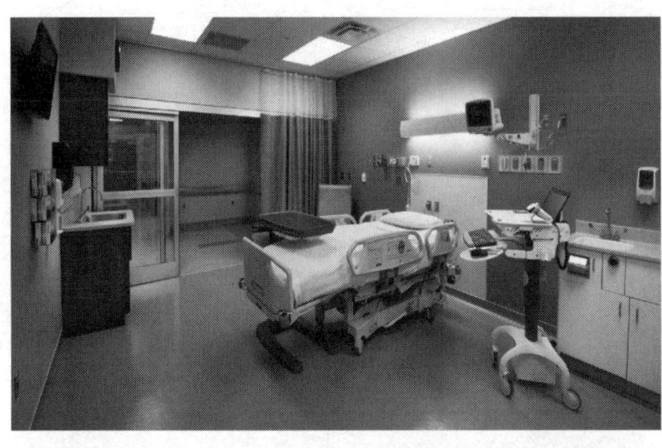

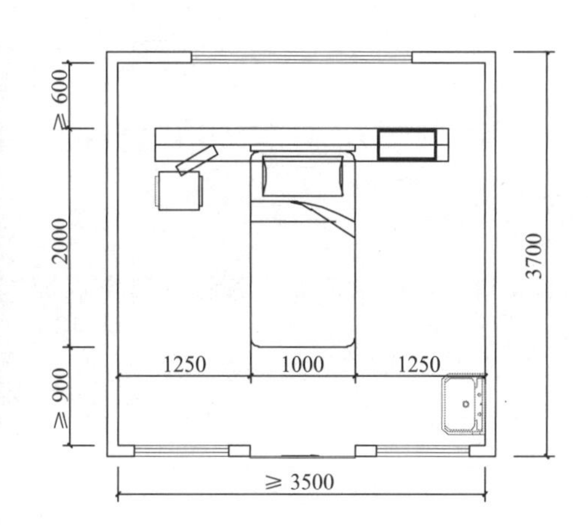

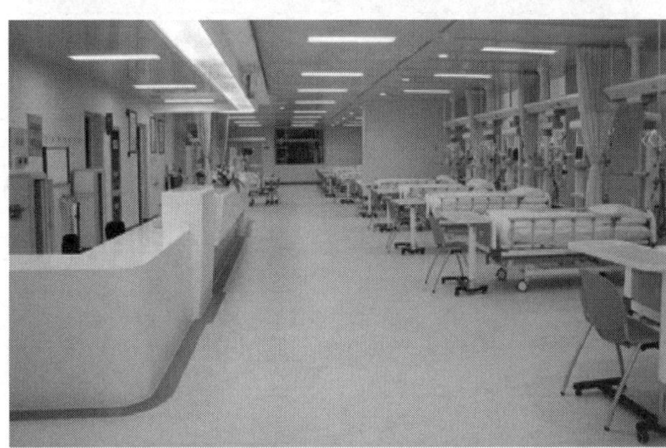

图 4-185　ICU 实景照片

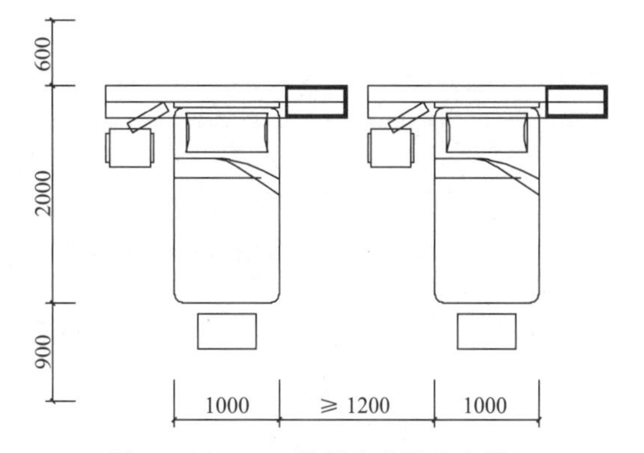

图 4-186　ICU 监护床布置示意图

流线组织

血库的位置应靠近手术室。
输血科仪器设备用房与辅助配套用房宜分区布置，用房布置应满足工作流程。

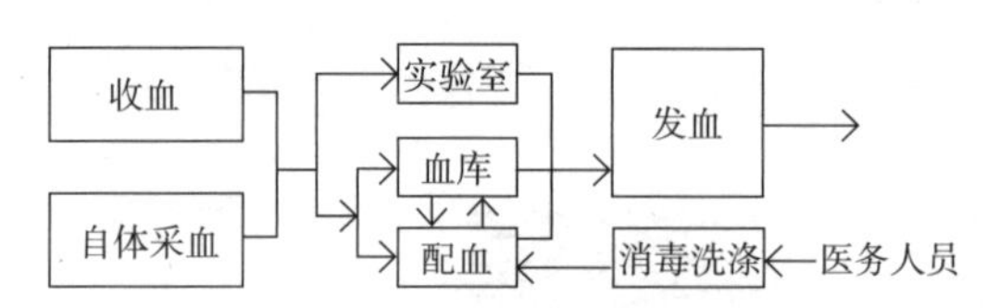

图 4-187 输血科流线示意图

用房组成

输血科（血库）房间配置根据科室规模不同而设置不同，应能满足主要设备仪器的布置。

输血科房间组成表 表 4-40

	输血科	血库
血液处置室	●	
血液贮存室	●	●
配血室	●	●
发血室	●	●
输血治疗室	●	●
血型血清学实验室	●	●
教学示教室（承担临床输血技术人员培训任务的医院）	●	
洗涤室		●
库房	●	
值班室	●	●
资料档案室	●	
工作人员办公室	●	
生活区（卫生、休息、更易场所和设施）	●	

基本模式

二级医院以上的设置独立的输血科，未设输血科的二级及以上医院设立独立的血库。二级以下医院由检验科负责开展临床输血业务，并参照血库标准进行建设管理。

房间布置

采血室应设前室作为气闸及医护更衣换鞋用，采血室设紫外灯和洁净空调。
血库有传递窗与采血室衔接，另设一门与配血室相同。
配血室将受血病人的血样与供血人的血样进行配血实验。

输血科主要设备表　　表 4-41

储血	2℃～6℃储血专用冰箱、-20℃储血浆专用低温冰箱、恒温水浴箱、2℃～8℃试剂储存专用冰箱、2℃～8℃标本储存专用冰箱
配血	全/（半）自动配血系统、无菌接驳机、专用血浆解冻箱（溶浆机）、血液低温操作台、血细胞分离机、生物安全柜、血型血清学专用离心机、专用取血箱、普通血标本离心机、显微镜、电子秤、血小板恒温振荡保存箱、高频热合机
其他	传真机、计算机及信息管理系统

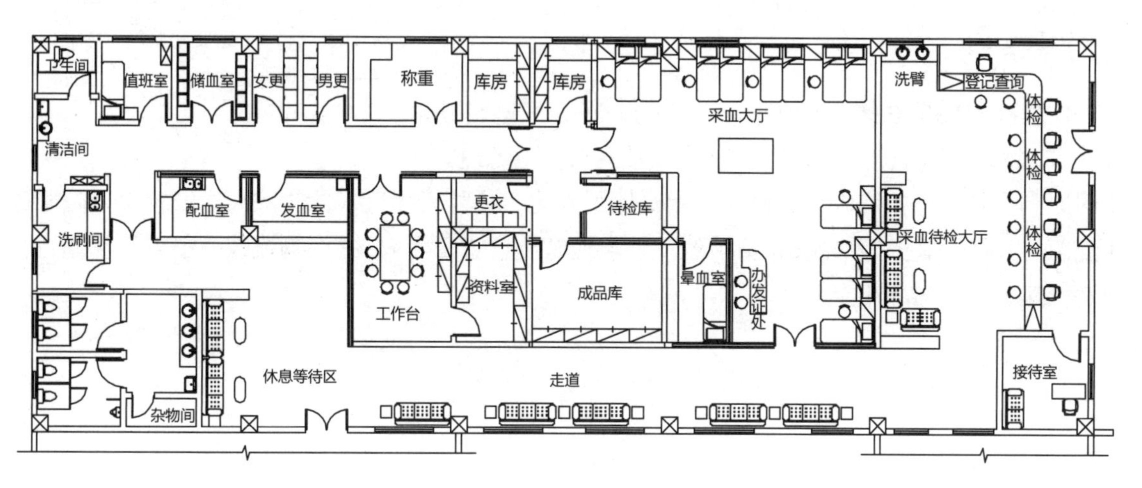

图 4-188　输血科（有采血）平面示例图

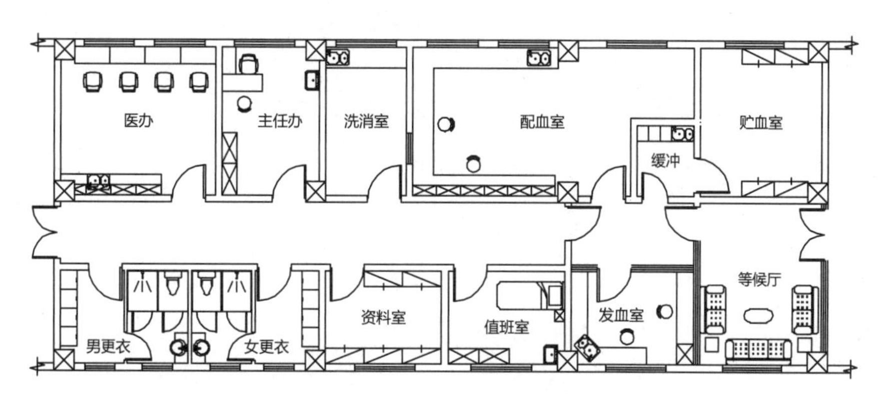

图 4-189　输血科（无采血）平面示例图

功能构成

住院部是为患者提供住院、观察、治疗的场所，其主要由若干个护理单元组成，并配备相应的出入院服务、住院药房以及公共配套设施等。各护理单元既相对独立同时又能满足不同疾病需求。

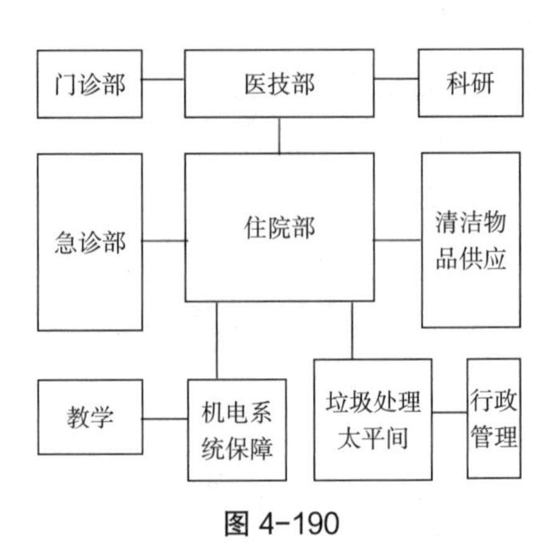

图 4-190

流线组织

住院部的流线主要由医护流线、患者及探视流线、供应流线和污物流线四种流线组成，应按照洁污分流、医患分流的原则设置出入口和垂直交通。患者及探视人流由住院大厅进入，住院大厅设置出入院服务、住院药房、社会服务等功能；供应流线一般连接营养食堂、药剂科；污物流线一般连接污物暂存、中心供应、太平间等功能。

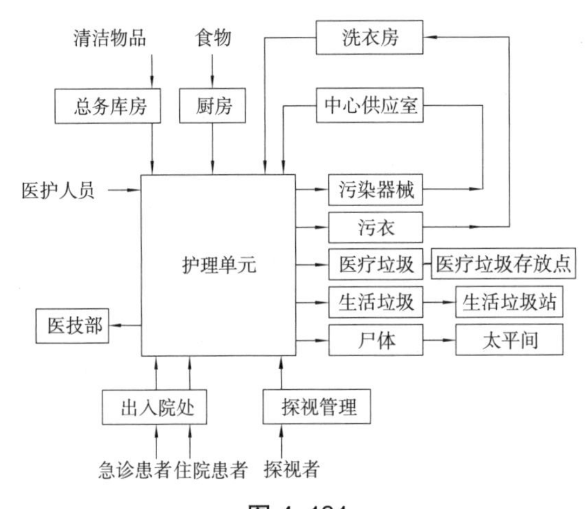

图 4-191

科室划分

表 4-42

一级或二级科室	细化科室
内科	心血管科
	血液科
	呼吸科
	消化科
	内分泌与代谢科
	肾病科
	风湿科
外科	普外科
	骨外科
	泌尿外科
	胸心外科
	神经外科
	整形科
	烧伤科

续表

一级或二级科室	细化科室
妇产科	妇科
	产科
儿科	—
老年科	—
神经科	—
皮肤病科	—
五官科	眼科
	耳鼻喉科
肿瘤科	—
康复理疗科	—
中医科	—
中西医结合科	—
传染病科	—
特需病房	—
血液透析室	—
重症监护室（ICU）	外科监护室（SICU）
	内科监护室（MICU）
	心血管监护室（CCU）
	儿科监护室（PICU）
	新生儿监护（NICU）

注：本表列出综合医院中常见功能类型，实际会根据医院具体情况有所不同

设计要点

住院部位置宜与门急诊等部门分开，并应独立成区，便于医院的管理。有条件时住院部可单独建设，利于结构布置，提高病房的环境质量，基地紧张时也可设置于医技部楼上 [1]。住院部宜设在环境较好区域，有较好的通风、采光、日照和视线。周围设置景观绿化和休闲步道，方便患者住院期间的康复活动。

住院部可集中设置于一栋病房楼内，也可根据住院病人的不同分设内科楼、外科楼及专科病房楼，传染科病房由于护理单元与其他科室病房布局不同及卫生要求，应单独设置感染科病房楼。

根据《建筑设计防火规范（2018 年版）》GB 50016—2014 要求，住院部不应设置在地下或半地下。病房楼内相邻护理单元之间应采用耐火极限不低于 2.00h 的防火隔墙分隔，隔墙上的门应采用乙级防火门，设置在走道上的防火门应采用常开防火门。

高层病房楼避难间设计要求

避难间服务的护理单元不应超过两个，其净面积应按每个护理单元不小于 25.0m^2 确定；
避难间兼作其他用途时，应保证人员的避难安全，且不得减少可供避难的净面积；
应靠近楼梯间，并应采用耐火极限不低于 2.00h 的防火隔墙和甲级防火门与其他部位分隔；
应设置消防专线电话和消防应急广播；
避难间的入口处应设置明显的指示标志；
应设置直接对外的可开启窗口或独立的机械防烟设施，外窗应采用乙级防火窗；
病房楼或手术部的避难间其疏散照明的地面最低水平照度，不应低于 10.0lx。

用房组成

出入院为患者提供住院，出院手续办理的场所。主要用房包括出入院大厅、服务柜台、住院药房、超市商店等公共服务设施。

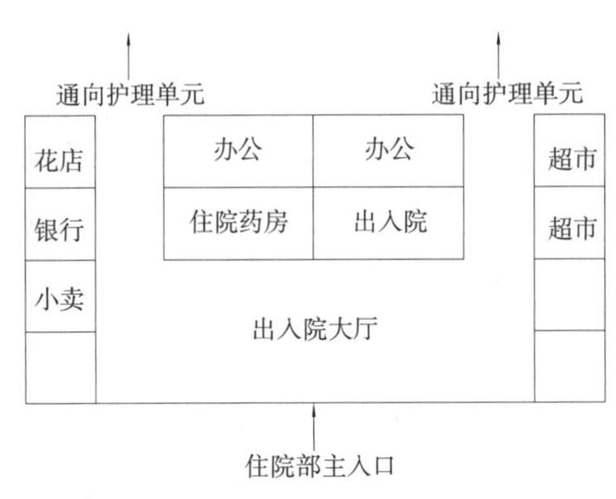

图 4-192　出入院关系图

住院部科室组成表　　表 4-43

一级或二级科室	细化科室
必须配备用房	出入院大厅
	手续办理柜台
	收费办理柜台
	商店
根据需要配备用房	商务中心
	理发室
	出入院卫生处理
	餐厅
	银行 ATM 机

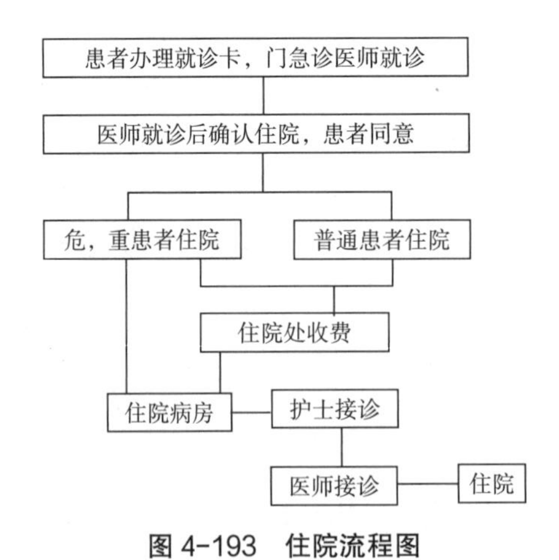

图 4-193　住院流程图

流线组织

出入院处一般应位于住院部的首层，应具备良好的室外交通条件，便于患者快捷到达。出入院处与护理单元应设有直接便捷的交通联系。

病人通过门、急诊检查，持各科医师填写的入院通知单，在入院处办理手续，接受卫生处理后，由入院处人员负责护送才能入院。病人出院时，也必须在出院处办理出院手续后才能出院。因此，入院处实际上是住院部的门户。入院处的最佳位置应在门诊与住院之间，靠近门诊，方便病人办理入院手续。

办理柜台应考虑夜间患者及医保、新农合患者的需要。

设计要点

出入院大厅应宽敞明亮，合理设置出入院服务区、住院药房、超市服务等功能同时设置休憩等候区，为患者提供一个宽敞舒适的入院环境。

结合患者、探视、医护、供应、污物等流线合理设置垂直交通，在条件允许情况下根据功能不同宜分设电梯厅。

住院药房应考虑与药库区和护理单元的联系，方便药品配送。

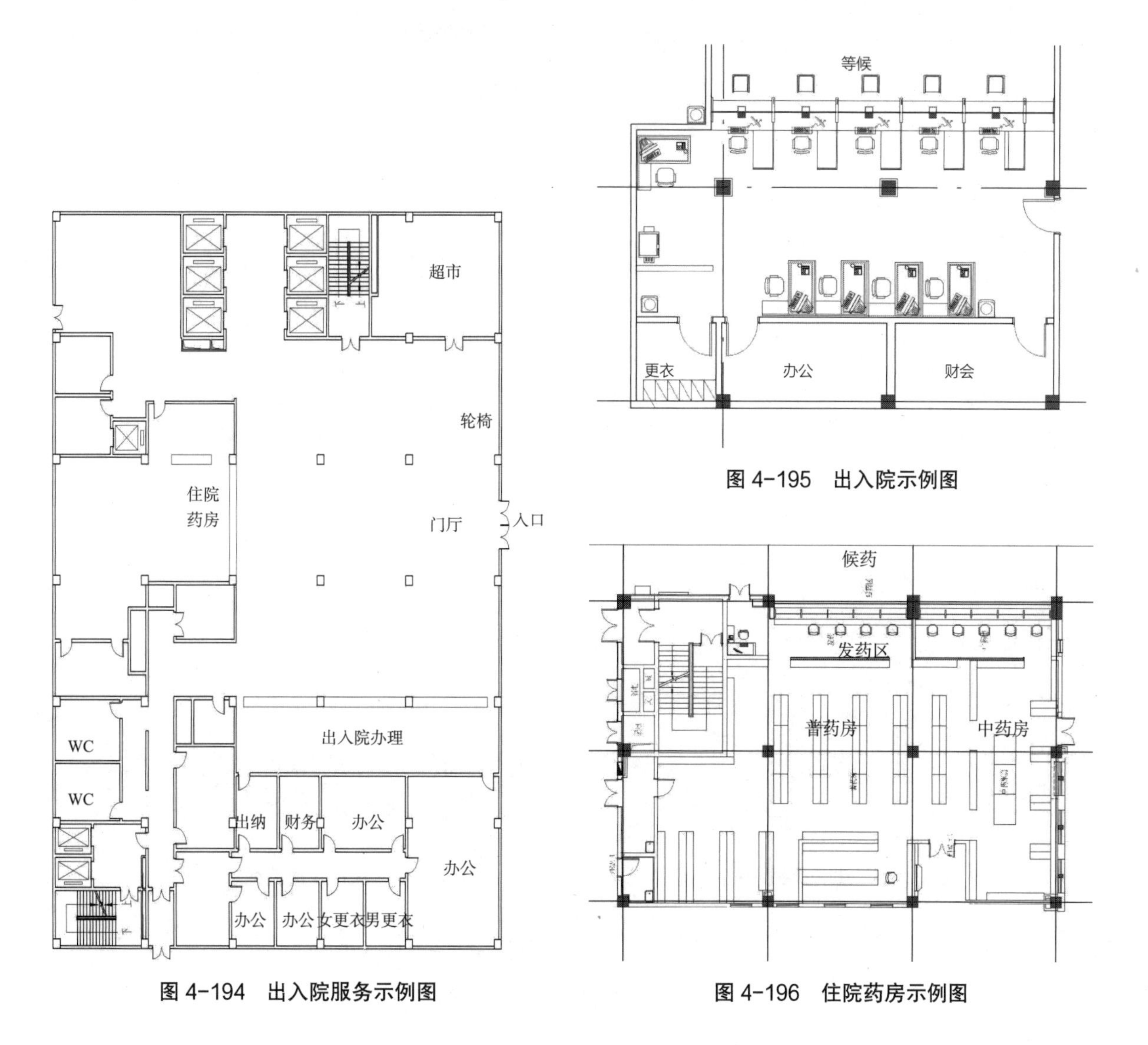

图 4-194　出入院服务示例图

图 4-195　出入院示例图

图 4-196　住院药房示例图

用房组成

护理单元一般由病房、医护工作区、辅助用房和交通设施四部分构成。医护工作区包括护士站、治疗、处置、抢救室、医生办公室、示教室；辅助用房包括医生值班室、护士值班室、配餐室、污洗、库房、浴厕、更衣、机房等；交通设施包括电梯厅、走廊、消防电梯、楼梯等。

标准病房用房组成表　　表 4-44

必须配备用房	病房
	抢救室
	病人卫生间
	洗浴用房
	护士站
	治疗室
	处置室
	医生办公室
	值班室
	医护人员卫生间
	洗浴用房
	主任办公室
	库房
	污洗间
	配餐间
	开水间
根据需要配备用房	特殊需要检查室
	重点护理病房
	病人活动室
	晾晒间
	示教室
	专家办公室

流线组织

护理单元流线分为患者和探视流线，医生流线，供应流线和污物流线。

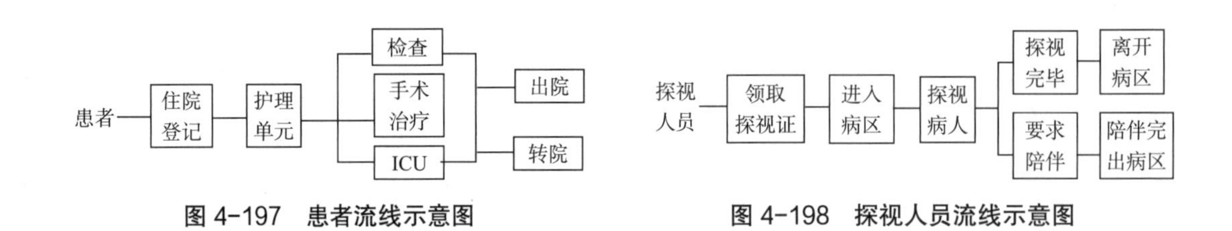

图 4-197　患者流线示意图　　图 4-198　探视人员流线示意图

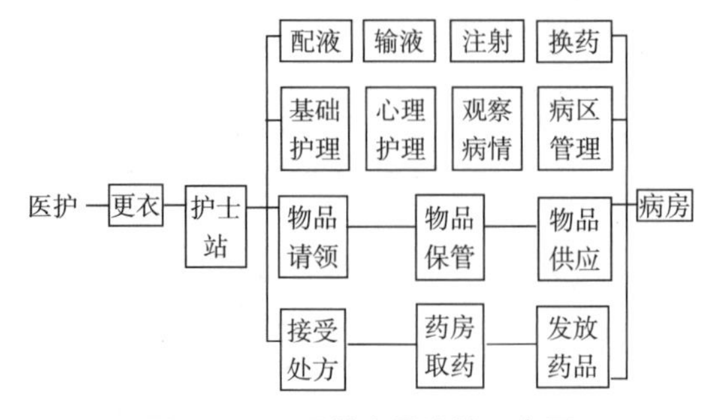

图 4-199　医护人员流线示意图

设计要点

住院部宜设在环境较好区域，有较好的通风、采光、日照和视线。周围设置景观绿化和休闲步道，方便患者住院期间的康复活动。

一个护理单元一般设置 35 ~ 50 床，特需或 VIP 护理单元床位数可根据具体情况适当减少。病房应以 3 床间为主、辅以少量 2 床间、单人间或套间；

护理单元内应合理划分为病房区、检查护理区及医生办公区，每个区域独立成区，洁污分流。应有明确的供应通道和污物处理、暂存和运输通道；

病房应位于护理单元内朝向、采光、通风和视线最好区域，护士站宜居中布置，保证护理视野及最短的护理半径；

一般情况下应设置洁、污两组电梯，条件许可人员使用电梯可按患者、探视、医护人员等分组设置，可单独设置洁净物品、药品电梯、宜设置专用送餐电梯。

基本模式

护理单元主要有每层一个护理单元和两个护理单元两种，也有每层三个或四个护理单元病房楼，但不常见。根据通道护理单元内通道布置的不同，护理单元一般可以分为单廊和复廊两种。

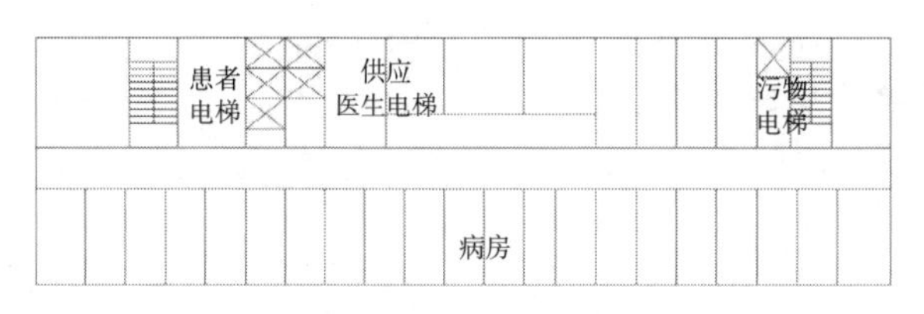

图 4-200　单廊示意图

图 4-201　复廊示意图

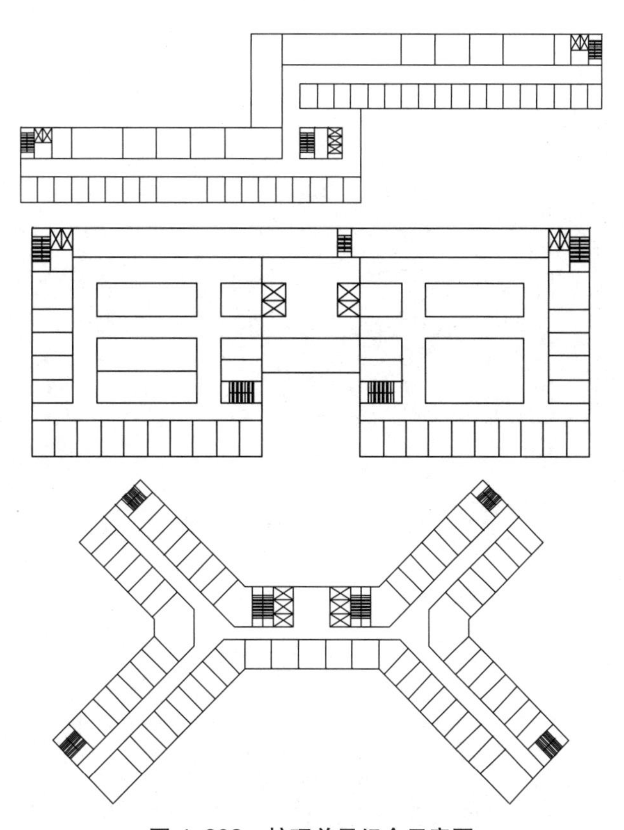

图 4-202　护理单元组合示意图

病房

不超过 3 床，双排不超过 6 床。实际中除单床、2 床间外，大多数病房采用单排 3 床间，少数采用双排 4 床间，局部采用套间形式；

单排病房通道净宽不应小于 1.10m，双排病房通道净宽不应小于 1.40m；平行两床净距不应小于 0.80m，靠墙床沿净距不应小于 0.60m[1]；

病房门净宽不应小于 1.10m（门洞预留约 1.30m），且应直接开向走道，不允许通过其他房间进入病房；

病房净高应为 3.2 ~ 3.4m，不可低于 2.8m；

病床后设有供应轨道通过专门的接口得到氧气、压缩空气等。还应设有电源插孔、阅读灯、电话线、紧急呼叫等设施；

设置床头柜和壁柜。如有条件应在窗户旁边设带有边桌的座椅；

病人使用的卫生间应该考虑无障碍设计。在卫生间内设有淋浴、坐便器、洗手盆、卫生纸盒、镜子等，同时还应注意设置呼叫系统以便在出现意外情况时医护人员能很快到达。

护士站

护士站一般设于护理单元中心，病室围绕护士站四周布置。医护人员到病房距离达到最短，护士在护士站里能看到所有病房，从而改善了护理条件，对患者会给予及时帮助和照顾。护士站距离最远病房门口不宜超过 30m，宜靠近抢救室，并与治疗室相连；

护士站的布置方式一般采用开敞式，通风采光条件较好、观察病人病情活动及联系各室都方便。

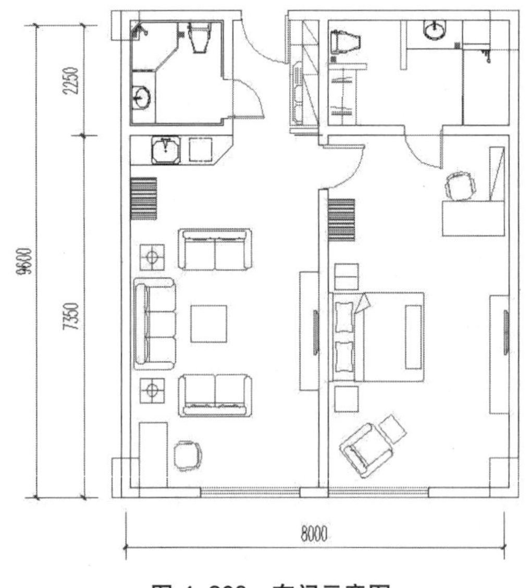

图 4-203　套间示意图

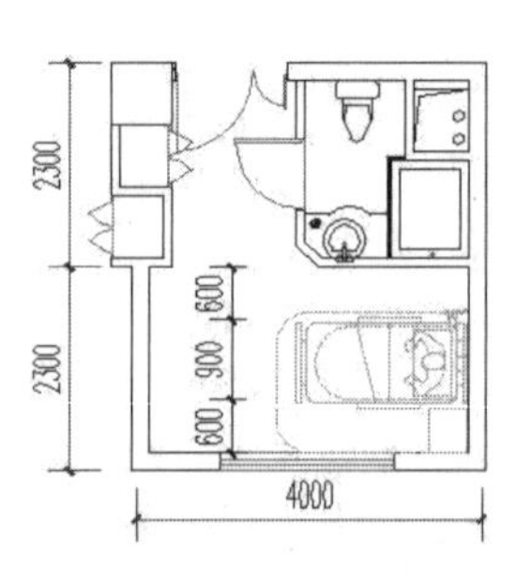

图 4-204　单人间示意图

[1]　平行二床的净距不应小于 0.80m，靠墙病床床沿同墙面的净距不应小于 0.60m，以满足医护人员的护理需求。病房内卫生间门外开。避免病人摔倒在卫生间内，导致门打不开的情况。

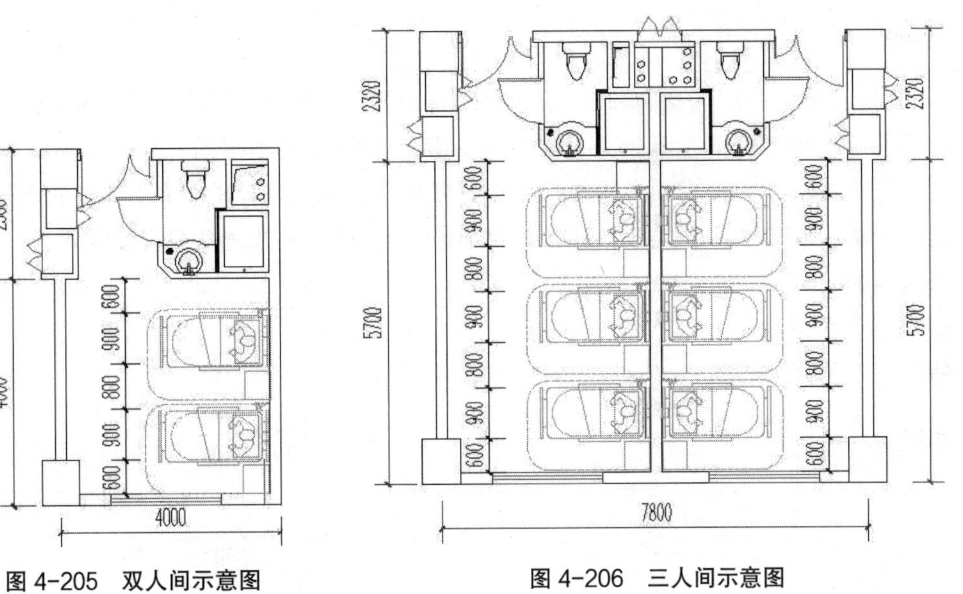

图 4-205　双人间示意图

图 4-206　三人间示意图

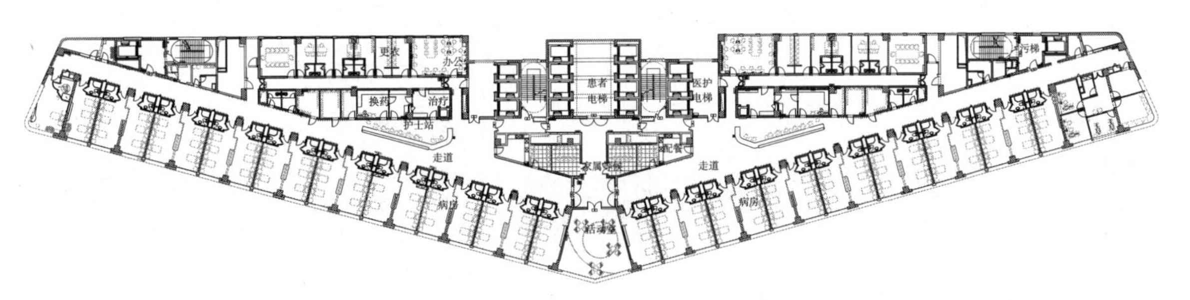

图 4-207　苏州第九人民医院示意图

用房组成

产科病房分为产休部（母婴同室）、分娩部和特别婴儿（早产、隔离）监护室三部分。

产休部为分娩前或分娩后产妇休息的地方，和一般病房大体相同，采用母婴同室的方式，为避免婴儿哭闹影响产妇休息，母婴室最多设两张病床，用三床间的进深，减一张床加两张婴儿床。需要注意的是产休部需要把生理产妇和病理产妇分开，必要的话要设置隔离病室。

产科病房的三个部分加起来比标准护理单元大，同时需要考虑产休部和分娩部的就近关系，通常分层设置或利用裙房面积布置分娩部和特别婴儿监护室，因此一般布置在较低楼层，这样可以保持护理单元的完整性。

流线组织

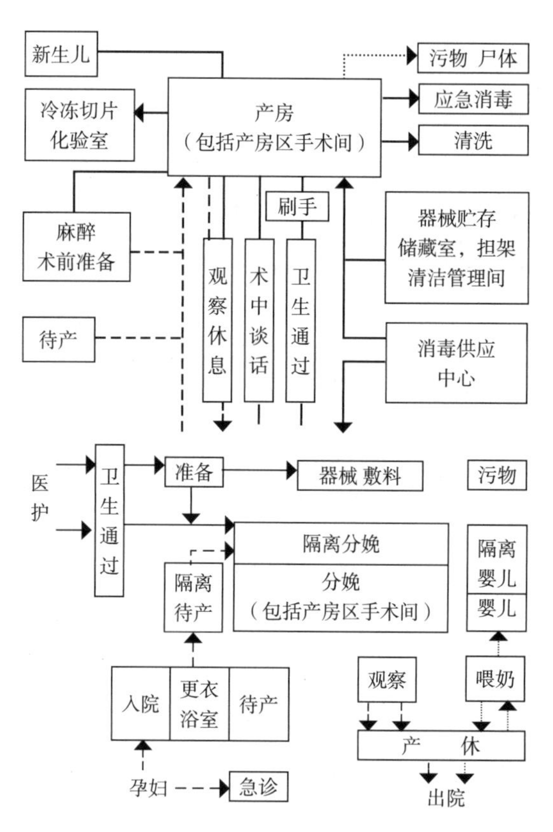

图 4-208　产科病房流线示意图

设计要点

产房宜与产休用房同层，但产房应自成一区。产房区入口处设缓冲，医护人员应设卫生通过和浴室；

待产室应临近分娩室设置，宜设专用卫生间；

一般分娩室平面净尺寸不宜小于 4.2m × 5.1m，剖腹产手术间不宜小于 5.4m × 5.1m；

母婴同室或家庭产房应增设家属卫生通过；

妇、产二科合为一个护理单元时，妇科的病房、治疗、浴室应与产科的产休室、产检检查、浴厕等分别设置。

分娩部设计

分娩部设置应以方便工作，有利于母婴安全、符合隔离和无菌为原则，并与手术室、产科病房、母婴同室和新生儿室等相邻近形成相对独立的区域。布局合理、明确划分非限制区、半限制区和限制区。区之间应用门隔开或有明显标志。有条件的医院分娩室应设三条通道，即病人通道、工作人员通道、污物通道。病人通道宜近待产室，工作人员通道应靠近更衣室，分娩室设污物通道，以使污物直接从外走廊运出。

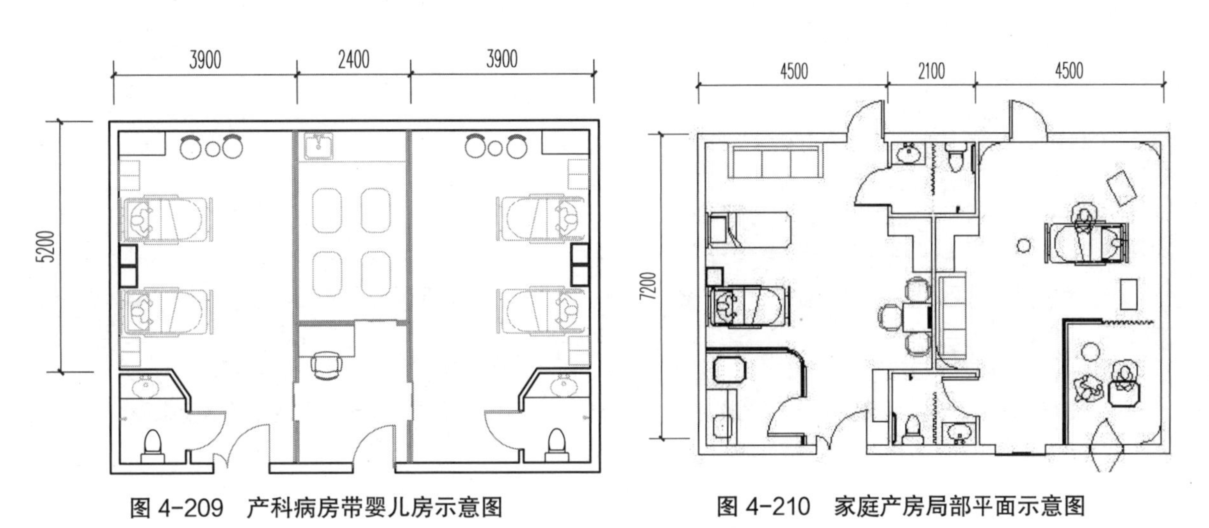

图 4-209　产科病房带婴儿房示意图

图 4-210　家庭产房局部平面示意图

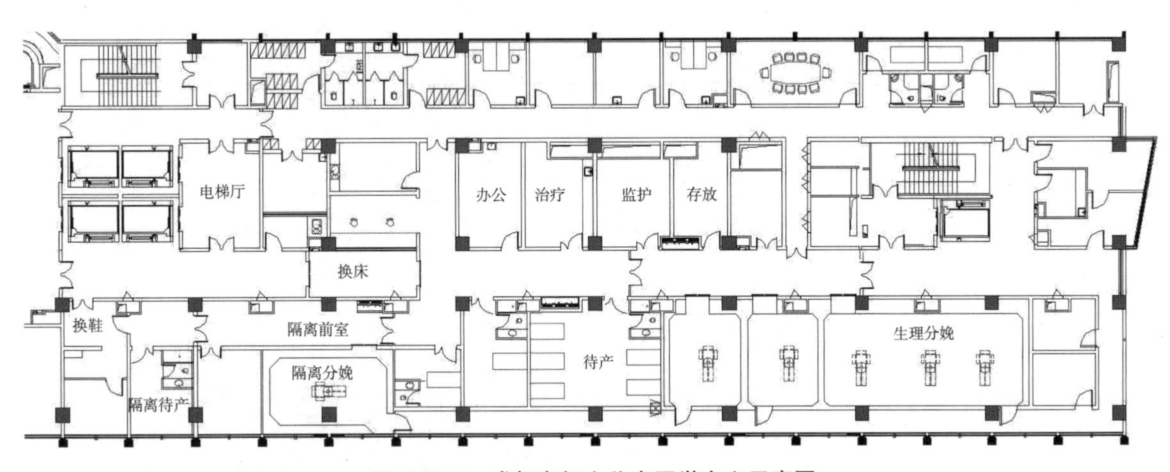

图 4-211　成都市妇女儿童医学中心示意图

流线关系

在病区外，患者入院流线与出院流线分离在病区中，物品、病人与医护人员流线严格分离。物品只从清洁区向污染区单向流动。护理单元备餐间分成相邻洁污独立小间，相互间设传递窗，实现洁污分流。

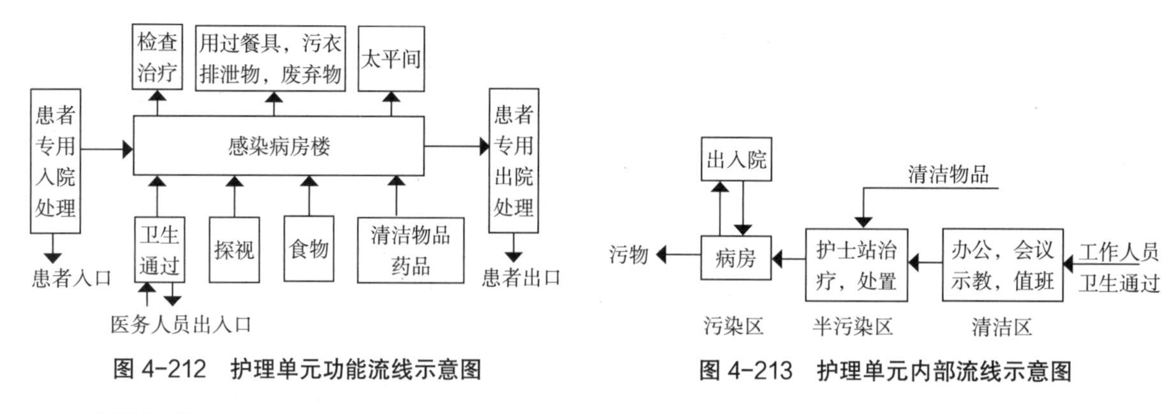

图 4-212　护理单元功能流线示意图

图 4-213　护理单元内部流线示意图

房间组成

表 4-45

污染区	病房
	病人卫生间
	洗浴用房
	污洗间
	负压病房
半污染区	护士站
	治疗室
	处置室
清洁区	医生办公室
	值班室
	医护人员卫生间
	洗浴用房
	主任办公室
	库房
	配餐间
	开水间

基本模式

传染病医院住院部按不同病种分区设置，通常设呼吸道传染病护理单元和消化道传染病护理单元。不同传染病护理单元应分别设置，每护理单元（病区）设置 32 ~ 42 床位，不同传染病种患者应分别安排在不同病区构成不同护理单元，不得混合安排，如必须合并时应能合理分隔。

传染病区标准护理单元，采用三区三廊的模式，即分清洁区、半清洁区、污染区，在各区间设消毒通过处理。走廊也根据三种功能分区相应地分为清洁走廊、半清洁走廊、污染走廊。

竖向交通应分组布置，不同病种病人电梯、工作电梯及污物电梯应分开设置，避免交叉感染。

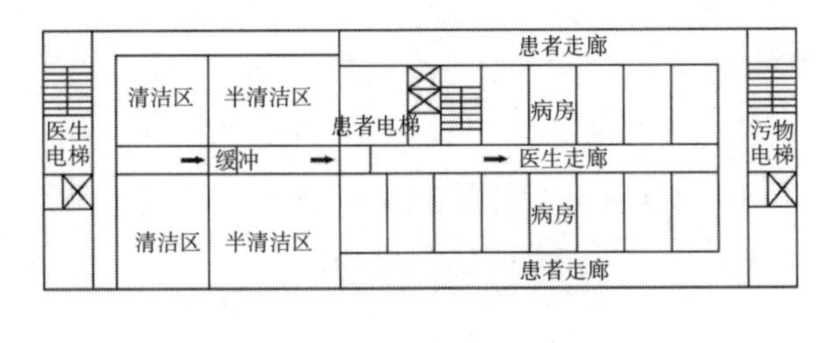

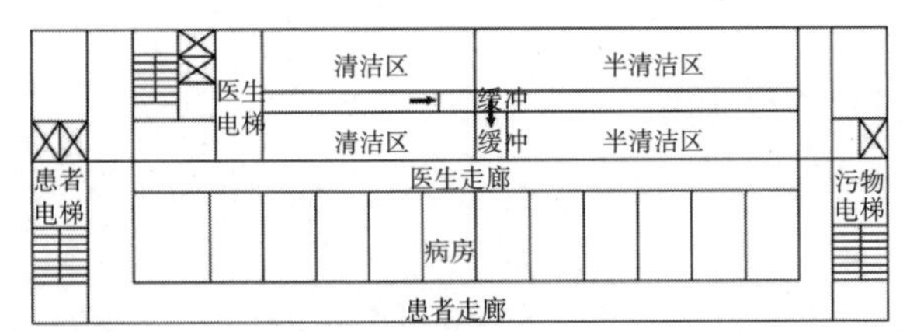

图 4-214 传染病区护理单元示意图

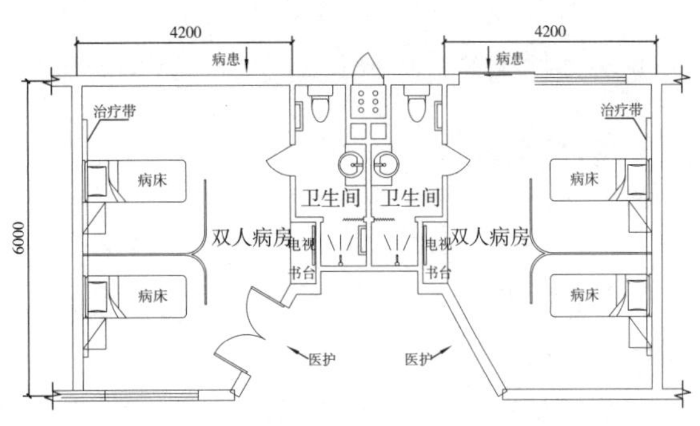

图 4-215 传染病房布置示意图

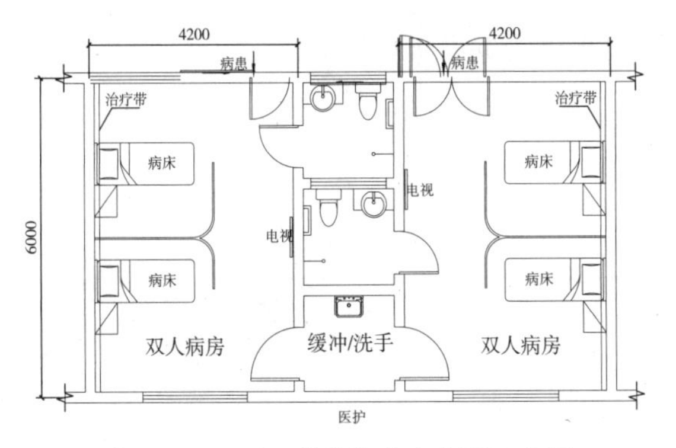

图 4-216 呼吸道传染病房布置示意图

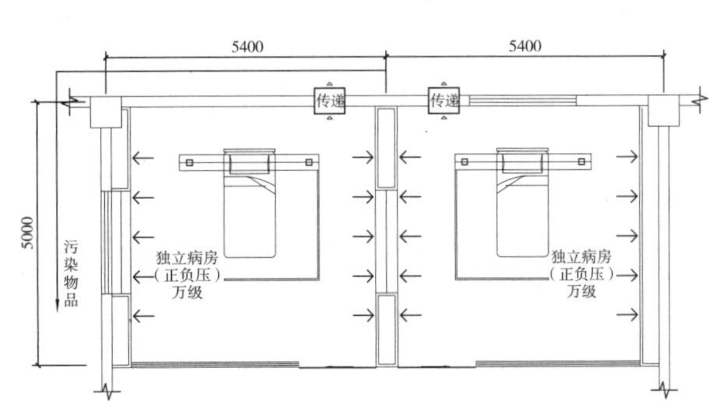

图 4-217 负压病房布置示意图

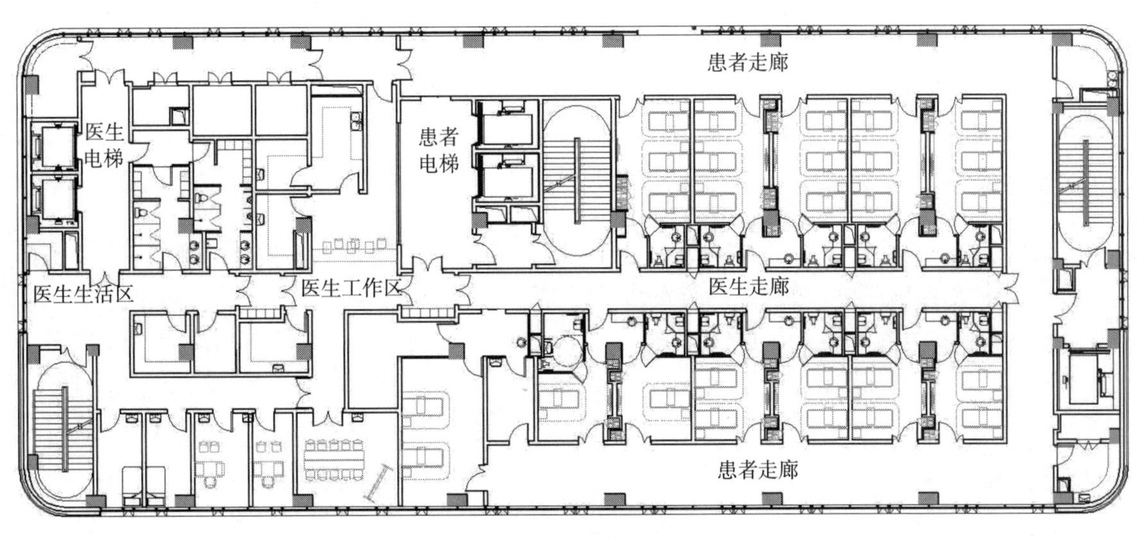

图 4-218 青岛胸科医院示意图

基本概念

洁净无菌病房是指收治白血病、烧伤、脏器移植以及各大系统重症监护等免疫能力极端低下病人的病房。因为这些病人抵抗力极低，受感染后就容易发病并导致生命危险等严重后果，因此必须在无菌的环境内接受治疗，主要控制的不是尘埃而是细菌或称微生物。

设计要点

血液病房、烧伤病房一般分别设于内科和外科护理单元内，自成一区。

为保证病房的洁净度要求、减少干扰，洁净病房应是独立尽端，并应设在环境良好、空气清洁的楼层；

洁净病区必需配备的用房有：入口处医护人员卫生通过、准备、病人浴厕、净化室、洗涤消毒处和消毒用品储藏柜等；

血液病房病人卫生间必须单独设置，可同时设淋浴器和盆浴；

烧伤病房应配套单人隔离病房、重点护理病房，可根据需要设置烧伤专用手术室；

洁净病房限一个病人使用，应符合三级净化流程，并在入口处设置二次更衣和换鞋处。

洁净无菌病房分类特性及要求　　表 4-46

室名	宜设洁净度	宜设温湿度
白血病房	百级	22 ~ 26℃ ≤ 60%
烧伤病房	百级	30 ~ 35℃ 50%
呼吸器官病房	百级至万级	23 ~ 28℃ 40% ~ 60%
脏器移植病房	百级	23 ~ 28℃ 40% ~ 60%
新生早产儿室	十万级	24 ~ 28℃ 50% ~ 60%

白血病单元

白血病病房多采用全透明涤纶片及铝合金骨架组装的单床病房，为使洁净空气首先到达病人口鼻区，多采用由头部一侧送风的百级水平层流。为使病房减少干扰，其位置应是独立尽端，外部环境空气清新、含尘量低，最好在顶层。

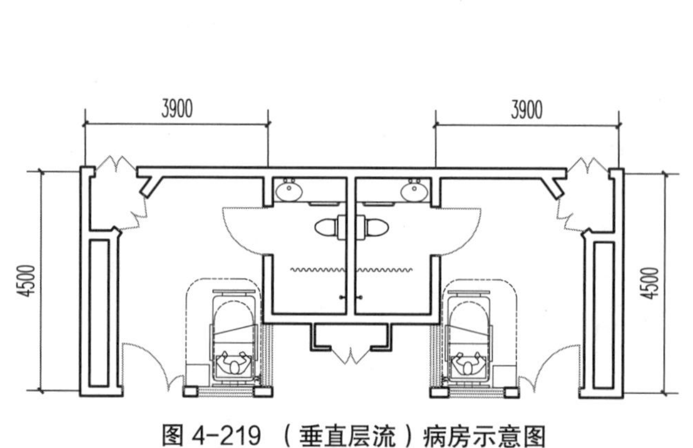

图 4-219 （垂直层流）病房示意图

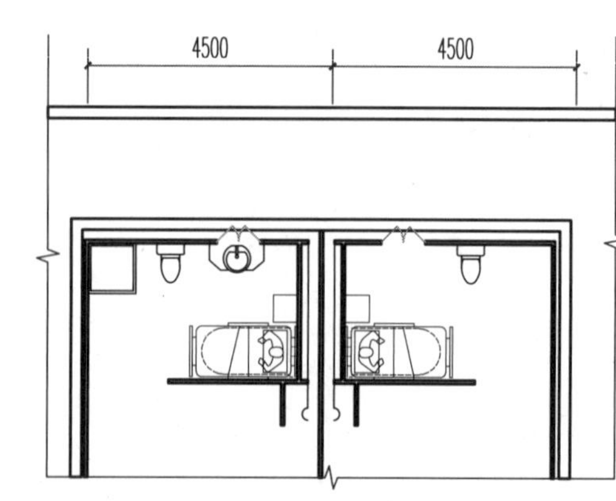

图 4-220 （水平层流）病房示意图

白血病单元构成表　　表 4-47

房间名称	洁净度要求	主要功能
主病室	百级	治疗后病人房间，医护人员的护理只能在洁净走廊一侧的透明涤纶帐外通过固定在上面的医用手套接触病人，房间内设置医用气体接口、呼唤信号、应答指示灯、电视、电话
过渡病室	万级	为手术前病人或手术后病人免疫功能恢复较好的病人使用，多为顶送侧回的乱流室
医护办公	万级	设置空调、信号、背景音乐等的控制台和电视监视屏及相应的办公设施
洁净廊道	万级	与病室之间保持适当的空气静压差，人员、器物必须经卫生通过程序后才能进入
探视廊	十万级	家属探视
配餐、值班、卫生通过	无洁净要求	为病人提供医护服务

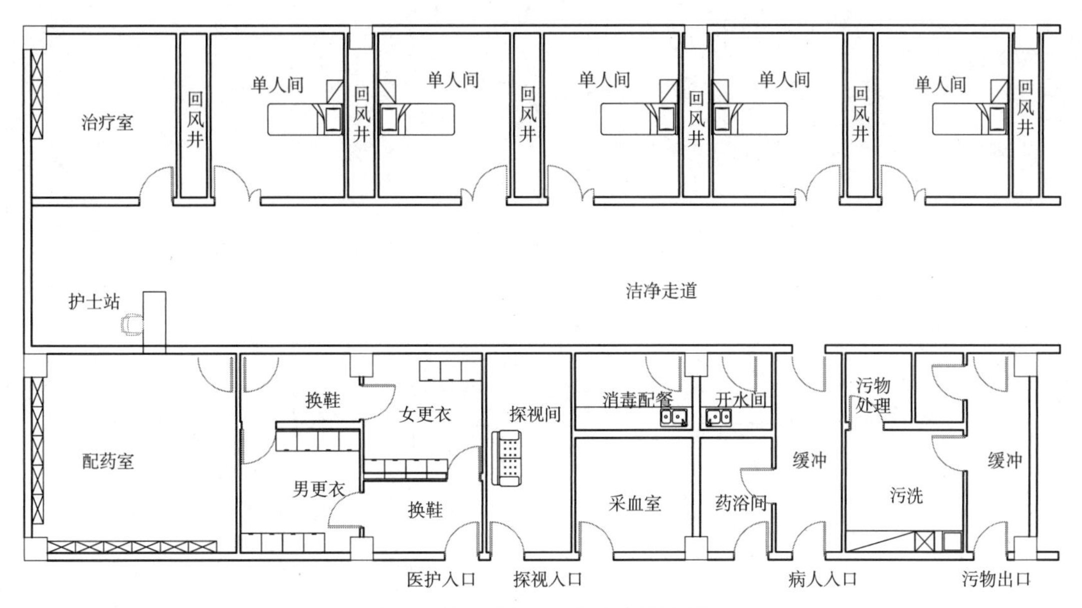

图 4-221　洁净无菌病房示意图

用房组成

行政管理[1]用房要根据医院的行政管理机构设置来设计，宜单独成区，如医院用地紧张，可将其功能分类拆散后与医疗用房组合设计，但必须注意办公流线与病人就诊流线的控制，避免交叉和相互影响。

各类办公用房的面积一般根据其办公人数确定，其附属用房如报告厅，则需根据其具体功能设置确定面积标准。

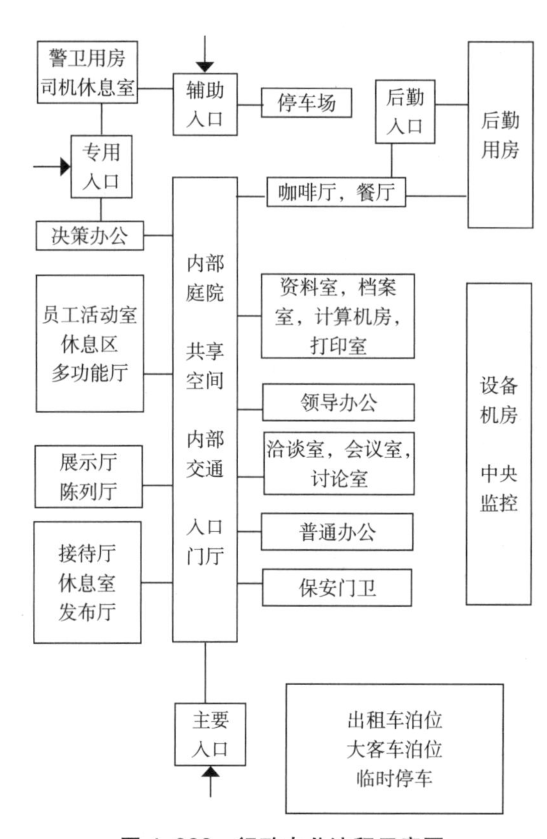

图 4-222　行政办公流程示意图

行政管理用房分类表　　表 4-48

类别	用房名称	面积比例
行政办公系统	院长办公室、党委办公室、职工会、人事处、审计监察、计划财务、离退休管理处、治保科	30%
设备设施保障系统	器材处、消防科、总务科、房管科、基建科、物资库、动力设备科、车管科	40%
医疗业务办公系统	护理部、科研处、医务办公室、教学办公室、门诊办公室、医疗保险办公室	20%

区位关系

1. 行政办公系统用房一般布置在所在区块的顶层，以减少人流干扰，保证办公秩序。

2. 设备设施保障系统可结合各自所管设备设施分散多处布置，以方便管理。如器材处可结合主要器材仓库设置。

3. 医疗业务办公系统可结合医疗功能区分散布置，也可和行政办公系统集中设置。

[1]　医院管理除了要注意医疗专业的特性外，还要解决医疗事业独有的管理问题。医院管理需要组织一套管理机构，以提高医院内的医疗质量和作业效率。综合医院内，行政管理组织机构构成是复杂的，其内容和职责要求及范围也是多方面的。

交通流线

办公建筑应组织好人员和车辆的交通，保持合理的流线，保证高峰时刻的顺畅。可通过空间和时间上的交错安排避免不同流线的冲突，提高有限交通场地的使用效率。

洁净无菌病房分类特性及要求表　　表4-49

分类	设计要点
主要办公人员流线	根据办公楼的类型组织进出流线，保证上下班高峰时的便利性，同时考虑内部各单位之间联系，交流的便利性
专用办公流线	对于特定的办公人员，根据需要安排单独的流线以确保他们进出的效率，私密性和安全性
接待流线	根据需要确保到达的顺畅，并考虑迎宾的空间效果和展示作用以及安全保卫方面的安排
对外服务流线	需要安排对外公众服务功能的办公建筑。需要保证公众办事时的便利性和导向的清晰性，同时避免影响内部人员的办公工作和安保
后勤服务流线	包括服务人员的工作路线，货物运输和垃圾清运等，避免影响内部人员的办公工作和安保

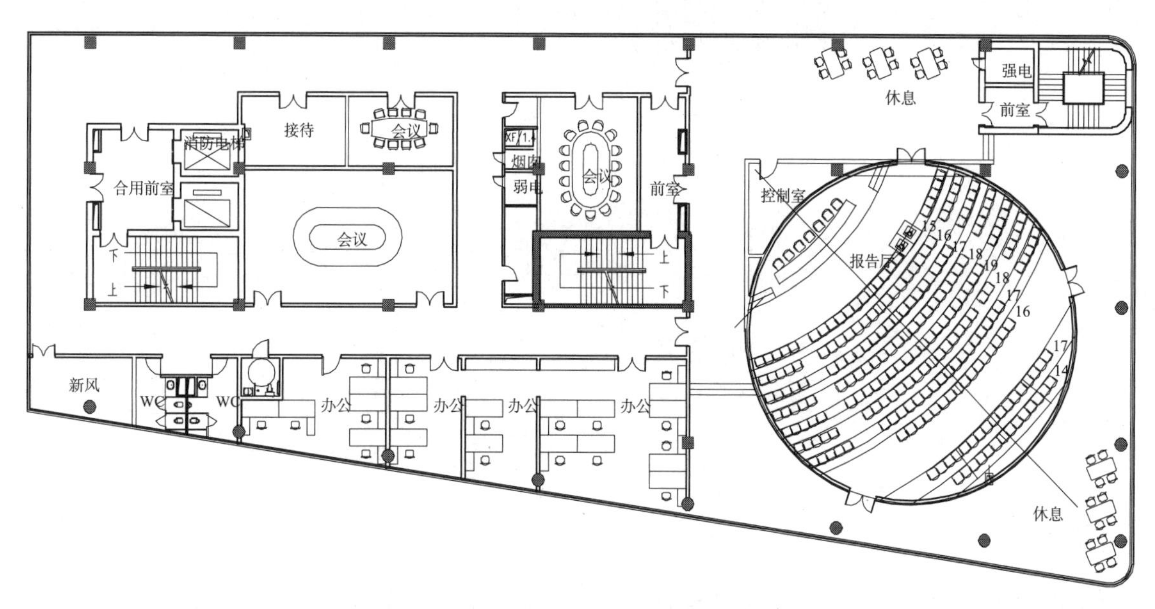

图4-223　黄浦区中心医院示意图

用房组成

院内生活是保障医护及医院管理人员就餐和休息的功能区域，主要包括职工食堂，宿舍和集中浴室。

职工食堂

职工食堂宜独立成区，一般与营养厨房贴临布置。条件允许的前提下，宜设独立建筑，方便材料运输和垃圾运出，用地紧张时，可设置在医疗建筑内，但要注意分区与流线控制，职工就餐出入流线应与病人主要流线分开，并尽量避免与营养厨房送餐流线交叉。

厨房的一般程序是：接收区 - 准备区 - 切配、烹饪区 - 发餐区 - 洗涤。

职工就餐时间相对集中，食堂座位数与职工人数比例一般控制在 1∶2 ~ 1∶3 为宜。

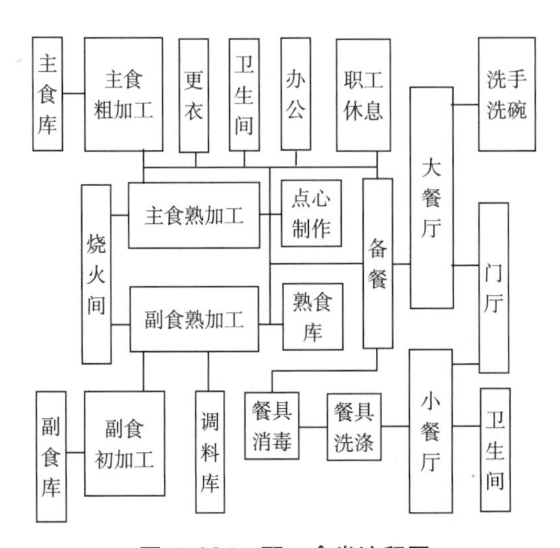

图 4-224 职工食堂流程图

宿舍

根据卫生主管部门要求或医院自身需要，通常会为实习医生或住院医生提供宿舍，根据其住宿人数和住宿标准确定建筑面积，人均建筑不小于 $8m^2$。一般设置单人间、双人间和多人间。

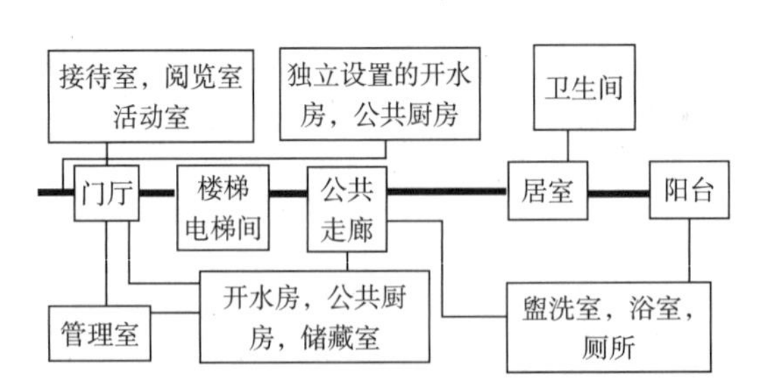

图 4-225 宿舍区功能示意图

集中浴室

一般的大型医院每个科室均配备浴室和更衣室，为相应科室的医护人员提供服务，其空间大小仅能满足本科室人员使用。集中浴室一方面可以供行政、后勤人员使用，一方面可以供临时性的大量实习医护人员使用，其规模大小没有统一标准。

医护人员的工作服装长度较长，其更衣箱为单层式，更衣室需满足更衣箱的数量要求。

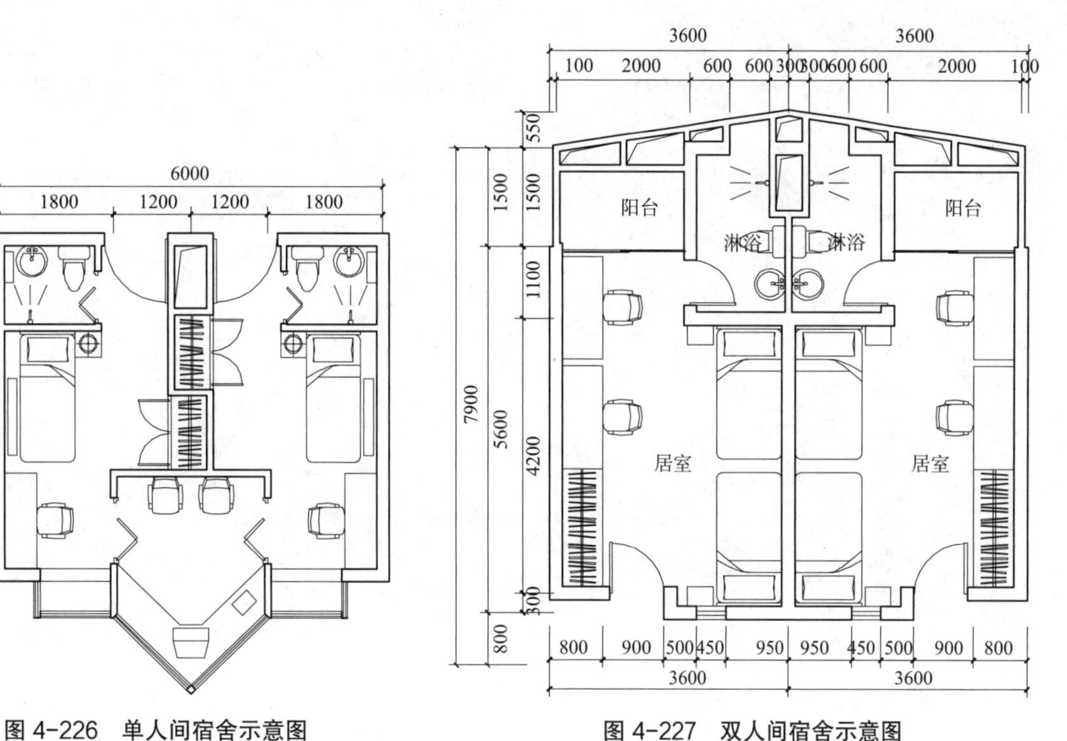

图 4-226 单人间宿舍示意图

图 4-227 双人间宿舍示意图

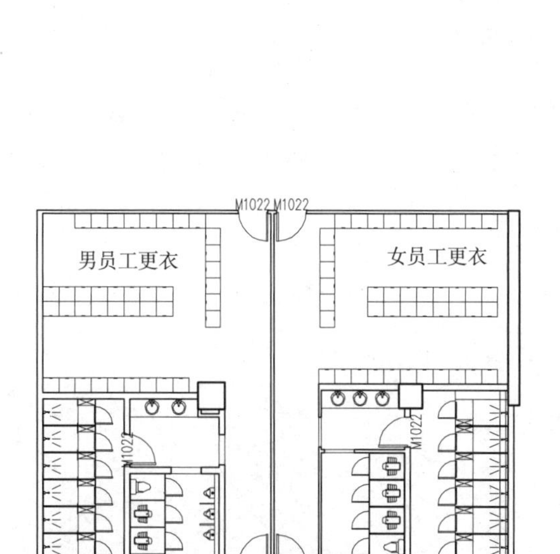

图 4-228 集中浴室示意图

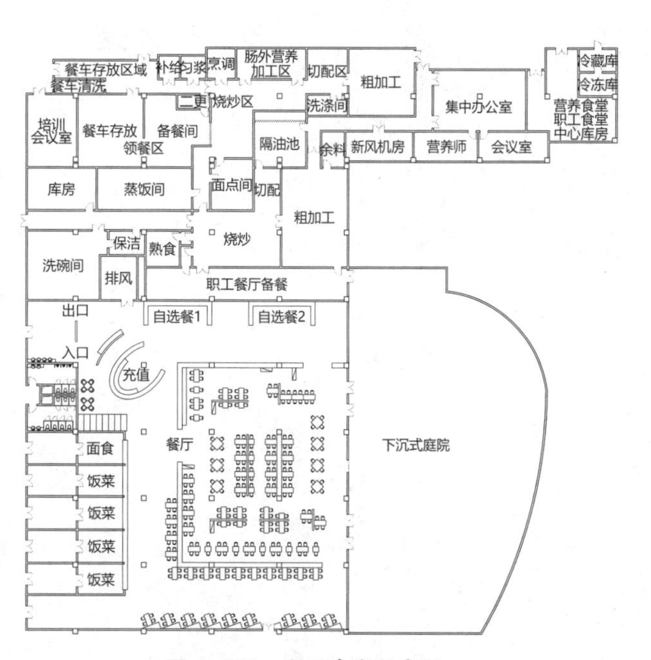

图 4-229 职工食堂示意图

CHAPTER

第 5 章　结构设计

设计要点

1. 医疗建筑的结构布置、荷载取值和屏蔽防护设计应满足其特殊的功能及工艺设备要求。
2. 医疗建筑如需进行地震安全性评价，应按照安评结果和相关规范综合确定其地震作用。
3. 医疗建筑应按照高于当地房屋建筑的抗震设防要求进行设计和施工。

结构体系

国内医疗建筑常用的结构体系有钢筋混凝土框架结构、框架—剪力墙结构、框架—筒体结构。

框架结构的优点是建筑内部空间分隔灵活，相对于剪力墙结构，自重较轻。缺点是抗侧刚度较弱，当地震发生时，侧移常较大，且此体系只具有一道抗震防线，因此适用高度较低。主要适用于体型较规整、刚度较均匀的低、多层医疗建筑。

框架—剪力墙结构是把框架和剪力墙结合在一起共同抵抗竖向和水平荷载的一种体系。它利用剪力墙的高抗侧力刚度和承载力，弥补框架结构抗侧移刚度差、变形大的弱点，同时因为它只在部分位置上有剪力墙，又保留了框架结构具有较大的灵活空间、立面易于变化的优点。

框架—筒体结构是把框架—剪力墙结构中的剪力墙相连做成井筒式，井筒使得结构的刚度和承载力都大大提高，适用于建造高度更大的建筑。

结构设计应根据建筑功能、材料性能、建筑高度、抗震设防类别、抗震设防烈度、场地条件、地基及施工因素，经技术经济和适用条件综合比较，选择安全可靠、经济合理的结构体系。根据规范规定，常用混凝土结构体系的适用范围见表5-1。

医院是防灾救灾的生命线工程，宜采用具有双重抗侧力体系、抗震能力较好的框架—剪力墙结构、框架—筒体结构。在满足结构抗震、抗风要求的同时，又能适应医疗建筑空间灵活分隔的需求。

混凝土结构体系的适用范围 **表5-1**

结构体系		框架	框架—剪力墙	框架—核心筒	筒中筒
适用高度（m）	非抗震	70	150	160	200
	6度	60	130	150	180
	7度	50	120	130	150
	8度（0.2g）	40	100	100	120
	8度（0.3g）	35	80	90	100
	9度	24	50	70	80
适宜的高宽比	非抗震	5	7	8	8
	6度、7度	4	6	7	8
	8度	3	5	6	7
	9度	-	4	4	5

注：本表用于A级高度的高层建筑混凝土结构体系、对B级高度的高层建筑混凝土结构体系的适用高度及高宽比应符合《高层建筑混凝土结构技术规程》GJG3—2010。

结构平面布置

建筑的平面形状及抗侧力构件的布置对建筑物抵抗地震作用的能力影响很大。抗震设计的混凝土结构医院建筑，其平面布置宜简单、规则；抗侧力构件宜沿两主轴方向对称布置，两方向的刚度宜接近。框架—剪力墙结构在两主轴方向均应布置剪力墙，剪力墙宜均匀布置在建筑物的周边附近、楼梯间、电梯间、平面形状变化及恒载较大的部位；纵向剪力墙宜布置在结构单元的中间区段内，当房屋纵向长度较长时，不宜集中在两端布置纵向剪力墙；纵横向剪力墙宜组成L形、T形、∟形等形式，以增强抗侧刚度和抗扭能力。

医院建筑的设计中，结构工程师应与建筑师协商尽量避免采用不规则的平面和竖向形状突变的立面，避免过大的地震扭转效应。结构的不规则性应按下列要求综合判断。下列情况之一为平面不规则：

1. 扭转不规则

楼层最大弹性水平位移（或层间位移）大于该楼层两端弹性水平位移（或层间位移）平均值的1.2倍。

2. 平面凹凸不规则

结构的平面凹进或凸出一侧的尺寸，大于相应投影方向总尺寸的30%为平面凹凸不规则。（图5-1）

建筑混凝土结构常用的平面尺寸限值见表5-2。

建筑混凝土结构平面尺寸限值 表5-2

设防烈度	l/B_{max}	l/b
6、7度	≤0.35	≤2.0
8、9度	≤0.30	≤1.5

3. 楼板局部不连续

1）有效楼板宽度小于该层楼板典型宽度的50%。

2）开洞面积大于该楼层面积的30%。

3）较大的楼层错层，楼板高差大于梁高，错层面积大于该层总面积的30%。

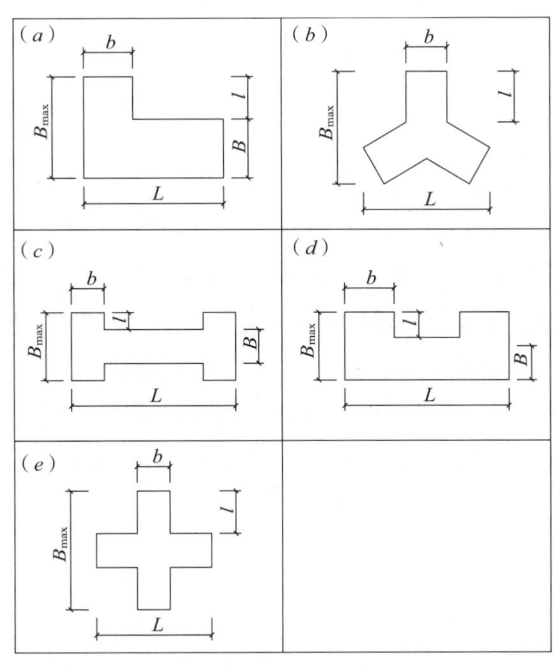

图5-1 平面凹凸不规则示例

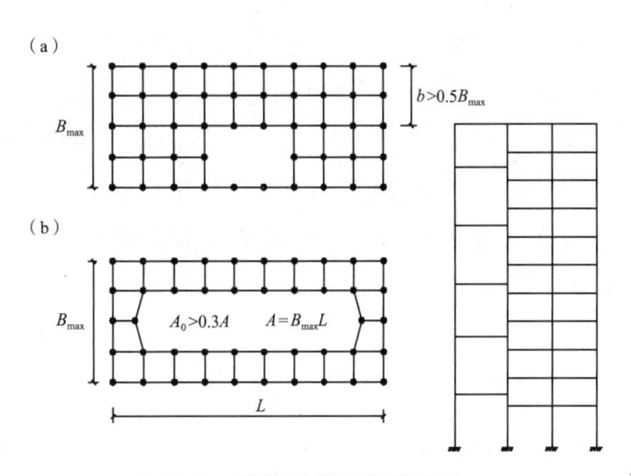

图5-2 楼板局部不连续示例

结构竖向布置

竖向宜规则，不宜突变；结构的竖向构件宜连续，沿高度均匀变化，楼层刚度宜沿建筑物竖向不变或自下而上逐渐减小。宜采用的形体为柱体、锥体等。下列情况之一视为竖向不规则：

1. 侧向刚度有突变

楼层侧向刚度小于相邻上一层楼层侧向刚度的 70%（按高规考虑层高修正时，数值相应调整），或小于上相邻三层侧向刚度平均值的 80%。

2. 竖向抗侧力构件不连续

竖向抗侧力构件（柱、剪力墙、抗震支撑）的内力由水平转换构件（梁、桁架等）向下传递及其他竖向传力不直接的情况。

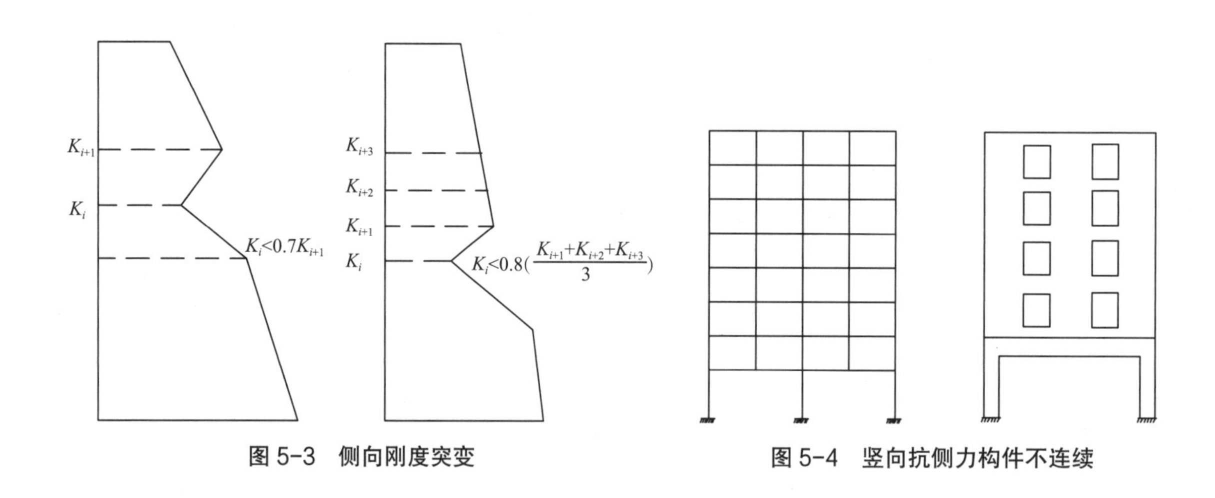

图 5-3　侧向刚度突变

图 5-4　竖向抗侧力构件不连续

3. 立面局部收进或外挑

当结构上部楼层收进部位到室外地面的高度 H_1 与房屋总高度 H 之比大于 0.2 时，除顶层外，上部楼层局部收进后的水平尺寸 B_1 小于相邻下一楼层水平尺寸 B 的 0.75 倍。

高层建筑当上部结构楼层相对于下部楼层外挑时，下部楼层的水平尺寸 B 小于上部楼层水平尺寸 B_1 的 0.9 倍，或水平外挑尺寸 a 大于 4m。

4. 楼层承载力突变

楼层层间抗侧力结构的受剪承载力小于其上一层受剪承载力的 80%。

超过个别款且超过不多时为一般不规则；多项均超过或某项超过较多，具有较明显的抗震薄弱部位，并将会引起不良后果即为特别不规则；体型复杂，多项指标均超过指标上限或某项大大超过规定值，具有严重的抗震薄弱环节，地震时将会导致严重破坏即为严重不规则。对于不规则结构应采取相应的设计措施；采用特别不规则方案的高层建筑工程属于超限高层建筑工程，应按建设部《超限高层建筑工程抗震设防专项审查技术要点》的规定，申报超限高层建筑工程抗震设防专项审查。采用特别不规则方案的多层建筑应进行专门的研究和论证，采取特别的加强措施。

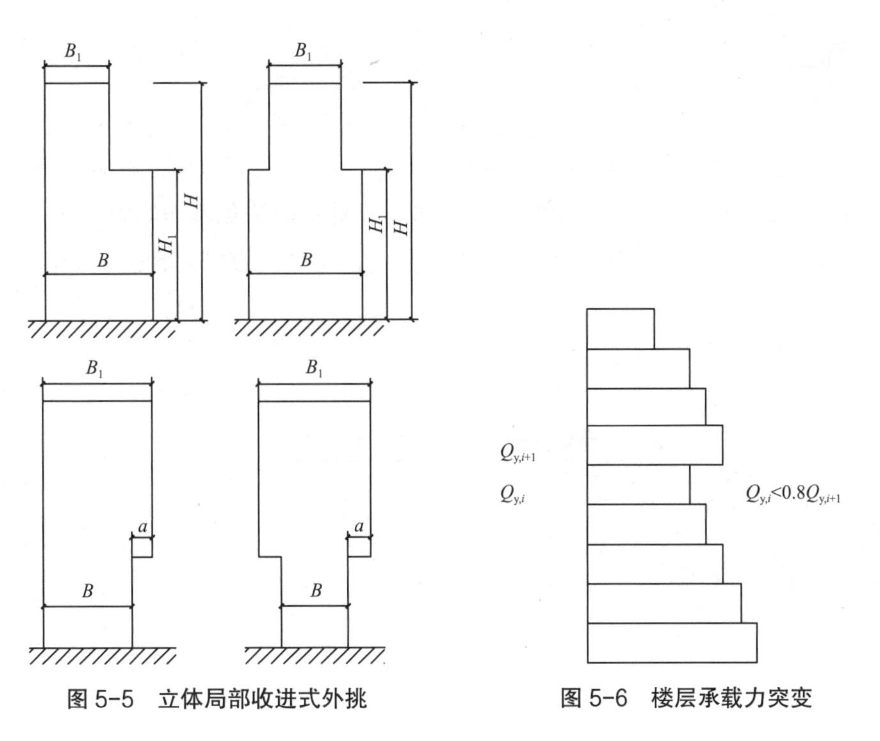

图 5-5 立体局部收进式外挑

图 5-6 楼层承载力突变

楼板布置

1. 医疗建筑的柱网一般为 7.5 ~ 8.4m，且两个方向柱网相差不多。对住院楼，结合病房的布置常采用单向板肋梁楼盖。

2. 门诊及医技楼，在装修及使用阶段建筑布置有可能会调整，建议采用井字梁结构，以提高楼盖的冗余度。井字梁结构两个方向受力均匀，且板跨不大，对于承担隔墙荷载具有一定的优越性。

3. 因楼板内需敷设较多的管线，楼板厚度不宜小于 120mm。

4. 由于设备管线较多，为保证建筑走廊的净空，对结构梁高有严格要求，走廊部分框架梁可做成宽扁梁，结构计算时应注意裂缝和挠度控制。

防震缝的设置

1. 医疗建筑宜调整平面形状和结构布置，少设或不设防震缝。对于体形复杂、平立面不规则的建筑，应根据不规则程度、地基基础条件和技术经济等因素作综合比较分析，确定是否设置防震缝。

2. 医疗建筑在下列情况下宜设置防震缝：

1）平面长度和外伸长度超过《高层建筑混凝土结构技术规程》规定的限值又未采取加强措施；

2）各部分刚度相差悬殊，采取不同材料和不同结构体系时；

3）各部分质量相差很大时；

4）各部分有较大错层，不能采取合理的加强措施时。

设缝时应将伸缩缝、沉降缝、防震缝结合考虑，伸缩缝和沉降缝应留有足够的宽度，都必须按照防震缝的要求设置其宽度，避免地震时相邻部分互相碰撞而破坏。

3. 宜控制防震缝的数量。体型复杂的建筑并不一概提倡设置防震缝。基本原则是，可设缝、可不设缝时，不设缝。当不设置防震缝时，结构分析模型复杂，连接处局部应力集中需要加强，而且需要仔细估计地震扭转效应等可能导致的不利影响。

楼面荷载取值

医技房间中的各种医疗设备一般都有设备管线（如电缆沟、排水沟等）需要敷设，且部分设备可能会有振动，所以房间的楼面一般采用结构预先降板的方式加以解决，结构设计时需计入附加面层荷载。附加面层的厚度一般同地沟深度，具体取值详见本导则附录一。

有医疗设备的楼、地面活荷载取值应按照医疗设备型号，按实际情况采用。此外因部分医疗设备悬挂在房间内的顶板上，在顶板设计时，应计入医疗设备的附加活荷载。结构设计时，有医疗设备房间的荷载取值参考表 5-3、表 5-4。

有医疗设备房间楼（地）面均布活荷载　　表 5-3

项次	类别	标准值（kN/m²）	组合值系数 ψ_c	准永久值系数 ψ_q
1	X 光室： 1.30MA 移动式 X 光机 2.200MA 诊断 X 光机 3.200kV 治疗机 4.X 光存片室	 2.5 4.0 3.0 5.0	0.7	 0.5 0.5 0.5 0.8
2	口腔科： 1.201 型治疗台及电动脚踏升降椅 2.205 型、206 型治疗台及 3704 型椅 3.2616 型治疗台及 3704 型椅	 3.0 4.0 5.0	0.7	 0.5 0.5 0.8
3	消毒室： 1602 型消毒柜	6.0	0.7	0.8
4	手术室： 3000 型及 3008 型万能手术床及 3001 型骨科手术台	3.0	0.7	0.5
5	产房： 设 3009 型产床	2.5	0.7	0.5
6	血库： 设 D-101 型冰箱	5.0	0.7	0.8
7	药库	5.0	0.7	0.8
8	生化实验室	5.0	0.7	0.7
9	CT 检查室	6.0	0.7	0.8
10	核磁共振检查室（MRI）	6.0	0.7	0.8
11	胃镜、肠镜、膀胱经室	2.0	0.7	0.5
12	ICU	3.0	0.7	0.5
13	PET	4.0	0.7	0.5
14	DSA	3.0	0.7	0.5
15	直线加速器	5.0	0.7	0.5

有医疗设备房间的顶板附加均布活荷载　　表 5-4

项次	类别	标准值（kN/m²）	组合值系数 ψ_c	准永久值系数 ψ_q
1	CT 检查室	4.0	0.7	0.8
2	核磁共振检查室（MRI）	4.0	0.7	0.8
3	ICU	2.0	0.7	0.5
4	DSA	2.5	0.7	0.5

此外，对医院设计中常遇到的某些用途房间的楼面活荷载补充详见表 5-5。

楼面活荷载补充 表5-5

项次	类别	标准值（kN/m²）	组合值系数 ψ_c	准永久值系数 ψ_q
1	微机电子计算机房	3.0	0.7	0.5
2	制冷机房	8.0	0.7	0.9
3	水泵房	≥5，或按实际	0.7	0.5
4	变配电房	10	0.7	0.9
5	发电机房	10	0.7	0.9
6	设浴缸的卫生间	4	0.7	0.5
7	有分割的蹲厕公共卫生间（包括填料、隔墙）	8，或按实际	0.7	0.6
8	管道转换层	4.0	0.7	0.6
9	电梯井道下有人到达的顶板	≥5，或按实际	0.7	0.5
10	网络中心	4.5	0.7	0.5
11	电话交换机房	6.0	0.7	0.6

防护屏蔽墙体自重[1]

医院的放射线科包括X射线诊断和高能放射治疗两部分。通过发射X射线进行诊断或治疗的设备有：X光射线机、CT、CR、DR、DSA。采用高能射线或粒子进行放射治疗的有：后装机、钴60机、直线加速器、γ刀、深部X线治疗、MM50、质子重离子系统等。因高能放射治疗产生的射线能量强，对防护要求高，其钢筋混凝土防护屏蔽墙的厚度由0.4～2.5m不等，具体实施时应根据设备条件及其防护的有关规定而确定。

MRI的图像是通过核磁共振的原理产生，因此没有放射线对人体的损害，其屏蔽设计要求是射频屏蔽，防止其他电波对核磁设备仪本身的干扰和影响，可采用铜皮板屏蔽，机房内的各种管道、墙壁、地面、顶棚需采用铜皮板包扎处理。

X射线室墙体的防护屏蔽材料可根据不同的房间功能要求和防护设备的电压大小，按表5-6确定，结构设计时需计入相应的荷载。

X射线室防护屏蔽墙体材料及厚度 表5-6

建筑类别	电压	黏土实心砖墙厚度（mm）	200mm加气混凝土砌块+铅板厚度（mm）	钢筋混凝土厚度（mm）
透视机	75	175	1	80
照相机	100	175	1.5	120
浅部治疗机	100	175	1.5	120
中部治疗机	125	175	2	120
	150	295	2.5	210
	175	295	3	210
深部治疗机	200	330	4	220
	225	330	5	220
	250	330	6	220
	300	425	9	240
	400	425	15	260

卫生间降板荷载

注意卫生间的降板，医疗建筑的公共卫生间为方便病人使用，蹲坑常不凸出楼面，或由于卫生间的布置上下没有对齐，需要同层排水，均需要降板处理，结构设计时需计入相应的面层荷载。

[1] 防护屏蔽墙体应由专业单位进行专项设计。

抗震设防标准

医疗建筑作为防灾救灾建筑，应当按照高于当地房屋建筑的抗震设防要求进行设计和施工，采取有效措施，增强抗震设防能力。医疗建筑应根据设防烈度、结构类型和房屋高度，按照有关规范、规程，采用不同的抗震等级，并应符合相应的计算和构造要求。其抗震设防类别和抗震设防标准的确定应符合表 5-7、表 5-8 要求。

医疗建筑的抗震设防类别　　表 5-7

抗震设防类别	分类标准
特殊设防类（甲类）	三级医院中承担特别重要医疗任务的门诊、医技、住院用房
重点设防类（乙类）	二、三级医院的门诊、医技、住院用房； 有外科手术室或急诊科的乡镇卫生院的医疗用房； 县级及以上急救中心的指挥、通信、运输系统的重要建筑； 县级及以上的独立采供血机构的建筑
标准设防类（丙类）	除甲类、乙类外的医疗建筑

医疗建筑的地震作用及抗震措施　　表 5-8

设防类别	地震作用	抗震措施
特殊设防类医院	应按批准的地震安全性评价结果且高于本地区抗震设防烈度的要求	按高于本地区抗震设防烈度一度的要求加强其抗震措施
重点设防类医院	应按本地区抗震设防烈度的要求	按高于本地区抗震设防烈度一度的要求加强其抗震措施
标准设防类医院	应按本地区抗震设防烈度的要求	应按本地区抗震设防烈度的要求

建筑场地为 I 类时，除 6 度外，甲、乙类建筑应允许仍按本地区抗震设防烈度的要求采取抗震构造措施；丙类建筑应允许按本地区抗震设防烈度降低一度的要求采取抗震构造措施，但相应的计算要求不应降低。

建筑场地为Ⅲ、Ⅳ类时，对设计基本地震加速度为 $0.15g$ 和 $0.30g$ 的地区，除规范另有规定外，宜分别按抗震设防烈度 8 度（$0.2g$）和 9 度（$0.4g$）时各抗震设防类别建筑的要求采取抗震构造措施。

安全性评价规定[1]

国家及地方的“地震安全性评价管理规定”，要求对一定规模以上的医院，应专门进行地震安全性评价，并以此作为抗震设防的依据，如表 5-9 所示。

医疗建筑的地震安全性评价规定　　表 5-9

省、市	需进行地震安全性评价的医疗建筑
广西壮族自治区	大型医院和急救中心（广西壮族自治区人民政府令第 100 号）
福建省	三级医院住院部、医技楼、门诊部（福建省人民政府令第 100 号）
浙江省	省、设区的市所属医院、疾控中心、急救中心、中心血库（浙江省人民政府令第 199 号）
安徽省	省、市、县级中心医院主体建筑（安徽省人民政府令第 148 号）
江苏省	百万人口以上城市的医疗中心（江苏省人民政府令第 74 号）

[1] 《中华人民共和国防震减灾法》第三十五条规定，“重大建设工程和可能发生严重次生灾害的建设工程，应当按照国务院有关规定进行地震安全性评价，并按照经审定的地震安全性评价报告所确定的抗震设防要求进行抗震设防”。

续表

省、市	需进行地震安全性评价的医疗建筑
山东省	300张床位以上医院的门诊楼、病房楼、医技楼、重要医疗设备用房以及中心血站等（山东省人民政府令第176号）
河南省	县级或者二级甲等以上医院门诊楼、住院楼、医技楼，县级以上疾病预防控制中心的主要建筑和防疫、检疫设施工程（河南省人民政府令第120号）
湖南省	三级特等医院的住院部、医技楼，百万人口以上城市的医疗中心（湖南省人民政府令第251号）
西藏自治区	医疗、检疫机构的实验楼、检疫楼（西藏自治区人民政府令【2000】第24号）
湖北省	大中城市急救中心、中心血站和疾病预防与控制中心，大中城市的三级以上医院和县级二级以上医院的住院部、医技楼、门诊楼（湖北省人民政府令第327号）
四川省	市（州）级以上医院大楼（四川省人民政府令第78号）
甘肃省	城市的医院、疾控中心、血站（甘肃省人民代表大会常务委员会公告第56号）
贵州省	各地级市三级和县级市的二级医院住院部、医技楼、门诊部、血库等建筑（黔府令【2001】第53号）
海南省 海口市	综合医院或300张床位以上医院的门诊楼、病房楼、医技楼、重要医疗设备用房以及中心血站等（海口市人民政府令第50号）
吉林省	三级医院承担特别重要医疗任务的门诊楼、医技楼、住院楼（吉林省十二届人大常委会公告第10号）
陕西省西安市	市级以上医院的病房、药房、血库及重要医疗设备和手术室用房（市政发【2001】54号）
河北省唐山市	市三级医院和县及县级市的二级医院的住院部、医技楼、门诊部，县级及其以上的急救中心的指挥、通信、运输等系统的重要建筑，县级以上的独立采供血机构的建筑（唐山市人民政府令【2008】3号）
江西省	省、设区的市级急救中心、中心血站和疾病预防与控制中心。500张以上床位的综合性医院或者专科医院的住院楼、门诊楼。（江西省人民代表大会常务委员会公告第76号）
山西省太原市	县级以上综合医院（急救中心）主体楼（太原市人民政府令第69号）
天津市	市级急救中心、中心血站和疾病预防控制中心（天津市人民代表大会常务委员会公告第28号）
重庆市	三级及以上医疗机构门急诊、医技、住院等业务用房，承担研究、实验和存放剧毒的高危传染病病毒任务的市级疾病预防控制机构业务用房（重庆市人民政府令第283号）
青海省	二级三级医院的住院楼、医技楼、门诊楼以及疾病预防控制中心、急救中心、中心血库（青海省人民代表大会常务委员会公告第41号）
宁夏回族自治区	医院、急救中心（宁夏回族自治区人民政府令第58号）
北京市	对社会有重大价值或者重大影响的大型医院（北京市人民代表大会常务委员会公告第1号）

注：省级政府对医院建筑地震安全性评价无明确规定的取其省会城市或大城市的规定。

近年来，发达国家特别是日本，对医院建筑的设计理念已发生变化，从抗震设计逐渐转向隔震、消能减震设计。在中国，此项技术亦逐步得到推广，如我国的云南省“云政发 [2008]103 号文”规定“县级以上医院、学校、幼儿园等人员密集场所强制推行隔震支座减隔震技术”。隔震建筑应进行隔震设计的专项审查，审查通过后才能进行施工图设计。

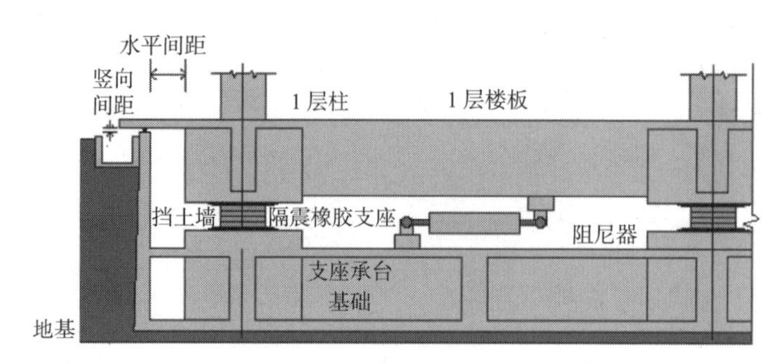

图 5-7　隔震结构布置示意

基本原理

隔震设计的基本原理是在建筑结构的上部结构与下部结构之间设置隔震层以阻隔地震能量的传递，减小工程结构地震反应，减轻地震破坏。

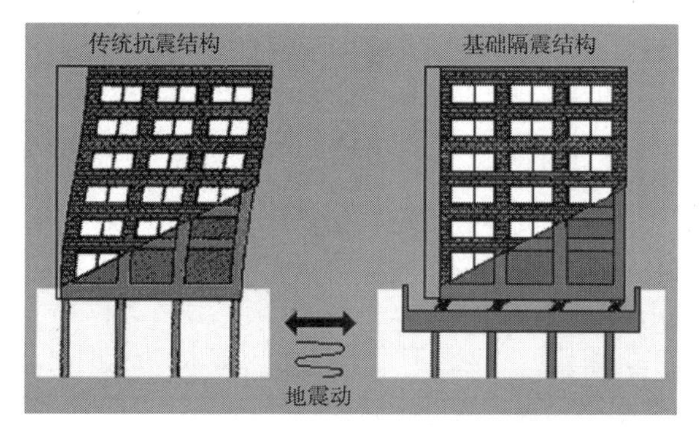

图 5-8　地震作用下的传统结构与隔震结构

规范依据

隔震设计和施工依据的规范为《建筑抗震设计规范（2008 年版）》GB 50011—2010、《叠层橡胶支座隔震技术规程》CECS 126—2001、《建筑结构隔震构造详图》03SG610—1。《建筑隔震工程施工与验收规范》JGJ 360—2015。

隔震支座的产品检测应依据以下规范:《建筑隔震橡胶支座》JG/T 118—2018、《橡胶支座 第 1 部分: 隔震橡胶支座试验方法》GB/T 20688.1—2007、《橡胶支座第 3 部分: 建筑隔震橡胶支座》GB 20688.3—2006。

设防目标

医疗建筑采用隔震设计后，抗震设防目标如表 5-10 所示。

隔震医疗建筑的设防目标　　表 5-10

地震烈度	设防目标
多遇地震	建筑结构及医疗仪器设备处于正常的使用状态，结构可视为弹性体系

续表

地震烈度	设防目标
设防烈度地震	不受损坏或不需修理，建筑结构及医疗仪器设备仍处于正常的使用状态，结构基本上可视为弹性体系
罕遇地震	上部结构可能出现有限的非弹性变形，但不危及生命安全，经一般修理不丧失使用功能，医疗仪器设备也不致出现丧失使用功能的破坏，下部结构不产生危及上部结构的破坏，整个隔震体系仍能保持正常工作

结构布置

1. 橡胶隔震支座设置在受力较大的位置，间距不宜过大，隔震支座的类型不宜过多。

2. 隔震层还应设置抗风装置，抗风装置宜对称、分散地布置在建筑物的周边。

3. 隔震支座和阻尼装置的连接构造应便于隔震支座的检查和替换等维护工作。

4. 穿过隔震层的门廊、楼梯、电梯、车道等部位，应防止可能的碰撞。穿过隔震层的设备配管、配线，应采用柔性连接或其他有效措施以适应隔震层的罕遇地震水平位移，管线在隔震层上部与下部各成系统。结构构造设计可以按照《建筑结构隔震构造详图》进行。

设计流程

隔震设计基本流程如下：

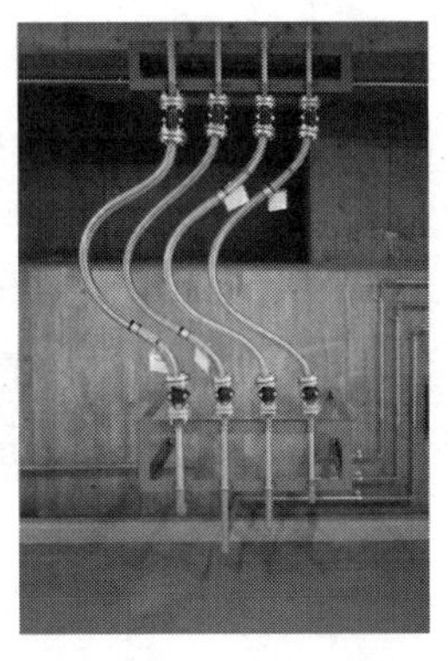

图 5-9　适应隔震层变形的管道布置及连接形式

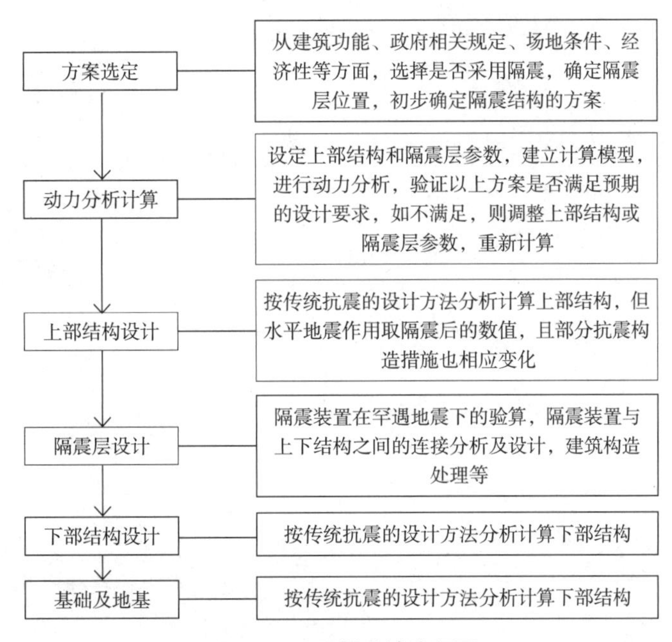

图 5-10　隔震设计流程图

隔震产品

隔震支座常采用叠层橡胶系列，有铅芯叠层橡胶支座、叠层橡胶支座加阻尼器等方式，另外，也可采用滑动隔震支座，如摩擦滑移隔震支座、摩擦摆隔震支座等。常用隔震支座产品如表5-11所示。

计算软件

隔震结构分析计算可采用SAP2000、ETABS、MIDAS等软件。隔震支座采用的单元，SAP2000和ETABS均采用在连接属性中建立橡胶隔震单元，可输入三向有效刚度及有效阻尼；MIDAS采用边界连接里建立铅芯橡胶隔震支座，输入有效刚度及有效阻尼。

减震设计

采用传统抗震或隔震技术在某些情况下效果较差或不经济，可以考虑采用减震技术。减震技术是在结构某些部位（如支撑、剪力墙、连接缝或连接件）设置耗能装置，通过该装置产生滞回变形来耗散或吸收地震输入结构的能量，以减小主体结构的地震反应，从而避免结构产生破坏或倒塌，达到减震控制的目的。所采用的耗能元件有：金属阻尼器、摩擦阻尼器、铅挤压阻尼器、黏弹性阻尼器、黏滞阻尼器、调谐质量阻尼器等。

基本原理：在消能减震结构体系中，消能（阻尼）装置或元件在主体结构进入非弹性状态前率先进入耗能工作状态，充分发挥耗能作用，消耗掉输入结构体系的大量地震能量，使结构本身需消耗的能量很少，这意味着结构反应将大大减小，从而有效地保护了主体结构，使其不再受到损伤或破坏。

减震设计要点：确定抗震设防目标，进行结构初步布置及结构应力分析，确定所需的结构附加阻尼比，根据附加阻尼比确定结构所需的阻尼器耗能能量，按规范要求选定及布置阻尼器，进行结构计算及调整，直到满足各阶段抗震设防目标的要求，最后进行阻尼器连接节点设计。

常用隔震支座　　表5-11

类型	名称	特点	图示
隔震支座	叠层橡胶支座	水平刚度小，阻尼小，需另外布置阻尼器。竖向承载力大，垂直刚度大	
	铅芯叠层橡胶支座	水平刚度小，阻尼大，竖向承载力大，垂直刚度大	
	平板式摩擦滑移隔震支座	承压性能高。适合布置于柱受力较小且不会出现拉应力的位置，需另外设置阻尼器	
	摩擦摆隔震支座	圆弧滑动面，具有自动复位功能	

续表

类型	名称	特点	图示
阻尼器	铅棒阻尼器	铅具有软化刚度，在强烈地震下，铅棒软化，可以损耗大量地震能量	
	液体黏滞阻尼器	利用液体黏性提供阻尼	
	蝶形弹簧阻尼器	冲击能量吸收率高，缓冲效果好	

CHAPTER

第 6 章　给水排水设计

给水水量计算

现行给水水量的设计参照标准为《综合医院建筑设计规范》GB51039 医院生活用水量定额，此标准是对《建筑给水排水设计标准》GB50015 中关于医院给水设计定额的补充和归纳。[1]

锅炉用水和冷冻机冷却循环水系统的补充水等应根据工艺确定。

方案阶段水量计算

在方案阶段，根据实际工程经验，可按以下数据估值：

大型综合医院（500 床以上）综合用水量约为 1.5 ~ 2.0m^3/ 床；

中型医院（101-500 床）医院综合用水量约为 1.0 ~ 1.5m^3/ 床；

小型医院（100 床以下）综合用水量约为 0.5 ~ 0.8m^3/ 床。

以上水量包括医院内病人、医护人员、后勤人员、绿化浇灌等所有用水，不包括中央空调冷却循环补充用水。初步和施工图阶段建议详细计算。

医院生活用水量定额选用表 **表 6-1**

设施标准	单位	最高日用水定额	小时变化系数
公共卫生间、盥洗	L / 每床位每日	100 ~ 200	2.5 ~ 2.0
公共浴室、卫生间、盥洗	L / 每床位每日	150 ~ 250	2.5 ~ 2.0
公用浴室、病房设卫生间、盥洗	L / 每床位每日	200 ~ 250	2.5 ~ 2.0
病房设浴室、卫生间、盥洗	L / 每床位每日	250 ~ 400	2.0
贵宾病房	L / 每床位每日	400 ~ 600	2.0
门、急诊病人	L / 每病人每次	10 ~ 15	2.5
医务人员	L / 每人每班	150 ~ 250	2.5 ~ 2.0
医院后勤职工	L / 每人每班	80 ~ 100	2.5 ~ 2.0
食堂	L / 每人每次	20 ~ 25	2.5 ~ 1.5
洗衣	L /kg（干衣）	60 ~ 80	1.5 ~ 1.0

水量计算注意事项

医务人员的用水量包括手术室、中心供应等医院常规医疗用水的工艺用水。

根据现有医院所处地区不同、负荷度不同，建议大中型城市计算用水量标准宜按不小于规范的中值取值。考虑到国内医院的特点，建议增加医院护工的用水量，也可以增加在医务后勤职工一列，一般按经验，住院部每间考虑 0.5 ~ 1 个护工。

案例水量数据参考 **表 6-2**

	规模（床位数）	最高日总用水量（m^3/d）	空调系统、锅炉房等补水最高日总量（m^3/d）	生活、医疗最高日给水总量（m^3/d）	反推每床用水量（m^3/ 床）
市北医院	300	321	0	321	1.07
第七人民医院医技综合楼	300	653	280	373	1.24

[1] 随着人们对医疗服务要求的不断提高，用水量的计算对给排水系统设计至关重要，关系到所有系统设备选型、管道系统大小、与市政接口的容量、排入市政的容量，所以用水量的计算需要仔细推敲，深入研究。

续表

	规模（床位数）	最高日总用水量（m^3/d）	空调系统、锅炉房等补水最高日总量（m^3/d）	生活、医疗最高日给水总量（m^3/d）	反推每床用水量（m^3/床）
第一人民医院改扩建	300	330	0	330	1.00
李庄医院	400	1028	475	553	1.38
某区医疗中心	600	1482	529	953	1.59
浦东医院	800	2524	1460	1064	1.33
某州医院	1000	1679	615	1064	1.06
苏州大学第一附属医院	1700	1986	259	1727	1.15
苏州市第九人民医院	2000	4376	1700	2676	1.34

医院常用主干给水系统[1] **表 6-3**

	类型	图示	适用范围
主干给水系统	市政压力供水与变频压力供水相结合	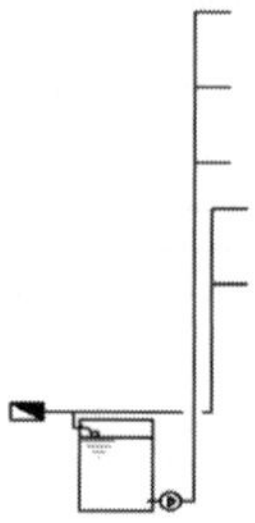	整个医院各单体都是多层。 外网能满足建筑物下区各用水点水量和水压要求
	市政压力供水与变频压力分区供水相结合	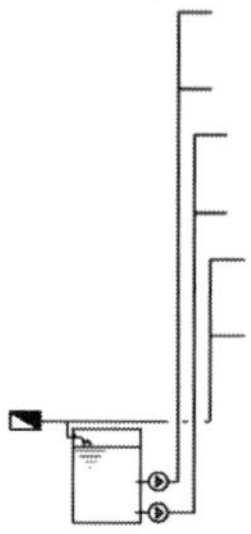	整个医院各单体都是多层，部分为小高层单体（50m 以下）。 外网能满足建筑物下区各用水点水量和水压要求。 由于高区热水系统需要分区，需要将冷水供水系统也分为高低区，通过分区泵分别供给
		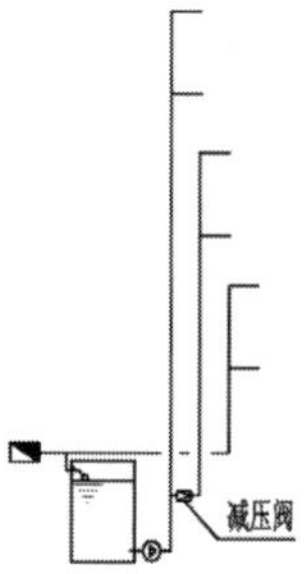	一般适用于建筑高度 50m 以下医院建筑。 市政给水管网压力仅能满足部分楼层用水点压力要求，其余楼层需要通过设置分区减压阀供给。 压力给水系统也分为高低区，通过设置减压阀分区供给
	市政压力供水与变频供水、水箱供水相结合	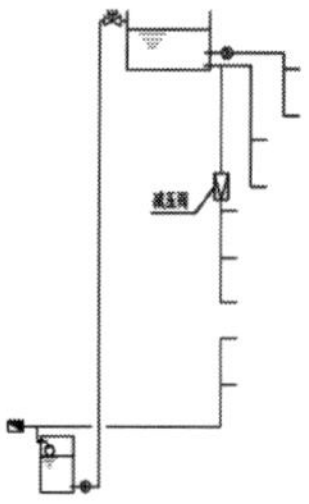	外网仅能能满足建筑物裙房（一般为医技、门急诊）部分下区，如一层、二层以下各用水点水量和水压要求；其余裙房部分用水采用变频压力供水。 塔楼（一般为病房区）需要提供热水供应，为提高热水系统供水安全性，采用给水水箱重力供水方式，下区压力太大时，再结合减压阀分区供给

[1] 采用二次供水方式时（除泵直接从外网抽水外），出水应经消毒处理（如紫外线消毒器、微电解消毒器、次氯酸钠消毒器、二氧化氯消毒器）。二次供水消毒设备选用与安装，可参见国家标准图集《二次供水消毒设备选用与安装》14S104。

医院配水系统　　表6-4

	类型	图示	特点
配水系统	常规配水系统	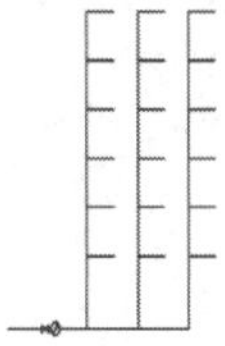	竖向管道布置形式设计，同一根立管供应竖直位置不同楼层的用水点竖向管道系统。缺点：导致立管管道转弯较多，设计施工难度增大，漏水概率增大，管道检修困难，无法逐层按科室管理检修，无法按科室计量。优点：管道长度相对较经济
	特殊配水系统	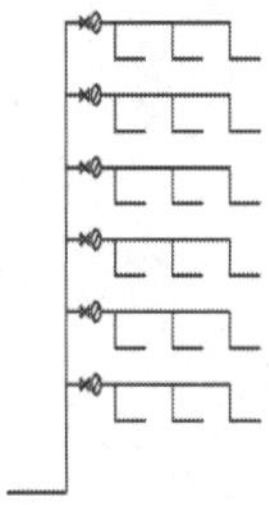	由一根主立管和各楼层横向供水主管层层供水，管道设于本层或下层吊顶内。优点：解决了不同楼层功能不同导致的管道转弯问题；其次，大大方便了医院的后期管理维护，管道检修时，可以切断本科室或本楼层供水阀门即可；第三，此系统还解决了给水计量问题，只需在横干管上，近护理单元前、进科室前设置水表即可，实行二级核算后，会促使使用部门养成节约用水的习惯，有利维护管理和建筑节能、节水。缺点：相对竖向配管系统，增加管道造价
	洁净手术部	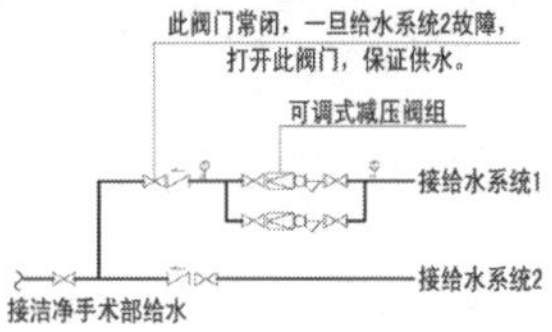 此阀门常闭，一旦给水系统2故障，打开此阀门，保证供水。 可调式减压阀组 接给水系统1 接给水系统2 接洁净手术部给水	洁净手术部内的给水系统安全性，需要提供二路供水，保障不间断供水，并保证可靠的水量及恒定的水压
	动物中心 住院病房 部分化验室	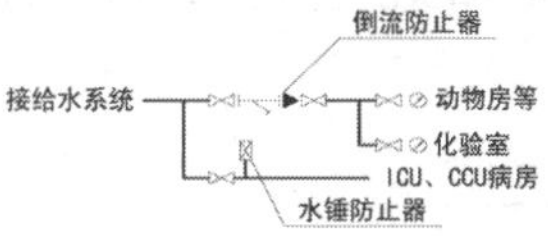 倒流防止器 接给水系统 动物房等 化验室 ICU、CCU病房 水锤防止器	为防止病原体、传染源通过给水管道向其他部位扩散、传播，引起感染医院一些特别场所，医院内供实验养殖的动物房、动物实验中心、传染病房或病区、负压隔离病房的给水管道设置倒流防止器。 医技科室的部分化验室、实验室需要单独提供及计量。 重要房间，如ICU、CCU病房，其给水及生活热水管道应设置水锤防止器

管道设计原则

给水排水管道不应架空穿越洁净室、强电和弱电机房，以及重要的医疗设备用房，如手术室、无菌室、烧伤病房、重症监护病房 ICU、心血管监护病房 CCU 等；

当必须穿越时，管道应采取防漏措施。

医院计量

常规计量：

总体进水管进入基地的引入管段起端上；

各单体建筑的总用水控制给水点；

进入热交换器的冷水入口处；

集中淋浴冷水、热水管；

冷却塔补充水总管上；

绿化浇洒管道系统起端。

特殊计量：

医院的各功能单元（各科室、各病区、厨房）。

给水系统防污染措施

下列场所的用水点应采用非手动开关，并应采取防止污水外溅的措施。

表 6-5

1	公共卫生间的洗手盆、小便斗、大便器
2	护士站室、治疗室、洁净无菌室、中心供应、ICU 等房间的洗手盆
3	产房、手术刷手池室、洁净无菌室、血液病房和烧伤病房等房间的洗手盆
4	诊室、检验科和配方室等房间的洗手盆
5	有无菌要求或需要防止交叉感染的场所的卫生器具

采用非手动开关的用水点应符合下列要求。

表 6-6

1	公共卫生间的洗手盆采用感应自动水龙头、小便斗应采用自动冲洗阀，蹲式大便器宜采用脚踏式自闭冲洗阀或感应冲洗阀
2	护士站、治疗室、洁净室和消毒供应中心、ICU 和烧伤病房等房间的洗手盆应采用感应自动水龙头、膝动或肘动开关水龙头
3	产房、手术刷手池、洁净无菌室、血液病房和烧伤病房等房间的洗手盆应采用感应自动水龙头
4	有无菌要求或防止交叉感染场所的卫生器具应按照上述要求选择水龙头或冲洗阀
5	传染病房或传染病门急诊的洗手盆水龙头应采用感应自动水龙头

无障碍卫生间给水排水设计要求 表 6-7

1	无障碍病房卫生间设计，坐便器安装高度宜为 450mm，便于轮椅乘坐者到坐便器的转换
2	冲洗阀的高度宜为 800mm，老人和残疾人使用方便
3	与淋浴喷头相连的金属软管长度不宜小于 1.5m，并同时设固定淋浴喷头和手持淋浴喷头
4	给排水管道宜暗敷，明敷时应采取保护措施

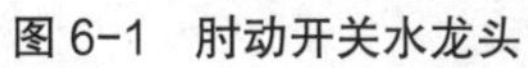
图6-1　肘动开关水龙头

图6-2　无障碍卫生间

给水系统、热水系统管材选择　　　　表6-8

室内给水和热水管	（根据医院投资充裕程度）薄壁不锈钢管、薄壁铜管、钢塑复合塑料管、塑料管
埋地给水管	球墨给水铸铁管、钢丝网骨架塑料复合管给水管道、给水塑料管
开水管、饮用净水管	薄壁不锈钢管；达到卫生食品级要求
在有屏蔽的场所	紫铜管和塑料管等非磁性管材
医用纯化水的输送管道、管件等	内壁抛光的优质不锈钢料或其他不污染纯化水的无毒、耐腐蚀的材料

医用纯水系统设计[1]

医院生化检验、病理科、血透、中心供应室、DSI导管冲洗、牙科冲洗、制剂室制备纯化水应符合GMP规范、国家药典2000版纯化水规定：电阻值10～18.2MΩcm，TOC<0.02ppm，重金属<0.01ppm，微生物<1cfu/ml；血透用水应符合美国AAMI透析用水标准；手术室、妇产科、病理科、牙科冲洗用水及饮用净水应符合《生活饮用水卫生标准》GB 5749和《饮用净水水质标准》CJ 94标准。

系统设计时可根据实际用水点对水质要求在纯水泵后部分为若干供水管，如门诊牙科、手术洗手等可直接输送至用水点；亦可根据要求决定再做其他深度处理如紫外线杀菌，微孔过滤器等供用水要求较高的用水点。但设计时要根据医院实际用水点及各用水点对水质的要求确定不同工艺流程。

常规医用纯水工艺流程见下图：

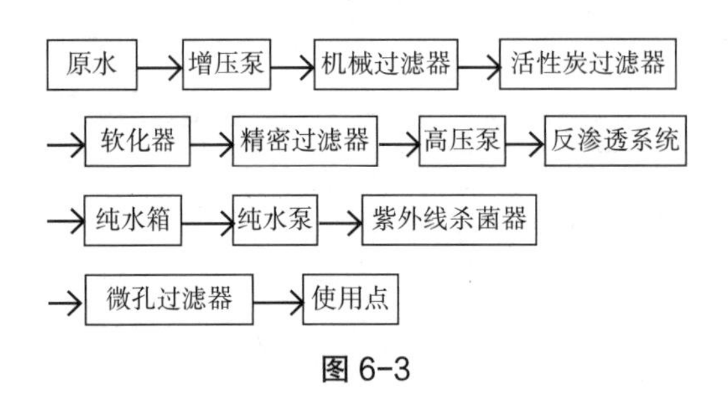

图 6-3

分质供水的形式[2]

医院的不同部门科室，对医疗用水的水质有各自的特殊要求。目前，大体上有分散式分质供水和集中式分质供水两种方式。

目前，国内中小型医院，大部分采用分散式分质供水模式。手术室刷手冲洗用水，采用自来水；实验室用纯水，采用独立的小型制水系统，或直接采购高纯水；软化用水，是以科室为独立单位，建设小型软化系统；透析用水，也是以科室为单位，独立建设供水系统。

集中式分质供水模式，目前国外大中型医院使用较多，国内一些医院也已开始使用。

分质供水的形式 **表 6-9**

供水方式	定义	特点	适用场所
分散式分质供水	用水点根据各自需要，独立建设小型净化系统，或直接采购成品水的方式	优点：系统简单、投资成本低，较经济，易管理，运行简单。 缺点：分散安装在用水部门，影响环境整洁，噪声大，设备重复投资成本高，无专人管理，供水质量和安全不能保证	中、小型医院； 初次投资不充裕且后期管理要求简单的医院
集中式分质供水	统一净化处理和消毒后达到要求水质后，由输送管网送到用水点的供水方式	优点：集中管理，在线监测，提供的水质保障性高；避免重复投资。 缺点：系统复杂，输送管道系统设计要求高，不允许有死角；投资成本高；管理要求高	中、大型医院； 初次投资较充裕且后期可保证严格管理的医院

[1] 医院生活给水水质，应符合现行国家标准《生活饮用水卫生标准》GB 5749的有关规定。

[2] 分质供水是发展趋势，医院的现代化，客观上对分质供水提出了新的需求，而技术、设备和设计水平的提高，也为集中医疗用水提供了可靠的保证。从安全、管理、满足需求及生命周期成本来说，集中式医疗用水供应，无疑是现代化医院的最佳选择。洁净的医疗用水供应，是提高医疗水平和治疗效果的需求，也是医院以人为本的体现，应是国内大中型医院分质供水方式的趋势。

续表

供水方式	定义	特点	适用场所
集中+分散分质供水	统一净化处理和消毒后，达到一个预处理水质，由输送管网送到用水点，部分末端要求高的用水点再设置深度处理的供水方式	吸取上述二个方式优缺点，灵活度高	中、大型医院； 初次投资较充裕且后期可保证严格管理的医院

医院集中纯水水处理机房位置选择：

靠近工艺用水负荷中心；可节省管道，减少压力损失，减少耗电，保证用水压力。
供水、排水合理；站房用水负荷最大。
利于设备运输、安装；站房设备较多，体量比较大。
避免靠近有毒害气体、腐蚀性介质及粉尘产生的场所；提高工艺用水产品质量。
不宜布置在变配电站的上方。

图6-4 医院纯水机房

热水量计算[1]

医院生活热水量定额选用比较表（60℃） 表6-10

设施标准	单位	医院规范		建水规	
		最高日用水定额	小时变化系数	最高日用水定额	小时变化系数
公共浴室、厕所、盥洗	L/ 每床位每日	45 ~ 100	2.5 ~ 2.0	60 ~ 100	2.5 ~ 2.0
公共浴室、病房设厕所、盥洗	L/ 每床位每日	60 ~ 100	2.5 ~ 2.0	70 ~ 130	2.5 ~ 2.0
病房设浴室、厕所、盥洗	L/ 每床位每日	110 ~ 200	2.0	110 ~ 200	2.0
贵宾病房	L/ 每床位每日	150 ~ 300	2.0	—	2.0
门急诊病人	L/ 每病人每次	5 ~ 8	2.5	7 ~ 13	2.5
医务人员	L/ 每人每班	60 ~ 100	2.5 ~ 2.0	70 ~ 130	2.5 ~ 2.0
医院后勤职工	L/ 每人每班	30 ~ 45	2.5 ~ 2.0	—	2.5 ~ 2.0
食堂	L/ 每顾客每次	7 ~ 10	2.5 ~ 1.5	7 ~ 10	2.5 ~ 1.5
洗衣	L/kg（干衣）	15 ~ 30	1.5 ~ 1.0	15 ~ 30	1.5 ~ 1.0

医院热水系统的特殊性

对热水需求时间不同、开放时间不同。

急诊部、急诊病房、手术、产房的手术洗手要求全天热水供应，而且不能有任何间断。

各科室要求仅上班时段供应热水。

各病房楼根据医院管理不同、热水开放时间不同，高端医院全日制提供热水；目前仍有部分医院病房楼还是每天定时提供热水，一般下午三点开放至晚上十点前关闭。设计前务必与医院管理方咨询。

医院热水供应标准高，要求安全、可靠、稳定、噪声小。手术室不能断水，产科婴儿室水温需恒定。

用水点距离远、布局分散、用水点数量多，水量差异大。

新建医院体量大，单体多，特别是各门诊科室，分布在不同的单体、楼层、区域，而它的主要用水器具是洗手盆，用水量又较小；不同科室的平面布局及卫生器具设置，设计是以医疗流程为主要导向，难以保证卫生器具竖向对齐。

从节水、节能和便于管理角度出发，各科室热水须独立计量。

热水系统的选择

集中系统：一般采用集中热水供应系统形式，根据医院管理实行24小时供应热水或每天定时供应；现大部分医院从节能角度出发，热水供应还是严格管理控制的，如仅在白天供应热水。

分散系统：满足个别急诊手术室、急诊病房在其余时间（如晚间）需要的热水；以及一些建设、使用要求不高且希望以经济性为主小型医院的零散设置的洗手盆，可以配备分散式热水器，供应热水。

[1] 医疗用热水水量及温度应根据工艺确定。

集中 + 分散系统：满足不同时段用水需求，如个别急诊手术室、急诊病房既想利用集中系统，又有不用时段开启的管理要求。如图 6-5。

系统分区：一般情况下，因门急诊、医技科室、中心供应室、职工后勤部门的热水供应，为定时供水，供应时间比较一致，可设成一个系统；手术室、产房的手术洗手，卫生通过的淋浴器，应该为 24h 供应热水，而且不能有间断，故一般该热水供应宜单独成为一个系统。[1]

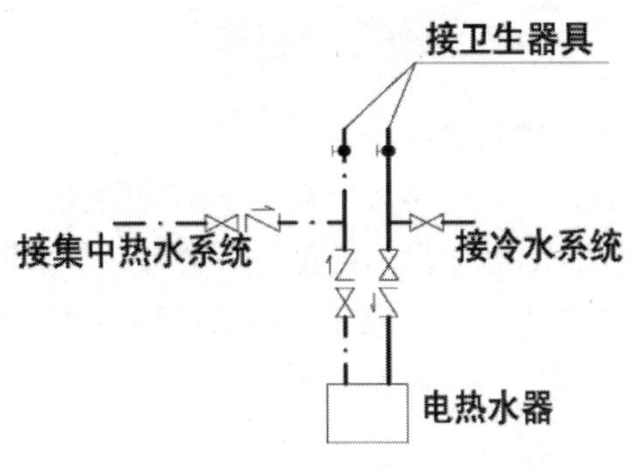

图 6-5　热水系统二路供水示意图

热源系统的选择

医院生活热水系统的能源，宜利用余热、废热、太阳能等可再生能源；当采用太阳能时，宜采用可自动控制的其他辅助能源。

太阳能热水系统

作为可再生能源，太阳能热水系统分为直接加热式和间接加热式两种。由于医院属于用水重要建筑，热水用量比较大，对热水的使用要求比较高，因此不适宜采用直接加热的方式，而是选用间接加热并配置贮水罐（水箱）的系统。高标准的医院，尤其是病房楼高峰时，用水比较集中，全天用水量曲线极不均匀，因此设置贮水装置不仅有利于减少系统初期投资，而且能减轻太阳能加热装置的运行负荷，同时能提高生活热水系统供水的安全性。

热电联产系统余热利用

近几年，分布式集中供能系统广为推广，设备产生余热需水专业消耗掉，通常做法是设置板式交换器及贮热水箱供给用水区域。

设计的关键需要平衡不同季节的热水耗量，系统产生的热量是恒定的，因进水温度的不同，不同季节的耗热量是不同的。常规热水系统的热源设备选择我们通常是按最冷季节最大耗热量计算并选择，但余热利用的系统的设备选择，反而应该按夏季、春秋季耗热量来选择设备，以免热量过多无法消耗；在冬季耗热量大时，不足的热量需求，再用其他热源系统补充制取。

[1]　各科室对热水供应的需求存在差异，是否采用集中热水系统还是分散热水系统供水，应综合考虑门诊楼的设计小时耗热量、热源和用水点的分布等因素。

空气源热泵热水系统

生活热水中在 20 ~ 50℃，pH 值 5.0 ~ 8.5 的水中最容易繁殖军团菌，医院内都是有病的弱者，一旦在医院内发生军团菌则极不利于病员治疗与康复，医院责任重大。因此世界卫生组织（WHO）推荐，且规范也规定，水加热器出口温度应大于 60℃。而空气源热泵系统，一般供水温度为 50℃，很难达到出口端 60℃的要求。因此医院项目，不推荐采用空气源热泵热水系统作为辅助热源系统。[1]

热交换器的选择

采用容积式热交换器。传统医院采用容积式热交换器，主要是考虑所提供蒸汽量与热水供应最大值之间差值的调节量，减小了蒸汽锅炉设计量，减少了锅炉房占地面积，节约了一次性投资。容积式交换器内水温是以梯形状态分布，在热交换器内部很难使水温保持在 60℃左右，从而导致容积式热交换器内供应热水系统管道中产生军团菌。

热水系统的水加热器宜采用无死区且效率较高的弹性管束、浮动盘管容积或半容积式水加热器。

也建议采用半即热式或即热式热交换器配备热水贮水罐形式。使其热水供应系统水温始终保持在 60℃以上区域进行供水，以避免军团菌滋生，杜绝军团菌的发生。

医院热水系统的热水制备设备不应少于两台，当一台检修时，其余设备应能供应 60% 的设计用水量。

热水循环系统的选择

热水系统在任何用水点打开关后，宜 5 ~ 10s 内出热水。因此须设置循环系统。管道应采用同程布置的方式，并设循环泵，采取机械循环，干管、立管循环，同时宜有热水支管循环或措施，如局部无法参与循环的管道，可局部设置电伴热；反之，热水支管应尽量缩短。

热水系统的管网布置选择[2]

横管配回水布置形式：在一定的平面区域内，设置热水供、回水立管管井，在需要热水供应的科室，接出配水横管；配水横管沿科室，逐一配水至各卫生器具；横管配水完成后，再与管井内的回水立管连接。在进入科室的配水横管，及完成配水后的回水横管上，分别设置水表，计算两水表读数的差值，可方便地统计各科室的热水用量。这种横管配回水布置形式，比传统的立管供回水方式，更适合于该医院门诊楼、须计量的病房楼的热水供应。它还具有布管灵活、用水点改扩建容易等特点。

按高低区不同设置不同循环管路：如门急诊与病房楼在不同高低楼层，根据常规热水系统的压力不同，根据冷水分区设置不同循环管路。按供应时间分别设置不同循环管路：如各门诊科室与急诊、病房、手术热水供应时间不同，若整个热水系统采用一套循环管路，则必将造成部分循环管路系统的热量浪费，可采用不同循环管路系统，个别科室可形成配回水管路长度相近的两个或多个循环回路：个别科室用水点分散、横管特别长，若直接与其他科室合用配回水管路，

[1] 生活热水中在 20 ~ 50℃，pH 值 5.0 ~ 8.5 的水中最容易繁殖军团菌，医院内都是有病的弱者，如在医院内发生军团菌则极不利于病员治疗与康复，医院责任重大。因此世界卫生组织（WHO）推荐："热水应在 60℃以上储存，并至少在 50℃以上循环"。

[2] 随着医院建筑中设备及装备系统增多，管道的数量大大增加，合理、综合布置各系统在平面吊顶内的管道能降低建筑层高，减少投资。

势必造成配回水管路长度差异太大，不能做到同程布管，可能产生短流循环。

热水系统的关键阀件设置

平衡阀：为避免淋浴或水龙头出水温度不易调节造成人员烫伤，以及淋浴时忽冷忽热，冷、热水供水压力应平衡，当压差超过 0.02MPa，宜设置平衡阀。

混合水温控制装置：防止烫伤，建议在淋浴或浴缸用水点设置混合水温控制装置；但使用水点最高出水温度在任何时间都不应大于 49℃。

自动排气阀：热水管道系统最高点设置自动排气阀，避免系统堵气发生。

热水供应系统卫生安全措施

医院热水系统中水质应满足 GB 5749《生活饮用水卫生标准》规定的指标，加热设备出水温度应为 60℃ ~ 65℃，配水点水温不应低于 45℃；同时建议系统设置消毒灭菌设施，如紫外光催化二氧化钛消毒装置、银离子消毒器等，且定期对系统内热水采取升温灭菌措施等。

开水系统

设置场所：病房楼每层开水间设置；门急诊部。

按需设置点位。按系统分为：分散制备供应、集中制备分散供应、集中制备管道供应。

分散制备：常采用小型电开水器、饮水机，其使用灵活方便，可随时满足要求，但存在着反复加热，破坏水中矿物质，容易结垢，水质二次污染等问题；大部分医院采用此种方式。

集中制备分散供应：是在开水间设有开水炉，人们用容器取水，这种方式耗热量小，便于操作，投资省，但饮用不方便，水温不宜保证。

集中制备管道供应：是在锅炉房或开水间烧制开水，用管道输送到各饮水点，这种方式便于操作管理、使用，但能耗较大，投资较多。

直饮水供应系统

与开水的供应方法基本相同，只是经制冷设备冷却降至要求水温后，人们从饮水器中直接喝水，一般在人员流动较集中的公共场所使用。

管道直饮水水处理工艺为：一级砂滤 + 二至三级膜过滤（最后一级 0.20 ~ 0.45 的膜）+ 紫外线和 O_3 联合消毒 + 蓄水箱 + 变频供水泵；

直饮水应循环，循环水的流速不应小于 0.6m/s，回水经膜滤和消毒后再用；管网末端盲管的最大长度不宜超过 0.5m；

设有直饮水系统的医院应有水质分析室，直饮水水质分析每班不应小于 2 次；

管道直饮水蓄水箱的有效容积不宜小于最大日用水量的 1.2 倍。

直饮水供应系统与开水系统相结合

经处理后的直饮水经管道输送到各用水点，根据饮水习惯，再分散每层或每个护理单元、每个科室设置电开水器，加热后供给开水饮用。

排水体制[1]

医院医疗区污废水的排放应与非医疗区（如宿舍区、办公区、食堂等）污废水分流排放，非医疗区污废水可直接排入城市污水排水管道。医院医疗区污水排水管道宜采用污、废分流制的排水系统。

医院的污废水须经过污水消毒处理工艺，达到排放标准后，方可排入市政污水管道。

医院特殊排水系统[2]　　表6-11

1	传染病门急诊和病房的污水应单独收集处理
2	放射性废水应单独收集处理
3	牙科废水应单独收集处理
4	锅炉排污、中心供应消毒凝结水等应单独收集并设置降温池或降温井
5	医院检验科等处分析化验采用的有腐蚀性的化学试剂，应单独收集综合处理，再排入院区污水管道或回收利用
6	其他医疗设备或设施的排水管道，为防止污染而采用间接排水
7	太平间和解剖室应采用独立排水系统，且主通气管伸出屋面并对周边环境无不利影响

室内排水管及通气管设置　　表6-12

1	排水立管应尽量设在靠近建筑外墙的地方，以免底层排出走管过长，影响地下室净高；无奈设在建筑中部的排水立管，应该利用当层没有横支管接入的机会，尽早向建筑外墙方向转换
2	通气立管尽量靠近排水横支管的起端，争取多根排水横支管共用一根通气立管
3	排水管不能穿越，例如电气房间、手术室、贵重仪器室、厨房操作台上方等
4	裙房的通气立管宜在裙房出屋面，应远离空调新风口并在新风进口下风向，宜高出屋面不小于2m

医院同层排水设置　　表6-13

沿墙敷设	排水支管和器具排水管暗敷在非承重墙或装饰墙内时，墙体厚度或空间应满足排水管道和附件的敷设要求，宜为205～220mm；当采用隐蔽式水箱时，应满足水箱的安装要求。 卫生器具的布置应便于排水管道的连接，接入同一排水立管的器具排水管和排水支管宜沿同一墙面或相邻墙面敷设。大便器、小便器应靠近排水立管布置，并选用挂便器。 当卫生间设置地漏时，地漏宜靠近排水立管布置，并单独接入立管。卫生间的建筑面层厚度应满足地漏的设置要求 浴盆及淋浴房宜采用内置水封的排水附件，地漏宜采用内置水封的直埋式地漏
降板敷设	降板高度应根据卫生器具的布置、降板区域、管径大小、管道长度、接管要求、使用管材等因素确定 降板区域应采取有效的防水措施

卫生间排水　　表6-14

1	当医院病房为暗卫生间或建筑高度超过10层时，卫生间的排水系统采用专用通气立管系统
2	公共卫生间排水横管超过10m或大便器超过3个时宜采用环形通气管
3	卫生间器具排水支管长度不宜超过1.5m

[1] 医院单体建筑通常分为塔楼、裙房和地下室。塔楼通常设置病房区，排水系统的主要是在管道井内设置污水管、废水管和通气管（三立管系统），排出病房卫生间、备餐间、医生值班室卫生间的污废水。裙房通常设置医技、化验、手术室、公共卫生间等，这个区域的排水点多，排水管线复杂。地下室的排水主要是采用集水井和潜污泵，将污水提升排入基地内的污水管道。

[2] 医院用水器具不宜共用存水弯。

排水系统管材选择　表6-15

室内排水管	HDPE静音管、聚丙烯静音排水管
耐高温排水管	（清洁间、消毒室、中心供室、洗衣房等）柔性机制排水铸铁管

地漏设置要求　表6-16

1	浴室和空调机房等经常有水流的房间应设置地漏
2	卫生间有可能形成水流的房间宜设置地漏
3	对于空调机房等季节性地面排水，以及需要排放冲洗地面、冲洗废水的医疗场所，如手术室、急诊抢救室等房间应采用可开启式密封地漏
4	地漏应采用带过滤网的无水封、直通型地漏加存水弯，存水弯的水封不得小于50mm，且不得大于100mm，地漏的通水能力应满足地面排水的要求
5	地漏附近有洗手盆处时，宜采用洗手盆的排水给地漏水封补水

图6-6　同层排水用地漏

污水处理标准

医院医疗区污水的排放水质应满足《综合污水排放标准》GB 8978 中关于医院污水的排放的规定以及《医疗机构水污染物排放标准》GB 18466 的规定。

放射性污水的排放应符合《电离辐射放射卫生防护与辐射源安全基本标准》GB 18871 的要求。

污水处理工艺

当排入有城市污水处理厂的城市排水管道时，应采用消毒处理工艺；当直接或间接排入自然水体时，宜采用二级生化污水处理工艺；医院医疗区污水不得作为中水水源。

污水处理系统设计注意事项

中型以上医疗机构的污水处理设施的构筑物应分两组，每组按 50% 负荷设计。

医院污水处理设施须设事故超越管，在维修时须采取措施保证消毒效果。

医院污水处理站的污泥应由具有相应资质的单位或部门定期掏取。所有的污泥必须经过有效的消毒处理，在符合有关标准的规定后，方可进行后续处理。

医院污水处理站排出的废气，宜进行除臭、除味处理（臭氧、活性炭吸附等），处理后应达到现行国家标准《医疗机构水污染物排放标准》GB 18466 中规定的处理站周边大气污染物最高允许浓度，并引入区域最高处，且下风向高空排放。

医院中水回用的适用性

医院污水含有较多病菌，不适合作为中水回用系统的原水水源，即使消毒处理完成并达到排放标准后，也不应用作与人体直接接触的冲厕、洗车等用途。

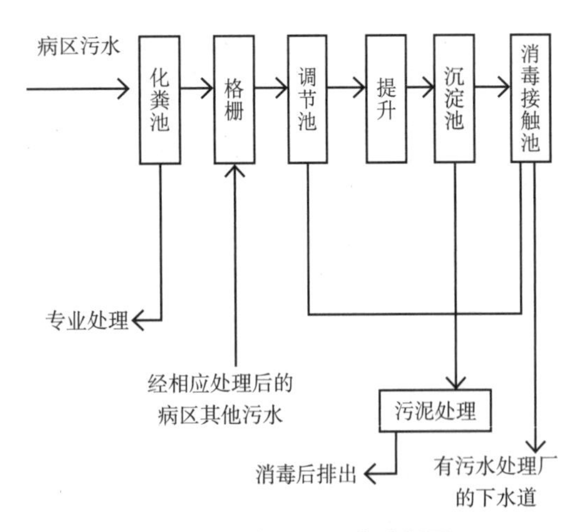

图 6-7　一级处理工艺流程图

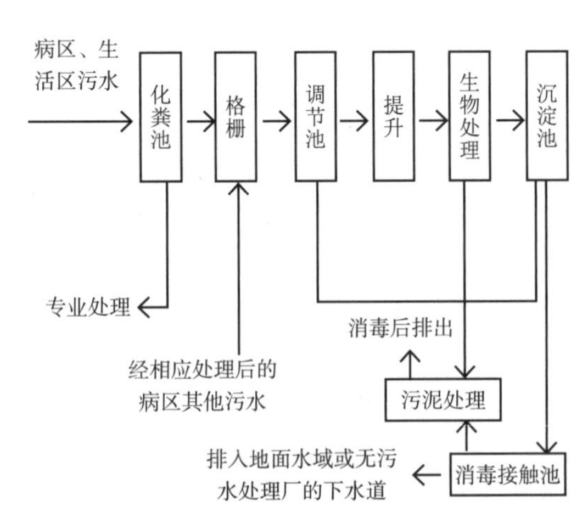

图 6-8　二级处理工艺流程图

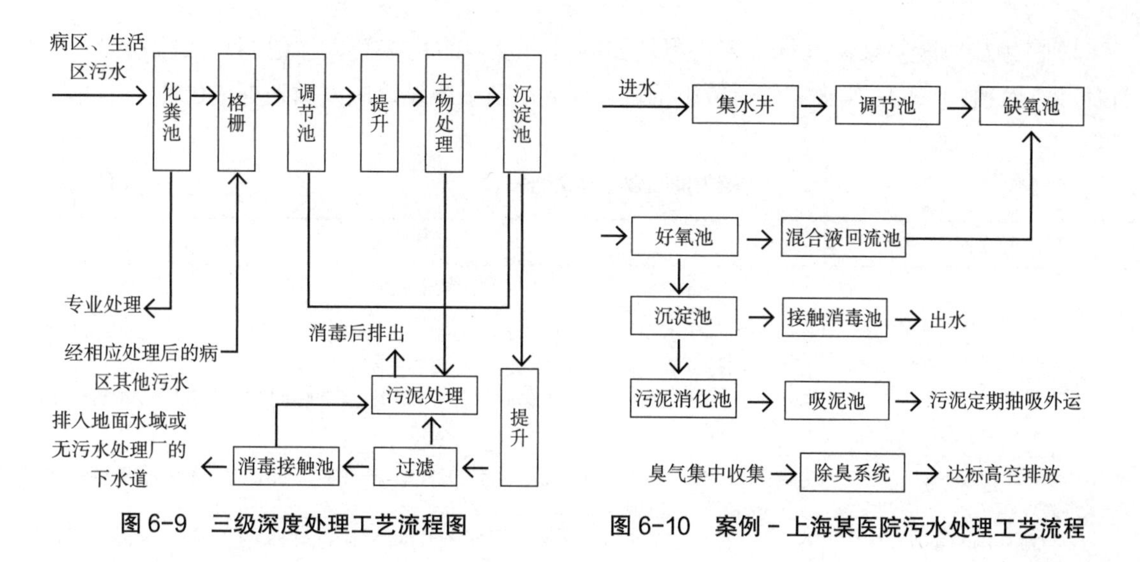

图 6-9　三级深度处理工艺流程图

图 6-10　案例 - 上海某医院污水处理工艺流程

医院建筑功能复杂，人员众多，更重要的是有众多的住院病人，他们一般行动比较迟缓，且环境不熟悉，一旦发生火灾，疏散很困难。因此消防系统设计应该做到更加合理，好用。

相关消防规范条文列表 **表 6-17**

规范名称	具体条文
《建筑设计防火规范》GB 50016—2014（2018 年版）	8.2.1 体积大 $5000m^3$ 的医疗建筑应设置室内消火栓
	除不宜用水保护或保护或灭火的场所外，下述应设置自动灭火系统。 8.3.3 所有一类高层建筑；所有二类高层建筑公共活动用房等 8.3.4 任一楼层建筑面积大于 $1500m^2$ 或总建筑面积大于 $3000m^2$ 的所有单、多层的病房楼、门诊楼、手术部
《建筑灭火器配置设计规范》GB 50140—2005	住院床位在 50 张及以上的医院的手术室、理疗室、透视室、心电图室、药房、住院部、门诊部、病历室，为严重危险级； 住院床位在 50 张及以下的医院的手术室、理疗室、透视室、心电图室、药房、住院部、门诊部、病历室，为中危险级；
《医院洁净手术部建筑技术规范》GB 50033—2013	12.0.7 洁净手术部应设置自动灭火消防设施。洁净手术室内不宜布置洒水喷头。 12.0.8 当洁净手术部需设置消火栓系统时，洁净手术室不应设置室内消火栓，但设置在手术室外的消火栓应能保证 2 支水枪的充实水柱同时到达手术室内的任何部位。当洁净手术部不需设置室内消火栓时，应设置消防软管卷盘等灭火设施。洁净手术部应按现行国家标准《建筑灭火器配置设计规范》GB 50140 的规定配置气体灭火器

室内消火栓系统设置 **表 6-18**

设置要求	消火栓布置应保证同层 2 股充实水柱同时到达任何位置
设置位置	消火栓的首选位置是楼梯出口附近
特殊要求	手术室区域的消火栓宜设置在清洁区域的楼梯出口附近或走廊，当必须设置在洁净区域时，应能满足洁净区域的卫生要求。 病房楼护士站处宜设置消防软管卷盘

自动喷水灭火系统设置 **表 6-19**

设置范围	设有集中空调系统的医院、高层医院或高级医院，除与水发生剧烈反应或不宜用水扑救的场所外的所有场所均应设置自动喷水喷头
喷头形式	病房应采用快速反应喷头。 手术室洁净和清洁走廊宜采用隐蔽型喷头
特殊要求	血液病房、手术室和有创检查的设备机房，不应设置自动喷水灭火系统

气体灭火系统的设置[1]

医院的贵重设备房，如 CT、核磁共振、直线加速器和肠胃造影等贵重设备室，病案室、信息中心（网络）机房室应设置气体灭火系统；可采用七氟丙烷或 IG541 多区组合分配灭火系统，预制式气体灭火系统。

[1] 气体灭火系统在设计时必须考虑防护区域的构成形式、灭火效能计算、经济性等多种因素，控制装置的应用也灵活多样，既能配置成无管网系统，也能配置成有管网系统，既能配置成单元独立系统，也能配置成多区组合分配系统以及分配与单元独立混合系统等。考虑节省消防设备间占地面积及系统造价，医院建筑设计中尽可能地采用气体灭火多区组合分配灭火系统，这就要求各保护区相对集中设置，以缩短输送距离和减少占用建筑空间。

高压细水雾系统的设置

医院内采用气体灭火系统，医院的病患者其自身的防护逃生能力极弱，在接受大部分的放射、影像检查时，通常只有病患者自己在设备室接受检查，医护人员则在控制室操作和查看结果，此时若发生火灾，气体灭火系统动作释放气体开始灭火，这时对于一个病患者来说如果没有外界的帮助是无法逃生的，因此，在提倡以病人为中心的设计思想当中，气体灭火系统不是设计的最佳选择。

高压细水雾灭火系统是现代医疗建筑中较有效灭火的方式之一。高压细水雾灭火系统兼有气体灭火系统的安全性，又兼有自动喷水灭火系统高成功率双重优点。该系统具有高动能、小水滴、环保、安全的优良性能，具体表现在用水量小、水渍损失少，在灭火过程中对人员、设备、财产和环境无危害，具有防止复燃的高冷却性能以及独特的烟雾擦洗功能，投资费用低、较为节能。

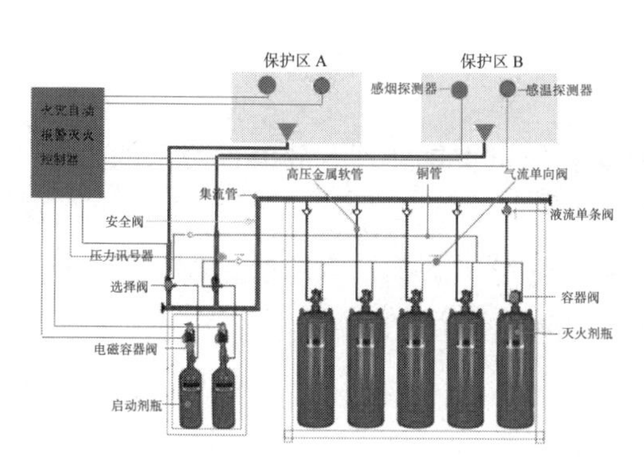

图 6-11　七氟丙烷多区组合分配灭火系统图

图 6-12　高压细水雾系统灭火示意图

口腔科

口腔科的供水系统，不能直接用自来水，必须经过过滤系统。供水压力不小于 0.15MPa，过滤孔规格一般在 2 ~ 5μm 之间。医用洗手盆全部为不锈钢材料，DN25 的供水管可以供 8 张牙椅设备。牙椅管道盒预留的 4 种管道，包括电源管、空气管、排水管和给水管。一般专业公司会在后期提供的详细的配管图纸，施工图阶段需要预留好总的给排水接口。口腔科里所安置的实验台和牙椅设备的给排水管道，都要求同层完成。

口腔科排水干管管径不小于 DN100，支管径不小于 DN75。

牙科含汞废水应单独收集处理，由专业公司设计实施。

耳鼻喉科

每个工作单元都配有耳鼻、咽喉、头颈外科综合诊治台，这些诊治台集中了喷雾、吸引、加温、照明、冷光源等功能，根据设备要求，有两种方式的管道终端接口，一种是在墙面预留管口，另一种是在楼板面预留管口。终端接口不仅有供排水管，还有高压气管，真空管及电线管；供水管终端出口，都要配置标准的铜质（1/2in）开关，从板下引入的供排水，都必须高出完成面 100mm。一般专业公司会在后期提供的配管图纸，施工图阶段需要预留好总的给排水接口。

放射科

放射性废水、洗片含银废水应单独收集处理，由专业公司收集处理。放射性废水的排放一般采用衰变法处理，设衰变井，须埋地。

排放含有放射性废水的管道应采用机制铸铁（含铅）管道，水平横管应敷设在垫层内或专用防辐射吊顶内；立管并应安装在壁厚不小于 150mm 的混凝土管道井内。

血液净化中心[1]

需要严格按专业要求设计。在施工图前期阶段需注意：

在透析器复用室的给排水要求设防酸、防腐的复用水池，并预留给排水管口；

给水要求配置 DN50 带阀门预留接口，水压要求不小于 0.1MPa，伸出地面 200m；

水处理室的排水系统要求配合预留 DN75 排水管，要求伸出地面 200mm 和 DN100 地漏。透析机的排水系统，要接入大楼的排水管网上。

血透设备高温废水的排水管应采用金属管等耐高温的管材，并且需要经过室外排污降温池处理后排入基地内污水管。

检验科

生化检验室应设通风柜。

检验室应设洗涤设施，细菌检验应设专用洗涤、消毒设施，每个检验室应装有非手动开关的洗涤池。

距危险化学试剂 30m 内应设有紧急洗眼处和淋浴，若危险度大，应将安全设备设于更近处。

---

[1] 血液净化中心的给排水工程，不但要与医疗设备专业公司紧密配合，而且在使用后要满足和尊重使用者的要求，不断地调整和改进。水处理室的给水系统，采用的是 RO 水处理工艺，其目的是通过反渗透获得超纯水，供给各台透析机。病人上机治疗时，超纯水绝对不能断供，这可是关乎性命的大事。因此除了供电电源的可靠性，血液净化中心还需要保证二路供水，这样，即使发生断水，也可以使 RO 系统维持运行至少 2h，从而使医生有足够时间处理正在治疗的病人。

部分化验室、实验室有特殊要求，水嘴应根据各科室功能的要求来确定其形式。

检验科等处分析化验采用的有腐蚀性的化学试剂应单独收集，综合处理再排入院区污水管道或回收利用，管材不应使用金属管。

核医学科

按照《医用放射性废弃物管理卫生防护标准》GBZ 133，固体废弃物、废水必须经过处理后排放。

放射治疗科的治疗用房有后装、钴60、直线加速器、γ刀、深部X线治疗等。

放射性废液的处理要求如下：

使用放射性核素其日等效最大操作量等于或大于2×107Bq的临床核医学单位和医学科研机构，应设置放射性污水池以存放放射性废水直至符合排放要求时方可排放。放射性污水池应合理选址，池底和池壁应坚固、耐酸碱腐蚀和无渗透性，应有防泄漏措施。

生产放射性废液而可不设置放射性污水池的单位，应将仅含短半衰期核素的废液注入专用容器中通常存放10个半衰期后，经审管部门审核准许，可作普通废液处理。对含长半衰期核素的废液，应专门收集存放。

经审管部门确认的下列低放废液可直接排入流量大于10倍排放流量的普通下水道：每月排放总活度或每一次排放活度不超过《电离辐射防护与辐射源安全基本标准》GB 18871中规定的限制要求，且每次排放后用于不少于3倍排放量的水进行冲洗，每次排放应做记录并存档。

传染科

在传染病医院或收治传染病患者的医院传染病区，向其病房内供水的管道检修阀门应设置于清洁区，而且不应集中供应饮水或开水，也不宜由护理人员统送，最好能做到在各病房内设置单独的开水壶专用于本病房开水制备供应，由医护人员按管理要求对病房内物品统一消毒处理。

在传染病医院或收治传染病患者的医院，其排水系统宜考虑采用真空排水系统，以避免排水系统与大气直接相通，由真空装置将污水抽引至集中容器统一处理。我们认为采用焚烧方式是较为彻底和可靠的消灭传染源的措施。另外，在此类医院或病区的基地，初期雨水也宜单独收集，经沉淀、消毒达标后方能排入城市雨水系统；初期雨水量，屋面可按2～3mm径流厚度、地面可按3～5mm径流厚度收集。

洁净手术部

给水设施

手术部设置分为一般手术部与洁净手术部。洁净手术部应按《医院洁净手术部建筑技术规范》GB50333 有关规定设计。

每 2 ~ 4 间手术室宜单独设立 1 间刷手间，刷手间也可设于清洁区走廊内。每间手术室不得少于 2 个洗手水嘴，并应采用非手动开关。

水质：必须符合生活饮用水卫生标准，刷手用水宜进行除菌处理，宜安装除菌过滤器、紫外线水质消毒灭菌器等。

热水：洁净手术部内的盥洗设备应同时设置冷热水系统；

水温：蓄热水箱、容积式热交换器等贮存的热水不应低于 60℃；当设置循环系统时循环水温应在 50℃以上。手术部集中刷手池末端恒温供水温度宜为 30 ~ 35℃。

水嘴：设置可调节水温的非手动开关龙头，现广泛使用的是肘式开关龙头、光电及红外线控制开关。详见图 6-13。

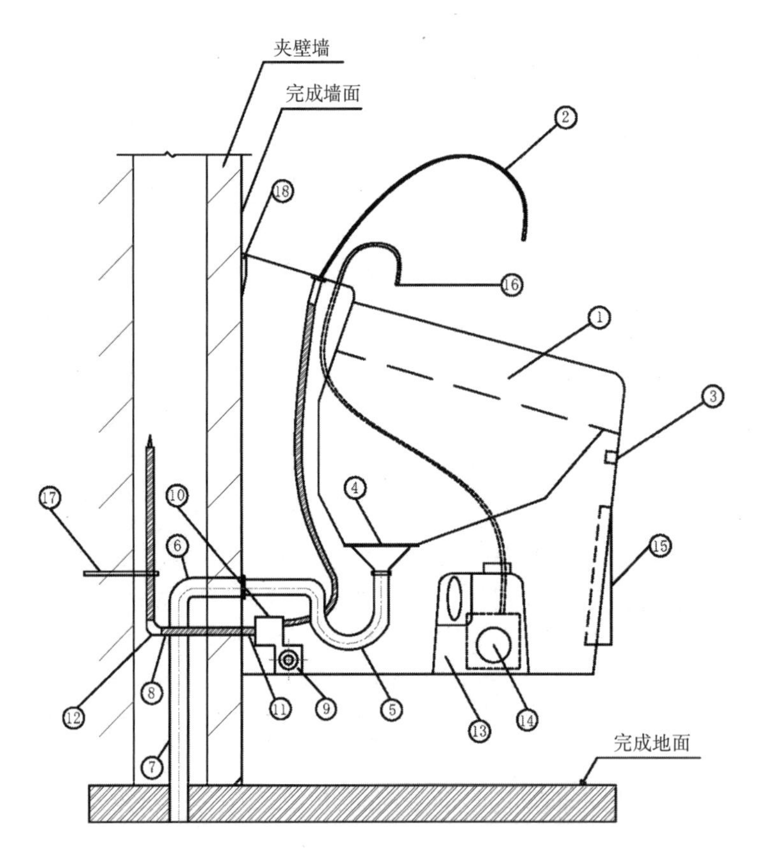

①	单盆不锈钢医用清洗池
②	感应水嘴
③	成品感应器
④	排水栓
⑤	P 形存水弯
⑥	排水管 90° 弯头
⑦	排水管
⑧	供水管
⑨	紫外线灭菌器
⑩	恒温阀
⑪	内螺纹管接头
⑫	给水管 90° 弯头
⑬	皂液储存器
⑭	皂液泵
⑮	脚操作皂液泵开关
⑯	配套皂液分配器
⑰	管卡
⑱	Z 型 2 厚不锈钢挂钩

图 6-13　洁净手术部刷手池示意图

供水不间断，应两路进口，不仅水量和水压要保证，并且水质要可靠。一般采取的措施为：

当建筑物内供水根据不同分区分别来自市政压力供水、屋顶水箱、变频设备时，可分别从这三个系统种选出二个系统组合供给，但需要在连接点注意水压平衡，设置减压阀；

当医院建筑内供水来自变频加压设备时，由变频设备两端引出两路给水管设计为环路向洁净手术部供水，同时变频加压设备配置双回路电源。

安装[1]：

洁净手术部内的给排水管道均应暗装，应敷设在设备层或技术夹道内，不得穿越洁净手术室。

管道穿过洁净用房的墙壁、楼板时应加设套管，管道和套管之间应采取密封措施。

管道外表面存在结露风险时，应采取防护措施。

给水管不能直接连接到任何可能引起污染的卫生器具及设备上，如与卫生器具及设备的连接必须有空气隔断或行之有效的防回流装置，严禁直接相连。

给水管道应使用不锈钢管、铜管或无毒给水塑料管。

排水设施[2]

洁净手术部内的排水设备，必须在排水口的下部设置高水封装置，水封深度不得小于50mm，不大于100mm。

洁净手术室内不应设置地漏，地漏应设置在刷手间及卫生器具旁且必须加密封盖，也可不设置地漏。

洁净手术部应采用不易积存污物又易于清扫的卫生器具、管材、管架及附件。

洁净手术部的卫生器具和装置的污水透气系统应独立设置。

洁净手术室的排水横管直径应比常规大一级。

当医院的手术室设在裙房的最高层，在设置裙房屋面雨水斗的时候需要注意避开。

太平间

太平间一般设于一层或地下室，设计初期需预留好给水接口、排水接口；如设于地下室，另需预留好污水集水井或小型密闭排水提升器位置。给水接管建议设置自带真空破坏器的冲洗水嘴，方便地面冲洗。

[1] 管道穿洁净室墙壁、楼板处必须设置套管，且做好管道和套管之间的密封措施，也是防止室外未净化空气渗入室内，也是保证洁净室空气洁净度的重要环节。

[2] 医院管道种类多、线路长，遇有故障就要凿墙断壁，甚为不便，而手术过程中污物量较大，为了防止排水管道堵塞，适当加大排水管道口径并且采用标准排水坡度，可减少日常的维修量。

病房

医院病房冷、热水供水压力应平衡，当不平衡时应设置平衡阀；

当医院病房为暗卫生间或建筑高度超过10层时，宜采用专用通气立管系统，形成三立管系统，设在病房管道井内；

病房区一般位于塔楼部分，所以从上至下的排水立管会很长，需要按照规范设置检查口；

建议在裙房区域多设几个管道井作为病房排水管汇合的终点，尽量2～3根病房排水立管汇合到1根裙房排水立管；

汇合管道较长，涉及的卫生器具较多，需按照规范设置清扫口和环形通气；

建议病房区备餐间的排水管道利用操作台下的空间，走在地面之上；

病房楼护士站处宜设置消防软管卷盘。

妇产科病房

洗婴池的末端供水应采用防止烫伤或冻伤且为恒温供水，供水温度宜为35～40℃。

做法一：在各个洗婴部位设置热水箱，水箱材质一般采用SUS444型不锈钢，水箱架设高度不宜过高，以满足水流舒缓流出即可，水箱容积须满足护理单元内一次洗婴用水量的要求。而水温则是由医护人员在洗婴之前进行冷、热水调温混合，当水温满足要求后方可供洗婴使用。

做法二：安装容积式电热水器，水温则是由医护人员在洗婴之前进行手动温度调节。

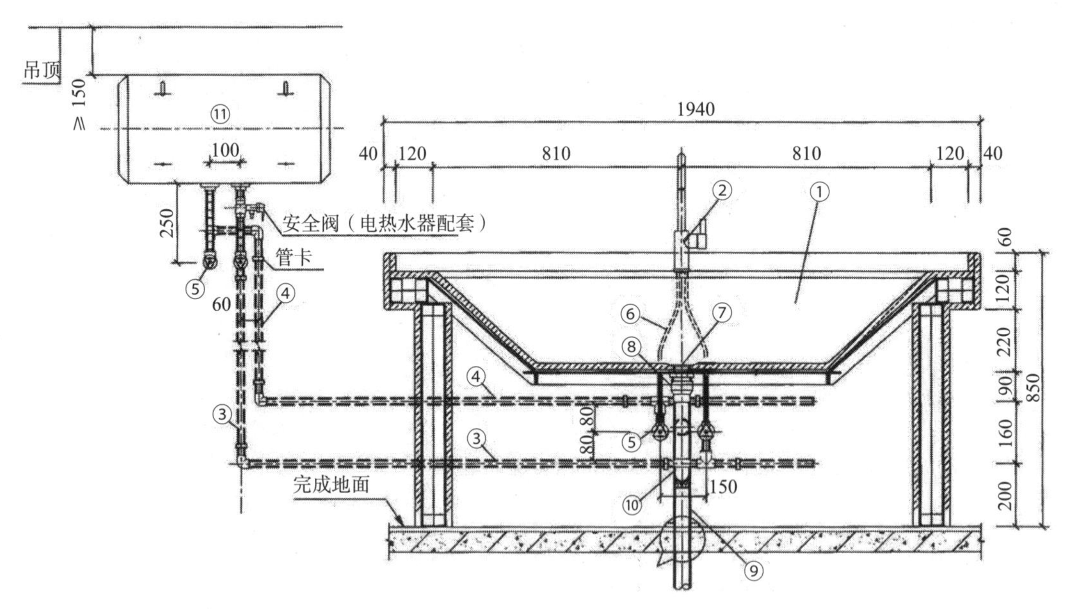

图6-14 洗婴池示意图

①洗婴池；②单柄混合水嘴；③冷水管；④热水管；⑤角式截止阀；⑥水嘴连接软管；⑦排水栓；⑧转换接头；⑨排水管；⑩存水弯；⑪卧挂式电热水器

中药加工室

中药加工室的排水管干管不得小于DN100，支管不得小于DN75。

中心供应室

设计初期，中心供应一般预留不小于DN65的给水管。

为避免交叉感染，中心供应室的清洗池、槽应采用非手动开关，可采用感应、膝动、肘动开关水龙头。

中心供应室的消毒设备，包括手术区域的消毒室，通常排放的是60℃以上的高温废水，且高温废水排放的同时伴有二次蒸汽产生。因此，中心供应室、手术区域消毒室的排水管材，应选用耐高温管材；

设于地下室的中心供应，一般的排水泵和污水提升器的塑料外壳都无法耐受如此高温，可以将集水井收纳热水部分与排水泵设置位置分开，即做干式泵，避免泵体承受过高温度。高温排水须经排污降温池处理后排入室外污水管。

中心供应室的地漏，应采用自动密封式地漏。

设计初期，中心供应区域需要降板，以便预埋排水管。

CHAPTER

第 7 章　暖通设计

医院属于特殊公共场所，病人在入院和治疗过程中通常会带入和产生各类病毒和病菌，污染空气，病人及陪同家属和医护人员等经常会暴露在致病微生物中，且病人自身抵抗力普遍低下，更需要洁净的空气环境。

此外，医院的一些特殊功能用房，如实验室、核磁共振等，都会产生有毒、爆炸性、放射性、异味等有害气体，此类房间的暖通设计须注意防止有害物质的泄露和扩散。[1]

特殊性

医院空调不仅要求保证舒适性，更关系到病人的治疗和康复、陪同家属和医护人员的健康，良好的空气品质已成为治疗疾病、减少感染、降低死亡率的重要技术保障，因此医院空调有一些特殊要求应给予关注：

1. 更高的空气净化要求；
2. 更高的设备自身洁净度；
3. 充足的新风；
4. 合理的气流组织；
5. 适宜的温湿度；
6. 较低的噪声；
7. 更高的可靠性；
8. 易于经常性的维护保养；
9. 必须定时监测。

设计参数

医院空调的设计参数主要包含空气洁净度、新风量、温度、湿度四个方面，医院各室功能差异很大，所要求的室内设计参数也不同，详见表 7-1。

[1] 《医院空调设计探讨》1007-8983（2003）05-0081-02。

表 7-1

暖通设计技术参数表[1]

功能区		洁净用房等级					通风设计参数							空调设计参数		
		I	II	III	IV	常	最小新风换气次数	最小循环过滤次数	空气压力			直接室外排风	完全回风循环	夏季	冬季	湿度
									正压	负压	常压			℃	℃	%
门诊与急诊	手术用内窥镜室			●			5	25	●			—	N	24 ~ 26	22 ~ 24	45 ~ 60
	分娩室				●		5	25	●			—	N	24 ~ 26	23 ~ 25	
	复苏室					●	2	6			●	—	N	24 ~ 26	23 ~ 25	
	重症监护室			●			2	6			●	—	N	24 ~ 26	23 ~ 25	
	新生儿监护室				●		2	6			●	—	N	24 ~ 26	24 ~ 26	
	处置室					●	—	6			●	—	—	24 ~ 26	21 ~ 22	
	护理站					●	5	12	●			—	N	24 ~ 26	20 ~ 22	
	外伤治疗室 - 紧急					●	3	15	●			—	N	23 ~ 26	22 ~ 24	
	外伤治疗室 - 常规					●	2	6	●			—	N	24 ~ 26	22 ~ 24	
	气体储存室					●	—	8		●		Y	—	26 ~ 27	20 ~ 22	
	内窥镜检查室			●			2	6		●		—	N	25 ~ 27	22 ~ 24	
	支气管镜检查室			●			2	12		●		Y	N	25 ~ 27	22 ~ 24	
	等候室					●	2	12		●		Y	—	26 ~ 27	21 ~ 22	
	治疗方法优选室					●	2	12		●		Y	N	25 ~ 27	22 ~ 24	
	放射线治疗候诊室					●	2	12		●		Y	N	26 ~ 27	21 ~ 22	
护理部	病房					●	2	6			●	—	—	24 ~ 27	22 ~ 24	40 ~ 60
	盥洗室					●	—	10		●		Y	N	<30	>15	
	新生儿监护站					●	2	6			●	—	N	26 ~ 27	22 ~ 24	
	环境保护室				●		2	12	●			—	N	26 ~ 27	20 ~ 22	
	空气感染隔离室				●		2	12		●		Y	N	26 ~ 27	20 ~ 22	
	隔离室接待室					●	2	10			●	Y	N	26 ~ 27	20 ~ 22	
	公共走廊					●	2	2		●		—	—	26 ~ 27	20 ~ 22	
	患者走廊					●	2	4			●	—	—	26 ~ 27	20 ~ 22	
洁净手术部		详见：“洁净手术部用房主要技术指标参数表”														

[1] 此表参考《中国医院建设指南》（第四版）及《医院中央空调系统建设指南》（2008 年版）。

续表

功能区		洁净用房等级					通风设计参数							空调设计参数		
		I	Ⅱ	Ⅲ	Ⅳ	常	最小新风换气次数	最小循环过滤次数	空气压力			直接室外排风	完全回风循环	夏季	冬季	湿度
									正压	负压	常压			℃	℃	%
诊断与治疗	检查室				●		2	6			●	—	—	25 ~ 27	22 ~ 24	40 ~ 60
	药物治疗室					●	2	4	●			—	—	26 ~ 27	22 ~ 24	
	处理室				●		2	6			●	—	—	26 ~ 27	20 ~ 22	
	理疗及水疗室		●				2	6		●		—	—	26 ~ 27	26 ~ 28	
	污染物室			●			2	10		●		Y	N	26 ~ 27	20 ~ 22	
	清洁物室			●			2	4	●			—	—	26 ~ 27	20 ~ 22	
服务	膳食中心					●	2	10			●	Y	N	26 ~ 27	20 ~ 22	40 ~ 60
	工具清洗					●	—	10		●		Y	N	26 ~ 27	20 ~ 22	
	食物储存					●	—	2			●	—	N	25 ~ 27	20 ~ 22	
	洗衣房					●	2	10		●		Y	N	26 ~ 27	20 ~ 22	
	污染器材					●	—	10		●		Y	N	26 ~ 27	20 ~ 22	
	清洁器材				●		2	2	●			—	—	26 ~ 27	20 ~ 22	
	医疗废物室					●	—	10		●		Y	N	26 ~ 27	20 ~ 22	
附属用房	放射医学X光-诊治			●			2	6			●	—	—	26 ~ 27	20 ~ 22	40 ~ 60
	X光-急诊、导管插入			●			3	15	●			—	N	26 ~ 27	20 ~ 22	
	暗房			●			3	15		●		—	N	26 ~ 27	24 ~ 25	
	普通实验室				●		2	6		●		Y	N	26 ~ 27	20 ~ 22	
	细菌学实验室	●					2	6		●		Y	N	24 ~ 26	20 ~ 22	
	生物化学实验室	●					2	6	●			Y	N	24 ~ 26	20 ~ 22	
	细胞学实验室			●			2	6		●		—	N	24 ~ 26	20 ~ 22	
	组织学实验室			●			2	6		●		Y	N	24 ~ 26	20 ~ 22	
	微生物实验室			●			—	6		●		Y	N	24 ~ 26	20 ~ 22	
	核医学实验室			●			2	6		●		Y	N	24 ~ 26	20 ~ 22	
	病理学实验室			●			2	6		●		Y	N	24 ~ 26	20 ~ 22	
	血清实验室	●					2	6	●			Y	N	24 ~ 26	20 ~ 22	

续表

功能区		洁净用房等级					通风设计参数							空调设计参数		
		I	II	III	IV	常	最小新风换气次数	最小循环过滤次数	空气压力			直接室外排风	完全回风循环	夏季	冬季	湿度
									正压	负压	常压			℃	℃	%
附属用房	消毒实验室			●			—	10		●		Y	N	24 ~ 26	20 ~ 22	40 ~ 60
附属用房	媒介传递实验室			●			2	6	●			Y	N	24 ~ 26	20 ~ 22	40 ~ 60
附属用房	解剖室	●					2	12		●		Y	N	24 ~ 26	20 ~ 22	40 ~ 60
附属用房	无冷却的尸体储藏					●	—	10		●		Y	N	—	—	40 ~ 60
附属用房	药房					●	2	4	●			—	—	25 ~ 26	20 ~ 22	40 ~ 60
附属用房	接待					●	2	6		●		Y	—	26 ~ 27	20 ~ 22	40 ~ 60
消毒供应	消毒室			●			—	10		●		Y	N	26 ~ 27	20 ~ 22	40 ~ 60
消毒供应	消毒器械			●			—	10		●		Y	N	26 ~ 27	20 ~ 22	40 ~ 60
消毒供应	污染室				●		2	6		●		Y	N	26 ~ 27	20 ~ 22	40 ~ 60
消毒供应	洁净室			●			2	4	●			—	N	26 ~ 27	20 ~ 22	40 ~ 60
消毒供应	消毒材料存放			●			2	4	●			—	—	26 ~ 27	20 ~ 22	40 ~ 60
其他	倒便室					●	—	10		●		Y	N	26 ~ 27	20 ~ 22	—
其他	浴室					●	—	10		●		Y	N	26 ~ 27	20 ~ 22	—
其他	储藏室					●	—	10		●		Y	N	26 ~ 27	20 ~ 22	—

洁净手术部用房主要技术指标参数表 **表 7-2**

名称	室内压力（正 / 负）	最小换气次数（次 /h）	工作区平均风速（m/s）	干球温度（℃）	相对湿度（%）	最小新风量（$m^3/h \cdot m^2$ 或次 /h）	噪声 dB（A）	最低照度（lx）	最少术间自净时间（min）
I 级洁净手术室、需要无菌操作的特殊用房	正	—	0.20 ~ 0.25	21 ~ 25	30 ~ 60	15 ~ 20	≤ 50	≥ 350	10
II 级洁净手术室	正	24	—	21 ~ 25	30 ~ 60	15 ~ 20	≤ 49	≥ 350	20
III 级洁净手术室	正	18	—	21 ~ 25	30 ~ 60	15 ~ 20	≤ 49	≥ 350	20
IV 级洁净手术室	正	12	—	21 ~ 25	30 ~ 60	15 ~ 20	≤ 49	≥ 350	30

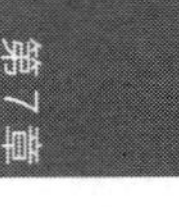

续表

名称	室内压力（正/负）	最小换气次数（次/h）	工作区平均风速（m/s）	干球温度（℃）	相对湿度（%）	最小新风量（$m^3/h·m^2$ 或次/h）	噪声 dB（A）	最低照度（lx）	最少术间自净时间（min）
体外循环室	正	12	—	21 ~ 26	≦ 60	2 次/h	≤ 60	≥ 150	—
无菌敷料室	正	12	—	≦ 26	≦ 60	2 次/h	≤ 60	≥ 150	—
未拆封器械、无菌药品、一次性物品和精密仪器存放室	正	10	—	≦ 26	≦ 60	2 次/h	≤ 60	≥ 150	—
护士站	正	10	—	21 ~ 26	≦ 60	2 次/h	≤ 55	≥ 150	—
预麻醉室	负	10	—	23 ~ 26	30 ~ 60	2 次/h	≤ 55	≥ 150	—
手术室前室	正	8	—	21 ~ 26	≦ 60	2 次/h	≤ 60	≥ 200	—
刷手间	负	8	—	21 ~ 26	—	2 次/h	≤ 55	≥ 150	—
洁净区走廊	正	8	—	21 ~ 26	≦ 60	2 次/h	≤ 52	≥ 150	—
恢复室	正	8	—	22 ~ 26	25 ~ 60	2 次/h	≤ 48	≥ 200	—
脱包间	负（外间脱包）	—	—	—	—	—	—	—	—
	正（内间脱包）	8							

注：1. 负压手术室室内压力一栏应为“负”；

2. 平均风速指集中送风区地面以上 1.2m 截面的平均风速，眼科手术室截面平均风速应控制在 0.15 ~ 0.20m/s；

3. 温、湿度范围下限为冬季的最低值，上限为夏季的最高值；

4. 手术室新风量的取值，应根据有无麻醉或电刀等在手术过程中散发有害气体而增减。

冷热源系统特点

1. 全年运行、需考虑夜间负荷。

2. 冬季常常需要同时供冷、供热。

3. 需要蒸汽，通常设置蒸汽锅炉。

4. 保障性要求高，通常采用多能源系统；在技术经济合理时，可采用分布式供能系统。

5. 手术部等洁净区域，在使用集中式空调冷、热源前提下，通常还需要配置独立空调冷热源。

6. 医技部门的特殊医疗设备用房，除室内需要设置独立空调系统或恒温恒湿精密空调外，有时还需要根据生产商技术手册要求，给大型医疗设备预留用于散热的独立冷冻水机组位置，暖通专业设计人员应提醒建筑师在合适的地方预留位置。

7. 医院洁净手术部等特殊场所往往需要设置备用空调冷热源设备。

8. 医院常年对生活热水有负荷需求，且空调制冷系统持久运行，当经济性分析合理时，可以采用回收冷凝热的系统形式。

9. 在气候条件合适的地区，热泵作为空调系统冷热源也越来越多地被应用于医疗建筑。根据医院所在地区的气候条件，可选用不同类型的热泵机组，如风冷热泵、地源热泵等。热泵原理，投入少量的高位电能，冬季将低品位热源的热能转移到高品位热源，达到节能效果。从能源梯级利用及节能角度来讲，使用热泵比采用蒸汽作为空调热源更合理。

空调末端系统特点

1. 医疗用房集中式空调系统送风量不宜低于 6 次 /h，新风量不应小于 2 次 /h 或 40m^2/（h·人）。

2. 新风采集口应至少设置粗效和中效两级过滤器，室外 PM_{10} 严重时还需再增加高中效过滤器。洁净手术室的新风及回风，应经粗效、中效和高效过滤器处理。

3. 采用空调的手术室、产房工作区和灼伤病房的气流速度宜为≤ 0.2m/s。

4. 灼伤病房、净化室、手术室、无菌室应保证空气正压。

5. 核医学的通风柜应采用机械排风，排风口的风速应保持 1m/s 左右。

6. 洁净用房应采用阻隔式空气净化装置作为房间的送风末端。

7. 病区空调系统，气流组织应合理，将医患分开，使护理单元尽可能自然采光和自然通风，特殊病区采取梯级气压分布，遵守清洁区为正压、污染区为负压的原则，建议采用独立风机盘管加新风系统，风机盘管系统均按病房的要求隔离。同时，选择医用风机时，应严格控制风机质量，以降低噪声。

8. 病区空调应满足排除和稀释病房病菌、病毒或治疗过程中产生的有害气体的需要，并且要有足够的新鲜空气在室内或整个建筑内形成较好的、有压力梯度的气流组织。设计时需考虑病人陪护人员所需新风量，保证病区合理的新风供给。新风口、排风口应尽量远，以充分利用新风，确保室内污浊空气被彻底置换。

洁净空调系统特点

国家标准对于手术室等区域的洁净空调系统有非常严格的要求。

手术室、重症监护室等洁净室对新风的要求极高，为保持室内正压值所需的新风量远远大于为维持室内空气新鲜度所需的新风量，因此新风系统是

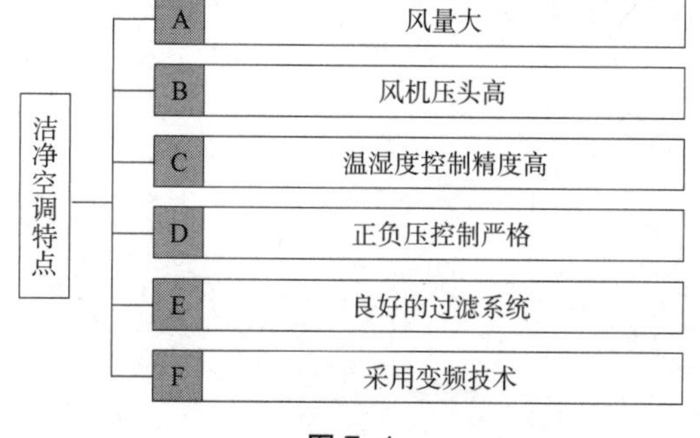

图 7-1

洁净室空调系统设计中的重要部分，主要表现在：新风量充足、新风品质高、室内须监控。

产科手术室与其他手术室的不同在于：温度略高于其他手术室、要求全新风。

洁净手术室与工业洁净车间的不同在于：医院手术室气流组织设计要求更高，换气次数更大；手术室高洁净度区域控制面积小，可划分送风主流区和周边区；手术室要求自净时间短；除了控制尘埃粒子数外，还要控制菌落数。

机械通风系统特点

医院建筑需要大量新鲜的清洁空气，这些空气主要用于稀释有害气体，满足人体卫生要求及补偿室内的排风。一般来说，室外新风中的尘、菌和微生物浓度都低于医院室内空气，如果再加以适当的过滤、静电除尘、活性炭除毒等处理，就可以满足送风要求。

凡是清洁、无菌、无尘、无臭以及严禁污染的区域，应保持正压；凡是有污染气体发生、有害气体散发以及极大热湿产生的室内，应保持负压；无明显的污染、热湿及有害气体发生，又无特殊要求的室内，可与室外保持同压，人员进出不会造成较大影响。

门诊部应尽量满足自然通风的需要。

住院部普通病区的换药室、处置室、配餐室、污物室、污洗室、公共卫生间等，应设置机械排风系统，换气次数宜取 10 ~ 15 次 /h。

负压洁净手术室的排风口和回风口，均应设置高效过滤器，并应分别设置止回阀或密闭阀。

传染病医院污染区各房间的排风量应大于送风量 150m^3/h，清洁区各房间的送风量应大于排风量 150m^3/h。负压隔离病房宜采用全新风、直流式空调系统，最小换气次数应为 12 次 /h。

传染病医院或传染病区应设置机械通风系统；传染病医院内清洁区、半污染区、污染区的机械送、排风系统应按区域独立设置；传染病病房卫生间排风不宜通过共用竖井排风。

核医学检查室、放射治疗室、病理取材室、检验科、传染病病房等含有害微生物、有害气溶胶等污染物质场所的排风，应处理达标后排放。

手术部[1]

1. 当整个洁净手术部另设集中新风处理系统时，新风处理机组应能在供冷季节将新风处理到不大于要求的室内空气状态点的焓值；

2. 手术室排风系统和辅助用房排风系统应分开设置，并应和送风系统联锁。排风管上应设对粒径≥ 1μm 大气尘计数效率不低于 80% 的高中效过滤器和止回阀。排风管出口不得设在技术夹层内，应直接通向室外。每间手术室的排风量不宜低于 $200m^3/h$；

3. 不得在Ⅰ、Ⅱ、Ⅲ级洁净手术室和Ⅰ、Ⅱ级洁净辅助用房内设置供暖散热器，但可用辐射散热板作为值班供暖。Ⅳ级洁净手术室和Ⅲ、Ⅳ级洁净辅助用房如需设供暖散热器，应选用光管散热器或辐射板散热器等不易积尘又易清洁的类型，并应设置防护罩。散热器的热媒应为不高于 95℃的热水；

4. 洁净手术部所有洁净室，应采用双侧下部回风；在双侧距离不超过 3m 时，可在其中一侧下部回风，但不应采用四角或四侧回风。洁净走廊和清洁走廊可采用上回风。下部回风口洞口上边高度不应超过地面之上 0.5m，洞口下边离地面不应低于 0.1m。Ⅰ级洁净手术室的回风口宜连续布置。室内回风口气流速度不应大于 1.6m/s，走廊回风口气流速度不应大于 3m/s。洁净手术室均应采用室内回风，不设余压阀向走廊回风；

5. 洁净手术室必须设上部排风口，其位置宜在病人头侧的顶部，排风口气流速度应不大于 2m/s；

6. Ⅰ、Ⅱ级洁净手术室内不应另外加设空气净化机组；

7. 净化空调设备各级空气过滤器前后应设置压差计，测量接管应通畅，安装严密。净化空调系统中的各级过滤器应采用一次抛弃型。静电空气净化装置不得作为净化空调系统的末级净化设施。洁净手术室内的回风口必须设过滤层（器）；

8. 净化空调设备不应采用淋水式空气处理器。当采用表面冷却器时，通过盘管所在截面的气流速度不应大于 2m/s；

9. 空调机组中的加湿器宜采用干蒸汽加湿器，在加湿过程中不应出现水滴。加湿水质应达到生活饮用水卫生标准。加湿器材料应抗腐蚀，便于清洁和检查。

10. 手术部洁净空调通风系统图详见本小节“各部门设计要点”最后图 7-2 ~ 图 7-7。

供应与保障部门

1. 中心供应站应保持有序梯度压差，无菌区相对正压不低于 10Pa，清洁区相对正压不低于 5Pa，生活或卫生通过区为零压，污染区对外维持不低于 5Pa 的负压。无菌区应按Ⅲ级洁净用房设计，采用独立的净化空调系统，宜单独配置冷热源，按需运行。高压灭菌器应设置局部通风，低温无菌室要有独立排风系统，并设相应净化（或解毒）器。污染区内发生污染量大的场所应设置独立局部排风，总排风量不低于负压所要求的差值风量。污染区内的回风应设置不低于中效的空气过滤器，送风口不作特殊要求。

2. 静脉配置中心：洁净区静脉用药调配室温度 20 ~ 25℃，相对湿度 70% 以下。洁净度等级：一次更衣、洗衣洁具间为Ⅲ级；二次更衣、加药混合调配操作间为Ⅱ级；层流操作台为Ⅰ级。洁净区应按级别维持正压梯度。抗生素类、危害药物静脉用药调配洁净区与二次更衣室之间应维持 5 ~ 10Pa 负压差。应根据药物性质设置不同的送、排（回）风系统。净化空调系统一般单独

[1] 《医院洁净手术部建筑技术规范》GB 50333。

配置冷热源，按需运行。

3. 太平间、冷藏库及药库（阴凉库）的低温要求由于常规空调系统难以实现，一般需设置低温制冷机组，进行专项设计，并预留需要的设备安装空间及冷却水系统或冷却水量。

行政与后勤部门

行政与后勤部门一般为单独建筑单体，因功能与使用时间有别于医疗、病房楼，空调运行存在不连续的时段性，宜独立设置半集中式或分散式空调系统。

医院各主要部门暖通设计要点表 [1] **表 7-3**

部门类别	主要科室	设计要点
急诊与门诊部门	候诊区	结合平面规划，一般采用上送上回气流组织形式，污染较严重处设置局部排风
	小儿科候诊室	相对其他区域为正压，空调温度宜高于候诊区 1 ~ 2℃
	隔离诊室及候诊前室	必须维持室内负压，回风应有中效（含）以上的过滤器；采用单独的空调系统，与其他诊室为同一系统时必须单独排气，无回风。空调温度宜高于候诊区 1 ~ 2℃
	急诊 / 急救室	采用独立空调系统，24h 不间断运行
	急诊隔离区	空调系统宜独立设置，并有排风系统，相对负压不小于 5Pa，发热门诊相对负压应不小于 10Pa。排风出口应设在无人流频繁或滞留的空旷场所，如无合适场所则在排风口处设高效过滤器
	洁净手术室	一般为Ⅲ级，具体要求参照《医院洁净手术部建筑技术规范》GB50333。Ⅳ级洁净手术室和Ⅲ、Ⅳ级洁净辅助用房，可采用带亚高效过滤器或高效过滤器的净化风机盘管机组，或立柜式净化空调器。需要单独设置空调冷热源
医技部	病理科	通风一般结合工作台通风柜，设置独立的进、排风系统
	心血管造影室	操作区宜为Ⅲ级洁净用房，洁净走廊为Ⅳ级，对邻室保持 5Pa 正压，辅助用房采用一般空调
	放射科	检查室、控制室空调应能独立调节，并考虑室内设备发热量的影响。不应在机器上方设置任何风机盘管机组等末端装置及其水管
	检查室、控制室和暗室	设排风系统，自动洗片机排风须采用防腐蚀的风管，排风管上应设止回阀
	心脏导管治疗室、导管室、无菌敷料室	均应不低于Ⅳ级洁净用房设计
	热伤处置室	宜按Ⅳ级洁净用房设计
	听力检查室	必须采取周密的消声减振措施。噪声不应大于 30dB（A）。一般宜设置集中式空调系统，如条件不允许，应该将末端装置设置在远离无声室的顶棚内，并采用消声装置、隔声设施；应降低回风口气流噪声。无声要求高的检测，可以采用暂时停止空调、隔断气流等方法
	磁共振机室	宜用独立恒温恒湿空调系统。扫描间必须采用非磁性、屏蔽电磁波的风口，不允许任何建筑设施管道穿越。磁共振机的液氦冷却系统必须设置单独排气系统，直接连到磁共振机的室外排风管。管道必须采用非磁性材料，管径不小于 250mm。室内温度应 22℃ ±2℃、相对湿度 60%±10%
	核医学科	宜采用独立的恒温恒湿空调系统，室内温度应为 22±2℃，相对湿度 60±10%，1h 温度变化不宜大于 3℃
	放射治疗科	空调系统必须根据放射性同位素种类与使用条件确定。宜采用单风管的全新风空调方式。根据放射物质所规定的室内外浓度计算送排风量，室内外浓度应控制在上限定值以下。新风空调机内应设置粗效和中效以上两级空气过滤器。当排气超过排放浓度上限定值时，应在排气侧使用高效过滤器。放射性同位素管理区域内，相对于管理区域外要经常保持负压，排气风管的材料宜采用氯乙烯衬里风管，在排风系统中设置气密性阀门。应在净化处理装置的排气侧设置风机，保持排风管内负压，排风机后于空调系统关闭。当贮藏室、废物保管室贮藏放射性同位素时，要求 24h 排换气
	放疗室、核医学检查室	含有有害微生物、有害气溶胶等污染物质的排风，当超过排放浓度上限定值时，应在排风入口设高效过滤器

[1] 表中部分内容引用自《综合医院建筑设计规范》GB 51039 和《医院洁净手术部建筑技术规范》GB 50333。

续表

部门类别	主要科室	设计要点
病房区	普通病区	洗涤机室、干燥机室、公用厕所、处置室、污物室、换药室、配膳间等应设排风，排气口的布置不应使局部空气滞留。排风量为10～15次/h换气，应能24h运行，且夜间可以设定小风量运行
	分娩室	分娩室以及准备室、淋浴室、恢复室等相关房间如设空调系统，应24h连续运行，宜采用新风空调系统
	新生儿室	室内空气品质要求与一般病房相同。室内温度全年宜保持22～26℃。早产儿室、新生儿重症监护（NICU）和免疫缺损新生儿室宜为Ⅲ级洁净用房，室内温度全年宜保持24～26℃，噪声不宜大于45dB（A）
	传染病用隔离病房	设置独立的空调系统和排风系统，并且能够24h连续运行。含有有害微生物、有害气溶胶等污染物质的排风，当超过排放浓度上限定值时应在排风入口设高效过滤器。室内气流应做到一侧送风，对侧（床头附近）排（回）风，形成定向流动，避免出现回流气流。区域应维持有序梯度负压，负压程度由走廊→缓冲室→隔离病房依次增大。负压差最小为5Pa。应在每个房间送排气风管安装密闭阀，且与配置风机连锁，风机停止时密闭阀关闭
	呼吸道传染病病房	单人病房或单一病种病房一般可采用回风设高效过滤器的空调末端机组，换气次数不低于8次/h，其中新风换气不低于2次/h，否则宜设全新风系统。不得设置风机盘管机组等室内循环机组。送、排风装置应设置在室外而用风管连接到室内，如因条件限制必须设置在室内时，室内不得出现负压风管。并应方便空气过滤器保养和更换
	呼吸道传染病病房缓冲室	压力梯度应使病房内气流不致通过缓冲室外溢，排风出口允许设在无人的空旷场所，如无合适场所则在排风口处设高效过滤器，不得渗漏，并易于消毒后更换
	重症护理单元（ICU）	宜采用不低于Ⅳ级洁净用房的要求，应采用独立的净化空调系统，24h连续运行。对邻室维持+5Pa正压。宜采用上送下回的气流组织，要注意送风气流不要直接送入病床面。每张病床均不应处于其他病床的下风侧。排风（或回风）口应设在病床的附近
	骨髓移植病房	应按医疗要求选用Ⅰ、Ⅱ级洁净用房。对邻室保持+8Pa的正压。一般应采用上送下回的气流组织方式。Ⅰ级病房应采用全室垂直单向流，两侧下回风的气流组织。病房应采用独立的双风机并联、互为备用的净化空调系统，24h运行。送风应采用调速装置，至少采用两档风速。病人活动或进行治疗时风速取大值（不低于0.25m/s），病人休息时取小值（不低于0.15m/s）
	烧伤病房	应根据治疗方法的要求，确定是否选用洁净用房。当选用洁净用房时重度烧伤以上的病房（烧伤面积≥70%，Ⅲ度面积50%）应按Ⅲ级洁净用房设计，其辅助用房和重度烧伤以下的病房宜按Ⅳ级洁净用房设计。病房对邻室保持+5Pa的正压。病房净化空调系统24h运行，应设备用送风机。对于多床一室的Ⅳ级烧伤病房，每张病床均不应处于其他病床的下风侧。病区内的浴室、厕所等应设置排风装置，并要装有中效过滤器，设置与排风机相连锁的密闭风阀。重度（含）以上烧伤患者病房宜设独立空调系统。洁净病房噪声控制在白天不超过50dB（A），晚上不高于45dB（A）
	哮喘病病房	宜按Ⅱ级洁净用房设计。采用独立的净化空调系统，24h运行。严格控制温湿度波动，全年25℃±1℃，50%±5%。对邻室保持+5Pa正压。噪声不宜大于45dB（A）
	非传染病解剖室、标本制作室	须进行充分的通风换气。应在房间四周均匀布置下排风口。解剖室空调应采用全新风全排气的独立系统。当标本制作室和保管室为同一空调系统时，应能根据各室的温度条件，可以独立控制
	传染病解剖室、标本制作室	应在解剖台上集中送风，按Ⅰ级手术室要求设计，室内空气洁净度可保持Ⅱ级，采用全新风系统。排风应设高效过滤器。对邻室保持–10Pa的负压。室外排风管道应为负压管道
	太平间	设机械排风时须维持负压

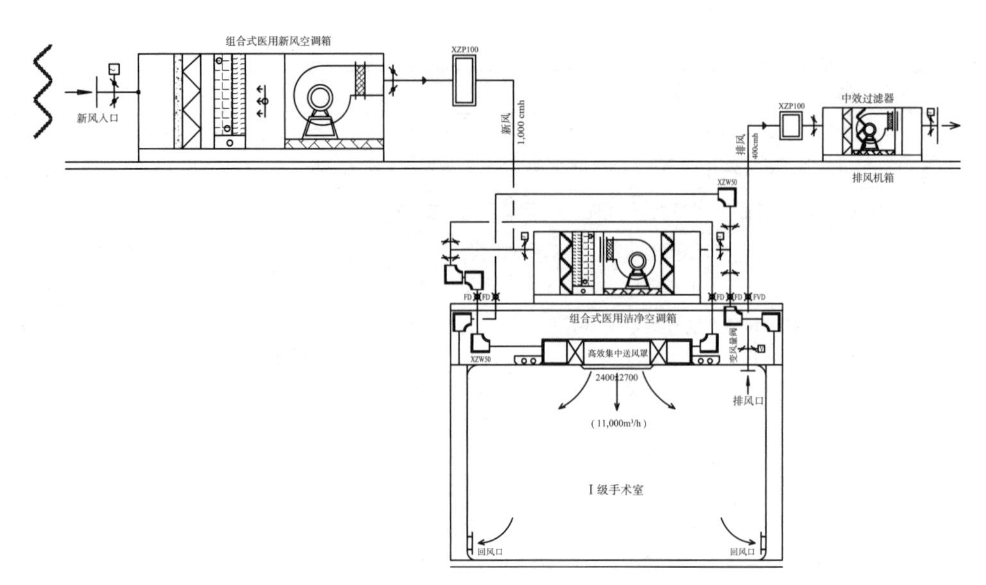

图 7-2 I级手术室洁净空调通风系统图

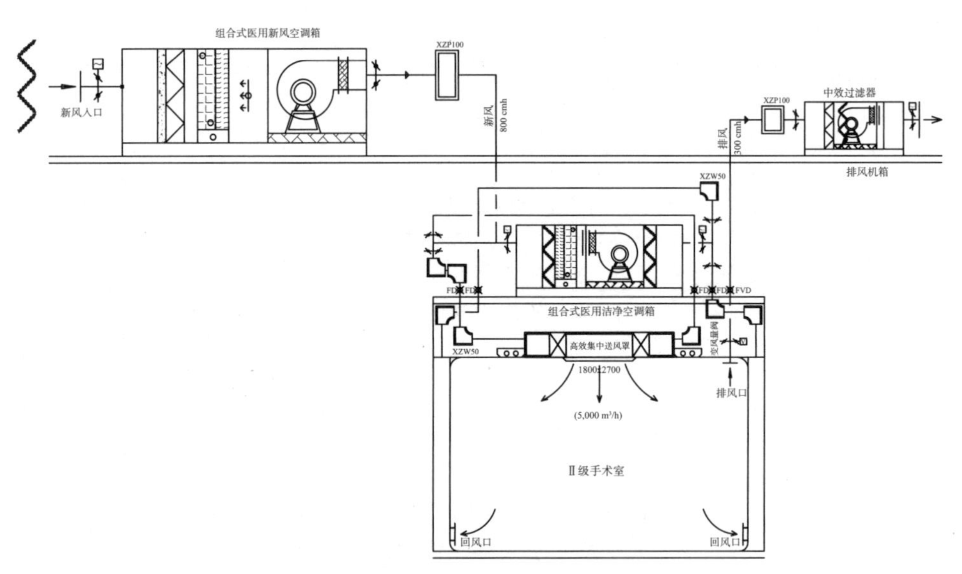

图 7-3 II级手术室洁净空调通风系统图

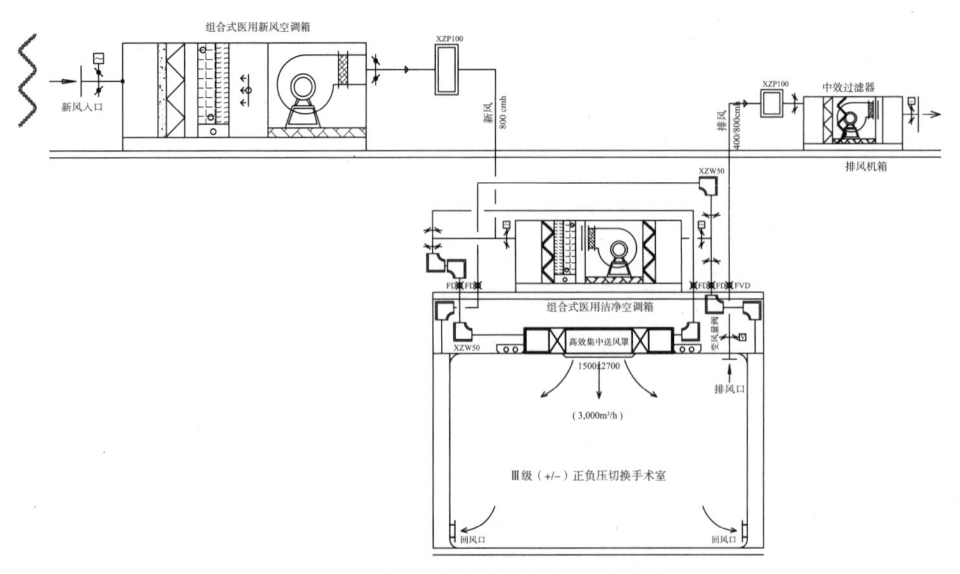

图 7-4 III级手术室洁净空调通风系统图

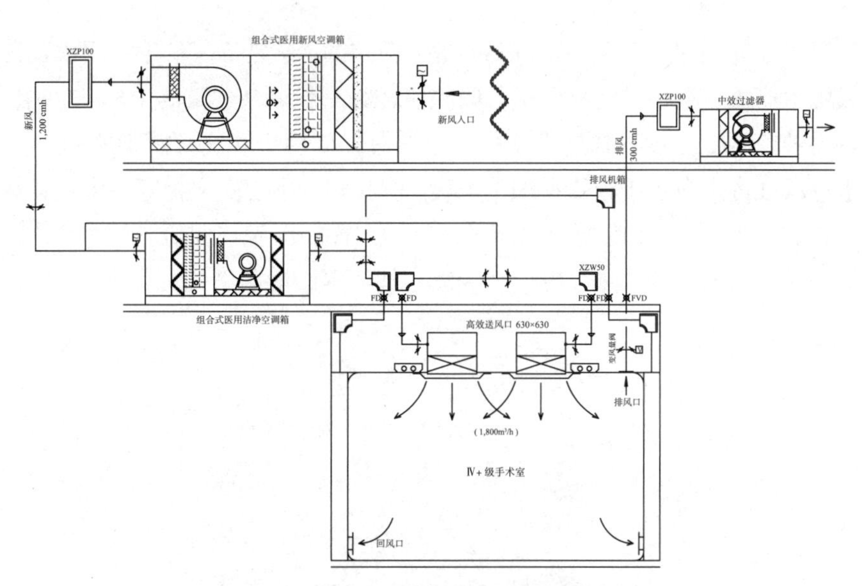

图 7-5　Ⅳ 级手术室洁净空调通风系统图

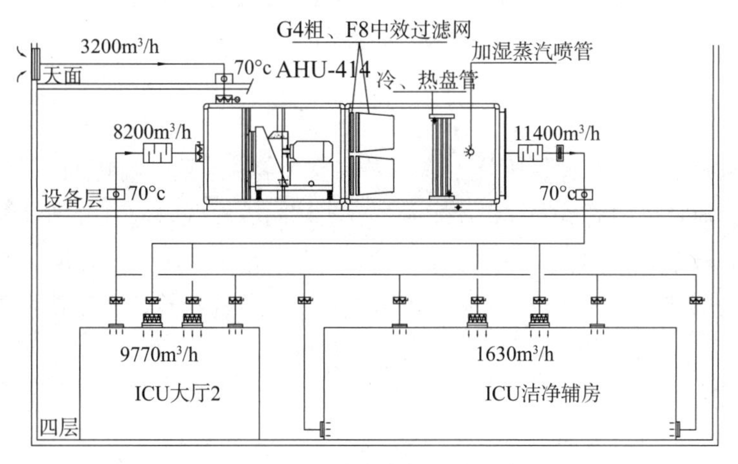

图 7-6　ICU 洁净空调通风系统图

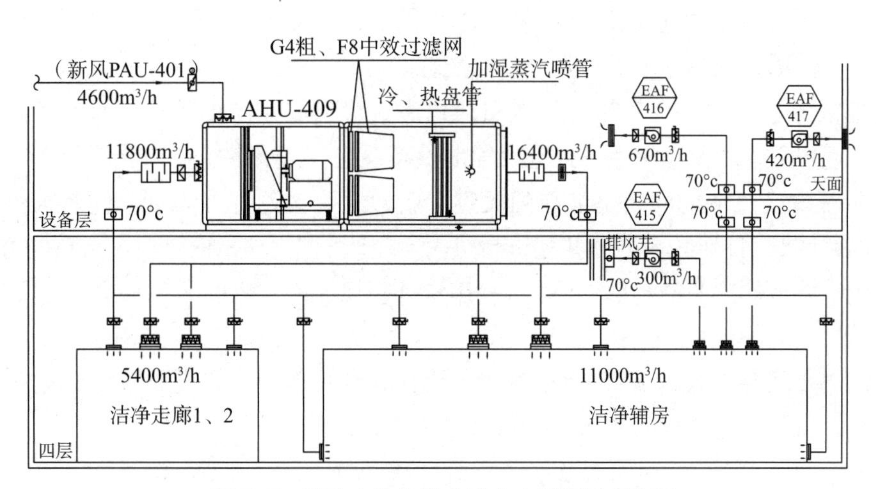

图 7-7　洁净走廊与辅房洁净空调通风系统图

医院建筑属于高能耗建筑，能源消耗特点是：医院的冷/热负荷、生活用水负荷及用电负荷等都高于一般民用建筑，据相关资料介绍，医院能耗是一般公共建筑的1.6~2.0倍。

医院空调系统除温、湿度设计标准高外，还兼有控制感染和交叉感染的职责，如：手术室、ICU等靠大量送风维持室内正压和稀释细菌浓度；检验科、生物安全柜等靠大量排风维持室内负压和防止感染；传染科、解剖室等要求全新风运行。因而，医院空调新风量大、通风量大，又由于负荷分散、管线长，输送冷、热、电、水、汽、气体等的能源消耗也大。

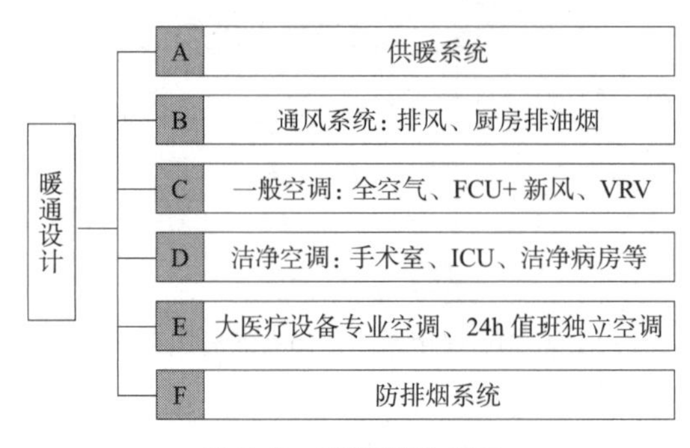

图7-8 暖通设计内容

暖通节能措施：

1. 充分考虑医院的使用规律，得出空调季节（空调初/末期，高峰期）及一日（24h）内的负荷变化分析图，确定空调的最大和最小负荷；有明显内、外区时，宜分别计算，内区余热应详细计算。医技室有较多散热量大、能耗高的大型医疗设备，计算热负荷时，应扣除这些设备及电脑、照明设备的散热量，防止内区过热；精确的冷/热负荷计算，可以避免冷/热源设备选择过大，造成日后冷/热源设备长期低负荷运行，能耗过高。

2. 平衡整个医院风量，优化空气流向：为控制感染，空气应有一定的压力梯度，保证定向流动。一定的流速可限制空气无序流动、防止空气交叉感染、避免致病性病原体在空气中传播。在保证部分科室所需的正/负压情况下，避免新风量、送风量或排风量过大，降低能耗；在满足卫生条件下，最冷、最热季节尽量减少新风量，过渡季节尽量加大新风量。合理的气流组织可以使空气按洁净梯度使用，减少总风量，降低输送能耗。

3. 三北地区冬季不宜完全依靠空调送热风供暖，设供暖系统的地区，首层大厅、楼梯间、公共卫生间、病房卫生间及地下室等处宜设辅助供暖系统，减少冬季空调热负荷。

4. 解决冬季内区过热的问题是节能的关键。新建医院普遍存在内区，因有大型医疗设备、大量电脑及高照度照明，比一般的公共建筑余热大，减少机械制冷量消除内区余热的方法可采用：

（1）加大室外自然冷源的利用：冬季可利用室外新风、冷却塔的循环水（直接或间接）消除内区余热；

（2）采用闭式环路水源热泵：经详细计算，内区余热较多时，利用水环热泵系统，可以有效地将内区余热转移至需要热量的外区，达到节能效果。

5. 合理的空调方式和系统划分可为日后医院节能运行、灵活调节打下基础。

6. 手术室洁净等级划分恰当，避免换气次数过大；避免夏季供冷时采用再热方式，导致冷热负荷抵消，应采用二次回风。除Ⅰ级、Ⅱ级手术室与负压手术室的洁净空调与手术室"一对一"独立设置外，其他手术室应根据使用规律，按"一对二"或"一对三"配置，便于节能和灵活运行。

7. 选择空气处理机时，风量、风压、供冷量及供热量应匹配适当，并考虑过渡季节利用全新风的可能；新风负荷一般占总负荷的30%~40%，控制和正确使用新风量是空调系统最有效的节能措施之一。在过渡季节，当室外空气焓值小于室内空气焓值时，可利用室外新风降低室内空气温度，减少制冷机的开启时间。新风机宜采用可变风量的新风机。

8. 医院排风系统多、风量大，回收排风系统能量有明显的节能效果：夏季排风温度比室外空气温度低 5 ~ 10℃，而冬季排风温度比室外空气温度高 10 ~ 15℃，应充分利用排风能量（降温或加热能力），并直接传递给新风（预冷或预热室外新风）。若新风负荷占总负荷的 40%，采用能量回收装置的新风换气机效率一般为 50% ~ 70%，总负荷可减少 25%。虽然会增加能量回收装置、相应管道附件及新风机房的面积，初投资有所增加，但总负荷的减少可相应减少总装机容量，同时降低运行费用。在回收排风能量时，应有避免产生交叉感染的措施。

9. 尽量选用低转速风机，减少风机温升，消声器、调节阀设置得当，减少能耗；尽量选用低阻力空气过滤器，以减少能量损失。

10. 24h 有人值班的科室、中央监控室及大型医疗设备的专用空调系统，宜在非正常上班时间使用，正常上班时间宜利用集中空调系统的冷热源，有利节能。

11. 冷、热源机房及各科室应设置完善的能量自动调节和计量装置，以便考核节能效果。

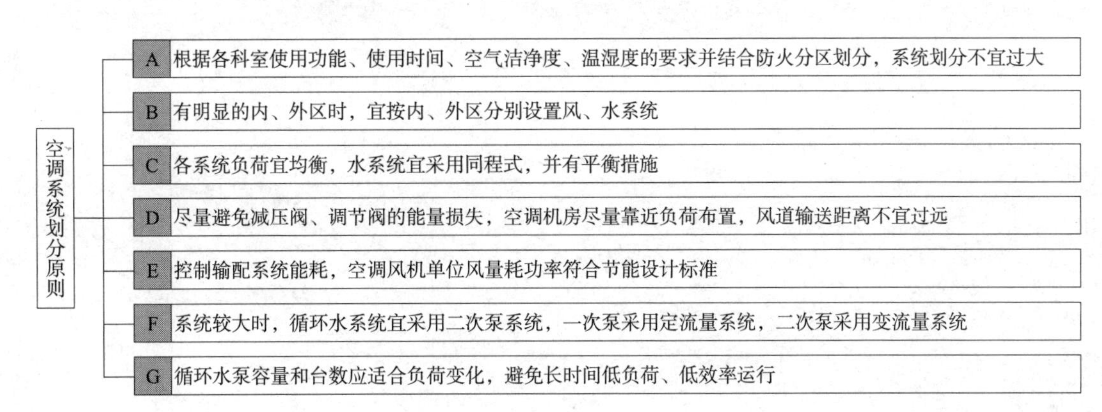

图 7-9

CHAPTER

第 8 章　动力设计

医院所需的能源种类繁多，除了冷、热、电、水以外，还有与热能动力专业设计相关的蒸汽、燃气、燃油和医用气体等；

医院一般都设有锅炉房，配置蒸汽锅炉或热水锅炉，主要为消毒供应、营养厨房、洗衣房及空调加湿等提供蒸汽，为冬季空调供暖热水、生活热水提供热源；医院的手术室、重症监护室、病房等需供应各类医用气体；

医院的各类设备使用规律多样、运行时间长，要求控制灵活、各种能源不能间断；有的设备每日 24h、全年 365 天运行，有的设备定时运行，有的设备应急情况（如夜间急诊、手术等）时运行。医院供热热源与空调供冷冷源一样，通常都有提前和滞后供应的需求，蒸汽、燃气、医用气体等通常需要全年连续供应。

医用气体设计参数

医用气体，顾名思义，就是医疗方面使用的气体，具有麻醉、治疗、诊断或预防等用途，是作用于病人或医疗器械的单一或混合成分气体，常用的有氧气 O_2、氮气 N_2、二氧化碳 CO_2、一氧化二氮 N_2O、氦气 He、压缩空气等，应根据医疗需求设置[1]，一般由医用管道系统集中供应。[2]

鉴于医用气体的特殊性，其使用范围、品质标准、流量计算、管道安装等都应符合相关要求，具体设计参数可见以下相关列表。

医用气体使用部门及用途表　　表 8-1

气体	氧气 O_2	负压吸引	压缩空气	氮气 N_2	一氧化二氮 N_2O	二氧化碳 CO_2
主要使用部门	普通病房、抢救室、重症监护室、急诊室、观察室、治疗室、手术室、麻醉苏醒室、血透室、分娩室、产房、婴儿室等	普通病房、抢救室、重症监护室、急诊室、观察室、治疗室、手术室、麻醉苏醒室、血透室、分娩室、产房、婴儿室等	抢救室、重症监护室、急诊室、手术室、麻醉苏醒室、血透室、高压氧舱等	手术室	手术室	手术室、实验室
用途	病人吸氧治疗；与笑气混合作麻醉气体用；驱动呼吸机强制呼吸；通过雾化器雾化喷药	为病人吸痰、脓水和血液等；皮下引流术；洗胃、吸出异物等临床治疗	呼吸机动力；牙科和口腔科设备动力	手术气动工具动力	手术时用作麻醉气体	用于腹腔镜手术；实验室培养细菌用气

[1] 《综合医院建筑设计规范》GB 51039。
[2] 《医用气体工程技术规范》GB 50751。

医用气体终端组件处参数要求表　　　　表 8-2

医用气体种类	医疗空气			器械空气、氮气 N_2	医用真空		医用氧气 O_2		氧化亚氮 N_2O	氧化亚氮 / 氧气混合气 N_2O/O_2		二氧化碳 CO_2	二氧化碳 / 氧气混合气 CO_2/O_2	氦气 / 氧气混合气 He/O_2	麻醉或呼吸废气
使用场所	手术室	重症、新生儿、高护病房	其他病房床位	骨科、神经外科手术室	大手术	小手术、所有病房床位	手术室和用 N_2O 进行麻醉的用点	所有其他病房用点	手术、产科、所有病房用点	待产、分娩、恢复、产后、家庭化产房用点	所有其他需要的病房床位	手术室、造影室、腹腔检查用点	重症病房、所有其他需要的床位	重症病房	手术室、麻醉室、ICU 用点
额定压力 /kPa	400	400	400	900 ~ 1100	30 ~ 70	30 ~ 70	400 ~ 450	400 ~ 450	400 ~ 450	400（350）	400（350）	350 ~ 400	400（350）	400（350）	15（真空压力）
典型使用流量 L/mim	20	60	10	350	15 ~ 80	15 ~ 80	6 ~ 10	6	6 ~ 10	10 ~ 20	6 ~ 10	6	40	40	50 ~ 80
设计流量 L/mim	40	80	20	350	80	40	100	10	15	275	20	20	100	100	50 ~ 80

注：1. 350kPa 气体压力允许最大偏差为 +50/–40kPa，400kPa 气体压力允许偏差为 +100/–80kPa，800kPa 气体压力允许偏差为 +200/–160kPa；

2. 负压手术室负压（真空）吸引装置的排气应经过高效过滤器后排出。

医用气体终端组件设置要求表[1] **表 8-3**

部门	单元	氧气 O_2	真空	医疗空气	氧化亚氮/氧气混合气 N_2O/O_2	氧化亚氮 N_2O	麻醉或呼吸废气	氮气 N_2/器械空气	二氧化碳 CO_2	氦气/氧气混合气 He/O_2
手术部	内窥镜/膀胱镜	1	3	1	—	1	1	1	1a	—
	主手术室	2	3	2	—	2	1	1	1a	—
	副手术室	2	2	1	—	1	1	—	1a	—
	骨科/神经科手术室	2	4	1	—	1	1	2	1a	—
	麻醉室	1	1	1	—	1	1	—	—	—
	恢复室	2	2	1	—	—	—	—	—	—
	门诊手术室	2	2	1	—	—	—	—	—	—
妇产科	待产室	1	1	1	1	—	—	—	—	—
	分娩室	2	2	1	1	—	—	—	—	—
	产后恢复	1	2	1	1	—	—	—	—	—
	婴儿室	1	1	1	—	—	—	—	—	—
儿科	新生儿重症监护	2	2	2	—	—	—	—	—	—
	儿科重症监护	2	2	2	—	—	—	—	—	—
	育婴室	1	1	1	—	—	—	—	—	—
	儿科病房	1	1	—	—	—	—	—	—	—
诊断学	脑电、心电、肌电图	1	1	—	—	—	—	—	—	—
	数字减影血管造影室	2	2	2	—	1a	1a	—	—	—
	MRI	1	1	1	—	—	—	—	—	—
	CAT 室	1	1	1	—	—	—	—	—	—
	眼耳鼻喉科 EENT	—	1	1	—	—	—	—	—	—
	超声波	1	1	—	—	—	—	—	—	—
	内窥镜检查	1	1	1	—	—	—	—	—	—
	尿路造影	1	1	—	—	—	—	—	—	—
	直线加速器	1	1	1	—	—	—	—	—	—
病房及其他	病房	1	1a	1a	—	—	—	—	—	—
	精神病房	—	—	—	—	—	—	—	—	—
	烧伤病房	2	2	2	1a	1a	1a	—	—	—
	ICU	2	2	2	—	—	1a	—	—	1a
	CCU	2	2	2	—	—	1a	—	—	—
	抢救室	2	2	2	—	—	—	—	—	—
	透析	1	1	1	—	—	—	—	—	—
	外伤治疗室	1	2	1	—	—	—	—	—	—
	检查、治疗、处置	1	1	—	—	—	—	—	—	—
	石膏室	1	1	1a	—	—	—	1a	—	—
	动物研究	1	2	1	—	1a	1a	1a	—	—
	尸体解剖	1	1	—	—	—	—	1a	—	—
	心导管检查	2	2	2	—	—	—	—	—	—
	消毒室	1	1	×	—	—	—	—	—	—
	牙科、口腔外科	1	1	1	—	1a	—	1	—	—
	普通门诊	1	1	—	—	—	—	—	—	—

注：1. 表示可能需要的设置方案，× 为禁止使用；

2. 不同种类气体终端接头不得有互换性；

3. 气体终端接头应选用插拔式自封快速接头，接头应耐腐蚀、无毒、不燃、安全可靠、使用方便，寿命不宜少于 20000 次。

[1] 此表为常规的最少设置方案，对于各类专科医院及特殊用途的设置，应与医院研究后决定。

医疗空气、医用真空与医用氧气流量计算参数表　　表8-4

使用科室		医疗空气（L/min）			医用真空（L/min）			医用氧气（L/min）		
		Q_a	Q_b	η	Q_a	Q_b	η	Q_a	Q_b	η
手术室	麻醉诱导	40	40	10%	40	30	25%	100	6	25%
	重大手术室、整形、神经外科	40	20	100%	80	40	75%	100	10	75%
	小手术室	60	20	75%	80	40	50%	100	10	50%
	术后恢复、苏醒	60	25	50%	40	30	25%	10	6	100%
重症监护	ICU、CCU	60	30	75%	40	40	75%	10	6	100%
	新生儿NICU	40	40	75%	40	20	25%	10	4	100%
妇产科	分娩	20	15	100%	40	40	50%	10	10	25%
	待产或家庭化产房	40	25	50%	40	40	50%	10	6	25%
	产后恢复	20	15	25%	40	40	25%	10	6	25%
	新生儿	20	15	50%	40	40	25%	10	3	50%
其他	急诊、抢救室	60	20	20%	40	40	50%	100	6	15%
	普通病房	60	15	5%	40	20	10%	10	6	15%
	呼吸治疗室	40	25	50%	40	40	25%	—	—	—
	创伤室	20	15	25%	60	60	100%	—	—	—
	实验室	40	40	25%	40	40	25%	—	—	—
	增加的呼吸机	80	80	75%	—	—	—	—	—	—
	CPAP呼吸机	—	—	—	—	—	—	75	75	75%
	门诊	20	15	10%	—	—	—	10	6	15%

注：1. 本表按综合性医院应用资料编制；
2. 表中普通病房、创伤科病房的医疗空气流量系按照病人所吸氧气需与医疗空气按比例混合并安装医疗空气终端时的流量；
3. 氧气不应用作呼吸机动力气体；
4. 增加的呼吸机医疗空气流量应以实际数据为准；
5. Q_a：终端处额定流量（L/min），Q_b：终端处计算平均流量（L/min）。

氧化亚氮 N_2O 流量计算参数表　　表8-5

使用科室	Q_a（L/min）	Q_b（L/min）	η
抢救室	10	6	25%
手术室	15	6	100%
妇产科	15	6	100%
放射诊断（麻醉室）	10	6	25%
重症监护	10	6	25%
口腔、骨科诊疗室	10	6	25%
其他部门	10	—	—

麻醉或呼吸废气排放流量计算参数表　　表8-6

使用科室	η	Q_a与Q_b（L/min）
抢救室	25%	80～130（粗真空方式） 60（共用真空或独立真空气源） 50～80（射流方式，高） 25～50（射流方式，低）
手术室	100%	
妇产科	100%	
放射诊断（麻醉室）	25%	
口腔、骨科诊疗室	25%	
其他麻醉室	15%	

医用气体颜色和标识符号表[1] 表 8-7

医用气体名称	代号		颜色规定	颜色编号（GSB 05-1426）
	中文	英文		
医疗空气	医疗空气	Med Air	黑色 - 白色	—
器械空气	器械空气	Air 800		—
牙科空气	牙科空气	Dent Air		—
医用合成空气	合成空气	Syn Air		—
医用真空	医用真空	Vac	黄色	Y07/
医用氧气	医用氧气	O_2	白色	—
医用氮气	氮气	N_2	黑色	PB11
医用二氧化碳	二氧化碳	CO_2	灰色	B03
医用氧化亚氮	氧化亚氮	N_2O	蓝色	PB06
医用氧气 / 氧化亚氮混合气体	氧气 / 氧化亚氮	O_2/N_2O	白色 - 蓝色	-PB06
医用氧气 / 二氧化碳混合气体	氧气 / 二氧化碳	O_2/CO_2	白色 - 灰色	-B03
医用氦气 / 氧气混合气体	氦气 / 氧气	He/O_2	棕色 - 白色	YR05
麻醉废气排放	麻醉废气	AGSS	朱紫色	R02
呼吸废气排放	呼吸废气	AGSS	朱紫色	R02

注：标识和颜色规定的耐久性试验：在环境温度下，用手不太用力地反复摩擦标识和颜色标记，首先用蒸馏水浸湿的抹布擦拭 15s，然后用酒精浸湿后擦拭 15s，再用异丙醇浸湿擦拭 15s。标记应仍然是清晰可识别的。

医用液氧贮罐与各类建筑物、构筑物的最小间距表[2][3] 表 8-8

建筑物、构筑物名称	最小间距（m）	
	液氧总储量≤ 20t	液氧总储量> 20t
医院实围墙	1.5	3.0
公共人行道	3.0	5.0
无门窗的建筑物墙壁或突出部分外边	5.0	10.0
有门窗的建筑物墙壁或突出部分外边	5.0	15.0
变电站、停车场、办公室、食堂、棚屋等	5.0	12.0
排水沟、坑、暗渠	5.0	15.0
通风口、地下系统开口、压缩机吸气口		
架空可燃气体管道、燃气吹扫管、少量可燃物	5.0	8.0
不多余 4t LPG 贮罐	7.5	7.5
公共集会场所、生命支持区域	10.0	15.0
铁路		
木结构建筑	15.0	15.0
4t 以上 LPG 贮罐、DN50 以上燃气管道法兰		
一般架空电力线	≥ 1.5 倍电杆高度	

[1] 《医用气体工程技术规范》GB50751。
[2] 《医用气体工程技术规范》GB50751。
[3] 《建筑设计防火规范》GB50016。

医用气体无缝不锈钢管最小公称壁厚表　　表 8-9

公称直径 DN（mm）	管材最小公称壁厚（mm）
8 ~ 10	1.5
15 ~ 25	2.0
32 ~ 50	2.5
65 ~ 125	3.0
150 ~ 200	3.5

医用气体管道设计要点

1. 高压气瓶以及液态储罐供应的医用气体（含供给洁净手术部用的医用气源），应按日用量计算，并应贮备不少于3天的备用气量。

2. 采用制气机组供气时，应设置备用机组；采用分子筛制氧机组时，还应设高压氧气汇流排；最大机组发生故障时，其他机组的供气能力应能满足系统最大设计负荷。

3. 监护病房、急救、抢救室供氧管道应单独从氧气站接出。氧气站应远离人群集中的门诊、病房及居住区域，应符合《氧气站设计规范》GB 50030—2013和《建筑设计防火规范》(2018年版)GB 50016—2014的要求。

4. 洁净手术部用气宜从中心供给站单独接入，当有专供手术部使用的中心站时，该站应设于临近洁净手术部的非洁净区域。中心站气源应设两组，一用一备，并应具备人工和自动切换及报警功能。

5. 任何情况下，氧气瓶站不得中断供氧，氧气汇流排应设有自动或手动切换装置及低压报警装置，氧气报警不应采用电接点压力表。如采用液氯装置时，须设置一定的氧气瓶作为备用。

6. 供气站应设供气异常报警装置，备用机组应设置自动投入使用装置。进入洁净手术部的各种医用气体，应设气体压力显示及流量和超压欠压报警装置。

7. 当医用气体管道系统采用单一管道压力难以保证供应参数时，宜在医疗建筑入口或适当位置设置医用气体减压装置。

8. 医用气体气源应设超压排放安全阀。供给洁净手术部的气源为集中系统时，超压排放安全阀开启压力应高于最高工作压力0.02MPa，关闭压力应低于最高工作压力0.05MPa，安全阀排放口必须设在室外安全地点。

9. 负压吸引气流入口处应有安全调压装置。手术过程中使用的负压吸引装置应有防止污液倒流装置。

10. 病区及洁净手术部内的氧气干管上，应设置手动紧急切断气源的装置。

11. 各种气体终端应设维修阀，并应有调节装置和指示，检修门不应设在手术室内。终端面板根据气体种类应有明显标志。

12. 洁净手术室壁上气体终端装置应与墙面平齐，缝隙密封，部位宜临近麻醉师工作位置。终端面板与墙面应齐平严密，装置底边距地1.0m~1.2m，终端装置内部应干净且密封。

13. 洁净手术部的气体配管可选用脱氧铜管或不锈钢管，负压吸引和废气排放输送导管也可采用镀锌钢管或PVC管。管道材质内表面应光滑、耐腐蚀、耐磨损以及吸附和解析气体作用小。

14. 气体在输送导管中的流速不应大于10m/s。

15. 医用气体配管、阀门和仪表安装前应清洗内部并应进行脱脂处理，并应有防止二次污染措施；安装后用无油压缩空气或氮气以不低于20m/s的速度吹扫干净，封堵两端备用，不得存放在油污场所。

16. 医用气体管道应做导静电接地装置：凡进入洁净手术室的各种医用气体管道，接地电阻不应大于10Ω，中心供给站的高压汇流管、切换装置、减压出口、低压输送管路和二次再减压出口处，接地电阻不应大于10Ω。

17. 氧气管道与接地电路连接时，所有法兰接口处应安装导线连接极，使管道可靠接地。

18. 医用气体管道（铜管、不锈钢管道等）与支吊架接触处，应作防静电腐蚀绝缘处理。

19. 医用气体管道穿过楼板、墙壁或其他构筑物时，应敷设在套管内，并应用石棉或其他不燃材料将套管间隙填实。氧气管道不宜穿过不使用氧气的房间，必须通过时，房间内的管道上不应有法兰或螺纹连接接口。

20. 暗装管道阀门的检查门应采取密封措施，管井上下隔层应封闭。医用气体配管不应与燃气、腐蚀性气体、蒸汽以及电气、空调等管线共用管井。

21. 洁净手术部医用气体管道安装应单独设支吊架，不应与其他管道共架敷设，支吊架间距应符合表 8-10 的规定。

支吊架间距 **表 8-10**

管道公称直径（mm）	4 ~ 8	9 ~ 12	13 ~ 20	21 ~ 25	≥ 25
支吊架间距（m）	1.0	1.5	2.0	2.5	3.0

22. 洁净手术部医用气体管道与燃气管、腐蚀性气体管的距离应大于 1.5m，且应有隔离措施；与电线管道平行距离应大于 0.5m，交叉距离应大于 0.3m，当空间无法保证时，应作绝缘防护处理。

23. 氧气管道应尽可能明装，有安全措施时，方可允许暗装敷设。不论明装或暗装，所有管道接头和配件，均应便于检查。

24. 供氧管道不应与电缆、腐蚀性气体、可燃气体、高压蒸汽供气、高压蒸汽凝结水等管道敷设在同一管道井或地沟内。敷设有供氧管道的管道井，宜有良好通风。

25. 当允许共同敷设在覆盖或填有砂砾的沟内时，氧气管道与其他管道的间距不应小于 250mm，且氧气管道须位于其他管道上方，固定在单独支吊架上。

26. 氧气管道架空敷设时，不宜穿过生活用房、办公室等。氧气管道可与各种气体、液体（包括燃气、燃油）管道共架敷设，氧气管道宜布置在其他管道外侧，并宜布置在燃油管道上方。

27. 除氧气管道专用导电线外，其他导电线不得与氧气管道共架敷设。

28. 氧气管道与其他管道间距应符合表 8-11 的规定，当间距无法满足时，应采取安全可靠的技术措施。

管道间距 **表 8-11**

名称	平行净距（m）	交叉净距（m）
给排水管	0.25	0.10
热力管	0.25	0.10
燃气管、燃油管	0.50	0.30
绝缘导线或电缆	0.50	0.10

29. 安装、焊接氧气管道时，管道内外表面及全部工具和工作服均须脱油处理，可采用四氯化碳或一级二氯化乙烷作为脱油剂。

30. 真空吸引设备（包括罐体和真空泵）不得与贮水箱和气压罐等设置于同一房间内，也不得设置于病房或手术室附近。

31. 医用真空管道，应坡向总管和缓冲罐，坡度不应小于 2‰。

32. 医用真空除污罐应安装在医用真空管段的低点或缓冲罐入口侧，并应有旁路或备用。

33. 医院宜采用无油空气压缩机，压缩空气应设过滤除菌设备。

34. 除牙科的湿式系统外，医用气体细菌过滤器不得安装在真空泵排气端，并应设有备用细菌过滤器。

35. 含湿医用气体管道，应采取防冻措施。

36. 医用气体系统强度试验及漏率试验应符合表 8-12 的规定。

37. 其他未尽之处，详见表 8-13。

强度试验及漏率试验 **表 8-12**

系统名称	正压气体	负压气体	时间
强度试验	最高工作压力的 1.15 倍	0.2MPa	10min 无变化
漏率试验	最高工作压力下小于等于 0.5%/h	最高工作压力下小于等于 1.5%/h	保压 24h

注：1. 强度试验所用介质不得二次污染系统；
2. 强度试验要做好防护，保证安全；方法：逐步升压，观察其变化情况；
3. 漏率试验所用介质尽可能采用同等系统所输送的介质；
4. 使用不同气体终端的手术室，各抽测手术室总数的 15%；负压吸引终端的手术室，抽测其手术室总数的 20%。

医用气体管道设计相关规定[1] **表 8-13**

管材与附件选用	医用气体管材应为无缝紫铜管或无缝不锈钢管道，负压吸引和手术室废气排放输送管可采用镀锌钢管
	所有医用压缩气体管材宜使用无缝铜管。一氧化氮废气排放系统应使用不锈钢管道材料
	医用气体无缝铜管材料与规格应符合《医用气体和真空用无缝铜管》YS/T 650 标准
	医用气体无缝不锈钢管应符合《流体输送用不锈钢无缝钢管》GB/T 14976 标准
	管道、阀门和仪表附件安装前应进行脱脂处理
管道设置规定	医用气体压力稳定要求高的用点，宜就近设置储罐或采取其他稳压措施。生命支持区域的医用氧气、医用真空、医疗空气管道宜从医用气源处单独接出
	医用氧气、氮气、二氧化碳、氧化亚氮及其混合气体管道敷设处应保证通风良好，不宜穿过医护人员的生活、办公区，必须通过时不应设置法兰或阀门
	医用气体管道敷设的环境温度应始终高于管道内气体的露点温度 5℃以上。当无法满足而导致医用气体管道可能有凝结水析出时，其坡度至少应为 0.002。医用真空管道应坡向集污罐并在管段最低点设排水装置。室外管道因寒冷气候可能造成医用气体析出凝结水的部分应采取有效保温防冻措施
	医用气体管道应敷设在专用管井内。医用气体管道穿墙、楼板及建筑物基础时应设套管，套管内管道不应有焊缝，套管与管道之间应以不燃材料填实
	医疗房间内的医用气体管道应作等电位接地。医用气体汇流排、切换装置、各减压出口、安全放散口与输送管道应做防静电接地。医用气体管道接地间距不应超过 80m 且不少于一处，埋地医用气体管道两端应有接地点；除采用等电位接地外宜为独立接地，其接地电阻不应大于 10Ω，法兰之间应采用跨接导线，连接电阻应小于 0.03Ω。室外部分医用气体管道应有防雷击措施
	医用气体输送管道安装支架应为非燃烧材料制作并经防腐处理，管道与支吊架的接触处应做绝缘处理
	医用气体管道之间、管道与附件外缘间距不应小于 25mm，且应满足维护要求。无法满足时应采取适当的隔离措施
	埋地或地沟内的医用气体管道不应采用法兰或螺纹连接，且应做加强绝缘防腐处理，地沟内应有排水措施。管路必须设置阀门时应设专用阀门井。埋地医用气体管道敷设深度应大于当地冻土层厚度，且管顶距地面不宜小于 0.7m。地下医用气体管道与建筑物、构筑物等及其地下管线之间最小净距应参照《氧气站设计规范》GB50030 中附录。埋地管道穿越道路或埋深不足、地面载荷较大时，管道应加设防护钢套管。医用气体管道地沟应用细沙填实
阀门及附件设置规定	管道系统维护、测试、扩容时应通过阀门对相关区域实行隔离。除区域阀门外的所有阀门应安装在专门管理区域或使用带锁柄的阀门。进入建筑物的医用气体主管应设置总阀门。医用气体供应主干管道上不应使用电动或气动阀门。当主管上的分支立管数量超过一根时，靠近主管的每个立管上应安装阀门
	每楼层靠近立管或主管处应设有主要分支阀门。每楼层内所有气体终端及终端设备应由同楼层相应的区域阀门控制；区域阀门与受其控制的终端应有防火墙或防火隔断隔离；区域阀门使用侧宜设有压力表并安装在带保护的阀门箱内；区域阀门箱应满足紧急情况下操作阀门的需求，并安装在容易操作的位置。重要生命支持区域的每间手术室、麻醉室及每个重症监护区域外面的每种医用气体管道上应安装区域阀门。管道预留端应设阀门并封堵
	医用气体应使用铜或不锈钢材质的等通径阀门；需要焊接连接的阀门两端应带有预制的连接短管；压缩气体管道阀门应经过脱脂处理并达到如下洁净度规定：工作压力不高于 3MPa，表面碳氢化合物含量不超过 550mg/m^2；工作压力高于 3MPa，表面碳氢化合物含量不超过 220mg/m^2，颗粒物大小不超过 50μm
	大于 DN25 的医用氧气管道阀门应采用专用截止阀，阀门应设置明确的当前开、闭状态指示以及开关旋向指示
	医用气体阀门、密封元件、过滤器等管道附件，与医用气体接触的材料，不得与相应的气体产生有火灾危险、危害、毒性或腐蚀性物质

[1] 表中部分内容引用自《综合医院建筑设计规范》GB 50751。

续表

阀门及附件设置规定	医用气体管道法兰应与管道为同类材料，法兰垫片宜为金属材质。医用氧气管道法兰垫片宜使用退火软化铜垫片、镍及镍基合金垫片
	医用气体减压阀应采用经过脱脂处理的铜或不锈钢材质减压阀。医用气体安全阀应采用经过脱脂处理的铜或不锈钢材质的全启式安全阀。医用气体压力表精度不得低于1.5级，其最大量程应为最高工作压力的1.5～2.0倍
	医用气体减压装置，应为包含安全阀的双路型式，每一路均应满足最大减压流量及安全泄放需求；减压前后均应设置压力表
	医用真空除污罐，应能承受200kPa气体压力，在100kPa真空压力下密封性完好；应能观察到内部或有明确的液位指示；应能简单操作排除内部积液
	医用气体细菌过滤器，除尘精度应达到0.01μm，效率达到99.9999%；过滤器应有备用，每一组均应能满足设计需求；细菌过滤器应有滤芯寿命监视措施

医用气体站房设计要点

医用气体站房设计要点表　　表8-14

医用氧气供应源	医院应根据医疗需求及医用氧气供应情况，设置医用氧气供应源
	医用氧气供应源由医用氧气气源、止回阀、过滤器、减压装置及压力监视报警装置组成
	医用氧气气源应包括至少三个独立气源。应设有主气源及备用气源，其每一组均应满足总供氧流量需求；备用气源应能自动投入使用；应设有应急备用气源，当主气源及备用气源无法供应时，可自动或手动切换到应急备用气源并满足规定的需求量
	医用氧气主气源应设置或储备3d（宜为一周）以上用气量，备用气源应设置或储备24h以上用气量，应急备用气源应至少保证生命支持区域4h以上的用气量
	医用氧气供应源根据供应与需求模式，可设为医用液氧贮罐、医用焊接绝热气瓶汇流排和医用氧气钢瓶汇流排、医用分子筛（PSA）制氧或混合供应方式的气源。医用氧气应急备用气源不宜采用医用液氧贮罐或氧气焊接绝热气瓶提供，宜为氧气钢瓶汇流排方式供应
	医用氧气供应源过滤器应安装在氧气减压装置之前，过滤精度为50μm
	各种医用氧气供应源高压端的汇流排阀门，不应使用快开阀门。各种医用氧气汇流排的减压装置，应满足《氧气站设计规范》的相关规定。各种医用氧气供应源汇流排的控制电源，应使用安全低压电源。各种医用氧气供应源汇流排在电力中断或控制电路故障时，应能保证连续供气。各种医用氧气供应源应设置监测报警系统
医用氧气供应源	医用液氧贮罐气源一般由医用液氧贮罐、汽化器、减压装置等组成。医用液氧贮罐应同时设有安全阀和防爆膜等安全措施。医用液氧贮罐气源的各供应支路应设防回流措施。医用液氧输送和供应的管路上，两个阀门之间可能积存液氧的管段必须设置安全阀
	医用氧气的各种排气放散管均应接至室外安全处
	含有氧气气体的汇流排高压端阀门，不应使用快开阀门。含有氧气气体汇流排的控制电源，应使用安全低压电源。二氧化碳、氧化亚氮气体供应源汇流排应有防结冰措施。各种气体汇流排在电力中断或控制电路故障时，应能保证连续供气
	医用氧气供应源的电力供应应同时接入医院应急备用电源；医用富氧空气供应源及其备用机组的供电应同时接入医院应急备用电源
医用真空汇	医用真空不得用于P3、P4生物实验室、放射性沾染场合。独立传染病科医疗建筑物的医用真空系统宜设置为独立真空汇系统
	医用真空汇一般包括真空泵、真空罐、止回阀等。医用真空汇应至少设置一台备用真空泵，当最大流量的单台真空泵故障时其余真空泵仍应能满足设计流量。医用真空汇内任何部件发生单一故障维修时系统应能连续工作。应设有防倒流装置，阻止真空回流至不运行的真空泵。医用真空汇如安装有细菌过滤器。真空泵宜为同一种类型
	医用真空机组的排气口位置，不应与压缩空气进气位于同一高度，应位于室外，且离开建筑物的门窗、其他开口及压缩空气进气口3m以上，排气管口应有保护措施并耐腐蚀，排气管道的最低部位应设排污阀
	真空罐应设真空压力显示及排污阀。每台真空泵、真空罐、过滤器间均应设阀门或止回阀。真空罐应设备用或安装旁通；真空泵与进气管及排气管的连接宜采用柔性连接；医用真空汇进气口宜设置总阀门；真空罐进气口之前宜设置真空除污罐
	液环式真空泵的排水必须经污水处理，灭菌后方可排放
	医用真空汇的供电应同时接入医院应急备用电源

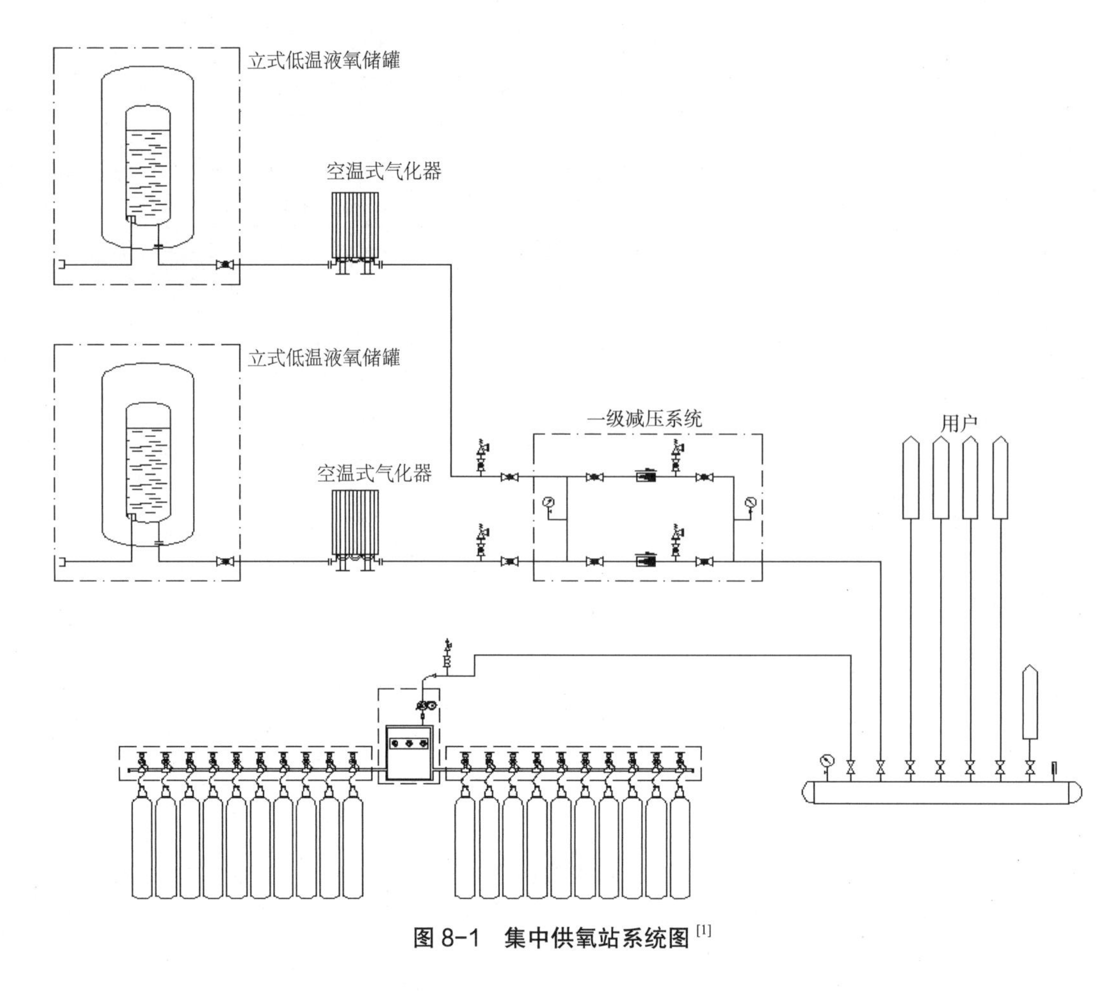

图 8-1 集中供氧站系统图 [1]

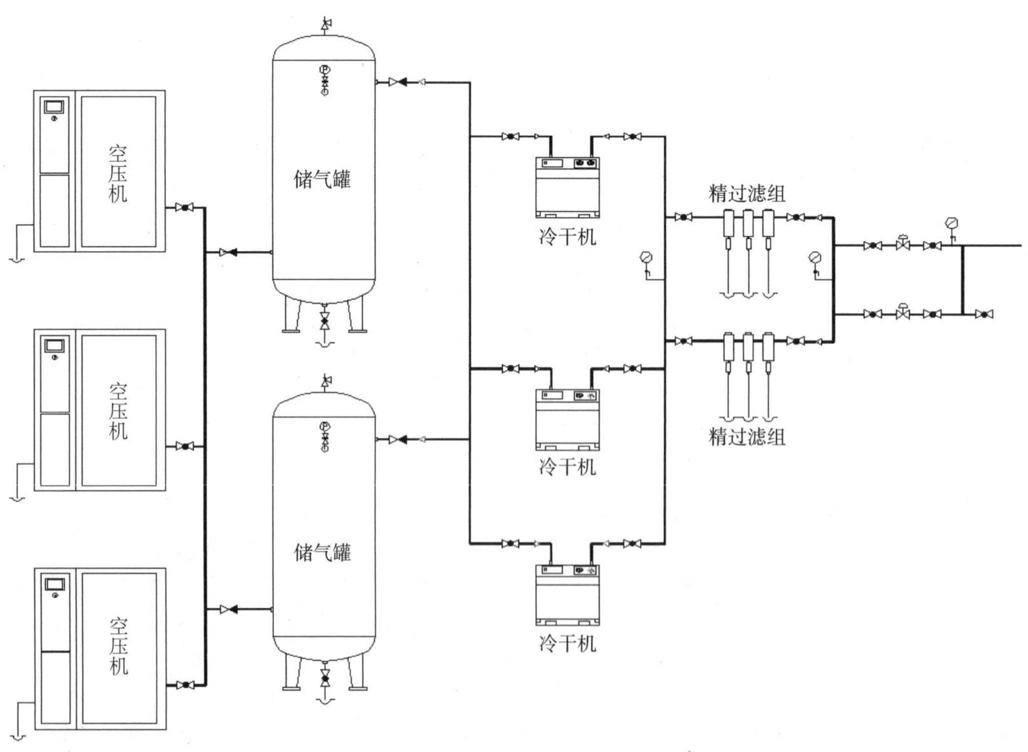

图 8-2 压缩空气系统图 [1]

[1] 此图参考国家建筑标准设计图集 16R303《医用气体工程设计》。

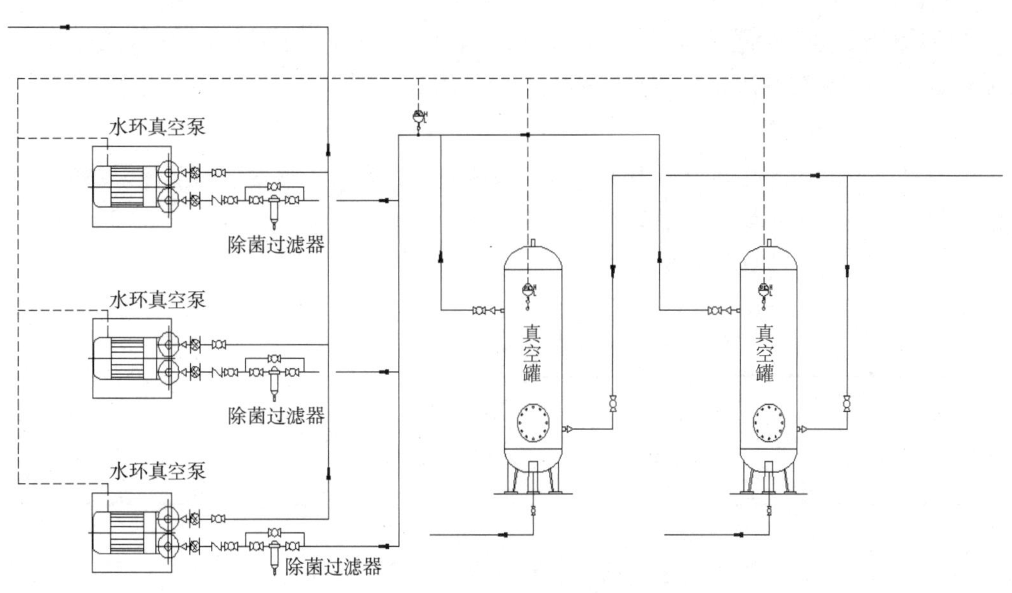

图 8-3　真空吸引系统图[1]

锅炉房和热力管道设计要点

1. 高压蒸汽锅炉房的设置位置、它与各种建筑物的距离、锅炉房内的安全设施以及运行管理办法等，应按国家有关规定办理。

2. 为了节约能源，要对厨房、洗衣房、中心供应室、病房等处的用汽时间和用汽量严加管理。在设计上，应根据各科、室用汽时间的具体情况，单独分环供汽。

3. 在一般情况下，消毒或加热食物，只允许蒸汽间接加热。不允许将蒸汽直接用于湿消毒器，或让蒸汽直接接触含有细菌、有毒有害物质。如必须直接用于消毒或直接对有毒有害物质进行加热时，其凝结水不得进入高压蒸汽凝结水管及凝水池，并必须有不污染高压蒸汽凝结水的保证措施。

4. 所有厨房、洗衣房、中心制剂、病房、门诊的高压蒸汽用汽设备，如蒸饭锅、煮饭锅、汤锅、烫平机、熨平机、烘干机、湿消毒器、开水罐、保温桶等，其凝结水均须聚集和回收，但干式消毒器内锅的凝结水必须抛弃，不得进入凝水池。聚集凝结池的凝结水不得弃置不用。中心（消毒）供应室蒸气凝结水宜集中回收处理后，排至城市污水。

5. 由于高压蒸汽的供汽及凝结水管均会产生腐蚀，因此不得暗装于墙面、地面或吊顶内，如必须设置于包箱内时，应对供汽及回水管外加保温层，并应便于维修。

6. 高压蒸汽设备和供汽干管必须设置隔汽装置，疏水器运行 1000h 后，应对其隔汽性能进行检查；高压蒸汽管道出现漏汽、漏水或保温层脱落现象时，应及时进行修理。

7. 所有高压蒸汽供汽及凝结水管道，不允许与给水、排水、生活热水、暖气及供氧管道等共同合包在一个保温层内。

8. 凡装设有高压蒸汽管道的管沟，均应有足够的检修空间。一般情况下，其宽度不小于 700mm，高度不小于 1000mm。管子根数多于 7 根或管沟位于重要建筑物内或马路主要干线之下时，得设置通行管沟。通行管沟的高度不小于 1700mm。不论设置于任何管沟内的高压蒸汽供汽及凝结水管道，均须设置于检修通道的一侧，以便于检修。

[1]　此图参考国家建筑标准设计图集 16R303《医用气体工程设计》。

9. 所有高压蒸汽供汽及凝结水管道的保温层，必须具有保温、隔汽及一定强度的要求。

10. 凡设有高压蒸汽供汽及凝结水管的室、内外管沟，均应设置通风孔，以降低管沟内的含湿量，防止管道附件的腐蚀。

11. 由于高压蒸汽锅炉必须长年不断供汽，因此，必须有适当蒸发量的蒸汽锅炉作为备用。

12. 当消毒供应、空气加湿采用蒸气时，应在使用点前的管道上设置过滤除污装置。

13. 蒸气供应压力符合表 8-15 的规定。

蒸气供应压力 **表 8-15**

蒸气供应压力（MPa）	使用场所
0.3 ~ 0.8	中心（消毒）供应室、厨房、洗衣房、配餐间、污洗间等
0.3	空气加温等

14. 蒸气、蒸气凝结水管道及设备应采取保温措施。有着设备、管道和附件的保温计算、材料选择及结构要求，可按现行国家标准《设备及管道绝热技术通则》GB/T 4272、《设备及管道绝热设计导则》GB/T 8175 和《工业设备及管道绝热工程设计规范》GB 50264 的有关规定设计。

医院动力设计主要集中在各种冷、热源机房，其节能措施可考虑：

1. 冷热源的选择应经技术经济比较确定，对于高能耗的医院，安全可靠尤为重要，宜注意以下几方面。

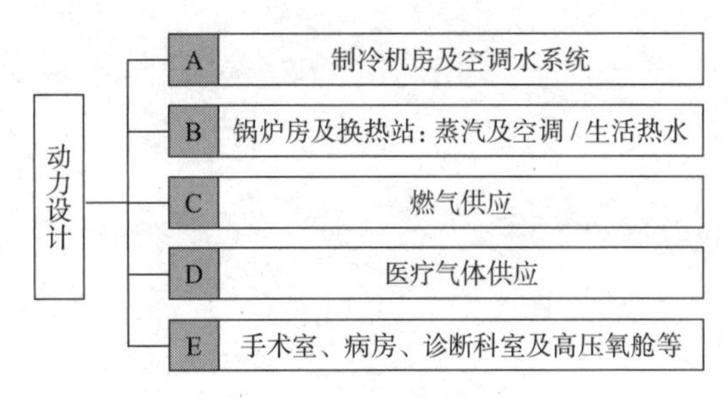

图 8-4　动力设计内容

（1）当有市政或区域直接供给的燃气冷热电联产的冷、热源时，宜作为主要冷、热源选用，有条件时也可考虑采用分布式能源的冷热电联供系统；

（2）医院的总冷、热负荷大，且一日及季节的变化幅度大，应选用性能系数 COP、部分负荷能系数 IPLV 高的机组，医院要求能源高保障率，应采用运行稳定的能源系统；

（3）电动式冷水机组的能量消耗低于双效溴化锂吸收式及直燃型溴化锂吸收式冷热水机组。双效溴化锂吸收式及直燃型溴化锂吸收式冷热水机组冷量衰减快，冷却水带走的热量是制冷量的 1.77 倍，而电动式制冷是 1.2 倍，只有在电力紧缺、燃气、燃油极为丰富或有废热可利用的情况下，才可选用；

（4）根据医院的使用的特点，一般需要设自备锅炉房，采用热介质的原则：高质高用，必须用蒸汽的地方用蒸汽，如：消毒、蒸馏锅、厨房、洗衣房及空调加湿等，空调热水和生活热水负荷宜由热水锅炉或通过水 - 水换热器供给，换热器应选用换热效率高的产品。

2. 冷热源机组的选型、容量及台数的确定，详见表 8-16。

3. 蒸汽锅炉房宜靠近用汽设备设置，换热站宜靠近锅炉房设置，避免蒸汽、凝结水远距离输送。

4. 蓄能技术：蓄冷空调是实现电网“削峰填谷”的重要途径。某些城市峰谷期电价比已达到了 4 ~ 5 倍，这给蓄冷空调的推广应用带来了契机。蓄冰系统可提供较低温度的空调冷水（1.1 ~ 3.3℃），这时有条件采用低温送风，并加大送风温差（10 ~ 20℃），减少送风量，降低风机输送能耗。另外，较低温度的空调冷水使新风机承担室内的湿负荷，有利于风机盘管“干工况”运行，减少细菌在风机盘管的凝结水内滋生。

5. 完善的自控系统、冷热源出力随负荷变化的调控技术：制冷机群控、供热量自动调节技术的应用、室温自动调节、锅炉的燃烧机设自动比例式调节装置、利用变频泵或多台泵分段调节流量等，完善的自控系统可以使冷热源出力随负荷变化，减少由于过冷、过热的能量损失。

表 8-16

冷热源机组的选型、容量及台数确定	由于医院各科室使用规律的不同，冷热负荷不能简单叠加，应考虑同时使用系数，做出负荷变化分析图，根据最大、最小负荷确定冷热源机组的总容量和单机容量
	根据空调季节及一日内的负荷变化分析图，列出冷 / 热源机组运行时段，确定机组台数，保证每台机组在高效区运行，要避免最小负荷时机组因长期低负荷运行降低效率。制冷机组、锅炉台数不应小于 2 台，不宜大于 4 台
	制冷机组的 COP、IPLV 系数和锅炉的热效率 η 应符合节能设计标准的规定
	燃油、燃气锅炉设烟气余热回收装置或选用冷凝型锅炉
	供暖、空调系统循环水泵容量的确定：空调系统中的设备大部分时间在部分负荷下运行，从节能的角度宜把设备的最高效率点选在峰值负荷的 70% ~ 80%，非峰值负荷时可采用改变水泵流量或运行台数的方式进行调节
	供暖系统循环水泵的耗电输热比 EHR 及空调冷热水系统循环水泵的输送能效比 ECR 应符合节能设计标准的规定。空调冷热水系统循环水泵尽量大温差运行，水泵、风机低转速，减少噪音，减少能量消耗
	空调冷热水、冷却水系统应设有效的水处理设施，保证水质符合相关标准的规定，避免制冷机、空气处理机、冷却塔、锅炉及换热器的换热面污垢，影响设备的换热效率；合格的水质是以上设备高效率运行的基本保证；空调水系统应与供暖水系统分别设置，避免不同金属在同一水系统内发生电化学腐蚀

CHAPTER

第 9 章　电气设计

设计注意要点

1. 负荷等级的选取有别于其他建筑，引入了自动恢复供电时间的概念；医院负荷等级是按医疗场所与人身生命安全的相关程度及医疗电气设备与人体的接触程度来进行划分的，医疗场所自动恢复供电时间的要求与场所类别密切相关。[1]

2. 供配电系统设计时，负荷计算应注意医疗设备的估算方式；在计算负荷时应按照医技设备的工作状态来选取需要系数；柴油发电机设置位置应考虑医疗建筑的特殊要求；各类负荷的允许断电时间应符合不同医疗场所的要求；各类场所 UPS 的设置。

3. 低压配电系统设计时，注意医技设备谐波治理问题；注意医技设备对电源内阻的要求；注意不同医疗区域内部布线的特点。

4. 照明设计时应注意医疗场所照度标准值和照明功率密度值的要求；注意紫外线灯具的设置。

5. 应特别注意各类医用特殊场所和诊疗设备的配电要点；例如专用 IT 系统等。

负荷估算

1. 大型综合医院供电指标不大于 100VA/m^2。在医院的用电负荷中一般照明插座负荷约占 30%，空调负荷约占 50%，动力设备负荷约占 20%。

2. 不同区域照明容量按照 GB50034 中的照明功率密度值估算；手术室专用电源按照每间 8 ~ 10kVA 估算（设置医用 IT 电源）；手术部其他电源可按照 200W/m^2 估算（空调不能采用电加热、加湿或蒸汽发生器，否则至少按照 1000W/m^2 估算）；中心供应可按照 150 ~ 200W/m^2 估算（空调不能采用电加热、加湿或蒸汽发生器，否则至少按照 1000W/m^2 估算）；放射影像科建议参考设备资料；检验科可按照 50 ~ 100W/m^2 估算；ICU 每个吊塔按照 2kVA 估算（合并设置医用 IT 电源）；ICU 病房其他电源可按照 150W/m^2 估算。

医疗场所及设施的类别划分与要求自动恢复供电的时间　　表 9-1

部门	医疗场所以及设备	场所类别			自动恢复供电时间			备注
		0	1	2	$t \leq 0.5s$	$0.5s < t \leq 15s$	$t_c > 15s$	
门诊部	门诊诊室	●						
	门诊治疗		●				●	
急诊部	急诊诊室	●				●		
	急诊抢救室			●	●（a）	●		
	急诊观察室、处置室		●			●		
住院部	病房		●				●	
	血液病房的净化室、产房、早产儿房、烧伤病房		●		●（a）	●		
	婴儿室		●			●		
	重症监护室			●	●（a）	●		
	血液透析室		●		●（a）	●		
手术室	手术室			●	●（a）	●		
	术前准备室、术后复苏室、麻醉室		●		●（a）	●		
	护士站、麻醉师办公室、石膏室、冰冻切片室、敷料制作室、消毒敷料	●				●		

[1] 医院负荷等级是按医疗场所与人身生命安全的相关程度及医疗电气设备与人体的接触程度进行划分的，医疗场所自动恢复供电时间的要求与场所类别密切相关，相关数据摘自《综合医院建筑设计规范》。

续表

部门	医疗场所以及设备	场所类别			自动恢复供电时间			备注
		0	1	2	$t \leqslant 0.5s$	$0.5s<t \leqslant 15s$	$t_c>15s$	
功能检查	肺功能检查室、电生理检查室、超声检查室		●			●		
内镜	内镜检查室		●（b）			●（b）		
泌尿科	诊疗室		●（b）			●（b）		
影像科	DR 诊断室、CR 诊断室、CT 诊断室		●			●		
	导管介入室		●			●		
	心血管造影检查室			●	●（a）	●		
	MRI 扫描室		●			●		
放射治疗	后装、钴 60、直线加速器、γ 刀、深部 X 线治疗		●			●		
理疗科	物理治疗室		●				●	
	水疗室		●				●	
检验科	大型生化仪器	●			●			
	一般仪器	●				●		
核医学	ECT 扫描间、PET 扫描间、γ 像机、服药、注射		●			●（a）		
	试剂培制、储源室、分装室、功能测试室、实验室、计量室	●				●		
高压氧	高压氧舱		●			●		
输血科	贮血	●				●		
	配血、发血	●					●	
病理科	取材、制片、镜检	●				●		
	病理解剖	●					●	
药剂科	贵重药品冷库	●					●	
保障系统	医用气体供应系统	●				●		
	中心（消毒）供应室、空气净化机组	●					●	
	太平柜、焚烧炉、锅炉房	●					●	

注：上表中（a）：照明及生命支持电气设备，（b）：不作为手术室，摘自“医疗建筑电气设计规范，表 3.0.2”。

电气安全防护的要求

0 类医疗场所——不使用医疗电气设备的接触部件的医疗场所。

1 类医疗场所——医疗电气设备的接触部件需要与患者体表，体内（除 2 类医疗场所所述部位以外）接触的医疗场所。

2 类医疗场所——医疗电气设备的接触部件需要与患者体内（主要指心脏或接近心脏部位）触以及电源中断危及患者生命的医疗场所。

1. 表 9-1 中可见，医院负荷等级是按医疗场所与人身生命安全的相关程度及医疗电气设备与人体的接触程度进行划分的，医疗场所自动恢复供电时间的要求与场所类别密切相关。

备用电源供电维持时间应符合下列规定：要求恢复供电时间小于或等于 0.5s 时，自备备用电源供电维持时间不应小于 3h；其他备用电源供电维持时间不宜小于 24h。[1]

2. 定义各类场所的负荷等级基本原则是：断电造成的危害越大，牵涉人员生命安全程度越高，则负荷等级越高。由于医疗设备和医院建设的不断更新，建议大家按照此原则来把握今后的设计发展。

3. 表 9-1，表 9-2 是目前医院选取负荷等级的主要依据。另外消防类设备、人防类设备以及其他设备参见 GB50016《建筑设计防火规范（2018 年版）》GB 50016—2014 和《民用建筑电气设计规范（附录 A）》JGJ16—2008 等规范的相关要求。

4. 此外补充建议：二级及以上医院的中心供应按一级负荷要求供电。二级及以上医院的急诊部电源、血透机、病房内的抢救室按一级负荷中特别重要负荷要求供电；若柴油机容量足够，建议把重要手术室的空调系统也按一级负荷中特别重要负荷要求供电。

合理确定需要系数

1. 通用设备的需要系数可采用表 9-3。

2. 诊断用的医技设备为断续工作用电设备、治疗用的医技设备为连续工作用电设备，在安装容量保证的前提下，需要系数的选择可以小一些。

医疗建筑用电负荷分级表 [2] **表 9-2**

三级、二级医院	急诊抢救室、血液病房的净化室、产房、烧伤病房、重症监护室、早产儿室、血液透析室、手术室 术前准备室、术后复苏室、麻醉室、心血管造影检查室等场所中涉及患者生命安全的设备及其照明用电； 大型生化仪器、重症呼吸道感染区的通风系统	一级负荷重、特别重要的负荷
三级、二级医院	急诊抢救室、血液病房的净化室、产房、烧伤病房、重症监护室、早产儿室、血液透析室、手术室 术前准备室、术后复苏室、麻醉室、心血管造影检查室等场所中的除一级负荷重特别重要负荷的其他用电设备； 下列场所的诊疗设备及照明用电：急诊诊室、急诊观察室及处置室、婴儿室、内镜检查室、影像科、放射治疗室、核医学室等； 高压氧舱、血库、培养箱、恒温箱； 病理科的取材室、制片室、镜检室的用电设备； 计算机网络系统用电； 门诊部、医技部及住院部 30% 的走道照明； 配电室照明用电	一级
三级、二级医院	电子显微镜、影像科诊断用电设备；肢体伤残康复病房照明用电； 中心（消毒）供应室、空气净化机组；贵重药品冷库、太平柜； 客梯、生活水泵、采暖锅炉及换热站等用电负荷	二级

[1] 医疗场所及医疗设备用电负荷自动恢复供电时间在设计中需要特别予以注意。其恢复供电时间不同于一般的消防、人防类一、二级负荷的恢复供电时间要求。

[2] 各类场所的负荷等级的划分是根据断电的危害程度及牵涉人员生命安全程度来划分，由于医疗设备和医院建设的不断更新，负荷等级可按照此原则适当调整。

续表

一级医院	急诊室	二级
三级、二级、一级医院	一、二级负荷以外的其他负荷	三级

注：上表中“一级 *”为一级负荷中特别重要负荷，摘自《医疗建筑电气设计规范》JGJ 312—2013，表 4.2.1。

通用设备需要系数及功率因数表 **表 9-3**

负荷名称	规模（台数）	需要系数（K_x）	功率因数（$\cos\varphi$）	备注
照明	$S < 500m^2$	1 ~ 0.9	0.9 ~ 1	含插座容量，荧光灯就地补偿或采用电子镇流器
	$500m^2 < S < 3000m^2$	0.9 ~ 0.7	0.9	
	$3000m^2 \leqslant S \leqslant 15000m^2$	0.75 ~ 0.55		
	$S > 15000m^2$	0.7 ~ 0.4		
冷冻机 锅炉	1 ~ 3 台	0.9 ~ 0.7	0.8 ~ 0.85	—
	> 3 台	0.7 ~ 0.6		
热力站、水泵房、通风机	1 ~ 5 台	0.95 ~ 0.8		
	> 5 台	0.8 ~ 0.6		
电梯	—	0.5 ~ 0.2	—	此系数用于配电变压器总容量选择的计算
洗衣机房 厨房	$P_e \leqslant 100kW$	0.5 ~ 0.4	0.8 ~ 0.9	—
	$P_e > 100kW$	0.4 ~ 0.3		

摘自全国民用建筑工程设计技术措施 - 电气 -2009 中表 2.7.7。

1. 按规范要求，一级负荷中特别重要负荷，应增设应急电源；一级负荷应由两个电源供电；二级负荷宜由两回路供电；三级负荷可按约定供电。当由双重电源供电，其中一路电源或变压器中断供电时，另一路电源或变压器应能承担全部一级负荷中的特别重要的负荷、一级负荷和二级负荷（见图 9-1 典型供配电系统图）。

2. 变配电所选址应深入或接近负荷中心，并不应与诊疗设备用房、电子信息系统机房、病房等相贴邻。

3. 应急电源可分为自备应急电源和独立于正常电源的市电专用馈电线路。自备电源有独立于正常电源的发电机组、UPS、EPS 等。柴油发电机房不宜与诊疗设备用房、住院部、电子信息系统机房等贴邻。当受条件限制而贴邻时，应采取机组消声及机房隔声等综合治理措施，治理后环境噪声不应超过城市区域环境噪声 1 类标准的规定，且机组的排烟不应对诊疗构成影响。

4. 医院特别要考虑允许中断供电时间的要求。

通常二级及以上的综合医院的一级负荷中的特别重要负荷均采用柴油发电机作为应急电源。但由于柴油发电机的启动时间所限（通常为 15s），要求中断供电时间小于或等于 0.5s 的负荷，应设不间断电源装置（UPS），且宜为在线式。不间断电源装置（UPS）应急供电时间不应小于 15min。

消防类的照明电源可以采用 EPS 为应急电源。

通常不必为医疗电气设备提供 UPS 不间断电源。但某些微机处理机控制的医用电气设备需用这类电源供电（建议仅限于数据保存并和厂家沟通后决定，避免浪费）。

由于目前双电源切换装置 ATSE 的切换时间基本都小于 0.15s，所以一级负荷的允许中断时间都能得到满足。

除消防负荷外的一级负荷的两路电源宜在末端配电箱处或用电设备处自动切换；除消防负荷外的二级负荷的两路电源可在配变电所或总配电箱处切换。（见图 9-1 典型供配电系统图）

5. 关于 UPS 的设置场所，通常按照就近设置原则。相对集中按照分区设置 UPS 机房，例如手术部、ICU 病房等处。考虑综合性价比，单台 UPS 容量不宜过大。

（见图 9-2 ICU 深化系统图）

6. 柴油发电机组供油时间，三级医院应大于 24h，二级医院宜大于 12h，二级以下医院宜大于 3h，对于三级甲等医院，在和院方充分沟通的前提下，宜采取室内外储油相结合的方案；建筑物外，有条件的尽可能设置储油设施，宜按 24h 储备；若场地受限，取油方便时也可预留油管通路。[1]

[1] 发电机的储油设施的设计，需结合建筑条件及使用需求综合评定确定。

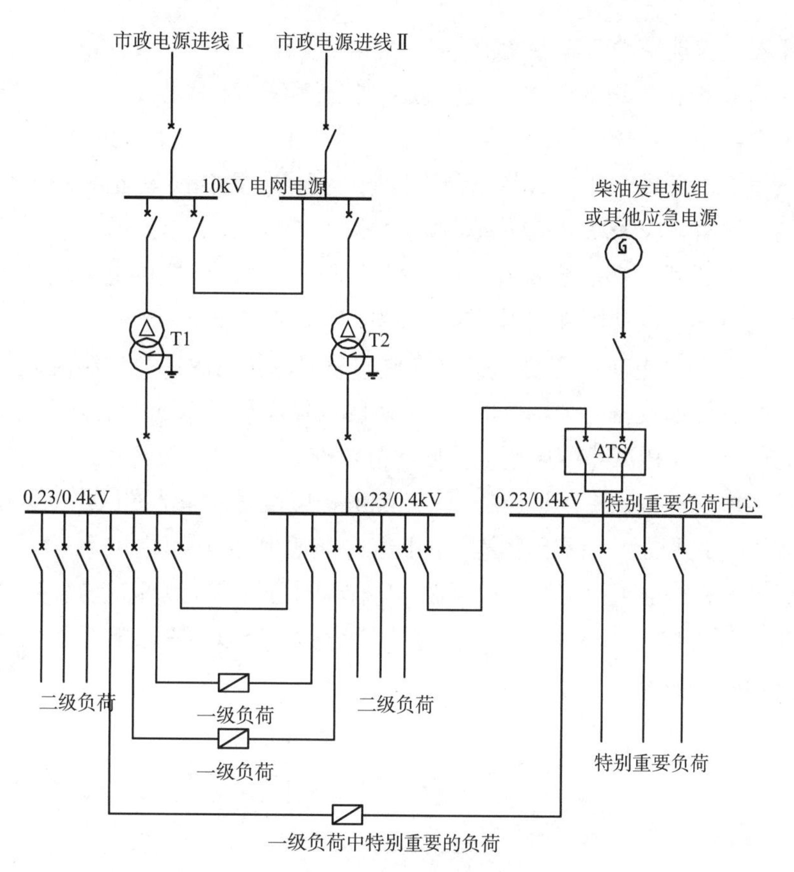

图 9-1　典型供配电系统图

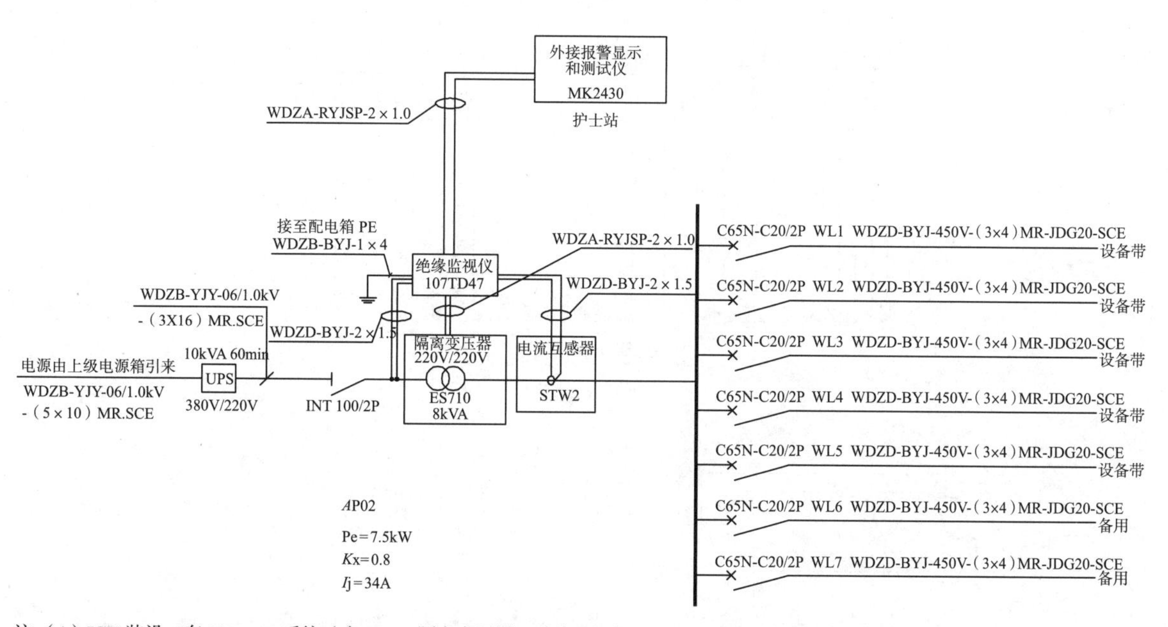

注:（1）ICU 装设二套 8kVA IT 系统（含 8kVA 隔离变压器，绝缘监视仪，电流互感器，外接报警显示和测试仪，仪器专用电源）和二套 10kVA 不间断 UPS 电源；

（2）IT 监测系统接线图详见产品说明。

图 9-2　ICU 深化系统图

1. 配电变压器，应选用D，Yn11接线组别。

2. 不必设置医技设备专用变压器，但注意医技设备不要和对谐波敏感的设备（例如电子信息系统）共用一台甚至一组变压器，以免谐波干扰。（参见图9-3低压配电图）。[1]

3. 带有医技设备的配电变压器宜装设谐波测量、记录装置，预留谐波治理装置的安装位置。当采用无源滤波装置时，应采取措施防止谐振。

4. 放射科、核医学科、功能检查室、检验科等部门的医疗装置供电电源，应分别设置有切断所有相关电源的总开关且宜按科室相对集中设置。

5. 大型医疗设备的供电应从变电所引出单独的回路，其电源系统应满足设备对电源内阻的要求。主机设备与其辅助设备应分别供电；变电所的设置应尽量靠近大型医疗设备，在同样满足电源内阻要求的前提下，以减小配电电缆截面，节约投资。[2]

6. 手术部的供电电源应由专用回路提供；总配电柜应设置在非洁净区。手术室专用配电箱应每个手术室单独设置；并设置于该手术室清洁走道。（参见图9-4和图9-5）

7. 多功能医用线槽上的照明回路应加装剩余电流保护装置；其电源也应与病房照明分回路供电。

8. 二级级以上医院应采用低烟、低毒阻燃类线缆，二级以下医院宜采用低烟、低毒阻燃类线缆。但要与当地标准协调。

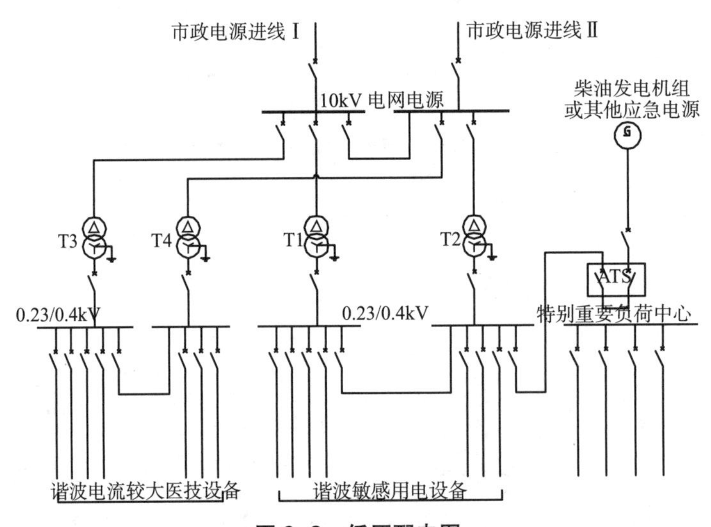

图9-3 低压配电图

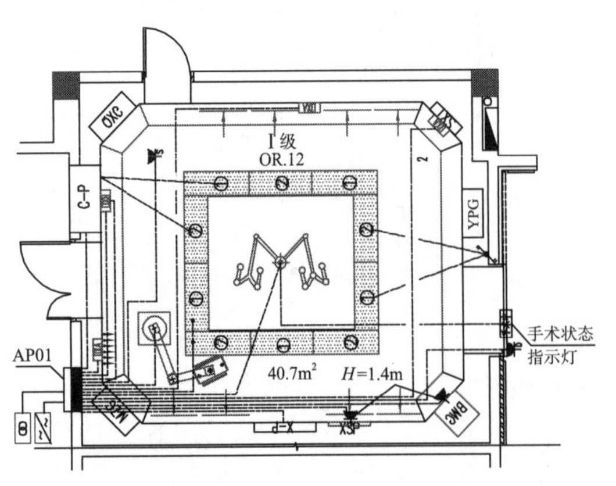

说明：
- 若无电动床相应回路作备用。
- 若无保温箱相应回路作备用。
- 若无保冷箱相应回路作备用。
- 吊顶灯同时在C-P上控制。
- 无影灯同时在C-P上控制。
- XB IT监测报警系统。
- 每间手术室设置IT监测报警系统，系统安装方法详见厂家产品说明书。
- Ⅰ级手术部设置不间断电源UPS（10kVA，60min）安装在设备层；
- 手术室灯盘分两路两地控制，控制回路1灯盘的编号为①，
  控制回路2灯盘的编号为②，
  灯盘要求在手术室主入口控制，同时在综合控制箱C-P也可控制。
- 隔离变压器（8kVA）、绝缘监视仪、电流互感器都安装于手术室配电箱内。

图9-4 Ⅰ级手术室参考平面图

[1] X光机、MR等非线性医技设备不宜与对谐波敏感的设备（如电子信息系统）共用一台甚至一组变压器。

[2] 大型医疗设备宜由变电所单独放射引出回路，设计中需要注意设备对电源内阻的要求，复核线路阻抗和变压阻抗。

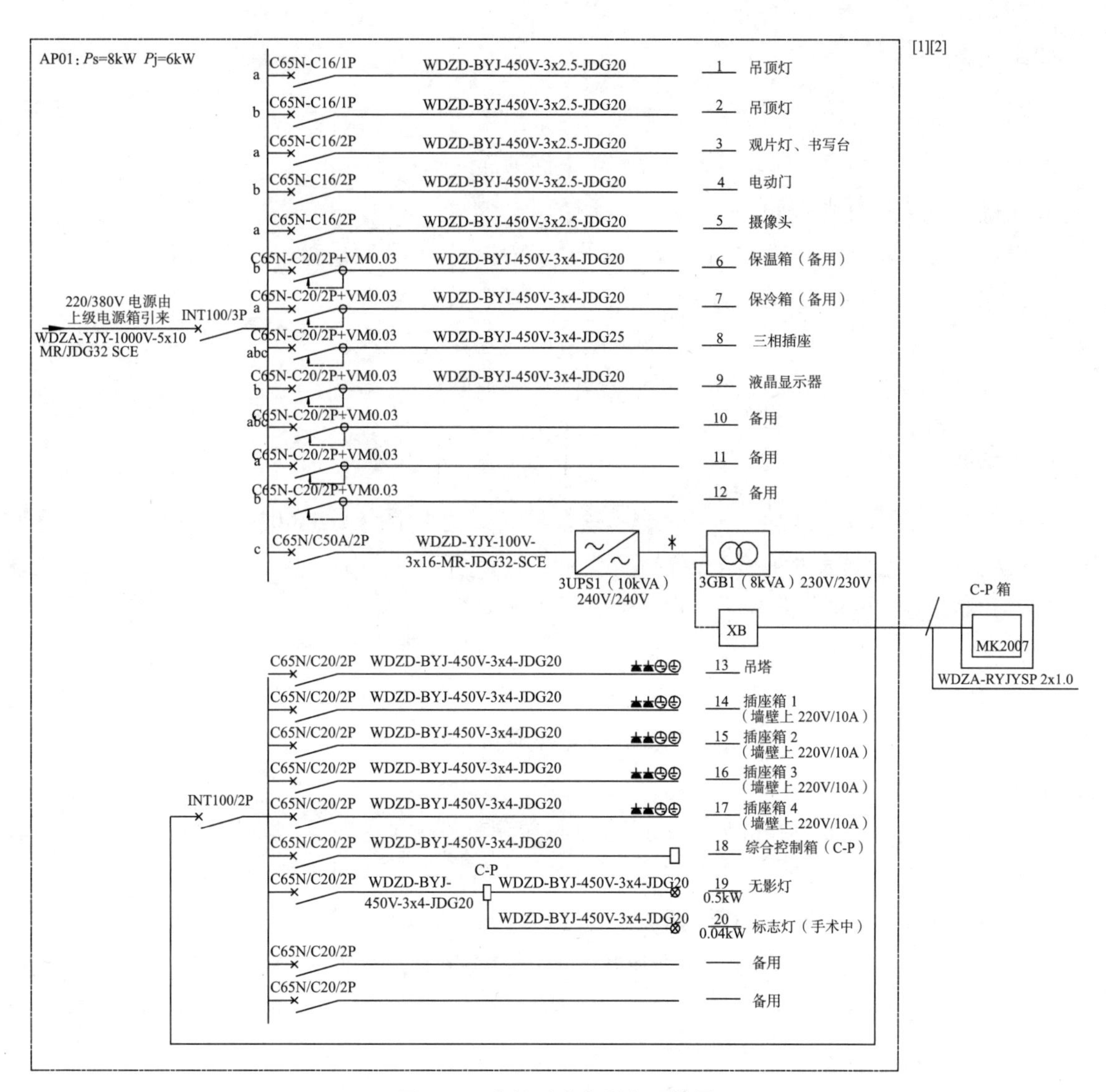

图 9-5　Ⅰ级手术室配电系统图

[1] 手术室医疗专用电源系统采用 IT 系统，需设置 IT 绝缘监测系统。

[2] 手术室重要医疗设备电源需配置 UPS 不间断电源。

线路敷设[1]

1. 病房、检验室等用房的医疗设备布线，应采用墙面线槽（设备带）布置方式。
2. 大型检验室等用房的医疗设备布线，可采用地面线槽布置方式。
3. 牙科诊室可采用地面布线方式。
4. 设有射线屏蔽的房间，严禁有穿墙直通的管路；应采用在地面设置非直通电缆沟槽布线方式。
5. 2类医疗场所局部IT系统的配电线缆宜采用塑料管敷设。
6. 洁净手术室、洁净辅助用房及各类无菌室内不应有明敷管线。
7. 三级医院的通信网络设备间与其他通信间宜分别设置。

照明系统

1. 照度标准值和照明功率密度依据《建筑照明设计标准》GB50034—2013中表5.3.6和表6.3.6执行。[2]（参见表9-4和表9-5）

2. 磁共振设备房间的灯具应采用铜、铝、工程塑料等非磁性材料。

3. 诊疗室、护理单元通道和病房的照明设计，应避免在卧床患者视野内产生直接眩光。

4. 病房的照明采用一床一灯，以病床床头照明为主，床头灯具及照明开关宜与床头设备带结合；并设置一般照明。一般照明用于满足正常看护和巡查需要，设置在活动区域，不宜设置在病床上方。

5. 护理单元通道应设置夜间照明。通道照明在深夜可关掉一部分或采用可调光方式。灯具位置应避开病房门口。

6. 病房建议设置夜间照明。夜灯开关设置在护士站，实行统一管理。

7. 儿科门诊和儿科病房的电源插座和开关的设置高度，离地面不得低于1.5m；病房内离最近病床的水平距离不小于0.6m。

8. 候诊室、传染病房的诊室和病房、血库、手术室、消毒供应间等场所设置紫外线杀菌灯。首选采用便携式紫外线消毒器移动照射。在一定要采用固定安装紫外线灯具的场所，应注意采用避免误操作（开关设置位置、高度、标识等）和出现在患者视野内的情况发生。[3]

9. 部分诊室工作台墙面、手术部面向手术台墙面，应设置观片照明灯具。手术台的专用手术无影灯应结合手术影像要求，内置手术摄像机。

10. 2类场所中的手术室、抢救室安全照明的照度应为正常照明的照度值，其他2类场所中备用照明的照度不应低于一般照明照度值的50%。其持续时间三级医院应大于24h，二级医院宜大于12h，二级以下医院宜大于3h。

医院建筑照明功率密度限值 表9-4

房间或场所	照度标准值（lx）	照明功率密度限值（W/m²）	
		现行值	目标值
治疗室、诊室	300	≤9.0	≤8.0
化验室	500	≤15.0	≤13.5
候诊室、挂号厅	200	≤6.5	≤5.5

[1] 根据医疗设备特点确定配电线路敷设方式。
[2] 照度标准值和照明功率密度依据《建筑照明设计标准》GB 50034—2013中医院建筑照明标准值和医院建筑照明功率密度值。
[3] 候诊室、传染病房的诊室、血库、手术室、消毒供应间等场所需设置紫外线杀菌灯。

续表

房间或场所	照度标准值（lx）	照明功率密度限值（W/m²）	
		现行值	目标值
病房	100	≤ 5.0	≤ 4.5
护士站	300	≤ 9.0	≤ 8.0
药房	500	≤ 15	≤ 13.5
走廊	100	≤ 4.5	≤ 4.0

摘自《建筑照明设计标准》GB 50034—2013 中表 6.3.6。

医院建筑照明标准值　　表 9-5

房间或场所	参考平面及其高度	照度标准值（lx）	UGR	U_0	R_a
治疗室、检查室	0.75m 水平面	300	19	0.70	80
化验室	0.75m 水平面	500	19	0.70	80
手术室	0.75m 水平面	750	19	0.70	90
诊室	0.75m 水平面	300	19	0.60	80
候诊室、挂号厅	0.75m 水平面	200	22	0.40	80
病房	地面	100	19	0.60	80
走道	地面	100	19	0.60	80
护士站	0.75m 水平面	300	—	0.60	80
药房	0.75m 水平面	500	19	0.60	80
重症监护室	0.75m 水平面	300	19	0.60	90

摘自《建筑照明设计标准》GB 50034—2013 中表 5.3.6。

1. 医疗建筑的防雷设计，应符合《建筑物防雷设计规范》GB50057—2010 和《建筑物电子信息系统防雷技术规范》GB50343—2012 等国家现行相关规范规定。

2. 医疗建筑内的医疗电子设备宜远离建筑物外墙及防雷引下线。

3. 医院的接地包括防雷接地、保护接地、弱电设备接地、医疗设备接地、屏蔽接地、防静电接地等，宜采用共用接地系统（各自单独的接地系统实际操作时，由于受场地限制通常无法实现。若一定要把防雷和医疗设备接地分开，则必须满足《民用建筑电气设计规范》JGJ16—2008 中 12.7.1 条的规定），接地电阻值不应大于 1Ω。[1]

4. 医疗场所的安全防护：

（1）医疗场所的安全防护应符合下列规定：

在 1 类和 2 类的医疗场所内，当采用安全特低电压系统（SELV）、保护特低电压系统（PELV）时，用电设备的标称供电电压不应超过交流方均根值 25V 和无纹波直流 60V；

在 1 类和 2 类的医疗场所内，IT、TN 和 TT 系统的约定接触电压均不应大于 25V；

TN 系统在故障情况下切断电源的最大分断时间 230V 应为 0.2s，400V 应为 0.05s。IT 系统最大分断时间 230V 应为 0.2s。

（2）医疗场所采用 TN 系统供电时，应符合下列规定：

TN-C 系统严禁用于医疗场所的供电系统。[2]

在 1 类医疗场所中额定电流不大于 32A 的终端回路，应采用最大剩余动作电流为 30mA 的剩余电流动作保护器作为附加保护。

在 2 类医疗场所，当采用额定剩余动作电流不超过 30mA 的剩余电流动作保护器作为自动切断电源的措施时，应只用于手术台驱动机构的供电回路；移动式 X 光机的回路；额定功率大于 5kVA 的大型设备的回路；非用于维持生命的电气设备回路。

应确保多台设备同时接入同一回路时，不会引起剩余电流动作保护器（RCD）误动作。

（3）TT 系统要求在所有情况下均应采用剩余电流保护器，其他要求应与 TN 系统相同。

（4）医疗场所采用 IT 系统供电时应符合下列规定：

在 2 类医疗场所内，用于维持生命、外科手术和其他位于“患者区域”内的医用电气设备和系统的供电回路，均应采用医疗 IT 系统。[3]

用途相同且相毗邻的房间内，至少应设置一回独立的医疗 IT 系统。医疗 IT 系统应配置一个交流内阻抗不少于 100kΩ 的绝缘监测器并满足下列要求：测试电压不应大于直流 25V；注入电流的峰值不应大于 1mA；最迟在绝缘电阻降至 50kΩ 时，应发出信号，并应配置试验此功能的器具。

每个医用 IT 系统应设在医务人员可以经常监视的地方，并应装设配备有下列功能组件的声光报警系统：应以绿灯亮表示工作正常；当绝缘电阻下降到最小整定值时，黄灯应点亮，且应不能消除或断开该亮灯指示；当绝缘电阻下降到最小整定值时，可音响报警动作，该音响报警可解除；当故障被清除恢复正常后，黄色信号应熄灭。

当只有一台设备由单台专用的医疗 IT 变压器供电时，该变压器可不装设绝缘监测器。

医疗 IT 变压器应装设过负荷和过热的监测装置。

（5）辅助等电位联结应符合下列规定：

在 1 类和 2 类医疗场所内，应安装辅助等电位联结导体，并应将其连接到位于“患者区域”

[1] 医院接地系统宜采用共用接地系统。

[2] TN-C 系统严禁用于医疗场所的供电系统。

[3] 2 类医疗场所内，用于维持生命、外科手术的其他位于“患者区域”内的医用电气设备和系统的供电，应采用医疗 IT 系统。

内的等电位联结母线上，实现下列部分之间等电位：保护导体截面；外界可导电部分；抗电磁场干扰的屏蔽物；导电地板网络；隔离变压器的金属屏蔽层。

在2类医疗场所内，电源插座的保护导体端子、固定设备的保护导体端子或可导电部分与等电位联结母线之间的导体的电阻不应超过0.2Ω 。

等电位联结母线宜位于医疗场所内或靠近医疗场所。在每个配电盘内或在其附近装设附加的等电位联结母线，并应将辅助等电位导体和保护接地导体与该母线相连接。连接的位置应使接头清晰易见，并便于单独拆卸。

当变压器以额定电压和额定频率供电时，空载时出线绕组测得的对地泄漏电流和外护物的泄漏电流均不应超过0.5mA。

用于移动式和固定式设备的医疗IT系统应采用单相变压器，其额定输出容量不应小于0.5kVA，并不应超过10kVA。

5. 电磁兼容：生物电类检测设备、医疗影像诊断设备等医疗设备用房应设置电磁屏蔽室或采取其他电磁泄漏防护措施。易受辐射干扰的诊疗设备用房不应与电磁干扰用房贴邻。诊疗设备配电箱应根据配电级数和配电箱位置以及接地系统的要求等,设置不同类型的电涌保护器（SPD）保护。

6. 谐波防治：

（1）医疗建筑在设计阶段其谐波强度及其分布情况难以预计时，宜预留谐波防治设备的安装空间。

（2）放射科等有谐波严重的诊疗设备科室，建议实测后就地集中设置滤波装置。

医疗 IT 系统

1. IT 系统应尽量采用单相隔离电源系统而不是三相隔离电源。[1]
2. IT 系统不宜配出 N 线，系统中的配电回路均为带电导体，应装设双极开关，作为短路保护。[2]
3. 每间需要设置 IT 系统的手术室，应单独设置隔离变压器。
4. IT 系统除设置绝缘监测外，还应辅以局部等电位联结。
5. IT 系统的插座建议和其他系统的插座有明显区分标志。
6. IT 系统中应尽量提高绝缘阻抗，降低回路的对地静电电容。

医用磁共振成像设备（MRI）

1. 设备应按连续工作制负荷供电。
2. 设备主机、冷水机组应分别从变配电所引出专用回路供电。

医用 X 射线设备

1. 设备的隔离及保护电器应按设备瞬时负荷的 50% 和持续负荷的 100% 中较大值进行参数整定。
2. 当设备额定球管电流大于或等于 400mA 时，应从变配电所引出专用回路供电。

医用高能射线设备

1. 设备应按其分类、用途、由不同的供电回路供电。
2. 电子直线加速器、回旋加速器、中子治疗机、质子治疗机等诊疗设备的主机级冷水机组，应采用专用的两路供电。

医用核素设备

1. 设备应按其分类、用途、工作制式，由不同的供电回路供电，并应采用专用回路供电。
2. γ 刀、PET-CT 设备应采用专用的两路供电。
3. PET-CT 设备的隔离及保护电器应按设备瞬时负荷的 50% 和持续负荷的 100% 中较大值进行参数整定。

---

[1] IT 系统应尽量采用单相隔离电源系统。
[2] IT 系统不宜配出 N 线。

医疗场所的安全供电分级及供电措施 表 9-6

医疗场所及设备	医疗场所类别			电源自动切换时间		负荷等级	供电方式		供电系统保护措施
	0	1	2	$t \leqslant 0.5s$	$0.5s < t \leqslant 15s$		主供电源	安全电源	
产房、早产儿室		●	●	●（a）	●	一级	放射式专线供电末端自动切换	UPS 应急柴油发电机后备	IT 系统、局部不接地、等电位联结、绝缘监测、剩余电流报警
手术室（百级、千级）			●	●（a）	●	一级	放射式专线供电末端自动切换	UPS 应急柴油发电机后备	
手术室（万级、十万级）			●	●（a）	●	一级	放射式专线供电末端自动切换	UPS 应急柴油发电机后备	IT 系统、绝缘监测、剩余电流报警
手术准备室、手术苏醒室		●	●	●（a）	●	一级	放射式专线供电末端自动切换	UPS 应急柴油发电机后备	IT 系统、绝缘监测、剩余电流报警
ICU、CCU			●	●（a）	●	一级	放射式专线供电末端自动切换	UPS（EPS）应急柴油发电机后备	IT 系统、绝缘监测、剩余电流报警
血液透析室		●			●	一级	放射式专线供电末端自动切换	EPS 应急柴油发电机后备	剩余电流报警
放射诊断治疗室、核医学诊断治疗室		●			●	二级	放射式专线供电	柴油发电机后备	—
MRI、CT、ECT		●			●	一级	放射式专线供电	柴油发电机后备	—
手术室净化空调		●			●	一级	放射式专线供电末端自动切换	柴油发电机后备	—

注：1. 表中 a 指需在 0.5s 内或更短时间内恢复供电的照明器和维持生命用的医用电气设备；

2. 本表参考国家标准《建筑物电气装置第 7-710 部分：特殊装置或场所的要求 - 医疗场所》GB 16895.24-2005。

设计注意要点

1. 医院智能化系统和通常建筑的智能化系统的内容有很大差别，特别是信息化应用系统。

2. 目前多数医院已经完成了以收费系统为主 HMIS 系统，进而建立具有智能化的临床信息系统 CIS（CIS 和 HMIS 组成了 HIS 系统）、图像存档与传输系统 PACS，最终实现电子病历 CPR 系统。

3. 信息网络系统以最终服务于医院专用信息系统（HIS）为设计目的。

4. 二级及以上等级医疗建筑建议设置建筑设备管理系统，除常规的设备管理之外，还应对医疗用气、医院污水以及有空气污染源区域设备进行特别监控管理；三级及以上类似等级医疗建筑建议设置医疗设备监控系统。

5. 安全防范系统应特别注意患者安全管理和婴儿安全防范管理的需求。

1. 医院建筑智能化系统配置见表 9-7。[1]

注：●应配置，* 宜配置，o 可配置。

医院智能化系统配置表 **表 9-7**

智能化系统			一级医院	二级医院	三级医院
信息化应用系统	公共服务系统		*	●	●
	智能卡应用系统		*	●	●
	物业管理系统		*	●	●
	信息设施运行管理系统		o	●	●
	信息安全管理系统		*	●	●
	通用业务系统	基本业务办公系统	按国家现行有关标准进行配置		
	专业业务系统	医疗业务信息化系统			
		病房探视系统			
		视频示教系统			
		候诊呼叫信号系统			
		护理呼应信号系统			
智能化集成系统	智能化信息集成（平台）系统		o	*	●
	集成信息应用系统		o	*	●
信息设施系统	信息接入系统		●	●	●
	布线系统		●	●	●
	移动通信室内信号覆盖系统		●	●	●
	用户电话交换系统		*	●	●
	无线对讲系统		●	●	●
	信息网络系统		●	●	●
	有线电视系统		●	●	●
	公共广播系统		●	●	●
	会议系统		*	●	●
	信息导引及发布系统		●	●	●

[1] 医院建筑智能化系统配置选项，在满足国家规范的前提下，可根据业主的需求进行局部增减。

续表

智能化系统			一级医院	二级医院	三级医院
建筑设备管理系统	建筑设备监控系统		*	●	●
	建筑能效监管系统		o	*	●
公共安全系统	火灾自动报警系统		按国家现行有关标准进行配置		
	安全技术防范系统	入侵报警系统			
		视频安防监控系统			
		出入口控制系统			
		电子巡查系统			
		停车库（场）管理系统	o	*	●
	安全防范综合管理（平台）系统		o	*	●
	应急响应系统		o	*	●
机房工程	信息接入机房		●	●	●
	有线电视前端机房		●	●	●
	信息设施系统总配线机房		●	●	●
	智能化总控室		●	●	●
	信息网络机房		*	●	●
	用户电话交换机房		*	●	●
	消防控制室		●	●	●
	安防监控中心		●	●	●
	智能化设备间（弱电间）		●	●	●
	应急响应中心		o	*	●
	机房安全系统		按国家现行有关标准进行配置		
	机房综合管理系统		●	●	●

2. 医院专用智能化系统见图 9-6。

（1）图 9-6 中的医院专用智能化系统类似于表 9-7 中的信息化应用系统。

（2）目前多数医院已经完成了以收费系统为主 HMIS 系统，进而建立具有智能化的临床信息系统 CIS、图像存档与传输系统 PACS，最终实现电子病历 CPR 系统。

（3）医院信息系统（HIS）的前端输入宜采用一卡通系统；终端采用综合布线系统；功能依靠软件来实现。[1]

3. 医院智能化集成系统

（1）三级医院应设置智能化集成系统；

（2）二级及以上医院应预留智能化系统集成接口；

（3）应预留与火灾自动报警系统的接口。

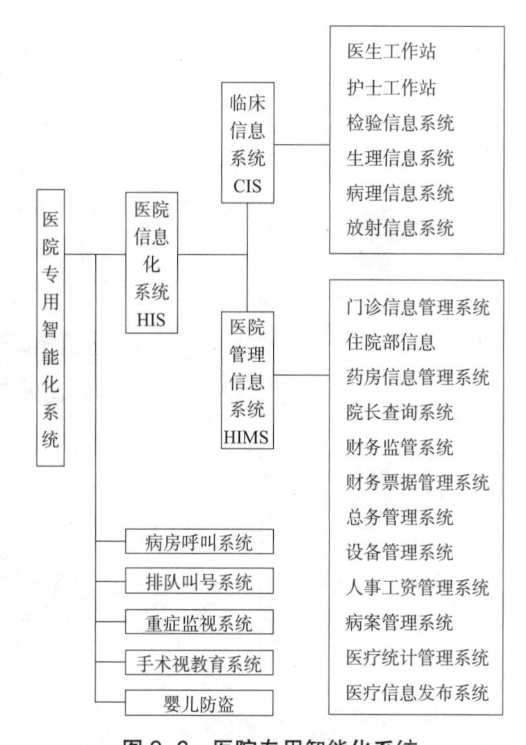

图 9-6 医院专用智能化系统

[1] 医院专用智能化系统 HIS 的前端输入宜采用一卡通系统；终端采用综合布线系统；功能依靠软件来实现。在综合布线系统设计中特别需要注意用智能化系统对信息传输速率和信息存储的需求。

信息设施系统

1. 信息网络系统应以最终服务于医院专用信息系统（HIS）为设计目的，具备扩容和宽带升级的条件；

2. 医院信息网络系统应分内网和外网；内网主要服务于医院专用信息系统（HIS），外网主要满足医院对外沟通和网上办公的需要，两者应在物理上有效隔离，除各自设置核心交换机外，建议在影像科设置核心交换机房，待今后发展图像存档与传输系统（PACS）使用。[1]

3. 三级及以上等级医疗建筑设置内部寻呼信号系统。

4. 内网核心交换机采用 1+1 冗余备份，应配置不间断电源。

5. 桌面用户接入宜采用 10/100Mbit/s 自适应方式，部分医学影像、放射信息等系统的高端用户宜采用 1000Mbit/s 自适应或光纤到端口的接入方式。

6. 内网无线点位的设置是医院无线查房在 HIS 系统的一项应用。

7. 室内移动通信覆盖系统，不应影响医疗设备的正常工作和患者的安全。

8. 在病房内设置的有线电视系统，宜采用耳机方式为多人病房内的病员提供电视节目音频信号。

9. 信息导引及发布系统通常设置在医院门急诊大厅、住院部、候诊区等处设置；主要显示内容是药价信息、就诊状态、医疗保健信息等；通常采用 LED 显示屏和液晶电视等。见图 9-7。

10. 信息查询系统应在出入院大厅、挂号收费

处等公共场所设置；主要用于导医服务和持卡查询实时费用结算服务；通常采用多媒体自助查询机。并应与医院专用信息系统（HIS）联网。

11. 时钟系统应在门急诊大楼、病区大楼、手术室等处设置，并利用 GPS 进行同步，提供医院标准的时间源。见图 9-8。

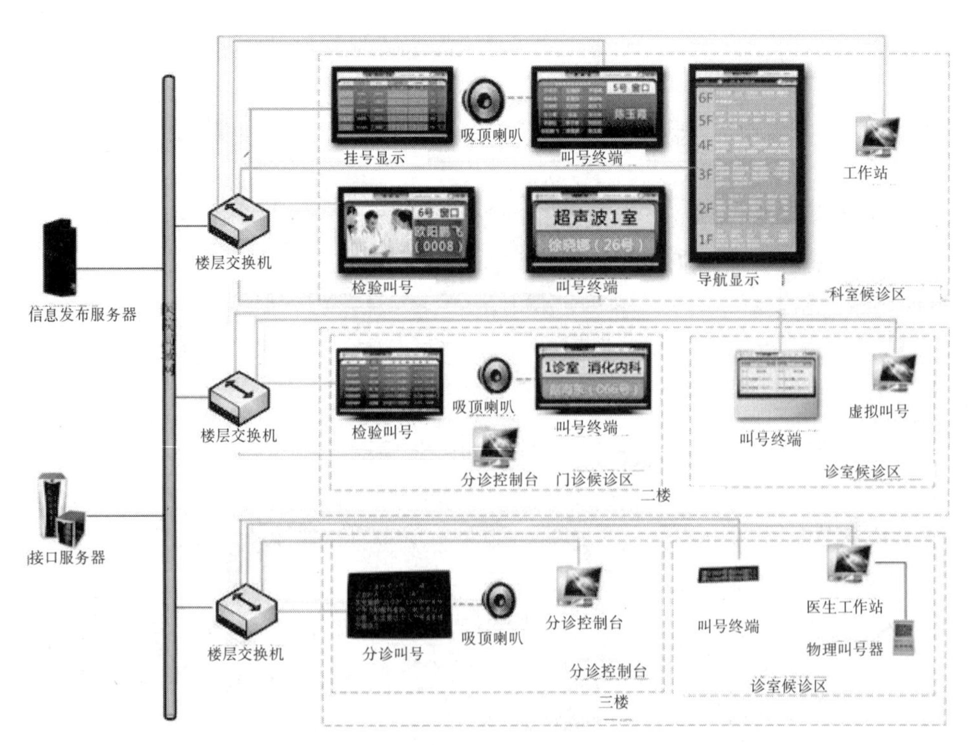

图 9-7 信息引导发布系统

[1] 医院信息网络系统内网和外网，两者应在物理上有效隔离。

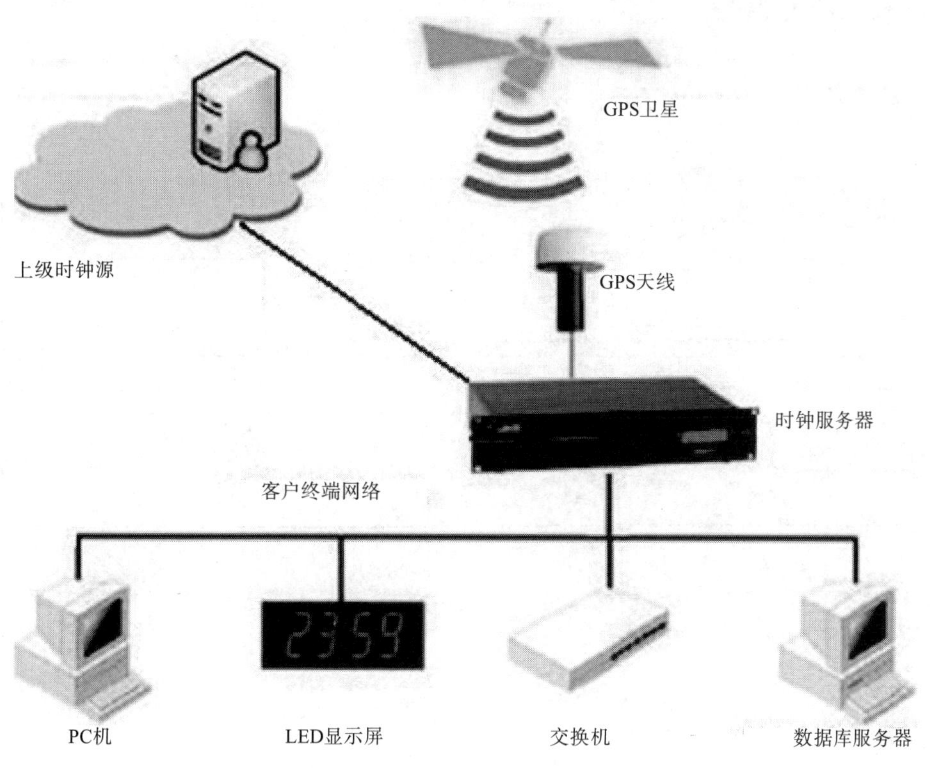

图 9-8 时钟系统

建筑设备及诊疗设备监控管理系统

二级及以上等级医疗建筑建议设置建筑设备管理系统。除常规的设备管理之外，还应对医疗用气、医院污水以及有空气污染源区域设备进行特别监控管理（图 9-9，图 9-10）。[1][2]

信息化应用系统

1. 医院信息管理系统基本框架参见医院专用智能化系统表（表 9-7）。

2. 医用对讲系统应按病区、输液区、手术区等处应设计与护士站的双向对讲呼叫系统（图 9-11）。

3. 各候诊室、检验科、放射科、配药室等处应设计排队叫号系统。该系统可与 HIS 系统联网，实现挂号、候诊和就诊的一体化管理（图 9-13）。

4. 医疗探视系统主要设置在危险禁区病房和隔离病房处。探视请求应由医护人员管理，设置专用探视室（图 9-12）。[3]

5. 按照医院需求来设置远程医疗系统和视频示教系统。采用网络传输，支持全动态图像、音频双向传输并提供操作权限控制。

6. 按照医院需求来设置远程医疗系统和视频示教系统。采用网络传输，支持全动态图像、音频双向传输并提供操作权限控制（图 9-14）。[4]

[1] 建筑设备管理系统除对常规的设备管理之外，还应对医疗用气、医院污水以及空气污染源区域设备进行特别监控管理。

[2] 医院建筑应设置火灾监控系统和火灾自动报警系统。

[3] 医疗探视系统探视请求应由医护人员管理，设置专用探视室。

[4] 远程医疗和视教系统，采用网络传输，支持全动态图像，音频双向传输并提供操作权限控制。

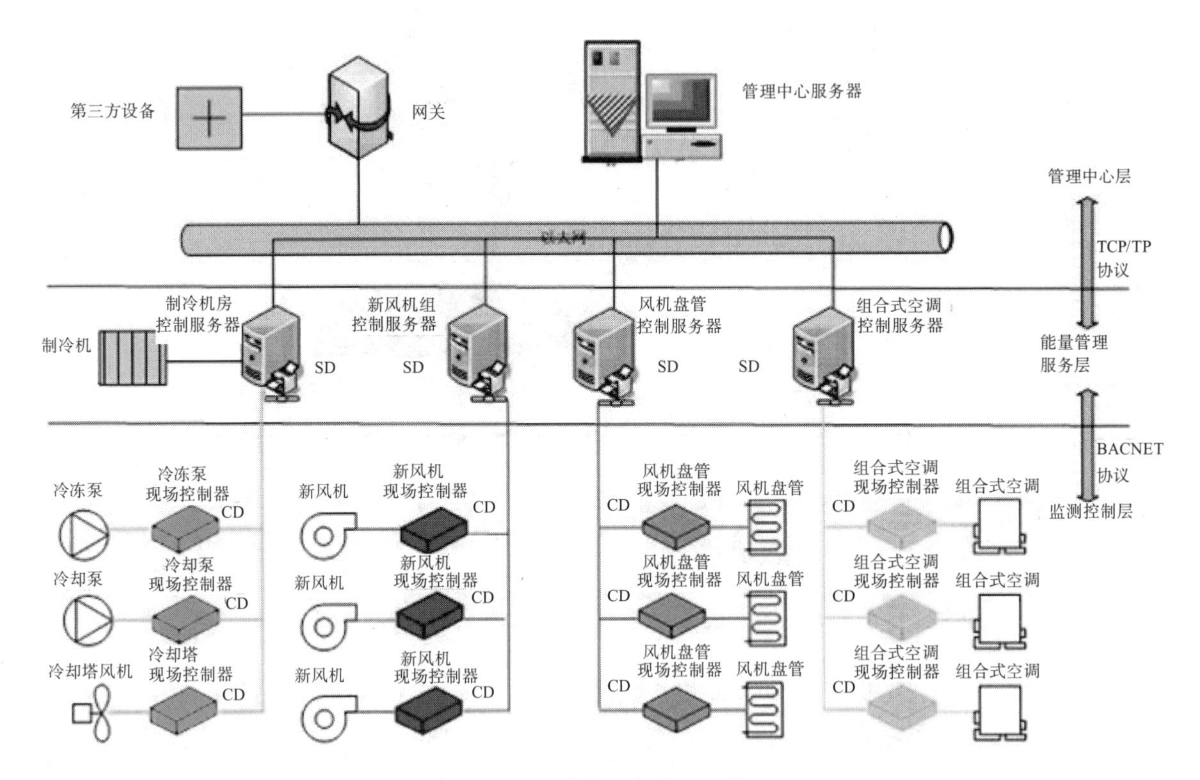

图 9-9　建筑设备管理系统

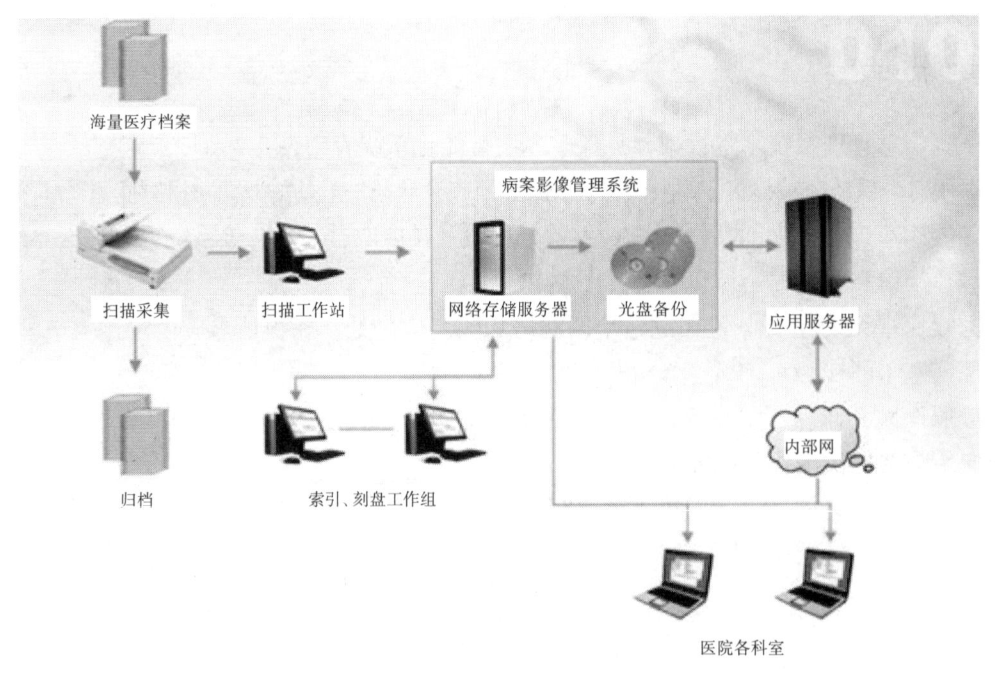

图 9-10　医疗设备监控系统

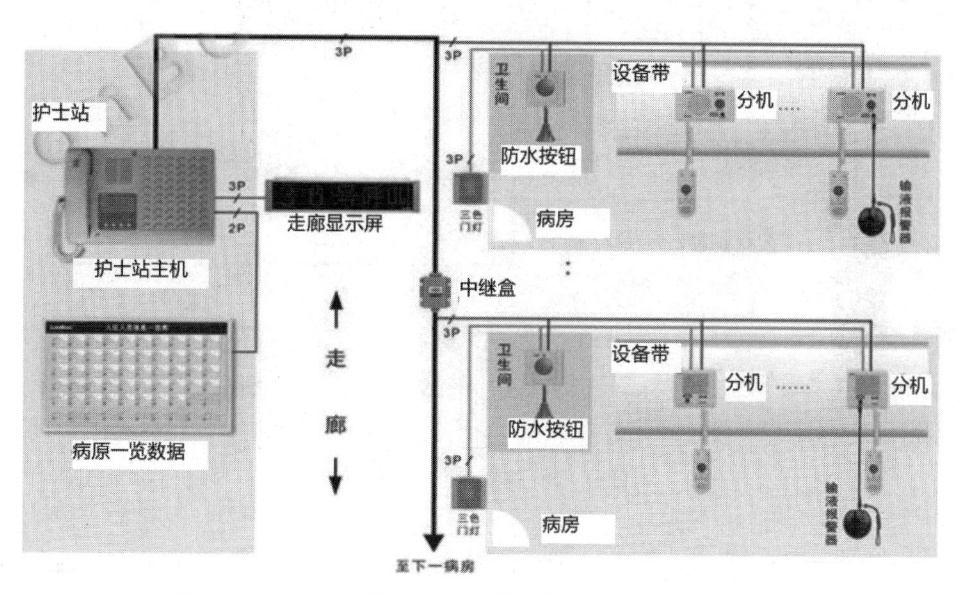

图 9-11　医护对讲系统

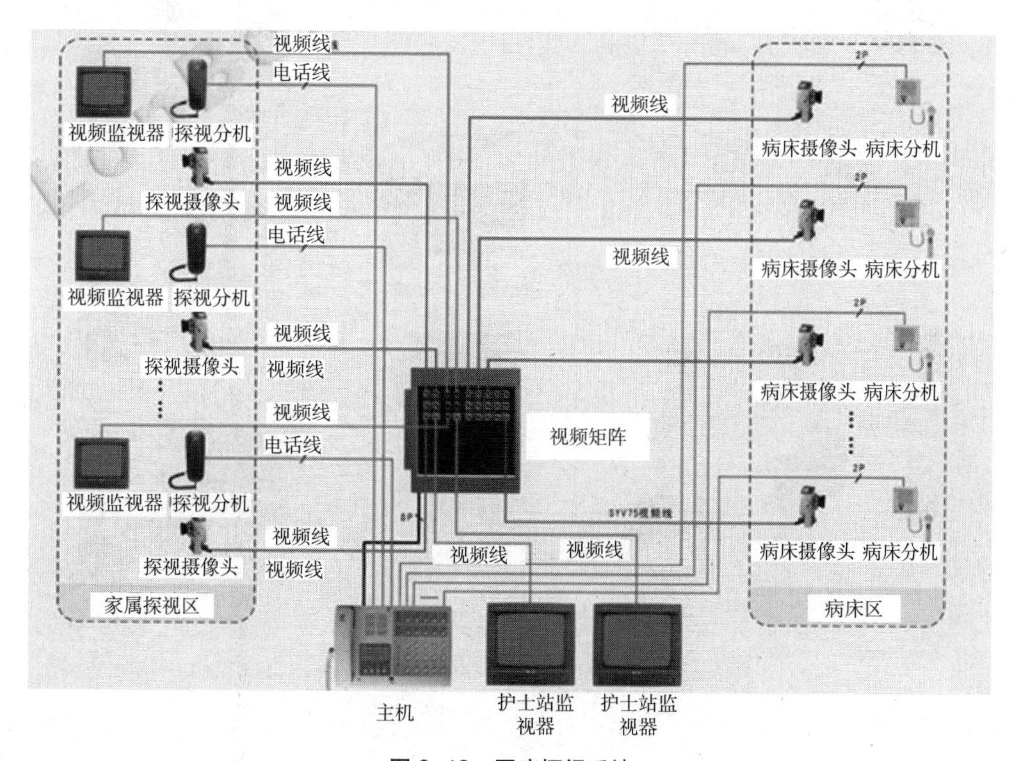

图 9-12　医疗探视系统

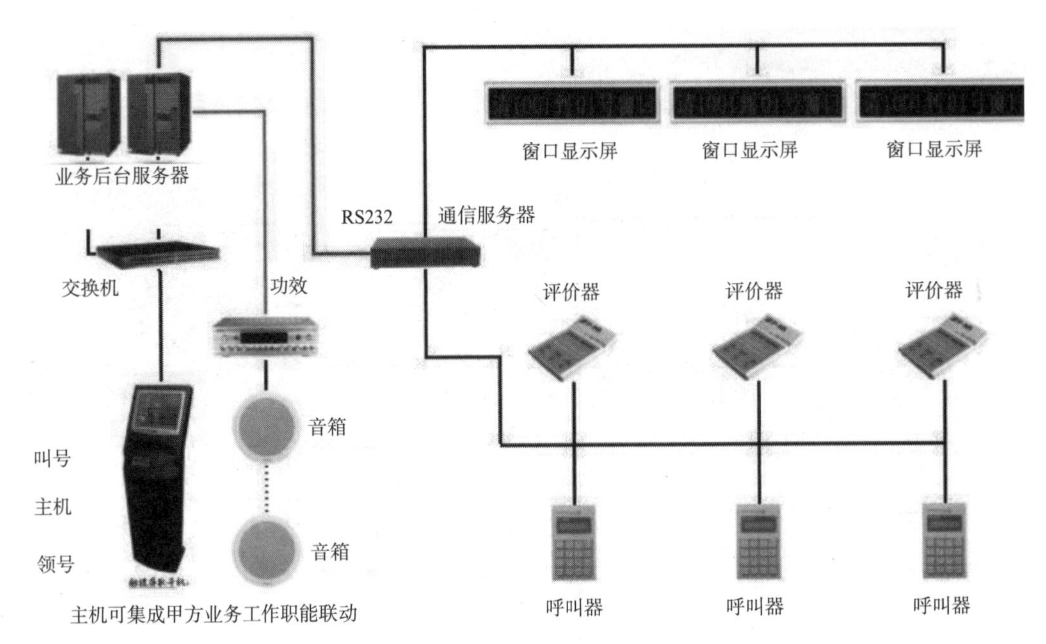

图 9-13 智能排队叫号系统

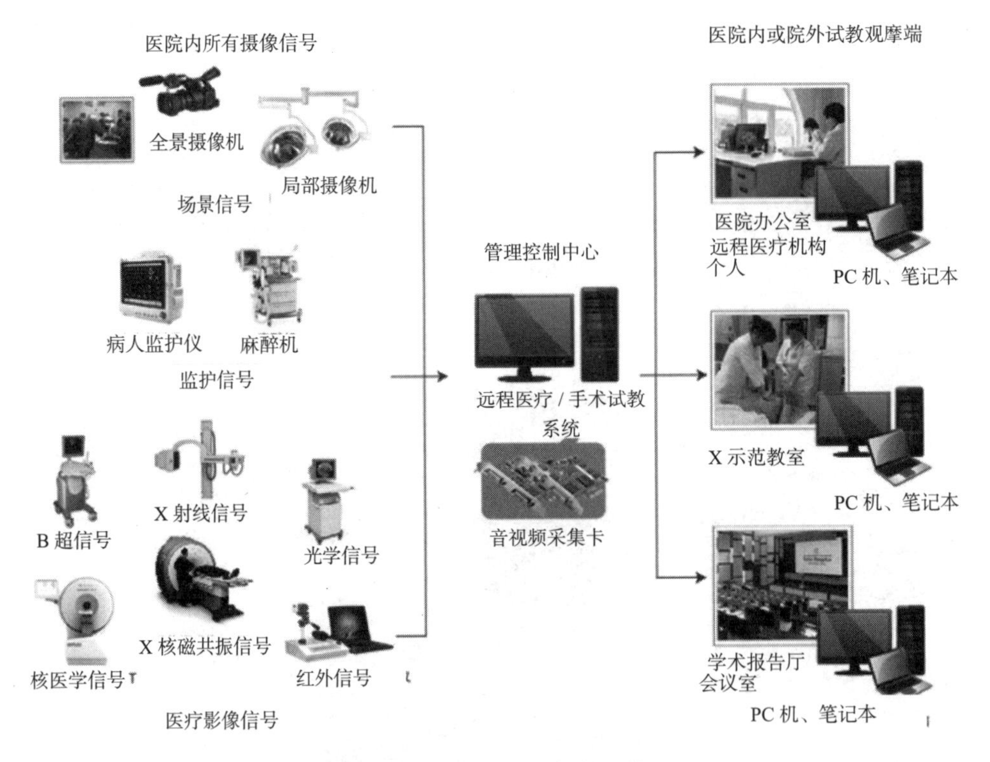

图 9-14 远程医疗及视教系统

公共安全系统

1. 医院建筑应设置电气火灾监控系统和火灾自动报警系统。有条件的医院建议在手术室、ICU 病房等重要场所采用吸气式感烟火灾探测器。

2. 视频安防监控系统在医疗建筑中主要设置的场所见视频安防系统设置的主要场所表(表 9-8)。[1]医疗纠纷会谈室宜配置独立的图像监控、语音录音系统。

[1] 医院重点公共区域均需强制性设置视屏安防监控系统，医疗纠纷会谈室宜配置独立的图像监控、语音录音系统。

3. 入侵报警系统在医疗建筑中主要设置的场所见入侵报警系统设置的主要场所表（表9-9）。

4. 出入口控制系统在医疗建筑中主要设置的场所见出入口系统设置的主要场所表（表9-11）。

出入口控制系统建议采用非接触式智能卡；并应于消防报警系统联动；确保火灾发生时开启相应区域的疏散门和通道。

5. 电子巡查系统在医疗建筑中主要设置的场所见电子巡查系统设置的主要场所表（表9-10）。

6. 患者和婴儿安全管理系统是医疗建筑中的特殊系统：

根据患者安全管理的需求，通过腕带信息识读器或其他方式对患者的位置状态、用药时间进行记录，并对意外情况及时报警。

根据婴儿安全防范管理的需求，通过婴儿佩戴的电子标签对婴儿的位置实施监控和追踪。

视频安防系统设置的主要场所　　表9-8

序号	项目		安装区域或覆盖范围	配置要求
1	视频安防监控系统	彩色摄像机	医院周界	推荐
2			医院出入口	强制
3			运钞车停放处	强制
4			运钞车押运通道	强制
5			机动车停车场（库）出入口	强制
6			医院内主干道	推荐
7			机动车停车场（库）内	推荐
8			门（急）诊部、住院楼出入口	强制
9			门（急）诊部、住院楼各楼层出入口	强制
10			门（急）诊部、住院楼各楼层电梯厅、自动扶梯口	强制
11			电梯轿厢内	推荐
12			门（急）诊候诊区域	推荐
13			门（急）诊预检处	强制
14			门（急）诊大厅内	强制
15			急诊护士台、住院病区护士台	强制
16			收费窗口处	强制
17			药房窗口处	强制
18			门（急）诊补液室内	推荐
19			验血采（抽）血处	强制
20			手术室外等候区域	推荐
21			重症监护室外等候区域	推荐
22			新生儿病室内	强制
23			太平间出入口	强制
24			住院病区膳食加工配制区域	强制
25			药库、国家管制的麻醉类和精神类药品集中存储场所	强制
26			病史室、病理室内	强制
27			重要实验室（含高致病性病原微生物实验、存储场所）出入口	强制
28			计算机网络管理中心	强制
29			易燃易爆品集中存储场所	强制
30			医院配电站出入口	强制
31			医院配电站内	推荐

续表

序号	项目		安装区域或覆盖范围	配置要求
32	视频安防监控系统	彩色摄像机	安防中心控制室	强制
33		彩色摄像机、声音复核装置	医患纠纷接待室（处）	强制
34		处理控制、记录与显示设备	值班室	推荐
35			安防中心控制室	强制

摘自 DB31/329.11-2009 重点单位重要部位技术防范系统要求第 11 部分：医院　表 1。

入侵报警系统设置的主要场所　　**表 9-9**

序号	项目	安装区域或覆盖范围	配置要求	序号
1	入侵报警系统	入侵探测器	药库、国家管制的麻醉类和精神类药品集中存储场所	强制
2			档案室	强制
3			防盗保险箱（柜）存放场所	强制
4			重要实验室（含高致病性病原微生物实验、存储场所）	强制
5			易燃易爆品室内集中存储处	强制
6		紧急报警装置	门卫室	强制
7			院长办公室	推荐
8			门（急）诊预检处	强制
9			急诊护士台、住院病区护士台	强制
10			医患纠纷接待室（处）	强制
11			收费窗口	强制
12			重要实验室（含高致病性病原微生物实验、存储场所）	强制
13			病史室、档案室、计算机网络管理中心	推荐
14			安防中心控制室	强制
15		处理/控制/管理设备	独立设防区域	推荐
16			安防中心控制室	强制
17		终端图形显示装置/记录设备	安防中心控制室	强制

摘自 DB31/329.11-2009 重点单位重要部位技术防范系统要求第 11 部分：医院　表 1。

电子巡查系统设置的主要场所　　**表 9-10**

序号	项目	安装区域或覆盖范围	配置要求
1	电子巡查系统	重要设备机房（含锅炉房）区域	推荐
2		住院楼各楼层	推荐
3		药库、国家管制的麻醉类和精神类药品集中存储场所	推荐
4		机动车、非机动车停车场（库）周边	推荐

摘自 DB31/329.11-2009 重点单位重要部位技术防范系统要求第 11 部分：医院　表 1。

出入口系统设置的主要场所　　**表 9-11**

序号	项目	安装区域或覆盖范围	配置要求	序号
1	出入口控制系统	识读/执行设备	收费窗口处	强制
2			重要实验室（含高致病性病原微生物实验、存储场所）	强制
3			计算机网络管理中心	强制
4			重要设备机房（含锅炉房）	推荐
5			档案室	强制

续表

序号	项目	安装区域或覆盖范围	配置要求	序号
6	出入口控制系统	识读 / 执行设备	药库、国家管制的麻醉类和精神类药品集中存储场所	强制
7			易燃易爆品室内集中存储处	强制
8			安防中心控制室	强制
9		联网显示 / 编程 / 管理 / 控制设备	安防中心控制室	强制
10	机动车停车场（库）管理系统		机动车停车场（库）出入口	推荐
11	通信显示系统		医患纠纷接待室（处）、医院领导办公室、总值班电话	强制

摘自 DB31/329.11-2009 重点单位重要部位技术防范系统要求第 11 部分：医院　表 1。

机房工程

1. 通信接入设备机房应设在建筑物内底层或地下一层（当建筑物有地下多层时）。

2. 消防监控机房、安防监控机房、广播机房和建筑设备管理系统等可集中设置在一个房间内，但必须有各自独立的工作区，避免互相干扰。

3. 通信系统总配线设备机房建议设置在建筑物的中心位置，并应于信息中心机房及数字程控用户机房规划时综合考虑。弱电管井（电信间）应独立设置，并要求符合布线传输距离要求。

4. 机房注意避免电磁干扰，做好防淹措施。

5. 各弱电系统的布线均应预留充分，为医院各科室今后的快速发展提供有利条件。

第 10 章　编制要求

一般要求

医疗建筑方案设计文件，除满足一般规定外[2]，还需针对医疗建筑的特殊性，通过平面图纸、总平面图纸、文字说明、经济技术指标，反映出方案设计阶段医疗工艺方面的设计内容，供使用方与管理部门评判医院工艺设计的合理性。

方案设计阶段的成果文件，由设计说明书和设计图纸两部分组成。

设计说明书的组成

医疗建筑设计说明书包含了设计条件说明、总体设计说明、建筑设计说明和指标等。除一般性说明外，还需包括与医疗工艺相关的描述。

设计图纸的一般要求

医疗建筑在方案阶段的设计图纸除常规的总平面、平立剖面图纸外尚应包括反映医疗工艺内容的分析图纸，考虑方案阶段主体医疗功能[3]布局对后续阶段深化设计的影响，在方案阶段的文件编制深度应满足对于医疗主体系统的完整表达。

设计图纸的组成

方案设计中医疗图纸主要由总平面图及相关分析图、平面图及相关分析图、立剖面图及相关分析图组成。

[1] 参见住建部《建筑工程设计文件编制深度要求》(2008)版。本章节旨在阐述和医疗建筑特性有关的，在设计文件编制中需体现的内容。

[2] 本章节仅针对建筑专业设计相关内容予以阐述。

[3] 医疗主体功能可以理解为住院、医技、门诊、急诊急救四部分。

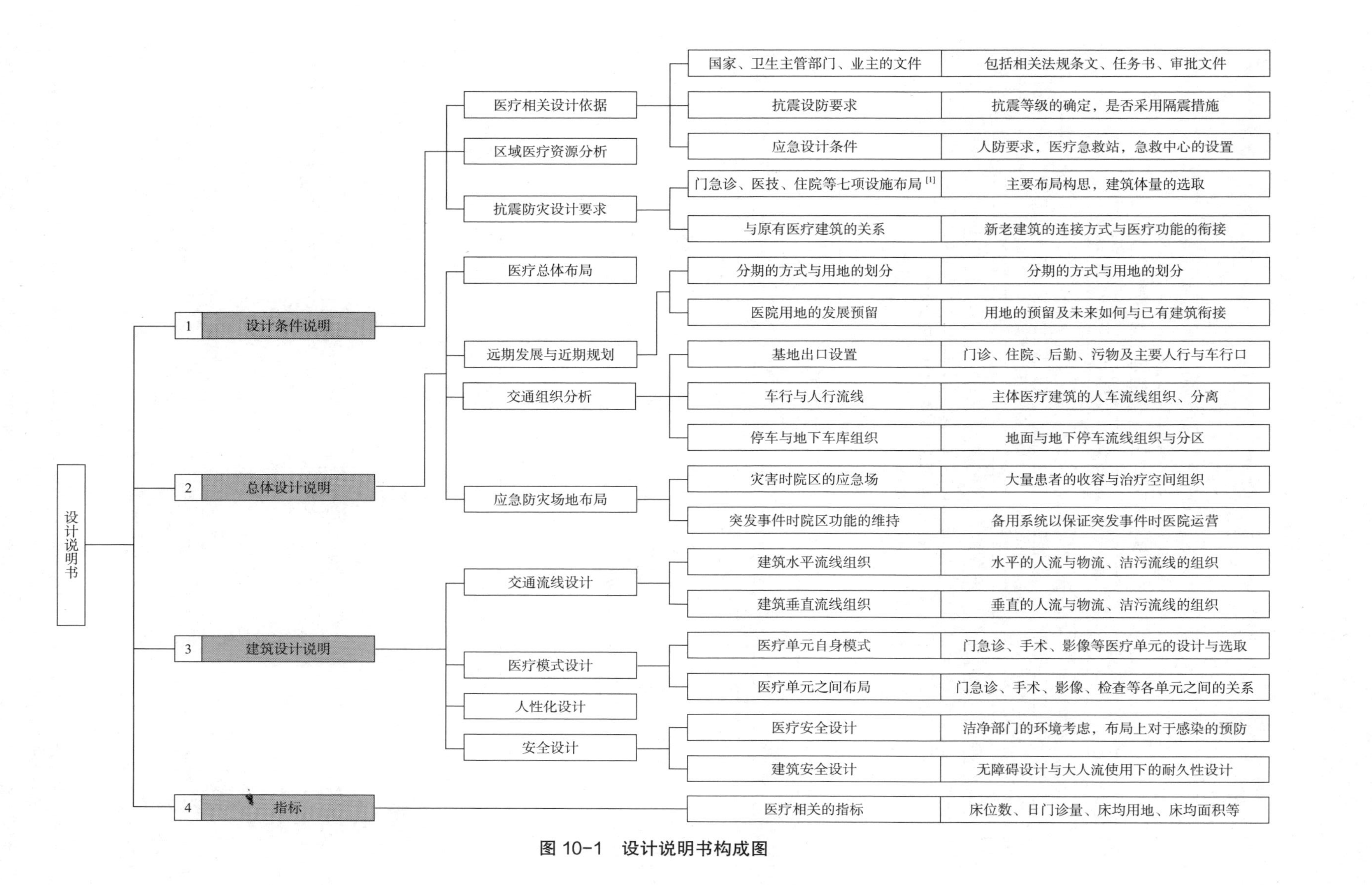

图 10-1 设计说明书构成图

[1] 七项设施包括门诊、急诊急救、住院、医技、院内生活、行政科研、后勤保障。

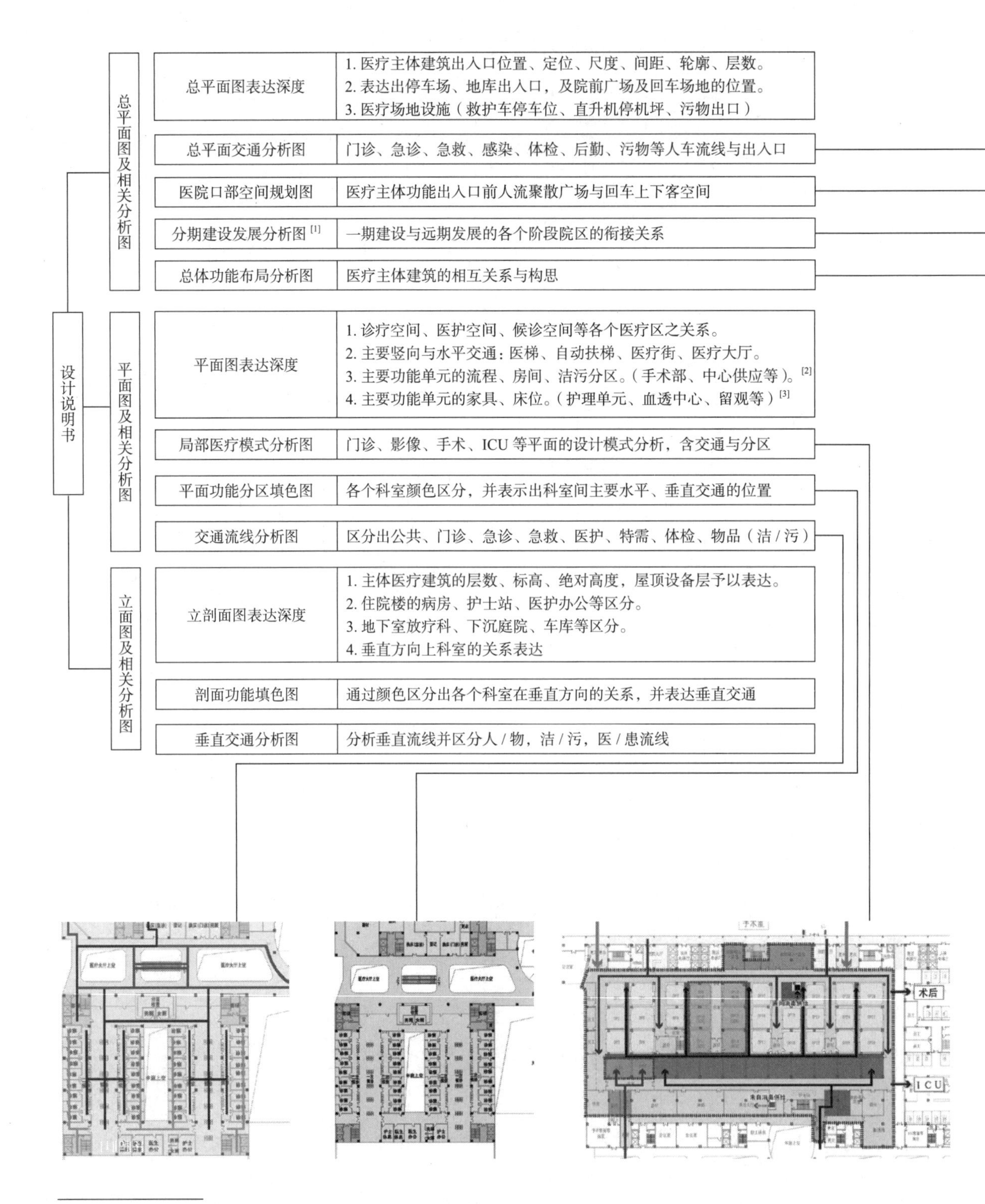

[1] 不是所有医院都涉及分期建设发展问题，部分医院的改扩建可能只涉及医院某一部分医疗功能的增加，而非完整的医疗功能。文件编写内容，可根据医院的实际情况决定。

[2] 含有流程的功能区块应能通过交通空间明确其主要流线并且包含必需的房间。如手术部应表达出其术前准备区、手术区、医护休息区、污物收集区等。

[3] 医院中护理单元、ICU、留观、抢救大厅的床位数对于医院设计决策有较大影响应予以表示，手术室的数量应予以表达。

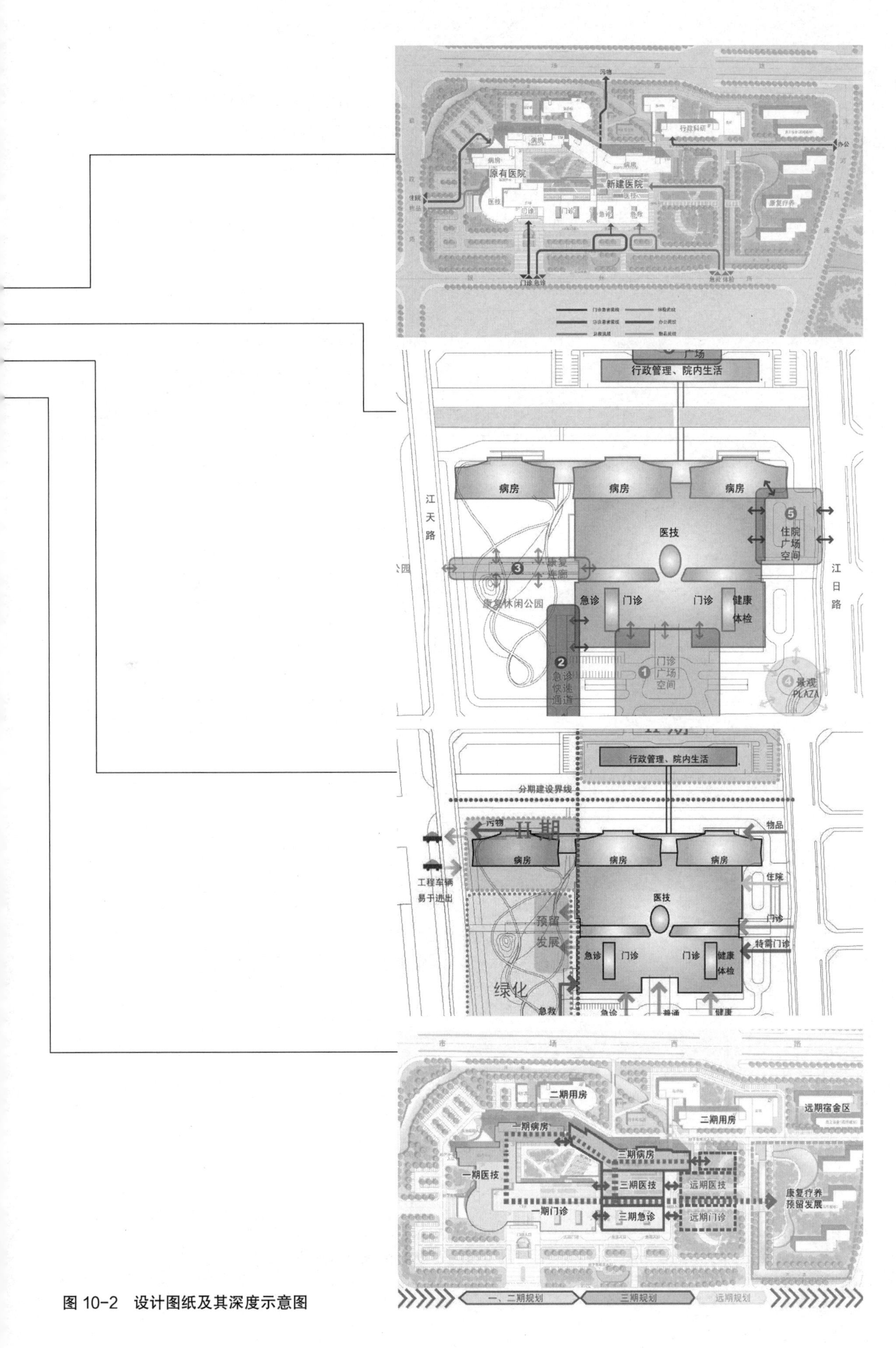

图 10-2 设计图纸及其深度示意图

一般要求

医疗建筑初步设计文件，除满足一般规定外，还需包含针对医疗建筑的特殊性内容：相应的设计说明书、初步设计图纸[1]，此外还应包含相关专业计算书、工程概算书等。

设计说明书的组成[2]

建筑设计说明书中，医疗工艺方面的专项内容包含在设计总说明，总平面设计，建筑设计，建筑材料表四个方面中。

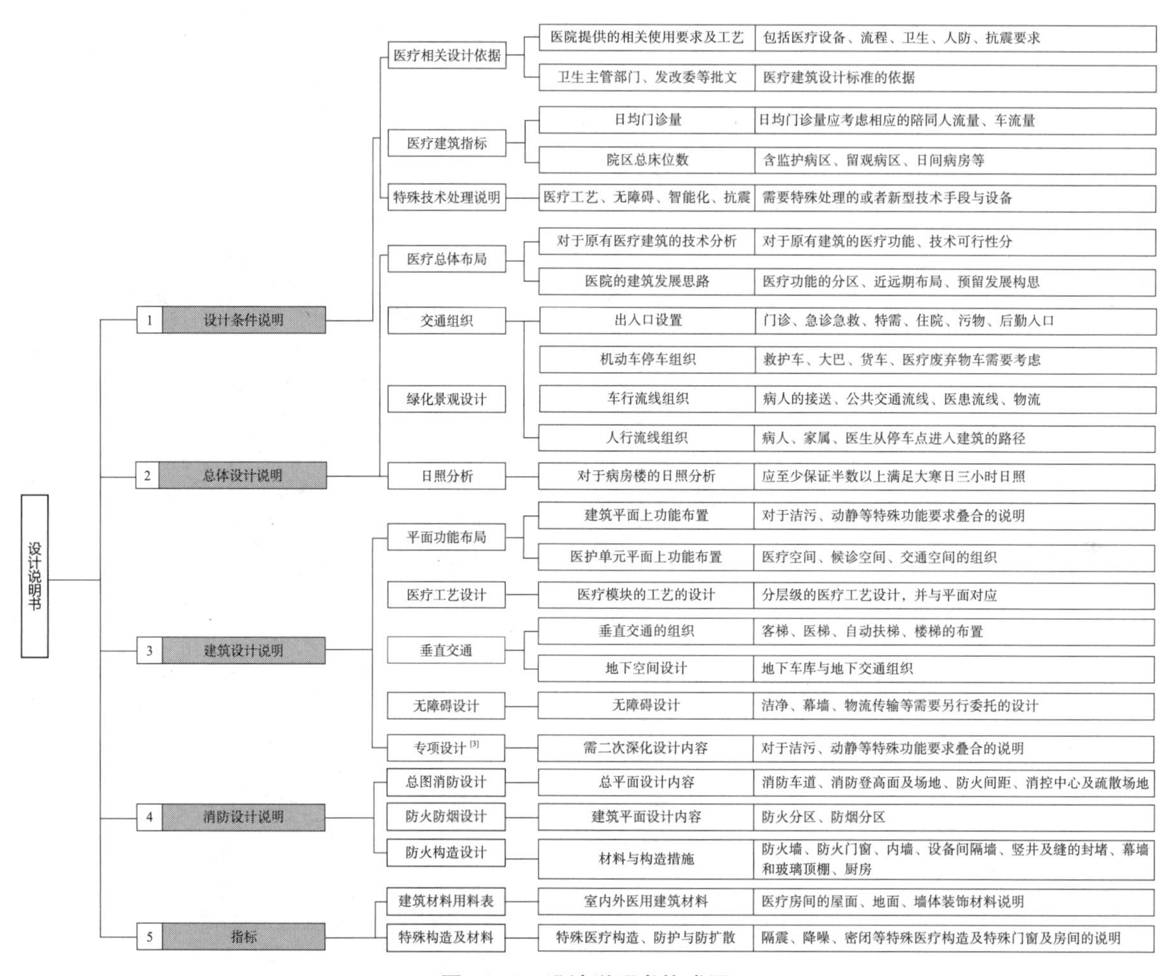

图 10-3　设计说明书构成图

[1] 初步设计图纸部分的文件编制要求按国家规定深度，医疗相关部分编制要求可参见方案设计章节。

[2] 设计说明书中应包含医疗专项的节能设计说明。

[3] 应包含医疗专项设计说明。

一般要求

医疗建筑施工图设计文件，除满足一般规定外，应在设计说明、设计图纸、设备表、材料装修表、相关专业计算书、节能专篇等中对于医疗内容施工作法予以具体表达。建筑专业相关内容主要包括施工说明、施工图纸、建筑分层面积表、电梯技术参数、室内装修用料表、房间降板及面层做法特别说明、医疗设备等，见图10-4。

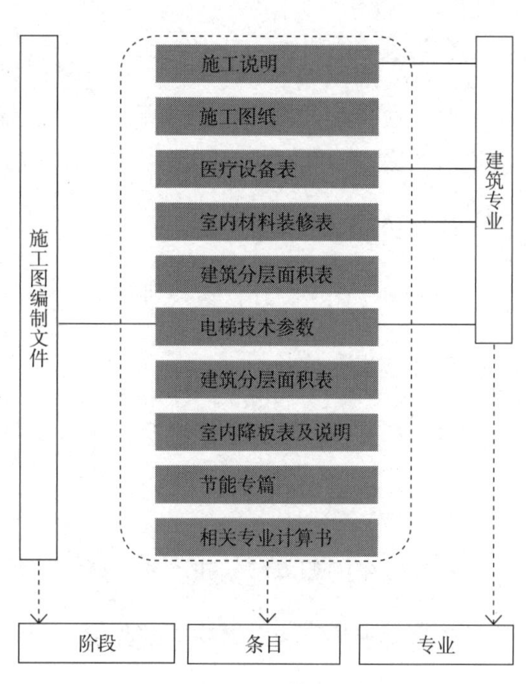

图 10-4　医疗建筑施工图文件

施工说明书的组成

施工说明书中主要包括工程概况、设计依据、竖向标高、标注、无障碍设计、室外工程、墙体及防潮、地下室防水、屋面做法、外墙做法、楼地面做法、内墙做法、天花做法、门窗工程、防火设计。各分项中与医疗内容有关的设计深度要求见图10-5。

图 10-5　医疗建筑施工图文件构成图

室内装修用料表

对于医疗房间的墙体、墙身防潮层、地下室防水层、楼梯、地面、吊顶装修材料及作法以表格形式表达，其中应包括医疗防护、防静电等特殊材料的说明。

建筑分层面积表

对于楼层的医疗功能区块进行面积统计并且以图表的形式表达。

电梯技术参数

电梯型号选择及其性能说明，并且注明其性质如：客梯、医护梯、药梯、污梯等。

医疗设备表

医疗设备的相关参数如尺寸、荷载、预留洞口、防辐射、运输通道等要求。

房间降板表及面层做法特别说明

将医疗用房特殊降板区域、降板深度、面层厚度、填充材料等要求以图表形说明，并对其特殊做法要求予以补充。

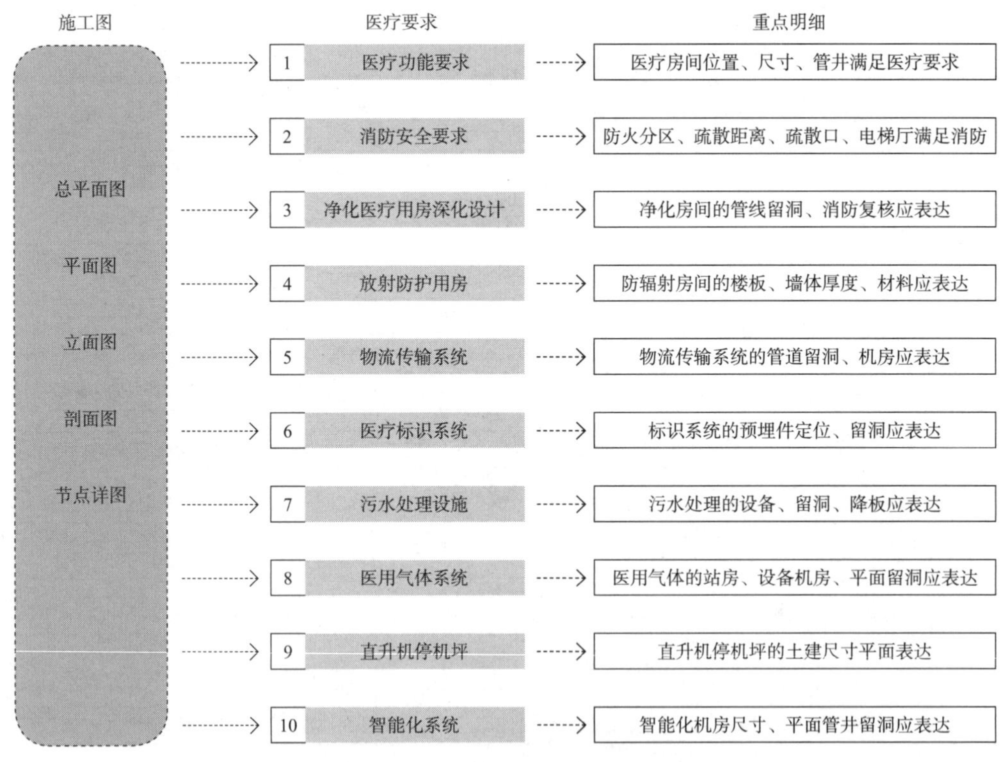

图 10-6　施工图文件构成图

图 10-7　施工图其他相关文件构成图

第 11 章　施工配合

意义与价值

医院建筑工程在施工过程中涉及的专业越来越多，如土建、电气、给水排水、暖通、装修、幕墙、景观等。现代化医院建筑的科技含量越来越高，各专业中包含的内容也越来越多，如空调、通风、净化、消防、对讲、监控、电视、电话、智能化、辐射防护、污水处理等。在整个施工过程中各专业之间的协调与配合就显得格外重要。如果配合不好，不仅影响施工进度，还会直接影响工程的质量甚至安全。因此，建筑工程施工中各环节必须合理安排、有效衔接。

内容与目标

医院建筑施工配合是指勘察设计单位在施工图交付后至工程验收合格期间，配合建设单位处理涉及勘察设计有关事宜的工作。是勘察设计单位建立的及时研究解决现场重大勘察设计问题和现场快速研究解决一般勘察设计问题的工作机制，通过设计配合施工以弥补勘察设计缺陷、完善和优化施工图设计、满足各项医疗工艺的合理要求、全过程履行勘察设计责任和义务、提高勘察设计及服务质量，从而达到全面提升医院建设工程质量的目的。

方法与流程

医院项目的施工配合通过不断了解使用方各项诉求，进行合理的优化调整，解决施工现场出现的或可能出现的各项问题，达成设计单位、施工单位、使用单位之间各司其职，相互配合，积极促进的协作关系。

施工配合需要各个专业充分了解医院项目施工过程中各项工程的施工流程和先后顺序，对整个施工配合工作能够掌握大局，发挥主观能动性，及时协调处理紧要问题，避免延误后续工程的进展或形成返工造成不必要的经济损失。

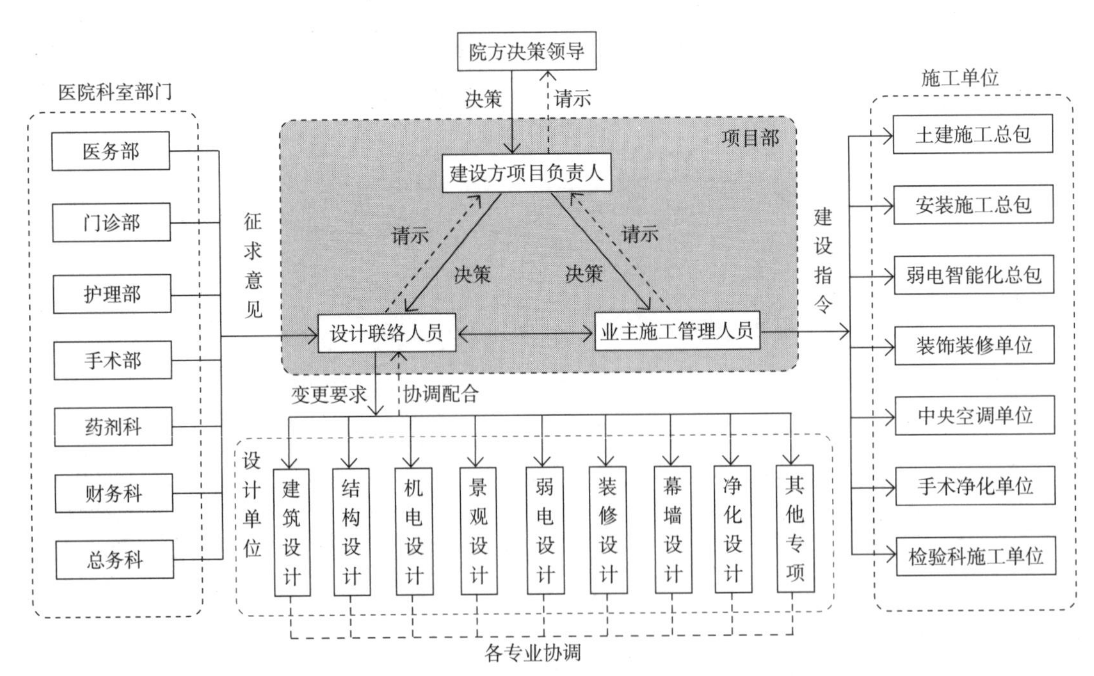

图 11-1 医院项目施工配合示意图

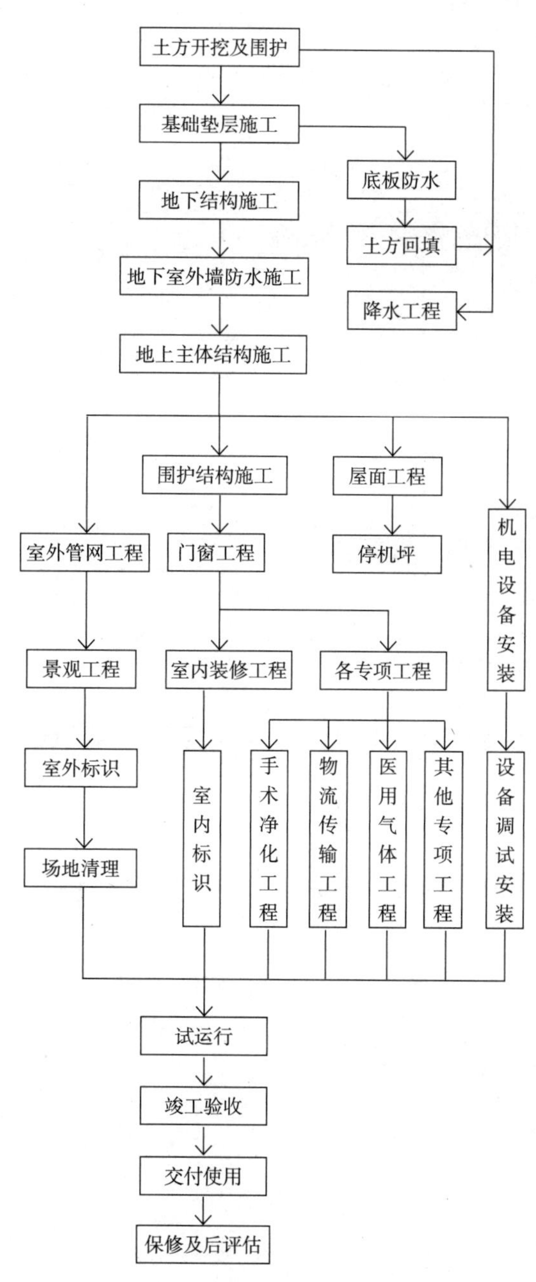

图 11-2　医院项目施工流程示意图

项目流程组织

项目管理工作的标准化依托于项目各项管理活动流程的合理组织，建设项目的全生命周期一般包括六个阶段，如图所示。

项目前期及策划阶段的工作内容主要包括编制项目建议书、项目报建、编制设计招标文件等，规划及设计阶段主要工作内容有规划方案设计、编制可行性研究报告[1]、工程勘察、初步设计及扩初评审，施工准备阶段的主要工作内容为施工图设计和各项施工准备工作，施工阶段进行建安施工，竣工验收及移交阶段进行调试和竣工验收移交，保修及后评估阶段主要进行项目保修、审价、审计、竣工财务决算及后评估工作。

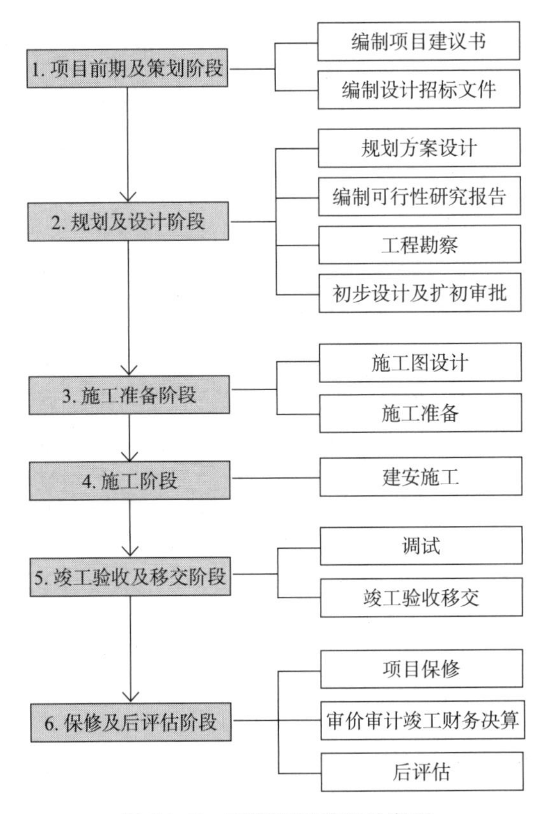

图 11-3　工程项目建设阶段图

[1]　可行性研究报告与项目建议书属于规划及设计工作的法定前置条件，但目前一些地区在实际项目操作中将可行性研究报告的编制工作后置，与规划设计工作同步，以确保文件的科学性和准确性。

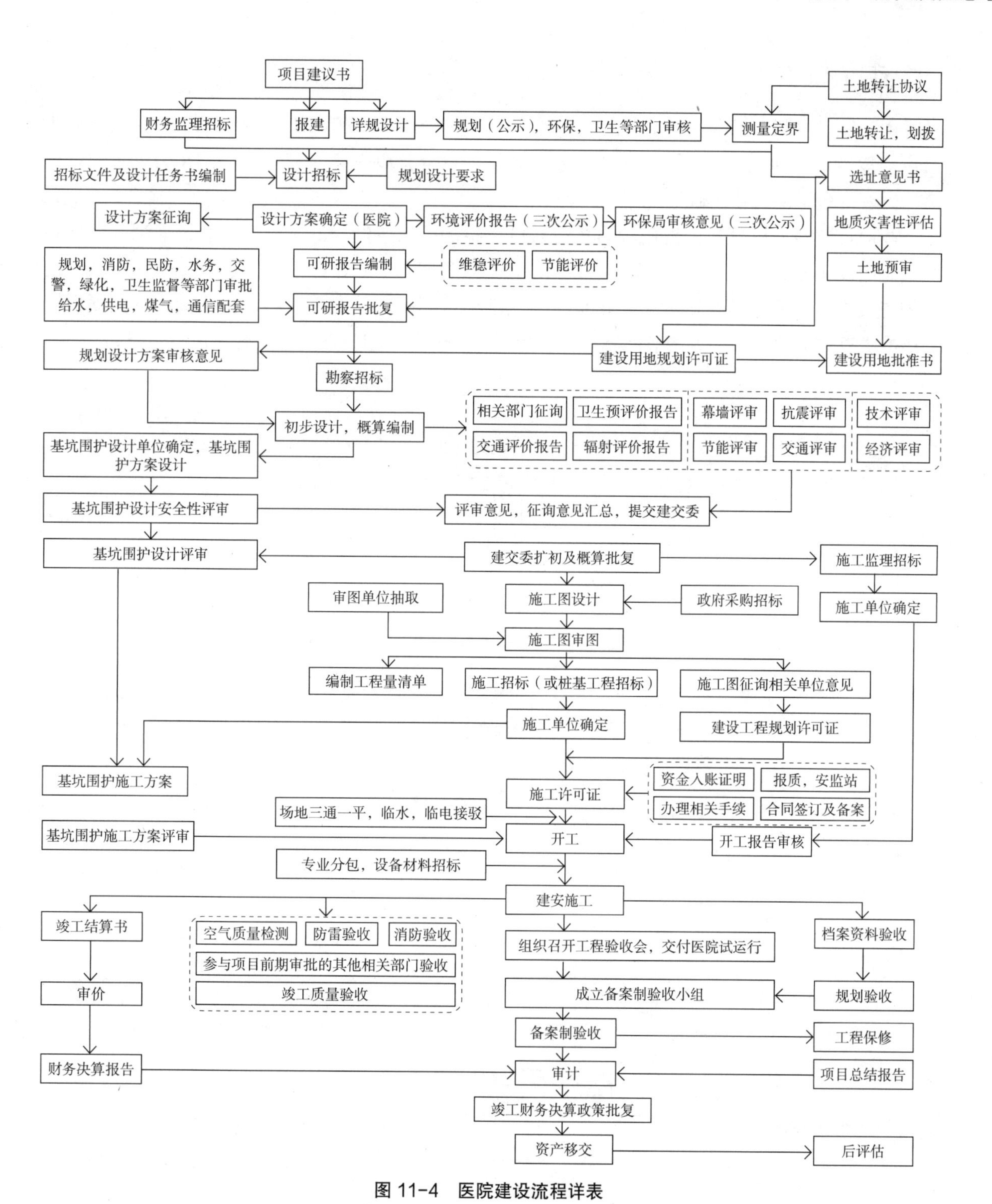

图 11-4　医院建设流程详表

项目审批程序

由于医院项目一般都是关系民生的重要工程，因此在建设程序中审批程序相对其他类型建筑更为复杂。设计人员在施工配合中需要了解每个审批阶段需要完成的工作，并为后序的审批事先做好准备，配合业主做好报审工作。

政府部门对不同性质的医院项目进行行政审批的要求不同，部分项目采取核准制，其他必须经发改委审批。审批项目与核准项目建设程序上的不同之处在于审批项目需要经过立项审批、规划方案报批以及可行性研究报告审批，而核准项目不需要如此复杂的审批手续。审批类项目和核准类项目的建设程序如图表所示。根据项目实际情况，相关审批部门可简化相关程序。

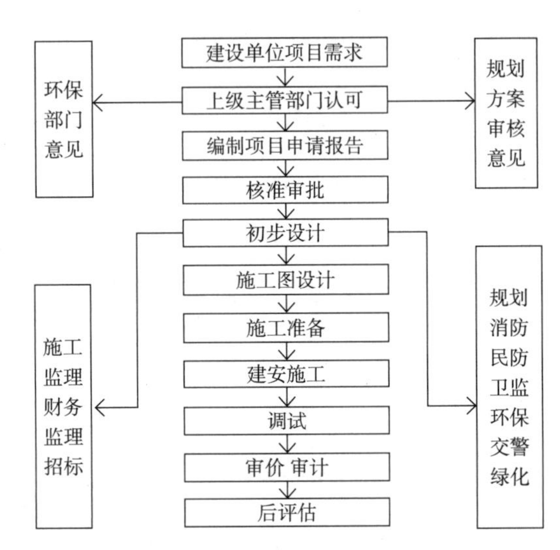

图 11-5　核准项目建设程序图

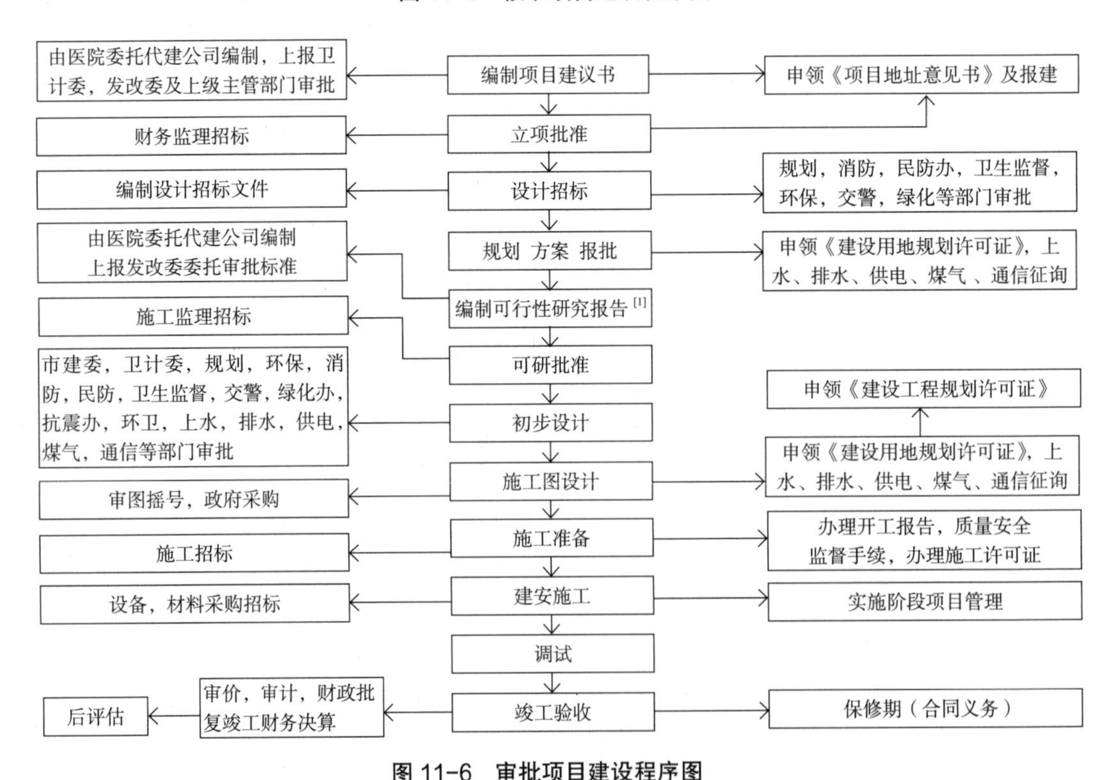

图 11-6　审批项目建设程序图

[1]　可行性研究报告属于规划设计工作的法定前置条件，但目前一些地区在实际项目操作中将可行性研究报告的编制工作后置，与规划设计工作同步，以确保文件的科学性和准确性。

施工配合注意事项

（1）图纸会审[1] 由筹建部门组织，设计单位、施工单位、监理单位、建设单位参加。重点包括：设计是否符合规范；设计体系安全性、适用性、经济性是否满足要求；有无重大错漏和各专业之间的矛盾。最终的图纸会审记录由施工单位整理，所有参与单位会签。通过图纸会审，可以使各参建单位特别是施工单位熟悉设计图纸、领会设计意图、掌握项目的特点及难点，找出需要解决的技术难题并拟定解决方案，从而在正式施工前规避隐患。

（2）设计交底 在施工图完成并经审图合格后，设计单位在设计文件交付施工单位时，按法律规定的义务就施工图设计文件向施工单位和施工监理单位做出详细的说明，其目的是使施工单位和监理单位正确贯彻设计意图，加深其对设计文件特点、难点等的理解，掌握关键工程部位的质量要求，确保工程质量。设计交底由筹建部门组织，设计单位、施工单位、监理单位、建设单位参加。

（3）工程变更 施工过程中往往会由于发生没有预料到的新情况，而导致各种意想不到的变更，主要是工程设计引起的变更、外界因素引起的变更、施工原因引起的变更、医院提出新的要求引起的变更。通常对发生的变更，需要识别是否在既定的项目范围之内。如果是在项目范围之内，那么就需要评估变更所造成的影响以及应对的措施，受影响的各方都应该清楚明了自己所受的影响；如果变更是在项目范围之外，就需要与施工单位进行谈判，看是增加费用，还是放弃变更。

（4）工程验收 对施工单位已完成的分部分项工程，筹建部门督促施工单位按设计要求和规范标准进行自查、自检，符合要求后向监理单位报验。监理单位按相应的质量验收标准和办法进行检查验收。对验收中发现的不符合规范要求等质量问题，由筹建部门责成监理单位督促施工单位按设计及规范要求进行整改，整改好后复查。

[1] 图纸会审是指工程各参建单位在收到设计单位提交的施工图后，对图纸进行全面细致的熟悉与考核，审查出施工图中存在的问题及不合理情况并提交设计单位进行处理的一项重要活动。

常见问题

由于医院建筑的复杂性和特殊性，医院项目在建设过程中经常会遇到设计变更、缺项漏项、施工返工、工期延误、质量失控等状况。分析这些问题产生的原因，发现操作中的疏漏环节，便可有效避免这些问题的发生。常见问题及产生原因见图 11-7。

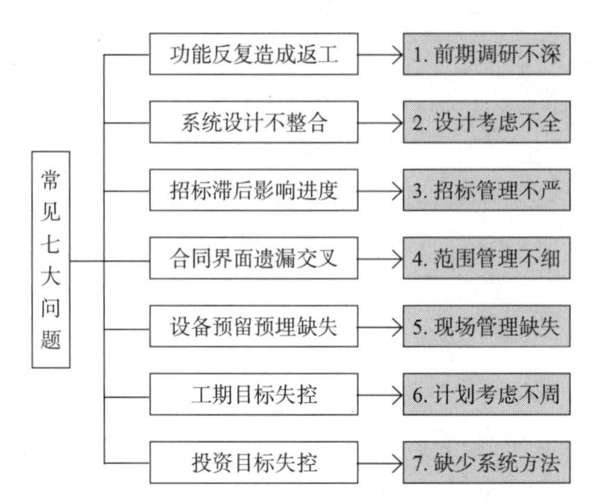

图 11-7 医院建设中的常见问题示意图

注意事项

医院项目中每个专业的构件设施既有特定的位置、空间和技术要求；同时又要满足其他专业构件设施施工位置、空间、顺序的合理要求。如果设计考虑不周，就极易在交叉部位产生问题，常见的协调问题有：

1. 一次设计与二次专项设计的协调

净化手术室、重症监护室等有净化要求的专业项目需要进行二次设计与施工，它与一次设计的各专业和施工单位有着紧密联系。

2. 建筑外型装饰与结构的协调

处理好各种预制构件、预埋件、装饰与结构的关系，如在施工中没有考虑预留位置，就会造成二次施工的情况。

3. 给排水专业与土建专业的协调

避免给排水管道与梁和板相冲撞的情况，重点关注卫生间等地方给排水管线预留孔洞与施工后卫生洁具之间的位置、管线标高、部分穿楼板水管的防渗漏情况。

4. 暖通专业与土建专业的协调

避免空调管道与楼层梁和地梁相冲撞的情况。避免因施工中没有预留空调管线的出墙预留孔，出现砸墙开孔、破坏墙体结构的现象。

5. 电气专业与土建专业的协调

避免电气管线、线槽、桥架与楼层梁和地梁出现相冲撞的情况，电气专业的灯具、配电箱、开关、插座等与空调、暖通、给排水专业的风管、风机盘管、上下水管等分项工程出现“打架”问题；合理处理各种电气开关与门开启方向之间的关系；关注暗埋线管过密（配电箱出线处等）对结构梁的影响；避免线管在施工中的堵塞现象等。

6. 各安装专业之间的协调

各种消防、通风管线穿梁穿板时，考虑是否影响结构及楼面净空使用要求，协调竖向与水平管道交叉、排列问题。另外，充分考虑大型设备的安装通道、安装位置、附件的预埋深度等因素。

7. 做好医用气体、洁净空调等专用管道线路与土建和各辅助专业之间的协调工作。因为医院工程的特殊性，上述管线常常会与土建专业的位置、标高、走向相矛盾。

8. 做好有压力与无压力管道和各类管道材质不同的协调以及弱电系统与控制系统管线、线槽、桥架等之间的协调。

施工配合注意事项一览表 **表 11-1**

施工阶段	施工配合中的注意事项	协调专业
主体施工阶段	系统性整合各专业设计文件，避免不同专业之间的矛盾和缺漏	建筑 结构 机电
	做好管线综合，保证最不利吊顶标高，确定各种管线与土建结构的空间关系	建筑 结构 机电
	建筑专业以节能计算为依据，协助业主与门窗深化厂家选定外门窗材料	建筑
	配合业主与电梯、扶梯供应厂家，拟定招标参数、根据厂家提资调整图纸	建筑 结构
	配合业主与物流传输系统供应厂家，拟定招标参数、根据厂家提资调整图纸	建筑 结构
	配合业主开展防辐射测评工作，并根据评测结果调整防护方案	建筑 结构
	暖通专业与净化空调深化设计配合	暖通 净化
	外部装饰构建、室外标识系统的安装需要在主体结构上进行预埋、预留	建筑 结构 幕墙 标识
装修施工阶段	内装设计带来房间布局变化，建筑专业复核消防及疏散问题满足规范要求	建筑 装饰
	内装设计带来房间布局变化，结构专业对新增加墙体进行结构加固处理	结构 装饰
	机电专业根据内装设计复核系统和总负荷，如不满足配合调整内装设计	机电 装饰
	机电专业配合装饰设计的顶棚分隔、插座点位、设备定位等进行点位调整	机电 装饰
室外总体施工阶段	景观回填土标高与室外总体管线综合之间需要紧密协调，保证管道埋设深度	机电 景观
	景观照明与室外标识系统结合，施工时需要合理预留	标识 景观
	污水处理生化厂家与市政管网、院区污水管之间的对位协调	机电 景观 污水处理
	埋地式储油罐、液氧储罐等储罐的预埋盒管线敷设与机电景观专业的协调	医气 机电 景观

代建制模式

近年来，综合医院项目建设管理体制中投资公司被赋予了更大的责任，确立了建设主体的地位。由其负责实施的工程项目可采取“总承包”和“代建制”两种建设管理模式。

代建制管理模式[1]虽在国际上较为鲜见，但也是属于委托全过程、全方位项目管理模式的一种，主要是针对政府投资项目。其模式主要是业主方委托社会化、专业化的代建单位来承担业主方的项目管理职责。代建制模式具备以下三大职能：

（1）调整政府有关投资管理职能。将包括水务局、市政局、绿化局、环卫局、交通局、住建局在内的一批政府部门的有关投资管理职能移交政府性投资公司；（2）完善政府性投资公司职能。政府对公共项目投资的职能，主要通过投资公司的运作加以履行，政府对公共项目的管理，主要通过投资公司和社会中介组织（工程管理公司）行使；（3）培育与发展一批专业工程管理公司。承担政府直接项目的技术储备、项目投资、工程管理的企业，原则上均应该通过公开竞争比选后择优确定。

代建制项目各方组织结构

按照不同干系人[2]在医院代建制项目全生命周期中的参与程度、影响程度与被影响程度，将医院建设项目的干系人大致划分为三类：核心干系人、重要干系人和一般干系人。直接参与医院建设项目的出资和管理的视为核心干系人；不直接参与出资但直接参与和影响医院建设项目生产环节的单位和组织视为重要干系人；既不直接出资也不直接参与，但是影响医院建设项目生产过程或被影响的个人、组织或单位视为一般干系人。

综合医院代建制项目涉及的参与方众多，整体组织机构比较复杂，不同的项目会存在一些差异，但是总结这些项目的共性可以得出以项目筹建办为核心的参与各方组织结构如图 11-8、图 11-9。

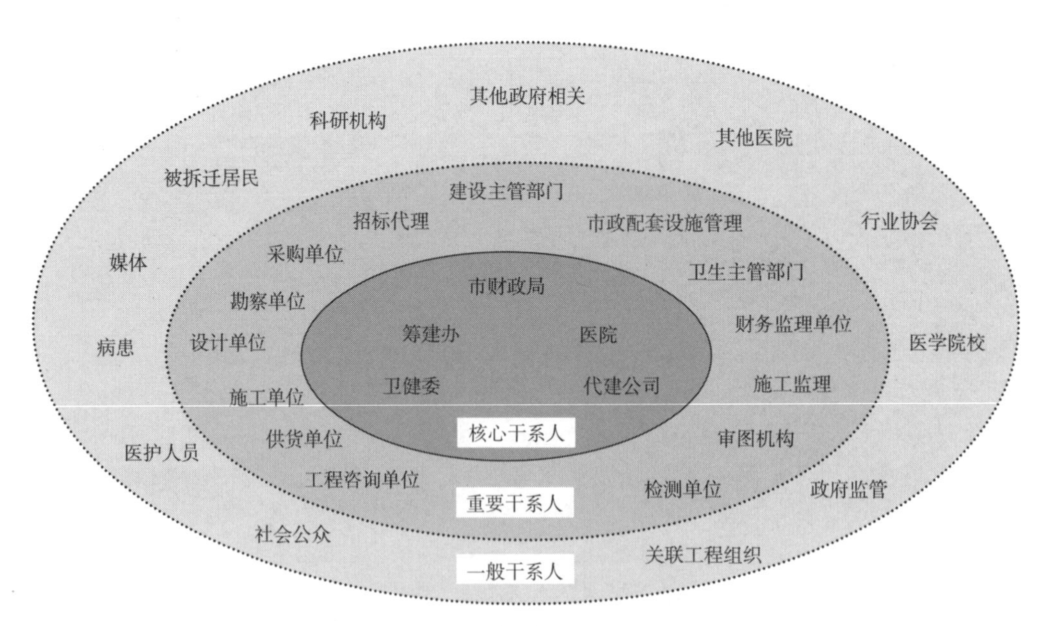

图 11-8　医院代建制干系人分类图

[1]　代建制是政府通过招标的方式，选择专业化的项目管理单位，负责项目的投资管理和建设组织实施工作，项目建成之后交付使用单位的制度。

[2]　干系人也称为利益相关者，为能影响项目决策、活动或结果的个人、群体或组织。

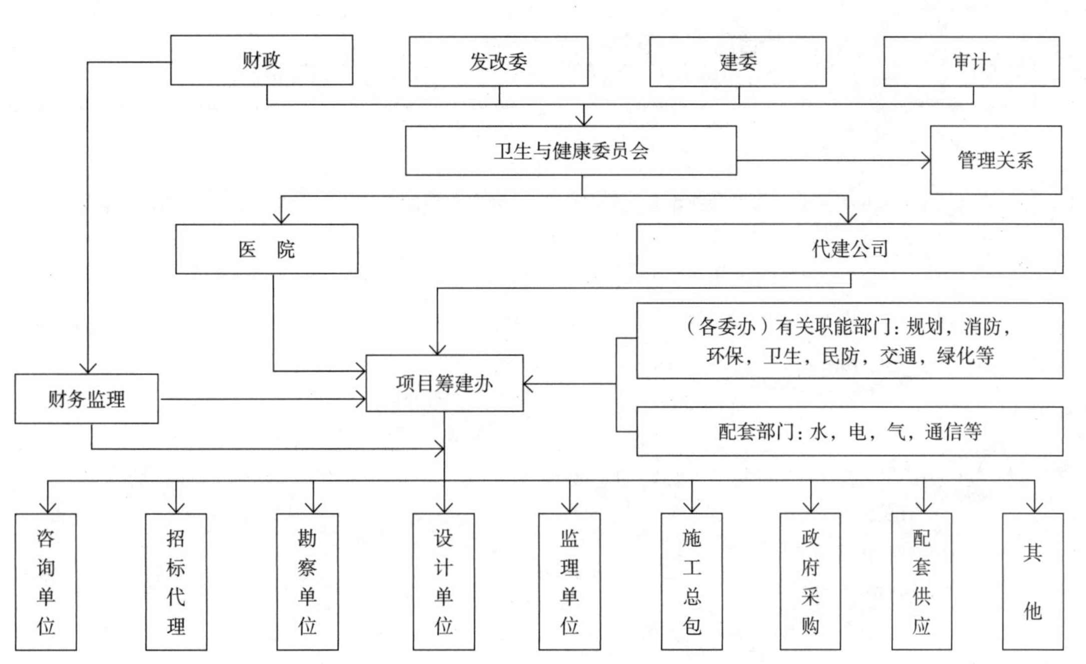

图 11-9 代建制医院建设项目参与各方组织结构图

项目前期阶段干系人及其具体分工表　　表11-2

干系人		具体工作任务
政府建设管理部门	发改委	项目建议书审核批复，可研报告批复
	规土局	土地转性，划拨手续，土地预审，建设用地批准书受理；详规报审受理，详细规划设计批复，规划设计要求，建设项目选址建议书批复，日照分析报告，设计方案审核，建设用地规划许可证受理，工程建设规划许可证受理，验线
	建交委	设计方案和文件审查，项目报建和报监，施工许可证审批
政府评审部门	环保局	环境评估与环保批复，放射评估及评审
	卫监所	卫生评估与评审
	建交委	交通影响分析评审，抗震评审（科技委预审），节能评审等
政府配套征询部门	供电 供气 自来水排水	设计方案征询，扩初设计征询意见
	民防消防交警卫生防疫轨交绿化等	设计方案征询，扩初设计征询意见
操作单位	卫健委	项目筹建班子报审，指导工作
	代建公司	可研报告送审，评审
	筹建办	基坑围护安全评审，扩初图、施工图及概算送审，施工监理合同备案，施工场地三通一平，临水临电申请，水准点引入，现场红线测绘，施工合同谈判签订备案，渣土合同办理，报监相关手续，施工许可证取得，编制年度资金计划，施工组织设计审批，开工前准备工作
	医院	项目报建，设计任务书编制，设计方案确定，上报可研批准请示，“双优”机构成立，设计方案调整，地址勘察合同备案，上报扩初批准请示报告，确认参建单位
操作单位	咨询单位	项目建议书，节能评估方案，地质灾害性评估方案，可研报告
	招标代理	设计招标，财务监理招标，勘察设计招标，施工监理招标，施工总包招标
	勘察单位	地质勘察及报告
	设计单位	制定项目建设规划，调整详细规划和方案设计优化，扩初设计出图，审核确定概算，基坑围护设计单位确定，各类评审方案，调整设计及概算，施工图设计
	审图单位	审图合格证
	测绘单位	现场红线测绘，水准点引入
	总包单位	编制标书，投标，施工合同谈判，签订总包合同，办理施工许可证中标通知书，资金到位证明，综合保险，报建手续，总进度计划编制及调整，编制月/周工作计划，编制年度资金计划，施工组织设计编制，现场测绘，放线，定位，开工申请报告，开工前准备工作，开工
	工程监理	收集建设单位应提供的文件资料，各阶段监理规划，审批施工单位应提交的文件资料，控制施工承包方施工前准备工作质量，现场检测的审查
	财务监理	审核确定及分析概算，预算，进行项目投资控制和财务监管

项目实施阶段相关单位及其分工表　　表11-3

参与单位	具体工作任务
各参建单位	组织或参与项目管理交底会，检查施工组织设计落实，检查专项施工方案落实，组织专项施工技术专题会议，组织施工交底会议，协调解决施工图纸问题，现场施工质量管理，参与设备，材料采购活动，现场安全，文明施工管理，参与单项工程验收，组织联动调试，参与组织竣工验收，结算资料，竣工验收会议
医院	确认设计单位，监理单位，施工单位的合格证书，确认工程变更内容，“三重一大”决策，竣工验收，“双优”工作
筹建办	调整，分解筹建办进度计划，明确责任制，管理人员岗位职责项目管理日记，会议纪要，大事记等管理资料及整理，组织施工图纸会审，编制专业设备，专业分包招标采购计划，编制筹建办工作计划，组织政府采购招标工作，组织专业设备，专业分包招标工作，其他甲供设备，材料采购工作，现场文件，影像资料管理，协助医院确认合格证书，消防验收，环保验收，档案验收，规划验收，交通验收，绿化验收，室内环境测试及验收，节能验收测试及验收，协助质监部门验收和其他项目验收，竣工备案制验收
招标代理	组织政府采购招标工作，组织专业设备，专业分包招标工作

续表

参与单位	具体工作任务
设计院	配合设备招标，对施工队伍招标提供支持，设计交底，派遣设计代表到现场服务，参加“三查四定”
总包单位	落实总包进度计划，编制专业设备，专业分包招标采购计划，其他甲供设备，材料采购工作，现场文件，影像资料管理，施工单位自报合格证书，竣工图，接受质检部门验收和其他项目验收
监理单位	监督施工单位严格按照施工规范和设计文件要求进行施工；监督施工单位严格执行施工合同，确保合同目标的实现，对工程主要部位，主要环节及技术复杂工程加强检查；检查和评价施工单位的工程自检工作；审查施工单位申报的月度和季度计量表；对所有的隐蔽工程在进行隐蔽以前进行检查和办理签认
财务监理	负责造价审核与咨询，资金监控，财务管理和投资控制工作
外配套单位	负责水、电、气、通信等外配套设施

项目竣工验收阶段关系人及其分工表　　表 11-4

参与单位	具体工作任务
总包单位	签订保修协议
筹建办	工程结算，竣工决算资料收集管理，签订保修协议，参与竣工结算，决算工作，项目管理总结，配合项目审计，资料整理，移交
财务监理	审价，工程结算审定，竣工决算审核，投资及造价的对比分析，配合项目审计
医院	工程结算，竣工决算管理，签订保修协议，参与竣工决算，项目管理总结，配合项目审计，资料整理，归档
政府验收单位	规划、消防、人防、环保等验收工作

建设各方的分工

干系人之间因为建设项目集聚在一起，共同为项目目标的实现而工作，不同角色的参与者需要为项目建设承担不同的责任，需要根据项目需要和参与者的能力与权责范围进行干系人分工。

项目建设的不同阶段需要完成的任务不同，涉及的干系人及其分工也都有较大不同，因此有必要从项目建设阶段的维度来分析涉及干系人的分工。

（1）项目前期阶段各干系人的分工

项目前期阶段是项目从无到有、从抽象到具体、从规划到可落实的过程，是项目的奠基阶段，对后期项目的实施和运营具有重大影响，因此，在项目建设前期需要进行的工作也较为繁多，涉及的参与单位的种类和数量也最多，他们共同协作为项目的可行性论证以及各项建设条件的准备起到重要作用，“项目前期阶段干系人及其具体分工表”反映了不同性质的参与方在项目前期工作中的作用。

（2）项目实施阶段各干系人的分工

前期阶段已经落实了项目设计方案、确定了施工单位、做好了各项证件的办理以及场地和技术准备，因此项目实施阶段的任务相对单一，所涉及的干系人相对较少。但是参与单位的工作会更复杂和繁重，因为实施阶段是将对项目的设想和设计由文字和图纸转化为建筑实体，其中涉及的工作内容和管理事项都直接关系到医院建设的质量、进度、安全、投资和最终的效益等，因此也是整个项目的关键阶段。项目实施阶段相关单位包括设计单位、施工单位、专业分包单位、工程监理单位、财务监理单位等具体参与医院项目建设的群体和组织。

（3）项目竣工验收阶段各干系人的分工

项目建设完成后并不意味着整个项目就完全结束，还需要对项目的实施、投资、管理情况进行总结，对项目进行结算和决算，要将建设期的资料进行整理归档，为建成的固定资产交付使用和运行管理做好准备工作，签订保修协议并将相应材料移交给医院或相关部门。项目实施后阶段的主要参与单位包括总包单位、筹建办、财务监理和医院。

医用洁净工程

医用洁净工程的施工，应以净化空调工程为核心，取得其他工种的积极配合。各道施工程序均要进行记录，验收合格后方可进行下道工序。施工过程中要对每道工序制订具体施工组织设计。

洁净手术室[1]施工应按洁净手术室施工程序示意图所示程序进行，如图 11-10 所示。其他洁净用房可参照此程序。

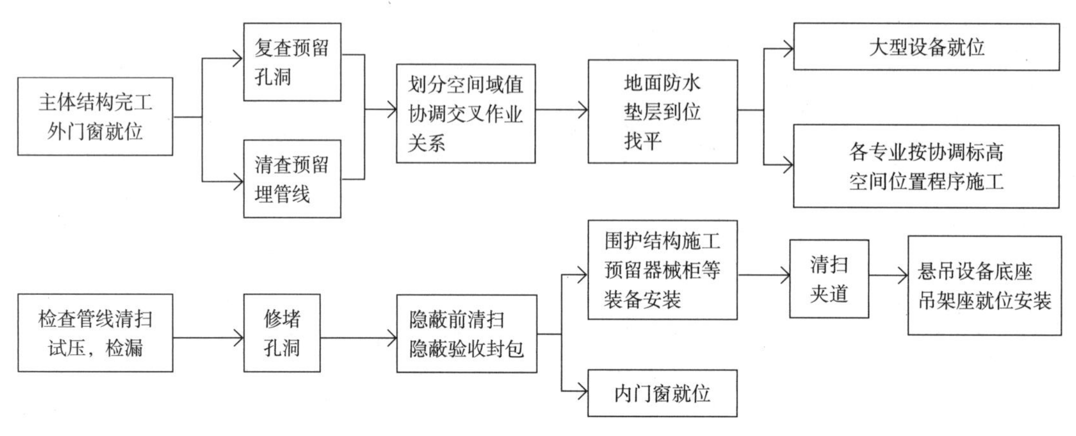

图 11-10　洁净手术室施工程序示意图

医用气体

包括压缩空气、真空吸引、氧气、二氧化碳、笑气（一氧化二氮）、氮气等。

氧气的存储和制备需要专门的场所和设施，因其危险等级较高，通常做在主体建筑外。管道进入主体建筑也不能穿越无关房间，如果和电缆桥架等在同一空间内，必须在电缆桥架平行方向 600mm 以外空间内敷设。

真空吸引需要负压站房，内有较高的罐体，需考虑层高要求和高空排放管道。压缩空气需要空压站房，需考虑大面积进风口。

此外，其余气体都需要汇流排间，因这些气体多为手术室使用，汇流排间可与手术室同层或附近设置。

物流传输

医院物流传输系统是一种小型医用物品自动传输设备。根据物流载体的不同，工艺要求与施工配合也各不相同。

气送物流系统要求建筑专业根据科室功能需求规划站点位置和安装空间；气送机房可设置在系统中心部位，例如病房楼首层或转换夹层，但需满足净高要求。小车物流系统体积较大，对井道尺寸和吊顶净高的要求较为苛刻。土建专业尽量在施工图前期就与专业厂家配合，按照产品要求预留井道空间和水平轨道净高，与其他管线交叉的地方需要进行管线综合以确保吊顶净

[1]　高效安全的手术室空气净化系统，保证手术室的无菌环境，可以满足器官移植、心脏、血管、人工关节置换等手术所需的高度无菌环境。修订后《综合医院建筑设计规范》GB 51039—2014 中，关于一般手术室的条文最终确定为：“一般手术室应采用末端过滤器不低于高中效过滤器的空调系统或全新风通风系统。室内保持正压，换气次数不得低于 6 次 /h”。其他未涉及参数，如温湿度等，可参照Ⅳ级洁净手术室。

高满足室内空间要求。

污水处理

对污、废水必须严格按国家有关排放标准分门别类，用不同的处理工艺进行针对性地处置和处理。根据污水处理的特定工艺流程，土建专业需要配合相应的池体与配属用房；建筑专业还要规划污泥处理和运输通道。给排水专业根据室外污水管网接入标高，配合专业设计决定是否采取污水提升措施。

放射防护

对各类放射诊疗工作用房（包括：医用电子直线加速器及与其配套的模拟定位机房、DR、CT、DSA、ERCP、摄影机、胃肠机、胸透机、牙科全景机、口内牙科机、乳腺钼靶机、碎石机等）进行屏蔽防护、辐射安全控制以及放射防护管理。以放疗设备为例：

墙体的屏蔽防护：放疗设备用房的四周墙体及顶板一般都采用钢筋混凝土结构，混凝土对X、γ射线或中子辐射均具有良好的屏蔽防护效果。墙体、顶板屏蔽的厚度应根据该屏蔽体受照射线的种类、散射线的能量、发射率、屏蔽体外的参考点、辐射源距离以及受照射时间等因素计算出该参考点处的照射剂量，再与按国家标准规定给出的该参考点处相关人员的剂量限制值相比，求得衰减系数，再从相关图表上查得相应屏蔽材料应取用的厚度。放疗工作用房各侧墙体或同一墙体不同部位的屏蔽厚度显然是不同的。

方案设计时应尽量将放疗设备用房安排在地下室外墙侧，与地下土层、岩石层紧靠的外墙可不必考虑对人员的屏蔽防护要求，厚度可以大幅减薄，从而降低工程造价。

高密度混凝土的使用：利用某些特殊材料，如重晶石（硫酸钡）作为混凝土骨料，可以提高混凝土密度，增强墙体的防护效果，在达到相同屏蔽防护效果的条件下，可减薄墙体厚度。

电缆管线的屏蔽防护：主设备用房内的电缆管线一般沿放疗用房四周的地沟内铺设，由放疗用房内引出的电缆管线必须经地下以“U”形或“Z”形迷道形式穿防护墙进入控制室或辅助用房，从而避免放疗设备运行时对外辐射泄漏。

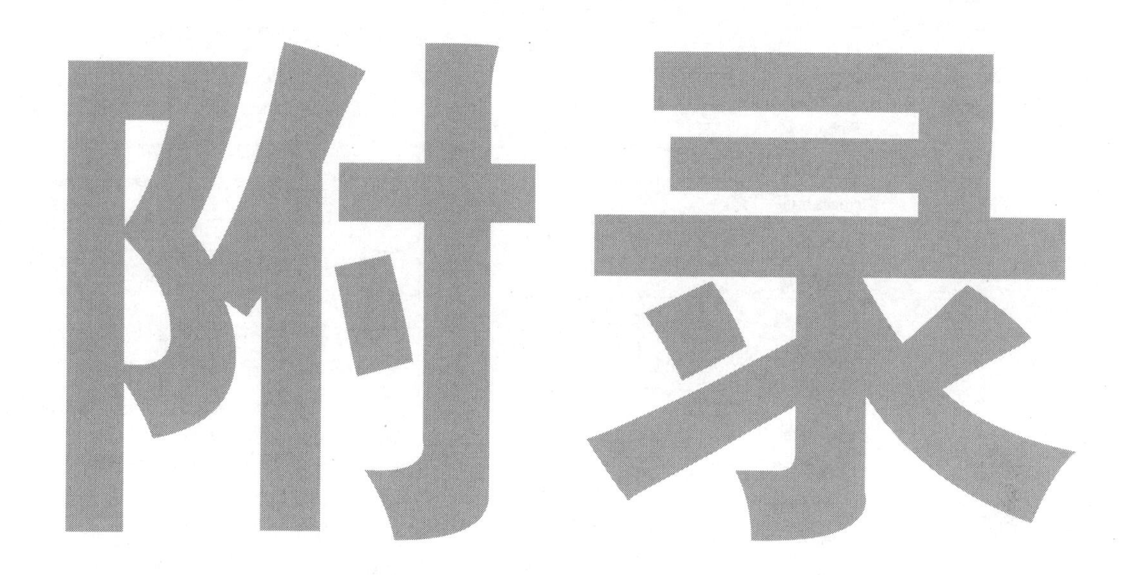

附录

技术类术语

技术类术语表 附表 1–1

名称	其他名称	功用
中心供应 Central Supply	中心消毒 供应室	收集污染器械及其他物品，经过集中清洗消毒灭菌、储存，再分发到各科室
临床检验 Clinical Laboratory Test	常规检验	对标本进行生理和病理分析检验
病理 Pathology	—	用显微镜或电镜看组织病变，明确病因疾病名称
医学影像 Medical Image	—	利用现代成像技术检查人体无法用非手术手段检查的部位
内窥镜 Endoscopy	—	将镜体直接插入患者体腔内进行直视、摄影的检查方式
功能检查 Function Examination	生理机能 诊断检查	利用电生理仪器设备对人体进行的检查
血库 Blood Bank	—	为医院内的手术室、急诊室、产房及病房供应血液
血液透析 Hemodialysis	血透 / 人工肾 / 洗肾	将各种有害及多余代谢物和过多电解质移出体外，以净化血液，分阳性和阴性病人
理疗 Physiotherapy	—	利用天然或人工因子的电、光、温、热、声、磁、寒、冷、机械等物理作用预防和治疗
静脉配置 Pharmacy Intravenous Admixture Services	静脉药物配置中心	在依据药物特性设计的操作环境下，按照标准操作程序进行全静脉营养、细胞毒性药物和抗生素等静脉药物的配置
介入治疗 Interventional Therapy	—	在不开刀暴露病灶的情况下，在血管、皮肤上做直径几毫米的微小通道，或经人体原有的管道，在影像设备的引导下对病灶局部进行治疗
ICU (Intensive Care Unit)	重症监护病房	集中监护危重病人
CCU (Cardiosurgery Intensive Care Unit)	心脏监护病房	集中监护危重冠心病病人
EICU (Emergency Intensive Care Unit)	急诊监护病房	—
NICU (Neonatal Intensive Care Unit)	新生儿监护病房	—
营养厨房 Diet Kitchen	—	专门供应住院病人饮食
太平间 Morgue	停尸房	停放尸体，进行病理解剖研究或尸检

装备类术语

装备类术语表 附表 1-2

名称	科室	全称	功用
X 光 X-ray Machine	影像科	医用 X 光机	利用 X 射线做人体成像
乳腺钼靶 X-ray Mammary Machine	影像科	乳腺钼靶 X 线检查	利用 X 射线检查乳腺
牙片机 Dental Panoramic X-ray Machine	口腔科	牙科全景 X 光机	口腔 X 光成像
DR (Computer Digital Radiography)	影像科	计算机数字 X 线摄影	利用 X 射线做人体成像
CT (Computerized Tomographic Scanning)	影像科	计算机断层扫描	拍摄人体被检查部位的断面或立体图像，发现体内病变
MRI (Magnetic Resonance Imaging)	影像科	核磁共振成像	利用磁共振现象重建出人体数字图像
DSA(Digital Subtraction Angiography)	影像科或独立科室	数字减法血管造影术	通过显影剂在 X 光下所显示的影像来诊断血管病变
B 超 B-mode Ultrasound	功能检查	—	利用超声波的物理特性进行诊断和治疗
肌电图 Electromyogram	功能检查	EMG	检查肌肉周围神经等的功能状态
心电图 Electrocardiogram	功能检查	Ekg/ECG	从体表记录心脏每一心动周期所产生的电活动变化图形
ECT (Emission Computed Tomography)	放疗科	发射单光子计算机断层扫描仪	利用放射性核素对人体脏器和组织进行显像
PET (Positron Emission Computed Tomography)	放疗科	正电子发射型计算机断层显像	通过放射性核素对肿瘤组织进行显像
胃镜 Gastroscopy	内镜科	—	直接观察食道、胃的病变
肠镜 Enteroscopy	内镜科	结肠镜	直接观察大肠和结肠的情况
支气管镜 Bronchoscopy	呼吸内科	—	做肺部检查、活检采样和摄影
膀胱镜 Cystoscopy	内镜科 / 影像科	—	诊断治疗泌尿系统疾病
尿道镜 Urethroscopy	肾内科	—	膀胱尿道检查
腹腔镜 Laparoscope	手术室	—	腹腔内部检查及治疗
直线加速器 Linear Accelerator	放疗科	粒子加速器	对肿瘤进行放射治疗，按能量高低分为低能机、中能机和高能机
后装机 Afterloading	放疗科	—	对肿瘤进行放射治疗
钴 -60 Cobalt-60 Therapeutic Apparatus	放疗科	钴 60 治疗机	对肿瘤进行放射治疗
高压氧舱 Hyperbaric Oxygen Chamber	高压氧舱	高压氧舱	治疗各种缺氧症，不同诊疗人数有不同特征

附表 2-1

大型医疗设备技术参数表

设备名称	供应厂商	扫描间尺寸进深 × 开间(m)	控制室尺寸进深 × 开间 × 净高(m)	设备间尺寸进深 × 开间 × 净高(m)	设备重量及运输要求(kg)(长 × 宽 × 高)(m)	系统电力要求	环境要求	辐射防护要求	桥架 / 地沟尺寸(m)
DR 直接将 X 线光子通过电子暗盒转换为数字化图像，是一种广义上的直接数字化 X 线摄影，数字图像具有较高分辨率，细节显示清楚；放射剂量小，还可实现放射科无胶片化，科室之间、医院之间网络化，便于教学与会诊用于拍摄人体被检查部位平面图像	GE	6.1 × 4.5	2.0 × 2.0 × 3.2	净高 3.2	扫描床：602kg 悬吊球管：288kg 落地支架：464kg 扫描床运输尺寸： 2.4 × 1.1 × 1.3 吊轨运输尺寸： 6.1 × 0.4 × 0.2	三相五线制 电压：380V， 最大功率为 118kVA， 最大瞬间峰值电流为 185A， 连续电流为：15.8A， 慢熔保险丝：95A	温度： 15 ~ 35℃ 相对湿度： 30% ~ 80%	最大电流 1000mA 最大电压 80kV	0.15 深
	西门子	5.3 × 4.0	5.3 × 2.0 × 3.07	净高 3.07	扫描床：360kg 球管悬吊系统：367kg 落地支架：184kg 运输尺寸：3.2 × 0.8 × 0.8 或 4.3 × 0.9 × 0.73	三相五线（3/N/PE） 电压：400V ± 10%， 慢熔保险丝：50A， 最大功耗：135kVA， 瞬时最大功率：80 kVA	温度： 18 ~ 28℃ 相对湿度： 20% ~ 24%	最大电流 800mA 最大电压 150kV	0.15 深
	飞利浦	6.0 × 3.8	净高 2.65	净高 2.65	扫描床：200kg 球管悬吊系统：240kg 落地支架：170kg 最大尺寸：2.6 × 9.8 × 1.8	三相五线制 电压：380V， 慢熔保险丝：100A， 瞬时额定负载：65kW， 瞬时最大功率：112.5kVA， 瞬时最大电流：190A	温度： 20 ~ 30℃ 相对湿度： 30% ~ 70%	一般为 2.0mm 铅当量	需按飞利浦图纸要求完成
CT 根据人体不同组织对 X 线的吸收与透过率不同，利用电子计算机生成人体被检查部位断面或立体图像的检查设备，可以更好地显示由软组织构成的器官，并在良好的解剖图像背景上显示出病变的影像。通常设备有排数和层数之分。排数越多，一次扫描完成的宽度越大	GE	7.2 × 4.5	3.0 × 4.5 × 2.8	净高 2.8	扫描架：1932kg 扫描床：623kg 扫描架运输尺寸： 2.9 × 1.3 × 2.0 扫描床运输尺寸： 3.0 × 0.76 × 1.1	三相五线制 电压：380V 最大功率为 150kVA 最大瞬间峰值电流为 253A， 连续电流为：38A， 慢熔保险丝：150A	温度： 18 ~ 26℃； 相对湿度： 30% ~ 60%	最大电压 140kV， 最大电流 715mA	宽度：0.2 深度：0.15
	西门子	6.5 × 6.0	6.0 × 3.0 × 2.6	4.0 × 4.0 × 2.6	机架：3095kg 病人床：700kg 机柜：600kg	三相五线制 电压：380V， 最大功率：140kVA， 慢熔保险丝：125A	温度： 24 ~ 26℃； 相对湿度： 30% ~ 60%	最大电压 140kV， 最大电流 500mA	宽度：0.3 深度：0.2
	飞利浦	5.5 × 4.0	3.0 × 2.5 × 2.7	净高 2.7	机架：1980kg 病人床：385kg 运输尺寸：1.5 × 2.1 × 2.3	三相五线制 电压：380V， 慢熔保险丝：100A， 瞬时额定负载：112.5kVA，瞬时最大电流：190A		最大电压 140kV， 最大电流 500mA	需按飞利浦图纸要求完成

续表

设备名称	供应厂商	扫描间尺寸进深 × 开间（m）	控制室尺寸进深 × 开间 × 净高（m）	设备间尺寸进深 × 开间 × 净高（m）	设备重量及运输要求（kg）（长 × 宽 × 高）（m）	系统电力要求	环境要求	辐射防护要求	桥架 / 地沟尺寸（m）
MRI 磁共振成像是利用磁共振现象从人体中获得电磁信号，并重建出人体信息的检查设备。MRI 可以直接做出横断面、矢状面、冠状面和各种斜面的体层图像，不会产生 CT 检测中的伪影，不需注射造影剂，无电离辐射，对肌体没有不良影响	GE (3.0T)	8.0 × 5.5	3.0 × 4.0 × 4.0	7.0 × 3.5 × 4.0	磁体：11686kg 扫描床：159kg 电源梯度射频柜：1487kg 磁体运输尺寸： 2.4 × 3.7 × 2.7	三相五线制 电压：380V， 最大功率为 123kVA， 最大瞬间峰值电流为 187A， 连续电流为：152A， 慢熔保险丝：200A	温度： 15 ~ 21℃； 相对湿度： 30% ~ 60%	屏蔽衰减 100dB 频率范围： 150MHz 设失超管	桥架 宽 0.46 深 0.15
	西门子 （1.5T）	6.1 × 4.0	3.3 × 2.0 × 2.75	3.0 × 2.0 × 2.75	磁体及扫描床：600kg 配电柜：1250+340kg 称重 10000kg 墙洞尺寸：2.8 × 2.8 临时平台 3.0 × 3.0	三相五线制 电压：380V/400V， 瞬时额定负载：125kVA， 平均功率：110kVA， 主交流接触器：160A	温度： 18 ~ 24℃； 相对湿度： 40% ~ 60%	屏蔽衰减 90dB 频率范围： 128MHz 设失超管	—
	飞利浦 (3T)	7.0 × 5.5	2.5 × 3.0 × 3.5	4.5 × 3.5 × 3.5	磁体总重：6730kg 病床：170kg 墙洞尺寸：2.5 × 2.6	三相五线制 电源电压：380V， 峰值电流：每相 300A， 正常消耗功率：150kVA， 空气开关：250A	温度： 20 ~ 24℃； 相对湿度： 40% ~ 60%	设失超管 检查室需做磁环境测试，并由专业屏蔽商做射频屏蔽	需按飞利浦图纸要求完成
DSA 一种介入检测方法，将显影剂注入血管里，因为 X 光无法穿透显影剂，血管造影正是利用这一特性，通过显影剂在 X 光下所显示的影像来诊断血管病变的。同时通过数字化处理，消除骨骼和软组织影像，只保留血管影像，这使血管清晰显示。用于冠心病、心律失常、瓣膜病和先天性心脏病的介入治疗	GE	9.0 × 7.0	3.0 × 7.0 × 3.2	2.4 × 7.0 × 3.2	扫描机架：1500kg 病床：755kg 扫描架运输尺寸： 12.9 × 11.4 × 2.3	三相五线制 电压：380V， 最大功率为 180kVA， 最大瞬间峰值电流为 286A， 待机电流为：19A， 慢熔保险丝：150A	温度： 10 ~ 35℃； 相对湿度： 30% ~ 75%	最高电压 125kV， 最大电流 800mA	宽 0.3 深 0.2
	西门子	7.6 × 5.9	2.9 × 5.9 × 2.9	2.9 × 2.5 × 2.9	悬吊 C 臂：904 kg 诊断床：482kg 监视器吊架：256kg 运输尺寸：4.3 × 0.9 × 0.73	三相五线制 电压：400V， 最大功率为 160kVA， 电源额定容量：100kVA， 待机电流为：19A， 慢熔保险丝：63A	温度： 20 ~ 24℃； 相对湿度： 30% ~ 60%	最大电压 125kV， 最大电流 1000mA	宽 0.2 深 0.1
	飞利浦	7.5 × 5.5	3.0 × 5.5 × 3.4	3.5 × 3.0 × 3.4	悬吊 C 臂：1085kg 诊断床：360kg 监视器吊架：320kg	三相五线制 电压：380V， 最大功率为 100kW， 电源额定容量：100kVA， 最大瞬间峰值电流为 275A， 慢熔保险丝：120A	温度： 20 ~ 30℃； 相对湿度： 30% ~ 70%	一般为 2.0mm 铅当量	需按飞利浦图纸要求完成

续表

设备名称	供应厂商	扫描间尺寸进深 × 开间(m)	控制室尺寸进深 × 开间 × 净高（m）	设备间尺寸进深 × 开间 × 净高（m）	设备重量及运输要求（kg）（长 × 宽 × 高）(m)	系统电力要求	环境要求	辐射防护要求	桥架 / 地沟尺寸（m）
PET-CT PE-CT 可将图像生成的功能和结构信息融合到一个系统中，能在临床检查中一步生成全面的图像，主要用于对肿瘤组织进行显像	GE	8.4 × 5.0	3.0 × 5.0 × 2.8	净高 2.8	扫描床 818kg 扫描机架 818kg 运输尺寸： 扫描床 4.1 × 0.9 × 1.4 CT 机架：0.9 × 1.3 × 2.0 PET 机架：2.8 × 1.1 × 1.9	三相五线制 电压：380 V， 最大功率为 150kVA， 最大瞬间峰值电流为 253A， 连续电流为：38A， 慢熔保险丝：150A	温度： 18 ~ 26℃； 相对湿度： 30% ~ 60%	最大电压 140kV， 最大电流 715mA	宽 0.2 深 0.2
	飞利浦	8.0 × 5.5	3.0 × 5.5 × 2.9	净高 2.9	扫描架 1902kg、 PET 机架 1065kg 扫描床 566kg	三相五线制 电压：380V， 最大功率为 112.5kVA， 最大瞬间峰值电流为 190A， 连续电流为：38A， 慢熔保险丝：120A	温度： 20 ~ 24℃； 相对湿度： 40% ~ 60%	最大电压 140kV， 最大电流 500mA	需按飞利浦图纸要求完成
ECT 主要用于甲状腺癌、骨骼等部位肿瘤的检查，常用于骨转移性肿瘤的检测	西门子	6.5 × 5.0	3.0 × 5.0 × 2.8	净高 2.8	扫描床 2452.5kg 扫描机架 400kg	三相五线制 电压：380V， 最大功率为 112.5kVA， 最大瞬间峰值电流为 190A， 连续电流为：38A， 慢熔保险丝：120A	温度： 20 ~ 25℃； 相对湿度： 40% ~ 70%	最大电压 140kV， 最大电流 2.5mA	宽 0.1 深 0.1
X 光（乳腺机） 对肿瘤组织进行显像	GE	5.0 × 4.0	净高 2.8	净高 2.8	扫描机架 555kg 扫描架：2.0 × 0.9 × 2.3	三相五线制 电压：220V， 最大功率为 9kVA， 最大瞬间峰值电流为 43A， 待机功率：1.5kVA， 慢熔保险丝：30A	温度： 15 ~ 35℃； 相对湿度： 30% ~ 75%	最大电压 130kV， 最大电流 100mA	—

续表

设备名称	供应厂商	扫描间尺寸进深 × 开间（m）	控制室尺寸进深 × 开间 × 净高（m）	设备间尺寸进深 × 开间 × 净高（m）	设备重量及运输要求（kg）（长 × 宽 × 高）（m）	系统电力要求	环境要求	辐射防护要求	桥架 / 地沟尺寸（m）
X 光（胃肠） 检查胃肠道疾病的 X 线检查设备，主要进行咽喉部、食道、胃、十二指肠、空回肠和结肠各种疾病的造影诊断	西门子	6.5 × 4.0	2.0 × 5.3 × 3.2	净高 3.2	扫描机架 1300kg 运输尺寸：2.5 × 1.8 × 1.9	三相五线制 电压：400V， 最大功率：120kVA， 慢熔保险丝：50A	温度： 20 ~ 24℃； 相对湿度： 20% ~ 70%	需根据设备厂家提供的数据进行防护设计	宽 0.2 深 0.2

医院工程实例机电设计参数统计表

附表 3-1

专业	信息名称	上海市 市北医院	上海市第一人民 医院改扩建工程	上海市 东方医院南院	成都军区昆明 总医院住院大楼	苏州大学附属第 一医院平江分院	苏州市 第九人民医院
	建筑功能及类型	综合医院	手术室、急诊、 干休病房	综合医院	手术室、病房	综合医院	综合医院
	总建筑面积（m²）/ 总床位数（个）	32454m²/300 个	48130m²/300 个	98349m²/800 个	64595m²/1200 个	252649m²/1700 床	301877m²/2000 床
暖通专业	空调计算总冷、热量（kW）	2905/1860 （不包括地下一层人防区域）	5012/3578	15200/10000	图纸未示出	19797/11164 （含一、二期空调）	舒适空调：23820/14100 净化空调：4230/2068
	集中式冷源形式 及主机房面积（m²）	变冷媒流量空调系统屋面约 500m²	风冷螺杆式热泵机组 塔楼屋面约 200m² 裙房屋面约 200m²	电动离心冷水机组 542m²	电动风冷热泵机组 屋面约 210 m²	电动水冷冷水机组约 650m²	直燃型溴化锂吸收式冷（温）水机组 1150 m²
	集中式热源形式 及主机房面积（m²）			燃气蒸汽锅炉 288m²		燃气真空热水机组约 400m²	
	舒适性空调末端形式	变冷媒流量空调系统＋新风（定风量变频新风空调室内机和新排风全热交换机组）	全空气式空调系统 风机盘管＋新风系统 多联机空调系统	全空气式空调系统 风机盘管＋新风系统 多联机空调系统 恒温恒湿接风管空调机	病房、办公等房间： 多联空调系统＋新风（空气—水热泵机组） 一层大厅、二层等候区： 全空气系统	全空气低速送风系统 风机盘管＋新风系统 分体式空调机组	全空气低速风管系统 风机盘管＋新风 多联空调室内机＋新风 分体式空调机组
	洁净式空调系统形式	直接蒸发式热泵型医用空调机组＋新风空调机组	图纸无具体系统形式，由二次深化设计	冷媒直接蒸发风冷热泵型空调系统 （应急备用：风冷冷水机组或带热回收型的风冷热泵冷暖水机组）	空气 - 水热泵机组 组合表冷式医用洁净空调机组	组合式医用净化空调机组 备用：风冷热泵机组	螺杆式风冷热泵机组 组合医用洁净空调箱
动力专业	蒸汽量或供热量 （t/h 或 MW）	图纸未示出	图纸未示出	24t/h	图纸未示出	16t/h	3.5t/h（初设）
	燃气性质及额定流量 （Nm³/h）	图纸未示出	170m³/h	1380Nm³/h	图纸未示出	天然气热水机组： 1599m³/h 蒸汽锅炉：1200Nm³/h	天然气：3024 Nm³/h （初设）
	应急柴油供应系统总储油量（m³）	图纸未示出	1m³	图纸未示出	图纸未示出	图纸未示出	图纸未示出
	集中式供应医用气体种类及形式	液氧、真空吸引、压缩空气	液氧、真空吸引、压缩空气、氧化亚氮、氮气、二氧化碳、氩气	液氧、真空吸引、压缩空气、氮气、二氧化碳、笑气	液氧、真空吸引、压缩空气	液氧、真空吸引、压缩空气、笑气、氮气、二氧化碳、氩气	液氧、真空吸引、压缩空气、笑气、氮气、二氧化碳

续表

专业	信息名称	上海市 市北医院	上海市第一人民 医院改扩建工程	上海市 东方医院南院	成都军区昆明 总医院住院大楼	苏州大学附属第 一医院平江分院	苏州市 第九人民医院
动力专业	集中供氧、真空吸引额定流量（Nm^3/h）	图纸未示出	图纸未示出	图纸未示出	图纸未示出	氧气：$9.6m^3/min$ 真空吸引：$18.7m^3/min$	图纸未示出
给水排水专业	最高日用水量（m^3/d）	321	330	2524	674	1768	4376
	最大时用水量（m^3/h）	33	37.6	195	74	164.3	414.5
	最高日污水排水量（m^3/d）	307	318	947	658	1375	2147
	最大时污水排水量（m^3/h）	43.5	36.2	89.4	67	133.3	244.3
	给水系统形式 / 给水泵房面积（m^2）	低区市政供水、高区水池 + 水泵 + 水箱联合供水；给水热水合用泵房面积 $178m^2$	低区市政供水、裙房变频供水、主楼水箱供水泵房面积 $128m^2$	低区市政供水、裙房变频供水、塔楼水池 + 水泵 + 水箱联合供水；给水热水合用泵房面积 $280m^2$	低区市政供水、中区变频供水、高区水池 + 水泵 + 水箱联合供水；泵房面积 $117m^2$	低区市政供水、高区变频供水； 泵房面积 $192m^2$	低区市政供水、高区变频增压；泵房面积 $450m^2$
	热水系统加热方式 / 热水机房（m^2）	锅炉高温热水，容积式水 - 水热交换器；给水热水合用泵房面积 $178m^2$	太阳能预热 + 热媒水 - 水热交换器； 热水机房 $164m^2$	三联供余热利用 + 蒸汽 - 水瞬时热交换器 + 贮热水罐；给水热水合用泵房面积 $280m^2$	太阳能、空气源热泵、电加热；设备在室外，占地面积 $500m^2$	太阳能预热 + 热媒水 - 水热交换器；热水机房 $240m^2$	太阳能预热 + 热媒水 - 水热交换器；热水机房 $440m^2$
	屋顶生活、消防水箱间（m^2）	66	75	101	65	100（含太阳能设备）	100（含太阳能设备）
	医院污水处理量 / 系统形式 / 机房面积（m^2）	$350m^3/d$（单建、埋地）； 二级生化处理； 机房 $120m^2$	$2500m^3/d$（全院、合建）； 接触氧化 + 消毒 机房 450m	$1000m^3/d$（附建）； 二级生化处理； 机房 $510m^2$	$658m^3/d$； 排入医院原有污水处理站（未知）	$2500m^3/d$（附建）； 接触氧化 + 沉淀 + 消毒；机房 $960m^2$	$2760m^3/d$（单建）； 接触氧化 + 沉淀 + 消毒机房；机房 $1200m^2$
	消防系统形式 / 消防泵房面积（含消防水池）（m^2）	临时高压，含消火栓、喷淋、大空间系统； 消防泵房 $65m^2$	临时高压，含消火栓、喷淋、空间、水喷雾系统；消防泵房 $78m^2$	临时高压，含消火栓、喷淋、大空间、水喷雾系统； 消防泵房 $109m^2$	临时高压，含消火栓、喷淋、大空间、水喷雾系统；消防泵房 $218m^2$	临时高压，含消火栓、喷淋、大空间、高压细水雾系统； 消防泵房 $220m^2$	临时高压，含消火栓、喷淋、大空间、高压细水雾系统； 消防泵房 $350m^2$
强电专业	电源电压等级 及回路数	两路 10kV	四路 10kV	两路 10kV	两路 10kV	两路 35kV	六路 10kV
	变压器安装容量（kVA）	2 × 1000kVA+2 × 1600kVA	19200kVA	2 × 1600kVA	4 × 1600kVA	10000kVA	26800
	柴油发电机容量（kW）	500kW（常用）	3 × 1600kW（常用）	2 × 150kW（常用）	1250kW（常用）	1250kW（常用）	2 × 1000+2 × 600kW（常用）
弱电专业	综合布线点数（个）	3329	3612	909	1677	3281	5326
	视频安防摄像机（个）	375	360	113	349	286	502
	门禁（个）	未设置	408	37	72	59	650

绿色医院适用技术措施表

附表 4-1

条文类别			条文号	技术名称	主要措施及基本指标	协同专业	应用度
建筑专业	场地优化与土地合理利用	控制项	4.1.1	选址合规	项目选址应符合所在地城乡规划、各类保护区、文物古迹保护的建设控制要求		●
			4.1.2	场地安全	应避免自然灾害的威胁		●
					无危险化学品等污染源、易燃易爆危险源的威胁		
					无电磁辐射、含氡土壤等有的有害的危害		
			4.1.3	无超标排放污染物	放射线、电磁波、医疗废物 、生活垃圾、医院废污水、粉尘和噪声要采取必要措施 ※		●
			4.1.4	日照要求	建筑间距满足日照要求，且不应降低周边居住类建筑的日照标准		●
		评分项	4.2.1	节约集约用地【18 分】	符合城乡规划有关控制要求		●
					采用合理的床均用地面积 ※		●
					采用合理的 容积率		●
			4.2.2	绿化用地【8 分】	符合当地控制性详细规划要求且不低于 30%		●
					绿地向社会公众开放		●
			4.2.3	地下空间【9 分】	合理开发利用地下空间，避免对既有设施造成损害，预留与未来设施连接的可能性，设置引导标志及无障碍设施，与周边相关建筑的地下空间设有联通通道		●
			4.2.4	合理分区防护隔离【7 分】	规划布局合理，朝向日照满足要求，建筑布局有利于自然通风、采光，感染科病房的位置合理并设置了有效隔离 ※		●
			4.2.5	光污染【4 分】	建筑外围护不宜采用玻璃幕墙且室外照明设计满足《城市夜景照明设计规范》，并避免夜间室内照明产生溢光		◗
			4.2.6	环境噪声【4 分】	主、次干路声环境功能区噪声限值至少分别达到 4 类和 2 类声环境功能区噪声限值		◗
			4.2.7	室外风环境【6 分】	有利于冬季室外行走舒适及过渡季、夏季的自然通风		◗
					设置有候车设施		◗
			4.2.8	热岛强度【3 分】	—		
			4.2.9	公共交通设施【7 分】	院区主入口到达公交车站不超过 400m、轨道交通站点不超过 700m※		◗
					院区主入口 400m 范围内设有公共交通站点 ※		
					有便捷的专用人行通道联系公共交通站点		
			4.2.10	人行道无障碍【2 分】	场地内人行通道均采用无障碍设计，且与建筑场地主要出入口人行通道无障碍连通		●
			4.2.11	停车场所【5 分】	自行车停车设施位置合理、方便出入，且有遮阳防雨和安全防盗措施		●
					采用机械式停车库、地下停车库或停车楼等方式		
					采用措施停车方式向社会开放		

※ 医院建筑特有的技术措施　● 常用　◗ 一般常用　○ 不常用

续表

	条文类别		条文号	技术名称	主要措施及基本指标	协同专业	应用度
建筑专业	场地优化与土地合理利用	评分项	4.2.12	急救车绿色通道【3 分】	急救车采用绿色通道设计 ※		◗
					急救车入室设计或设置遮风半开放门廊 ※		
			4.2.13	生态保护补偿	保护场地内原有的自然水域、湿地和植被，采取生态恢复或补偿措施，充分利用表层土		◗
			4.2.14	绿色雨水设施【9 分】	超过 $10hm^2$ 的场地进行雨水专项规划设计		●
					设置下凹式绿地、雨水花园等绿地和水体比例不小于 30%，合理衔接和引导屋面雨水、道路雨水进入地面生态设施，并设置相应的径流污染控制措施，硬质铺装地面中透水铺装面积的比例不小于 50%		
			4.2.15	径流总量控制【6 分】	场地年径流总量控制率不小于 55%		◗
			4.2.16	绿化方式【6 分】	种植适应当地气候和土壤条件的植物		●
					采用复层绿化、垂直绿化、屋顶绿化方式		●
	室内环境质量	控制项	8.1.1	室内噪声级和构件隔声性能	围护结构构件隔声性能复合现行国家标准		●
			8.1.2	照明数量和质量	室内照度、统一眩光值和一般显色指数等指标满足现行国家标准	电气	●
			8.1.3	围护结构内表面结露	在室内设计温湿度条件下建筑围护结构内表面无结露、发霉现象	暖通	●
			8.1.4	室内温湿度风速	采用集中空调的房间室内温度、相对湿度、风速等参数符合现行规范	暖通	●
			8.1.5	室内新风量	所有人员长期停留的场所有保障各房间新风量的通风措施	暖通	●
			8.1.6	室内空气质量	室内总挥发有机物污染浓度符合现行国家标准		
			8.1.7	医院导向标识	具有科学性，并考虑人性化因素		●
		评分项	8.2.1	室内噪声级【10 分】	主要功能房间的室内噪声级满足现行国家标准		●
			8.2.2	构件隔声性能【10 分】	隔墙、楼板、门窗的隔声性能满足现行国家标准中的高要求标准		◗
			8.2.3	室内光环境【6 分】	60% 以上的主要功能空间采光系数满足国家标准 ※		◗
			8.2.4	视野景观【8 分】	75% 病房、诊室可获得良好的室外景观 ※		●
			8.2.5	自然采光优化措施【8 分】	通过合理建筑设计或采用采光井、反光板、集光导光设备等措施改善地下空间自然采光		◗
			8.2.6	室内热环境控制措施【10 分】	主要功能房间如病房、诊室使用者可自主通过开窗、遮阳等被 ※ 动式措施，调整主要功能空间室内局部热环境，对于空调设备末端自主调节 ※	暖通	◗
			8.2.7	可调遮阳措施【8 分】	外窗和幕墙透明部分中，有可控遮阳调节措施的面积比例达到 25% 以上		○
			8.2.8	回风口净化过滤设备【6 分】	回风口采用的阻力、高效率的净化过滤设备	暖通	◗
			8.2.9	医疗废气排放系统【5 分】	医用真空汇设置细菌过滤器或采取其他灭菌消毒措施，排气口排除的气体不影响其他人员的工作和生活区域 ※	暖通	●

※ 医院建筑特有的技术措施　● 常用　◗ 一般常用　○ 不常用

续表

条文类别			条文号	技术名称	主要措施及基本指标	协同专业	应用度
建筑专业	室内环境质量	评分项	8.2.10	新风系统过滤【6 分】	新风系统过滤净化设施的设置应符合现行国家有关规范规定	暖通	●
			8.2.11	空气质量监控系统【7 分】	门诊楼、住院楼人员密集场所实行室内空间检测，对室内的二氧化碳浓度进行数据采集、分析并与新风系统联动 ※	暖通	○
					实现对室内污染物浓度超标时报警，并与新风系统联动 ※		
			8.2.12	就诊流程【7 分】	平面布局考虑就诊流程，避免病人往复穿行于各功能区 ※		●
			8.2.13	人性化设施【5 分】	利用连廊、架空层、上人屋面等设置公共步行通道、公共活动空间、公共开放空间，考虑全天候的使用需求		◗
					公共场所设有专门的休憩空间		
			8.2.14	室内色彩【4 分】	色彩运用应充分考虑病人的心理和生理效应 ※		●
	创新	评分项	10.2.1	综合效益【1 分】	建筑方案充分考虑当地资源、气候条件、场地特征和使用功能，合理控制和分配投资预算，具有明显的提高资源利用效率、提高建筑性能质量和环境友好性等方面的特征		●
			10.2.2	废气场地、建筑再利用【1 分】	合理选用废弃场地进行建设，充分利用尚可使用的旧建筑，并纳入规划项目		◗
			10.2.3	BIM【1 分】	在建筑的规划设计、施工建造和运行管理阶段用建筑信息模型（BIM）技术		◗
			10.2.8	新型建筑材料【1 分】	至少使用一种新型功能性建筑材料，且使用比例占同类建筑材料的 50% 以上		◗
			10.2.9	围护结构优化设计【1 分】	结合场地条件，对建筑的围护结构进行优化设计，降低能耗		●
	节材与材料利用	控制项	7.1.1	建筑材料	不使用禁用或限用的建筑材料		●
			7.1.3	建筑造型	建筑造型简约，无大量非功能性的装饰构件		●
		评分项	7.2.1	建筑材料【10 分】	采用 500Km 以内生产的建筑材料质量占建筑材料总质量 60% 以上		●
			7.2.3	预拌砂浆【10 分】	50% 以上建筑砂浆使用预拌砂浆		●
			7.2.6	室内装修材料坚固耐用【10 分】	内墙涂料、地面材料、内隔墙面材、门垭口、门和墙柱阳角的面材、墙面、地面、顶棚		●
			7.2.7	土建与装修一体化设计【10 分】	走廊、大厅、卫生间等土建与装修一体化设计		●
			7.2.8	隔断（墙）【5 分】	可重复使用的隔墙使用比例 ≥ 30%		●
			7.2.9	使用可再利用、循环材料【10 分】	可利用循环材料 ≥ 10%		◗
			7.2.10	使用以废弃物为原料生产的建筑材料【5 分】	使用量占同类建筑材料的比例 ≥ 30%		◗

※ 医院建筑特有的技术措施　● 常用　◗ 一般常用　○ 不常用

续表

专业	条文类别		条文号	技术名称	主要措施及基本指标	协同专业	应用度
结构专业	节材与材料利用	控制项	7.1.2	热轧带肋钢筋	混凝土结构中梁、柱纵向受力普通钢筋采用不低于 400MPa 的热轧带肋钢筋		●
		评分项	7.2.2	预拌混凝土【10 分】	现浇混凝土全部使用预拌混凝土		●
			7.2.4	采用高强建筑结构材料【10 分】	6 层以上的钢筋混凝土建筑，钢筋混凝土结构中的受力普通钢筋使用 HRB400 级（或以上）钢筋占受力普通钢筋总量的 50% 以上		◗
					混凝土竖向承重结构采用强度等级在 C50（或以上）混凝土用量占竖向承重结构中混凝土总量的比例超过 50%		
					钢结构建筑 Q345 高强钢材用量占钢材总量的比例不低于 50%		
			7.2.5	采用高耐久性建筑结构材料【5 分】	钢筋混凝土结构建筑高耐久性混凝土用量占混凝土总量的比例超过 50%		○
					钢结构建筑采用耐候结构钢或耐候型防腐涂料		
			7.2.12	采用资源消耗和环境影响小的结构体系【5 分】	选用钢框架结构体系		○
					主体部位采用工业化建造方式		
					结构体系节材优化及环境影响分析		
给水排水专业	节水与水资源利用	控制项	6.1.1	水资源利用方案	统筹、综合利用各种水资源		●
			6.1.2	供、排水系统	设置合理、完善、安全的给排水系统		●
			6.1.3	节水器具	优先选用节水设备、器材和器具		●
		评分项	6.2.1	节水【10 分】	建筑平均日用水量小于节水用水定额		●
			6.2.2	管网漏损【7 分】	选用密闭性能好的阀门、设备，使用耐腐蚀、耐久性能好的管材、管件		●
					室外埋地管道采取有效措施避免管网漏损		
					根据水平衡测试的要求安装分级计量水表		●
			6.2.3	给水系统无超压出流【8 分】	卫生器具用水点供水压力不大于 0.3MPa		●
			6.2.4	设置用水计量装置【10 分】	按用途分别设置用水计量装置、统计用水量		◗
					对不同用户的用水分别设置用水计量装置、统计用水量		
					公共浴室、病房卫生间等的淋浴器等采用刷卡用水 ※		
			6.2.5	用水效率【10 分】	卫生器具的用水效率达到三级		●
			6.2.6	灌溉方式【10 分】	采用高效节水灌溉系统	建筑	◗
					另设有土壤湿度感应器，雨天关闭装置等节水控制措施，		
					种植无需永久灌溉植物		

※ 医院建筑特有的技术措施　● 常用　◗ 一般常用　○ 不常用

续表

	条文类别		条文号	技术名称	主要措施及基本指标	协同专业	应用度
给水排水专业	节水与水资源利用	评分项	6.2.7	循环冷却水系统采用节水技术【10 分】	开式循环冷却水系统设置水处理措施，采取加大集水盘、设置平衡管或平衡水箱的方式，避免冷却水泵停泵时冷却水溢出		○
					运行时，开式冷却塔的蒸发耗水量占冷却水补水量的比例不低于 80%		
					采用无蒸发耗水量的冷却技术		
			6.2.8	其他节水设备或措施【5 分】	其他用水的 50% 以上的采用节水设备或措施		◗
			6.2.9	利用优质杂排水【10 分】	实际收集利用水量占到可回收利用水量的 50% 以上		○
			6.2.10	生活杂用水采用非传统水源【10 分】	采用非传统水源用于绿化浇灌、洗车、冲洗道路、室外水景补水等的非饮用水 50% 以上		◗
			6.2.11	利用雨水对景观水体补水【10 分】	雨水利用补水量大于水体蒸发量的 60%		○
					进入景观水体的雨水，采取了控制面源污染的措施		
					采取有效措施，利用水生动植物进行水体净化		
	创新	评分项	10.2.6	卫生器具用水效率【1 分】	卫生器具的用水效率均达到国家现行有关标准规定的 1 级	给水排水	○
			10.2.7	非传统水源使用【1 分】	冷却水补水使用雨水等非传统水源，且用量不小于其总用水量的 30%	给水排水	○
暖通电气专业	节能与能源利用	控制项	5.1.1	分区计量	建筑电耗进行分区计量	电气	●
			5.1.2	设备能效指标	用能建筑设备能效指标符合现行国家和行业节能标准或法规的规定	电气	●
			5.1.3	热源	不采用电热设备和器件直接作为直接供暖和空气调节系统的热源	暖通	●
			5.1.4	照明功率	照明功率密度不应高于现行国家标准的现行值	电气	●
		评分项	5.2.1	围护结构热工性能【10 分】	设计建筑的供暖、空调热负荷和冷负荷都比参照建筑减少 5% 以上	建筑	◗
			5.2.2	能耗分区、分项计量【16 分】	对照明、插座及供暖通风空调系统用电进行分项计量	电气	◗
					供暖和空调主站（机房）内的电耗和燃料消耗进行计量		
					大型医疗设备、电梯进行单独计量 ※		
					供暖和空调主站（机房）内的主要设备的电和燃料消耗进行分类计量	暖通	
			5.2.3	输配系统效率【9 分】	变配电室靠近负荷中心	电气	◗
					系统输送输配能耗低于国家标准限值 10% 以上		
			5.2.4	设备能效【15 分】	锅炉的额定热效率、占设计总冷负荷 85% 的空调制冷设备（冷水机组、单元空调机和多联机）的额定制冷效率满足国标节能标准《公共建筑节能设计标准》对节能产品的要求	暖通	◗
					变压器损耗符合国标要求	电气	

※ 医院建筑特有的技术措施　● 常用　◗ 一般常用　○ 不常用

续表

	条文类别		条文号	技术名称	主要措施及基本指标	协同专业	应用度
暖通电气专业	节能与能源利用	评分项	5.2.4	设备能效【15 分】	额定功率 2.2kW 及以上电机，应符合《中小型三相异步电动机能效限定值及能效等级》GB18613 节能产品的要求	电气	◗
			5.2.5	照明功率密度【15 分】	建筑面积 70% 以上的室内照明功率密度值不高于《建筑照明设计标准》的目标值	电气	○
			5.2.6	节能运行【15 分】	供暖、通风和空调设计一次能耗 85% 以上的建筑设备采取合理的手动、自动控制，根据负荷需求进行调节	电气暖通	○
					照明设计 85% 以上的灯具采取合理的分区回路设置，通过人员可就地控制或调光控制	电气	
					照明设计 65% 以上的灯具采取合理的分区回路设置，且通过自动控制系统实现灯具开关或调光控制	电气	
					有多部电梯时，采用集中控制调节措施	电气	
			5.2.7	可再生能源【10 分】	设计日可再生能源能热利用相当于占生活热水的 10% 以上。或设计日在不能利用锅炉或市政热力提供生活热水时，采用空气源热泵制备生活热水占生活热水的 50% 以上	暖通	○
					设计日可再生能源电利用占照明设计用电量 1% 以上	电气	○
			5.2.8	空调能耗及费用【15 分】	设计建筑折合一次能源消耗或能源费用比参照建筑降低 10%	暖通	○
	创新	评分项	10.2.4	暖通能源利用【1 分】	暖通空调一次能源利用节能比较参照建筑节能 20% 以上	暖通	○
			10.2.5	节能调试【1 分】	对建筑设备和设施系统进行节能调试	设备	○
			10.2.10	室内空气质量【1 分】	采取有效的空气处理措施，并设置室内空气质量监控系统，保证健康舒适的室内环境	暖通	○
			10.2.11	物流细分【1 分】	采用有利于院内物流细分的技术手段和设备系统，减少室内二次污染或提高效率	设备	○

※ 医院建筑特有的技术措施　● 常用　◗ 一般常用　○ 不常用